Michael Körmer, Willi Meyer · KNX/EIB Engineering Tool Software

de-FACHWISSEN

Die Fachbuchreihe
für Elektro- und Gebäudetechniker
in Handwerk und Industrie

Michael Körmer, Willi Meyer

KNX/EIB
Engineering Tool Software

Sicherer Ein- und Umstieg von ETS5 auf ETS6

9., komplett überarbeitete Auflage

Hüthig · München/Heidelberg

Produktbezeichnungen sowie Firmennamen und Firmenlogos werden in diesem Buch ohne Gewährleistung der freien Verwendbarkeit benutzt.
Von den im Buch zitierten Vorschriften, Richtlinien und Gesetzen haben stets nur die jeweils letzten oder die zum Zeitpunkt der Errichtung gültigen Ausgaben verbindliche Gültigkeit.

Autoren und Verlag haben alle Texte und Abbildungen mit großer Sorgfalt erarbeitet bzw. überprüft. Dennoch können Fehler nicht ausgeschlossen werden. Deshalb übernehmen weder Autor noch Verlag irgendwelche Garantien für die in diesem Buch gegebenen Informationen. In keinem Fall haften Autoren oder Verlag für irgendwelche direkten oder indirekten Schäden, die aus der Anwendung dieser Informationen folgen.

Maßgebend für das Anwenden der Normen sind deren Fassungen mit den neuesten Ausgabedaten, die bei der VDE-Verlag GmbH, Bismarckstraße 33, 10625 Berlin und der Beuth Verlag GmbH, Burggrafenstraße 6, 10787 Berlin erhältlich sind.

Bibliografische Information der Deutschen Bibliothek
Die Deutsche Bibliothek verzeichnet diese Publikation in der Deutschen Nationalbibliografie; detaillierte bibliografische Daten sind im Internet über https://portal.dnb.de/ abrufbar.

Möchten Sie Ihre Meinung zu diesem Buch abgeben?
Dann schicken Sie eine E-Mail an das Lektorat
im Hüthig Verlag:
buchservice@huethig.de
Autoren und Verlag freuen sich über Ihre Rückmeldung.

ISBN 978-3-8101-0521-9

9., komplett überarbeitete Auflage

Printed in Germany
Titelbild, Layout, Satz: Schwesinger, galeo:design
Titelfoto: Hintergrund: © shutterstock_1662237379, Andrey Suslov
Druck: Westermann Druck Zwickau GmbH

Vorwort

Die Entwicklung, die der „Europäische Installationsbus“ innerhalb der letzten 32 Jahre durchlaufen hat, kann ohne Übertreibung als beispiellose Erfolgsgeschichte dargestellt werden. Das System steht für ausgereifte und weltweit etablierte intelligente Vernetzung moderner Haus- und Gebäudesystemtechnik gemäß EN 50090 und ISO/IEC 14543. Kein anderes System hat sich so dem wachsenden Markt der Gebäudeautomation stetig angepasst und verstanden, dass immer der Mensch im Mittelpunkt zu stehen hat. Das beginnt bereits bei der „Handhabbarkeit“ eines Systems. Der Umstand, dass die große Zahl an Produkten und ihrer Applikationen verschiedener Hersteller mit einem einheitlichen Software-Tool parametriert verknüpft und in Betrieb genommen werden kann, hat sicher einen hohen Anteil am großen Erfolg. Die volle Funktionalität eines Systems auszuschöpfen und trotzdem beherrschbar zu bleiben, ist bei der rasanten und dynamischen Entwicklung immer komplexer werdender Produkte ein hoher Anspruch. Desweiteren entwickelt sich natürlich auch die „Umgebung“ der KNX Engineering Tool Software weiter. Neue Prozessoren, neue Betriebssysteme (Windows 10/11), neue Looks, neue Verfahren und neue Schnittstellenstandards. Dem hat man nun auch wieder Rechnung getragen. Mit der ETS6 wird der nächste Schritt getan. Dabei wird jene Kontinuität gewahrt, die typisch für den Wandel ab der ETS2 ist, nämlich die bestehende Philosophie zu erhalten.

Diese 9. Auflage des ETS5/6-Praxisbuches behandelt ausführlich alle Rahmenaspekte des KNX-Systems und die integrative Arbeit mit der

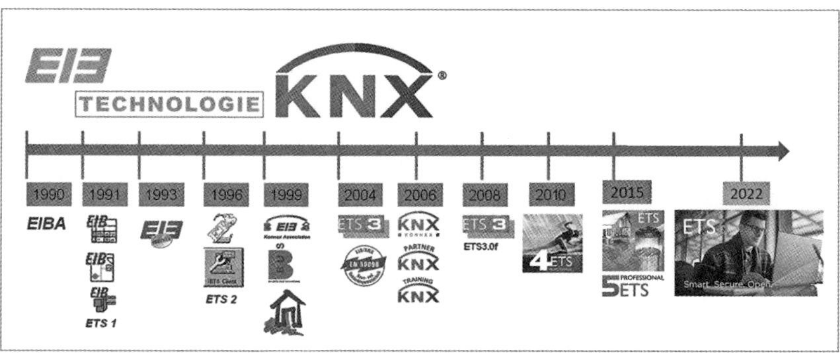

Geschichte der ETS

ETS5/6. In der Darstellung eines realen Projektes werden auch die deutlichen Verbesserungen sichtbar. Dabei wird der allgemeine, versionsübergreifende Teil des physikalischen und technologischen Basiswissens nicht zu kurz kommen.

Viele neue Verfahren, Produkte und Dienstleistungen werden heute mit dem Attribut „smart" versehen. Wer oder was ist aber smart? Fragt man ein Wörterbuch, wird dieser Begriff mit „schick, clever, intelligent" umschrieben. Damit kein Etikettenschwindel entsteht, muss also immer neben intelligenter Technik noch ein „schicker" Anteil dabei sein. Dass dies keine Übertreibung sein muss, zeigt das Thema „Smart Metering". Erstmal ist Smart Metering ein pragmatischer Schritt in Richtung „Erkennen von Energieverbrauch zum Optimieren des Verbrauchsverhaltens".

Es wird eine Transparenz der Verbrauchssituation vorausgesetzt, damit ein Bewusstsein über den tatsächlichen Verbrauch entsteht. Wer kennt schon seinen Verbrauchswert in kWh pro m^2 und Jahr? Erst wenn Werte bekannt sind, kann eingeschätzt werden, was zu tun ist. Nur dadurch können Änderungen des Verbrauchsverhaltens und eventuelle energetische Sanierungen umgesetzt werden. Das bedeutet, dass Smart Meterting eine Schlüsselrolle zufällt, wenn es darum geht, mit Gebäudesystemtechnik sinnvolle Automatismen zu erzeugen.

Das Verfahren ist hauptsächlich auf den aktiven und sensibilisierten Verbraucher zugeschnitten und wird sich somit schnell erschöpfen. Für eine stärkere Verbreitung wäre es besser, Möglichkeiten aktueller App-Technologie auch für die Gebäudetechnik zu erschließen. Apps haben sich heute na-

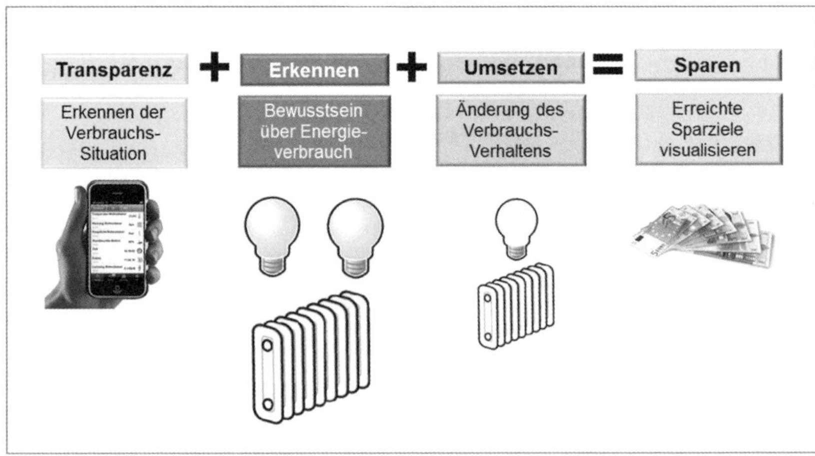

hezu aller Bereiche angenommen. Schnell eine Zugverbindung finden, den Wetterbericht abrufen, am virtuellen Zeitungskiosk vorbeigehen, die Fußballergebnisse checken, mal sehen, was im Kino läuft, was im Internet einkaufen – das sind alles Dinge, die heute selbstverständlich geworden sind. Deshalb liegt es doch nahe, dass diese Applikationen auch die Gebäudesystemtechnik bereichern und zur weiteren Verbreitung beitragen können. Apps für das nachhaltige Wohnen und Leben.

Damit das nicht Zukunftsmusik bleibt, müssen heute Elektrohandwerker frühzeitig in die Bedarfsplanung eingebunden werden. Nur Fachleute werden den Sinn der Vorgaben aus der DIN 18015 erkennen, wenn es um die Infrastruktur des Gebäudes geht. Nur so lässt sich die Energiewende in der Gegenwart und Zukunft technisch lösen. Damit eine schnelle visuelle Kontrolle des aktuellen Geschehens und ein Monitoring durchgeführter Maßnahmen möglich werden, brauchen wir Transparenz. Außschließlich so können uns optimal parametrierte Anlagen gemäß der Energieeffizienzklassen nach EN 15232 beim Sparen unterstützen. Das bedeutet, dass ein KNX-IP-Router oder eine KNX-Visualisierung als Schnittstelle zur TCP/IP-Welt notwendig wird. Jetzt kann sich der Benutzer jederzeit über sein WLAN-fähiges Smartphone über die Verbrauchssituation informieren und auch damit aktiv eingreifen. Natürlich kann man nun auch auf alle anderen Kommunikationskanäle zugreifen und das ganze Haus damit steuern. Die Unterhaltungselektronik geht ebenfalls diesen Weg und wird damit mit der übrigen Gebäudetechnik Eins.

Noch nicht schick genug, sagen Sie, gut – wie wäre es damit: Sie haben sich ein als besonders energiesparend angepriesenes Gerät gekauft. Zuhause wollen Sie die Angaben überprüfen. Sie stecken das Gerät in eine beliebige Steckdose und haben Ihr Smartphone in der Hand. Der KNX-Energiezähler meldet nun den Leistungshub in Watt und am Smartphone wird dieser angezeigt. Jetzt ist z. B. die Standby-Leistung erkannt.

Viele neue Möglichkeiten, die auch in den Bereich AAL (Ambient Assisted Living) fallen. Die Ausrüstung von Häusern und Wohnungen mit „smarten“ Assistenzsystemen und -geräten ist eine Voraussetzung für ein sicheres und komfortables Wohnen, auch im Alter oder bei Behinderung. Die Technik für intelligente Assistenzsysteme ist heute schon viel weiter als ihre Nutzung im Alltag. Meistens fehlt noch die technische Infrastruktur. Damit sich Teilkomponenten vergleichen, kombinieren, austauschen und nachrüsten lassen, sind Normen und Standards unerlässlich. Für die „smarte Heimvernetzung“ ist also KNX eine gute Wahl.

So bleibt es dabei, dass *ein* Tool die Garantie für Funktion, gute Erlernbarkeit, Beherrschbarkeit und Finanzierbarkeit ist. Die ETS6 ist ideal geeignet für den Bestand und für das, was noch kommt. Basierend auf den Erfahrungen der letzten zwei KNX/EIB-Jahrzehnte, berücksichtigt sie Kontinuität für die Benutzer und bietet gleichzeitig die Möglichkeit mit den Anforderungen modernster Geräte mit zu wachsen.

Alle Aktionen mit den besprochenen Software-Werkzeugen werden im Buch per Screenshots dargestellt, sodass ein rasches Nachvollziehen gewährleistet wird. Detaillierte Schrittfolgen zur Abarbeitung von KNX/EIB-Projekten sind den sog. „Roten Fäden“ zu entnehmen.

Zur Vertiefung ist ein komplettes, bebildertes Projekt eines Einfamilienhauses aufgenommen. Von der Bedarfsermittlung bis zur Dokumentation wird nochmals alles wichtige, insbesondere die Vorprojektierung mit Checklisten dargestellt. Damit ist der Leser in der Lage alle notwendigen Schritte vor, während und nach der Bearbeitung mit der ETS5/6 „am Stück" nachzuvollziehen. Natürlich sind wieder alle Arbeitsschritte per Screenshots festgehalten.

Zu uns Autoren: *Willi Meyer* ist seit 1992 Dozent für EIB/KNX-Seminare und Troubleshooter für knifflige Probleme auf Baustellen; *Michael Körmer* hat als Elektromeister seit 1997 Erfahrung mit der Verkabelung von KNX in Gebäuden, zudem ist er KNX-Dozent und technischer Spezialist.

Aufgrund unserer Erfahrung, auch aus den eigenen Wohnhäusern, wissen wir natürlich, dass kein Buch die praktische Anwendung ersetzen kann. Es kann aber sehr wohl die praktische Arbeit unterstützen und ergänzen. Die Kompensation von Wissenslücken bei fehlender Routine durch sehr sporadische Anwendung sowie ein „Handling-Update“ für neue Elemente – das alles kann ein Buch leisten. Wir hoffen, dass mit der nun 9. Auflage (ETS 5.7.6 und ETS 6.0.5) wieder ein Stück des sog. „undokumentierten Wissens“ weniger besteht und wünschen Ihnen viele erfolgreiche Projekte mit der ETS5 bzw. ETS6.

Michael Körmer und Willi Meyer

Inhaltsverzeichnis

A Versionsübergreifendes Basiswissen

1 Hardware

1.1 Busankoppler

KNX ist ein standardisiertes, dezentrales Bussystem. Alle Geräte sind dabei gleichberechtigte Busteilnehmer („Multi-Master-Betrieb").

Eine KNX-Anlage besteht aus einer Busleitung und den Busgeräten, dazu gehören Systemgeräte (Spannungsversorgung, Bereichs- und Linienkoppler, Schnittstellen), Sensoren (z. B. Sensortaster, Binäreingang, physikalische Sensoren) und Aktoren (z. B. Schaltaktor, Stellantrieb, Dimmaktor).

Der Datenaustausch zwischen Sender und Empfänger erfolgt auf der Busleitung in Form von Telegrammen.

Kommunikation und Versorgung der Geräteelektronik erfolgen über zwei Adern der Busleitung (Aderkennzeichnung rot und schwarz), die an jedes Gerät angeschlossen sind. Die Aktoren benötigen in der Regel zusätzlich eine Versorgungsspannung (230 V, 50 Hz) zur Versorgung der Verbraucher.

Die Busankoppler der jeweiligen Sensoren, Aktoren und Schnittstellen (Bus-Teilnehmer) übernehmen neben dem Datenempfang und Datenversand die Speicherung der Physikalischen Adresse, der Gruppenadressen und die „Verwaltung" der Applikationen.

Im Zusammenhang mit dem allgemein verwendeten Begriff KNX-Busankoppler begegnet man einer Reihe von weiteren Begriffen, wie BIM, BCU, TPUART, Chipset und Kommunikations-Stack. Diese Begriffe repräsentieren verschiedene technische Möglichkeiten, die heute verwendet werden um ein KNX-Gerät zu realisieren. Im Folgenden werden diese Begriffe kurz erklärt. Für den Anwender von zertifizierten KNX-Geräten ist dies ohne Belang, da alle zertifizierten Geräte kompatibel sind.

Der Markt begann mit den klassischen Busankopplern (**Bilder 1.1** und **1.2**) oder auch bus coupling units (BCU) genannt. Dies sind einheitliche, kompakte Systemgeräte mit Standardschnittstelle, die eine KNX-Ankopplungsschaltung und einen Mikrokontroller enthalten und komplett mit Gehäuse (UP, REG, EB) geliefert werden. Der Geräteentwickler hat dann noch die Applikationshardware und Applikationssoftware zu entwickeln.

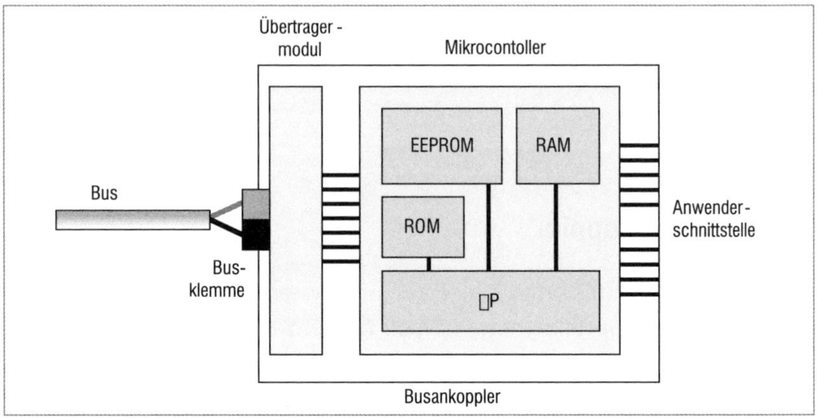

Bild 1.1 Prinzip-Schaltung eines BCUs (Busankopplers)

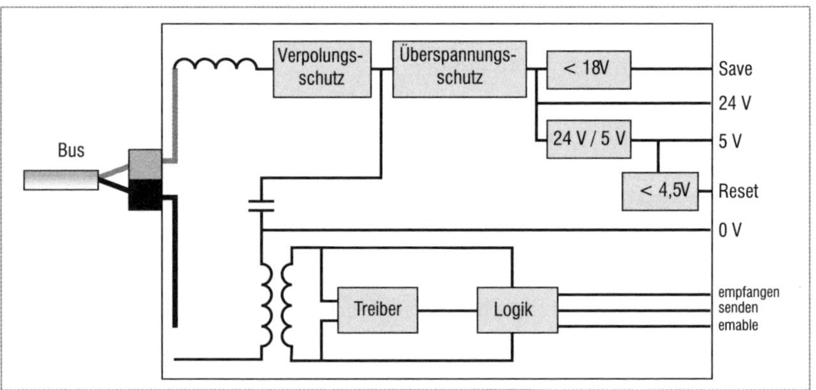

Bild 1.2 Prinzip-Schaltung des Übertragermoduls

Wegen der mechanischen Ausführung (bautechnische Größe), den eingeschränkten Möglichkeiten der kleinen Mikrokontroller und der geringen I/Os (Input/Output) und natürlich auch durch den Preis hat die Bedeutung der BCUs im Laufe der Zeit abgenommen.

Der nächste Schritt wurde dann durch die Bus Interface Module (BIM) eingeleitet. Diese bestehen im Wesentlichen aus dem Innenleben der BCUs mit zusätzlichen I/O-Ports. Die BIMs sind Module, die direkt auf die Leiterplatte eingelötet werden. Um die mechanischen Handicaps der BIM zu umgehen, wurden die Chipsets der BIMs auf den Markt gebracht. Bezüglich der Software besteht kein Unterschied zwischen BIMs und Chipsets. Des Weiteren gibt es noch den TPUART (Twisted Pair-Universal Asynchronous

Receive Transmit-IC). Der TPUART besteht nur aus der eigentlichen Ankopplung an den KNX. Die Kommunikationssoftware wird von einem an ihm angeschlossenen Mikrocontroller bereitgestellt. Der TPUART wurde entwickelt, um einerseits die Mikrokontroller von der Aufgabe der Bit-Codierung und Decodierung zu entlasten, und andererseits, um die Ankopplung an den KNX durch die unterschiedlichsten Mikrokontroller durchführen zu können.

Um mit dem TPUART ein KNX-Gerät zu entwickeln, wird noch ein Kommunikations-Stack benötigt. Der Kommunikations-Stack ist in ANSI-C geschrieben und somit auf unterschiedlichsten Mikrokontrollern lauffähig. Zusammenfassend versteht man unter dem Kommunikations-Stack die KNX-Systemsoftware. Die Ankopplung an den KNX erfolgt über eine externe KNX-Ankopplung, z. B. TPUART, FZE1066.

1.2 Systemgeräte, Systemzubehör, Kommunikation

1.2.1 Produktkatalog

Die große Anzahl unterschiedlicher Hardwarekomponenten der verschiedenen Hersteller schafft die Basis für die umfassende Gebäudeautomation. Große Vielfalt bietet viele Möglichkeiten, aber auch Komplexität. Deshalb werden die Produktdatenbanken in der ETS gerätespezifisch strukturiert nach Hersteller und Produktgruppen. In der ETS5 sowie in der ETS6 werden alle Komponenten in sogenannten *Katalogen* geführt (**Bilder 1.3, 1.4** und **1.5**). Das „Kennen und Können" in Bezug auf den Funktionsumfang der Komponenten ist ein nötiges Basiswissen, um eine sinnvolle Geräteauswahl für das Projekt treffen zu können. Hier sei auf die Produktschulungen der Hersteller und deren Handbücher (CDs und DVDs) verwiesen.

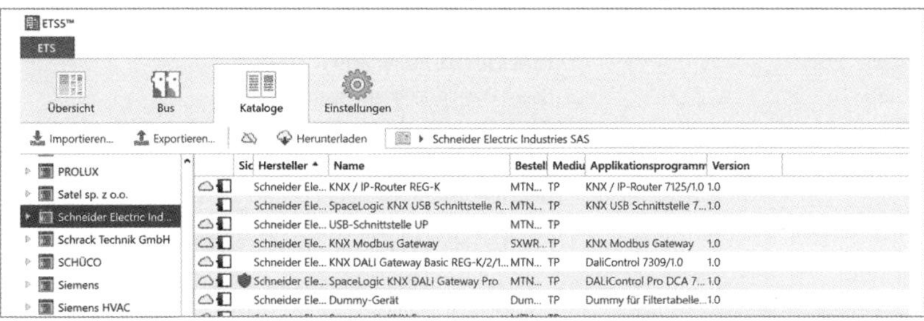

Bild 1.3 Kataloganansicht in der ETS5

Bild 1.4 Kataloganischt in der ETS6

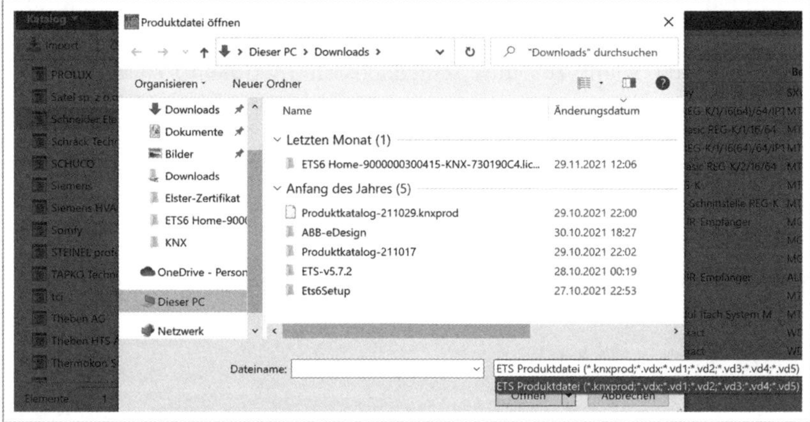

Bild 1.5 ETS5/6-Produktimport

Die wichtigsten Produktgruppen sind in der **Tabelle 1.1** aufgeführt. In der ETS5/6 können die gleichen Dateien importiert werden.

Produktgruppe	Name/Produkt
Anzeige	Info-Displays
	Melde-Bedientableaus
	Touchscreens
Ausgaben	Schaltaktoren alle Bauformen
	Analogaktoren alle Bauformen
Beleuchtung	Lichtregler alle Bauformen
	Schalt/Dimmaktoren alle Bauformen
	Analogeingängen 0-10 V alle Bauformen
	Analogausgänge 0-10 V alle Bauformen
	DALI-Controller
Ein-/Ausgänge	Universal Tasterschnittstellen UP
	Kombiaktoren AP
	Binär Ein-/Ausgänge alle Bauformen

Tabelle 1.1 Die wichtigsten Produktgruppen (Teil 1/3)

Produktgruppe	**Name/Produkt**
Eingabe	Analogeingaben alle Bauformen
	Binäreingänge alle Bauformen
	Universal Tasterschnittstellen UP
	Wetterstationen REG
Energieverbrauch	Tarifzähler
	Wirkleistungszähler
	Kombizähler
Heizung Klima Lüftung	Raumtemperaturregler
	Schaltaktoren EB und REG
	Fan Coil Regler
	Elektronische Aktoren
	Stellantriebe
	Jalousie/Schaltaktoren
Infrarot	IR-Schnittstellen
	IR-Schaltsensor
Jalousie	Jalousieaktoren alle Bauformen
	Rolladenaktor alle Bauformen
	Jalousiesteuerbaustein
Kommunikation	Seriellen Schnittstellen
	USB Schnittstellen
	Telefon-Gateway
Kontroller	Busankoppler ohne Endgerät
	Logikmodule REG
	Applikationsbausteine REG
Lastmanagement	Maximumwächter
Modulare Geräte	Raumcontroller
physikalische Sensoren	Bewegungswächter UP AP
	Präsenzwächter UP AP
	Helligkeitssensoren UP AP
	Temperatursensoren UP
Sicherheit und Überwachung	Strommodule REG
	Meldegruppenterminals REG
	Störmeldebaustein REG
	Sicherheitsmodul REG
	Überwachungsbaustein REG
Systemgeräte	Spannungsversorgung REG
	Drossel REG
	Busankoppler REG
	IP-Gateways REG
	Linien- und Bereichskoppler REG
	Diagnosebaustein REG
Systemzubehör	Datenschienen
	Busanschlussklemmen
	Überspannungsschutz

Tabelle 1.1 Die wichtigsten Produktgruppen (Teil 2/3)

Produktgruppe	Name/Produkt
Taster	Tastsensoren UP AP
	Multifunktionstastsensoren UP
	Raumcontroller UP
	Raumtemperaturregler mit Tastsensoren UP
Temperaturfühler	Anlegefühler
	Kanal-Tauchfühler
Zeitschalter	Funkjahresuhr REG
	Wochenschaltuhr

Tabelle 1.1 Die wichtigsten Produktgruppen (Teil 3/3)

1.2.2 Spannungsversorgung und Drossel

Unter *Systemgeräten* versteht man alle notwendigen Komponenten zur Erzeugung der Betriebsspannung (24V DC), zum Koppeln zwischen Linien und Bereichen sowie Diagnosebausteine. Busankoppler ohne Endgeräte werden auch unter der Rubrik Systemgeräte geführt. Spannungsversorgungen sind keine Busteilnehmer und haben keine Physikalische Adresse. Für die Zuweisung in der ETS sind sie nicht notwendig. Es gibt aber eine Ausnahme, nämlich Spannungsversorgungen, die Diagnosemöglichkeiten anbieten. Diese Spannungsversorgungen bekommen eine Physikalische Adresse und müssen programmiert werden. Dafür kann man sich aber auch die Stromstärke bzw. Fehler auf der Bus-Seite anzeigen lassen. Netzteile (**Bild 1.6**) werden aber trotzdem in die Topologie eingefügt um sicherzustellen, dass sie berücksichtigt wurden und in der Stückliste ausgegeben werden.

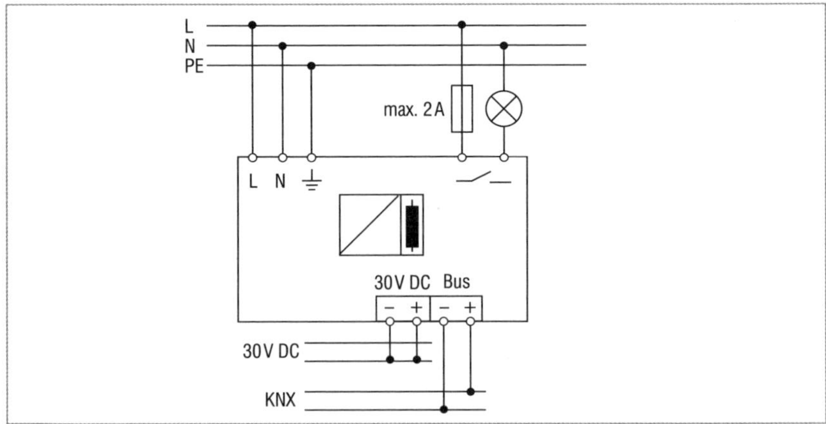

Bild 1.6 Systemgerät Spannungsversorgung 640 mA mit zweiten Spannungsabgang und Meldekontakt

Linien- und Bereichskoppler braucht man nur, wenn mehr als eine Linie oder mehr als ein Bereich benötigt wird. Beim Einfügen in die Topologie werden diese von der ETS mit den reservierten Physikalischen Adressen (immer Teilnehmernummer 0) versehen. Diagnosebausteine sind normale Busteilnehmer, denen eine Physikalische Adresse zugewiesen wird.

Schnittstellen werden von den meisten Herstellern unter „Kommunikation“ gelistet oder ebenfalls als Systemgeräte eingeordnet. Schnittstellen benötigen eine dem Einbauort angepasste Physikalische Adresse.

Systemzubehör wird benötigt zum Anschließen und Verbinden des Zweidrahtbusses an die Komponenten. In den Anfangsjahren waren das hauptsächlich die Datenschienen und die Datenschienenverbinder. Nachdem die Datenschienentechnik dem direkten Anschluss mittels Busklemme gewichen ist, sind nur noch Leitung und Busklemmen zum Systemzubehör zu zählen. Sie sind für die Projektierung irrelevant.

Der zweite Spannungsabgang ist ungedrosselt. Soll damit eine zweite Linie versorgt werden, dann sind eine Drossel und ein Linienkoppler notwendig.

Der Bus kann mit 1.280 mA mit einer Spannungsversorgung belastet werden – hier kommt es auf den Geräteverbrauch an, wieviel Geräte eingesetzt werden können. Somit lassen sich als Planungsgrundlage maximal 64 Geräte in der ersten Ausbaustufe problemlos realisieren.

Die im Bild 1.6 dargestellte Spannungsversorgung hat im Bus-Kreis eine Drossel integriert. Die Drossel ist notwendig, damit die Spannungsversorgung bei Datenverkehr aufrechtgehalten wird (**Bilder 1.7** und **1.8**).

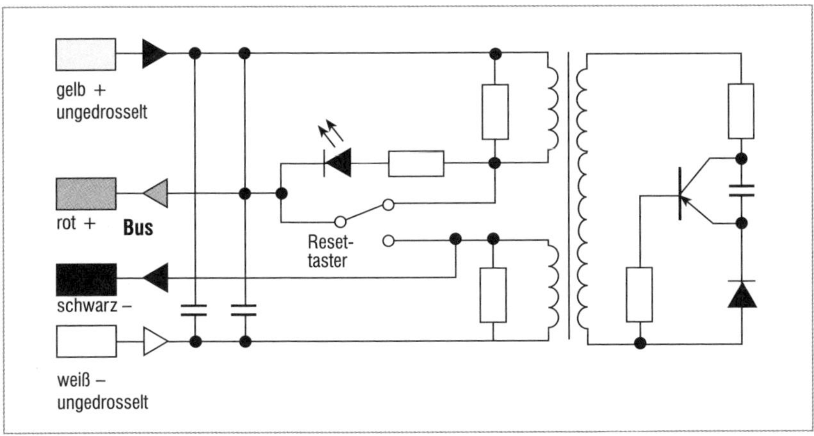

Bild 1.7 Innenbeschaltung einer Drossel

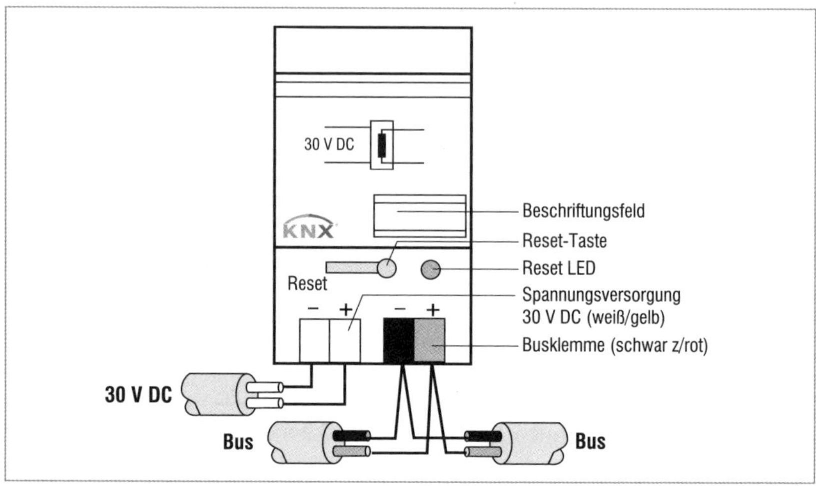

Bild 1.8 Anschluss REG-Drossel

1.2.3 Bereichs- und Linienkoppler, Repeater

Die im **Bild 1.9** dargestellte Variante ist die „sparsame Version", wenn zwei Linien benötigt werden. Sie sollte aber nur dann gewählt werden, wenn sicher auszuschließen ist, dass keine weiteren Linien mehr dazukommen (siehe auch Bild 1.13). Der Grund liegt in der Tatsache, dass eine Hauptlinie (1.0.0) mit Busteilnehmern versehen wird. Das funktioniert zwar tadellos, aber sollten weitere Linien verwendet werden, kommt es auf der Hauptlinie eventuell zu einer zu hohen Buslast (siehe dazu auch A1.5 „Backbone, Bereich und Linie").

Bereich- und Linienkoppler sind identische Geräte. Zu ihren Aufgaben zählen die Entkopplung (galvanische Trennung) der Linien und Bereiche, die Unterteilung der Topologie für die physikalische Adressierung, die parametrierbare Kommunikation zwischen Geräten unterschiedlicher Linien in eventuell unterschiedlichen Bereichen sowie die Linienverstärkung (Repeater-Betrieb) (**Bild 1.10**).

Koppler benötigen immer eine Applikationssoftware. Vor dem Download ins Gerät kann parametriert werden, wie die Kommunikation zwischen Haupt- und Unterlinie und umgekehrt verlaufen soll. Die Auswahlmöglichkeiten sind im **Bild 1.11** dargestellt. Die Filtertabelle wird von der ETS automatisch erstellt und mit dem Applikations-Download ins Gerät übermittelt. Wichtig ist dabei, dass zuerst alle Bereiche und/oder Linien mit allen

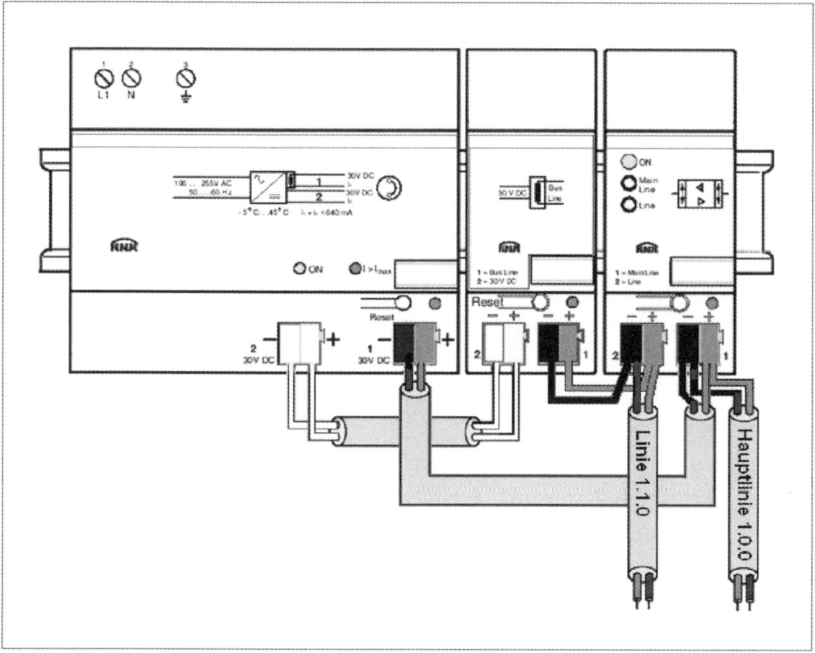

Bild 1.9 Zwei Linien mit einem Netzteil und einem Koppler

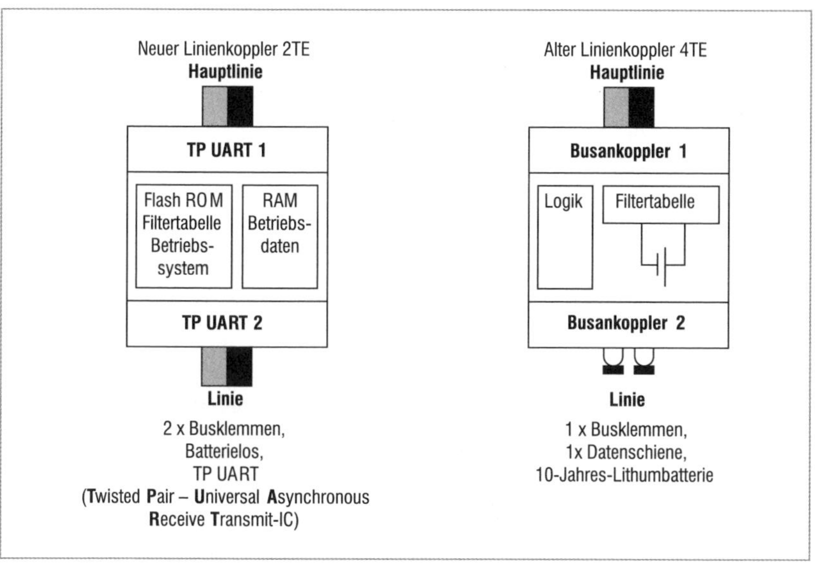

Bild 1.10 Funktionsblock – Ansicht eines Kopplers

Parameter	Einstellung
Gruppentelegramme Hauptlinie → Linie	nur für Testbetrieb: weiterleiten sperren **filtern**
Gruppentelegramme Linie → Hauptlinie	nur für Testbetrieb: weiterleiten sperren **filtern**

Bild 1.11 Parameter für Kommunikation

übergreifenden Gruppenadressen projektiert wurden. Wird nach der Programmierung der Geräte bereichs- oder linienübergreifend geändert oder ergänzt, muss nochmals die Applikation mit der geänderten Filtertabelle übertragen werden.

Die Grundeinstellung ist bei Kopplern auf „filtern" eingestellt. Das bedeutet, dass Telegramme nur weitergeleitet werden, wenn diese aus der ETS-Projektierung bereichs- oder linienübergreifende Gruppenadressen in die Filtertabelle geladen bekommen haben.

Für Inbetriebnahme oder Fehlersuche werden Koppler auch auf „Durchzug" geschaltet. Das bedeutet, dass grundsätzlich alle Telegramme in jede Richtung durchgelassen werden. Ebenfalls kann es für die Inbetriebnahme oder Fehlersuche wichtig sein, eine Linie aus dem System zu „isolieren", dazu wird dann gesperrt. Die Möglichkeit, dies nur in eine bestimmte Richtung vorgeben zu können, ergibt zusätzliche Strategiemöglichkeiten.

Fügt man einen Koppler (**Bild 1.12**) mittels ETS in einen Bereich ein, dann wird nur die erste Stelle der Physikalischen Adresse mit einer Num-

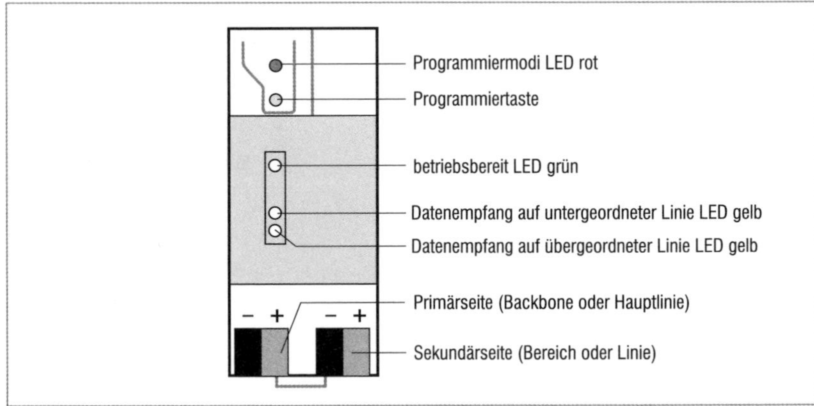

Bild 1.12 Koppler

mer zwischen 1 und 15 versehen. Liniennummer und Teilnehmernummer sind immer 0. Ein Linienkoppler bekommt automatisch von der ETS die Nummer des Bereichs, in dem der Linienkoppler gesetzt wurde, sowie fortlaufend eine Nummer von 1 bis 15 für die Linie, die er eröffnet.

Der Repeater-Betrieb wird meist über eine eigene Applikation (Anwendersoftware des Herstellers) realisiert. Repeater lassen es zu, die Leitungslimits (siehe A1.5 „Backbone, Bereich und Linie") zu sprengen und die Teilnehmeradressierung komplett auszunutzen. Ein Koppler, der zum Repeater wird, hat die Bereichsnummer des Bereichskopplers, die Liniennummer des Linienkopplers und eine beliebige Teilnehmernummer von 1 bis 255.

Der Repeater-Betrieb sollte nie bei der Erstprojektierung vorgesehen werden. Es ergeben sich Telegrammverzögerungszeiten, eine erhöhte Buslast und weitere Fehlermöglichkeiten. Vielmehr ist es nur eine Option für den Fall, bei einer eingeschränkten Bustopologie weitere Geräte an den Bus zu bringen.

> **Achtung!** Herstellerspezifisch können sich unterschiedliche Lagen der Busklemme für Haupt- und Unterlinien sowie unterschiedliche Anzeigemöglichkeiten ergeben.

Im **Bild 1.13** wird die in der Praxis oft verwendete „Sparvariante" einer Zwei-Linien-Version dargestellt (siehe auch Bild 1.9).

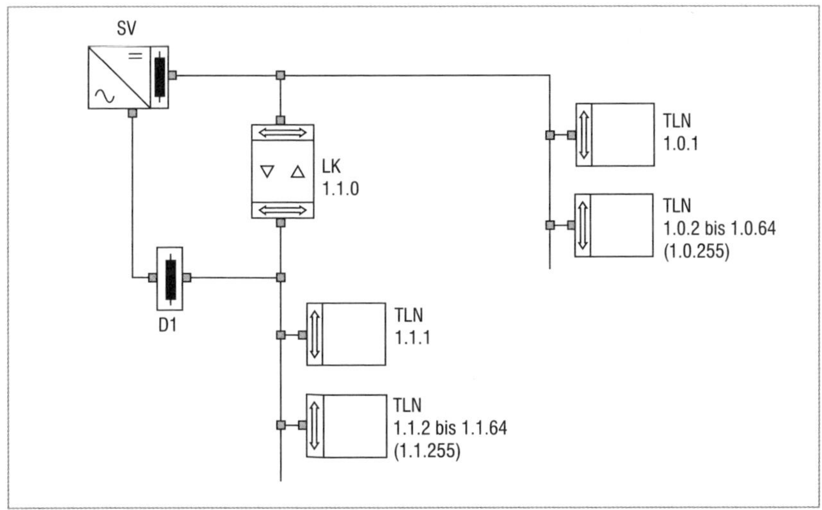

Bild 1.13 „Sparversion" von zwei Linien mit einem Koppler

Achtung! Die Adressierung von bis zu jeweils 255 Geräten ist nur theoretisch möglich. Praktisch ist das Netzteil nur in der Lage, bis zu 100 Geräte zu versorgen. Natürlich wird man nie an die Grenzen der Belastung gehen und immer Reserven offen halten.

Die Parallelschaltung von Netzteilen zur Leistungserhöhung wird im Abschnitt 1.4 beschrieben.

Im **Bild 1.14** werden die unterschiedlichen Funktionen der Koppler (BK, LK und R) in Verbindung mit den notwendigen Spannungsversorgungen dargestellt.

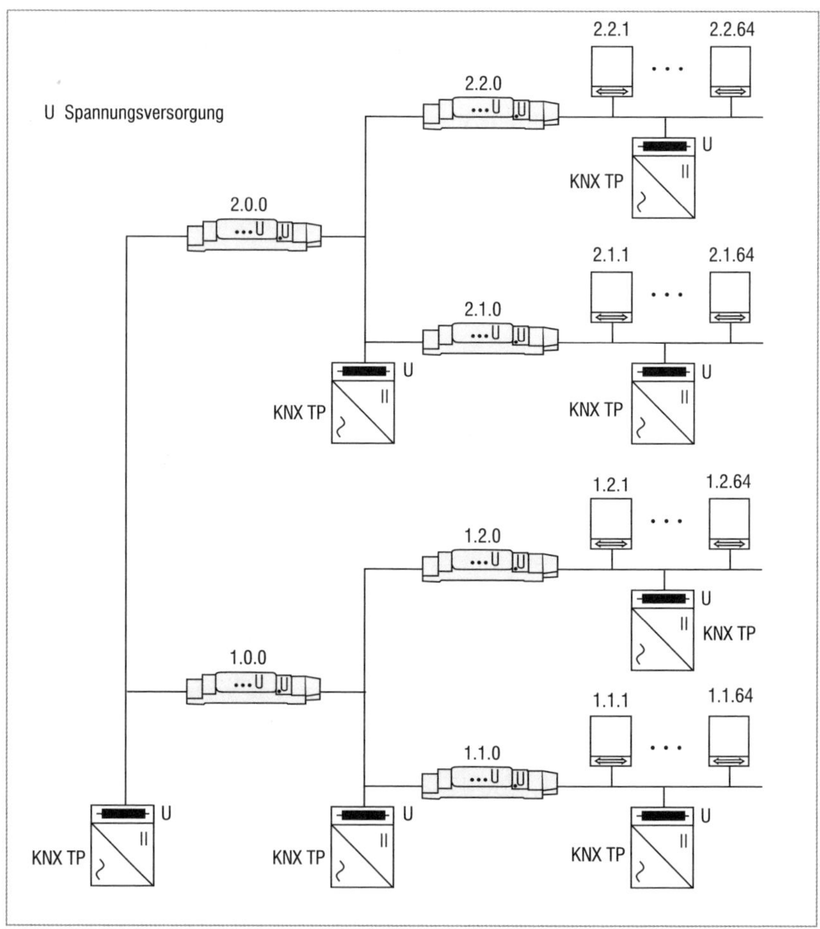

Bild 1.14 Spannungsversorgung – Koppler

In einer Linie können bis zu drei Repeater eingebracht werden. Dabei dürfen diese nicht in Reihe benutzt werden.

Nutzt man die Projektierungsstufe mit je 64 Geräten pro Linie und lässt Backbone und alle Hauptlinien gerätefrei, kommt man auf maximal 14.400 Geräte. Abzüglich der dafür notwendigen 240 Koppler sind das 14.160 „echte“ Busteilnehmer. Besetzt man alle Adressen (bis 255) je Linie, dann werden das 57.375 Geräte. Dafür würden dann 900 Koppler abgezogen, was immer noch 56.475 Busteilnehmer bedeutete. Wenn man darüber hinaus noch alle Hauptlinien mit Geräten belegen wollte, käme man auf 61.200 Geräte. Dabei müsste man dann 945 Koppler berücksichtigen, was 60.255 Busteilnehmer bedeuten würde. Das sind alles theoretische Betrachtungen. Die größten realisierten Projekte sind bisher immer unterhalb der ersten Projektierungsstufe geblieben. Werden wirklich viele Busteilnehmer benötigt, dann versucht man, die Topologie „flacher“ zu halten. Dabei versteht man unter „flacher“ die Benutzung eines lokalen Netzwerkes (LAN) und die Einbindung mittels KNX-IP-Router und/oder KNX-Visualisierungen. Der Vorteil einer solchen Topologie liegt auf der Hand: Verwendung von Standardnetzwerken für die Erschließung des gesamten Feldes, Mittler zwischen KNX und der Office-Anwendungswelt, Ferndiagnose, Fernwartung, Fernvisualisierung, Embedded PC-Lösungen, Einbindung von WLAN-fähigen Smart Phones und PDAs, Programmierung mit ETS von jeder beliebigen Stelle des LANs oder über WLAN.

Deshalb ist es sinnvoll, auch diesen Aspekt der Anbindung für Wohn- und Nutzbau gleichermaßen in Betracht zu ziehen.

1.2.4 Schnittstellen

Um mit der ETS an den Bus andocken zu können, benötigt man eine Schnittstelle. Die erste verfügbare Schnittstelle war die RS232 nach DIN 66259 Teil 1. Allerdings ist heute der Standard mindestens die USB-Schnittstelle (**Bild 1.15**) oder eine IP-Schnittstelle (**Bild 1.16**).

Wichtig ist hierbei, dass die Physikalische Adresse der Schnittstelle am jeweiligen Standort (Linie) angepasst wird. Die möglichen Einbauorte zeigt das **Bild 1.17**.

Die UP-Version der seriellen Schnittstelle basiert auf einem Busankoppler und einem Adapter, der auf den Busankoppler über die 10-polige Steckverbindung angeschlossen wird (Bild 1.16).

Da keine Applikation für den Schnittstellenbetrieb notwendig ist, kann ein beliebiger Busankoppler, z. B. der eines Sensortasters, genommen werden.

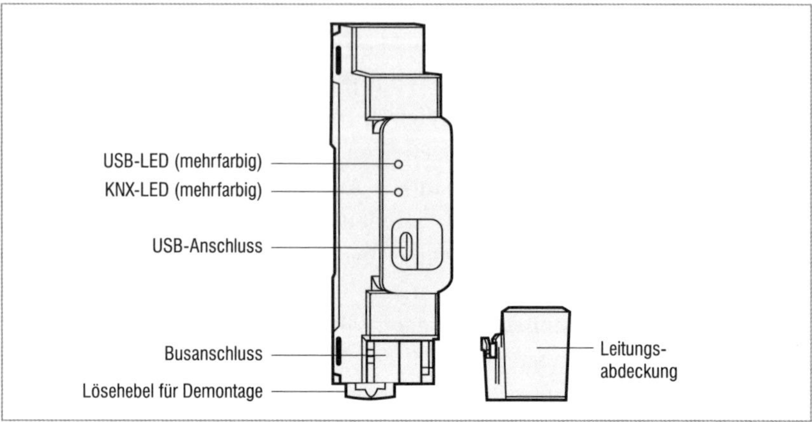

Bild 1.15 USB-Schnittstelle REG für den Zugriff auf dem Bus

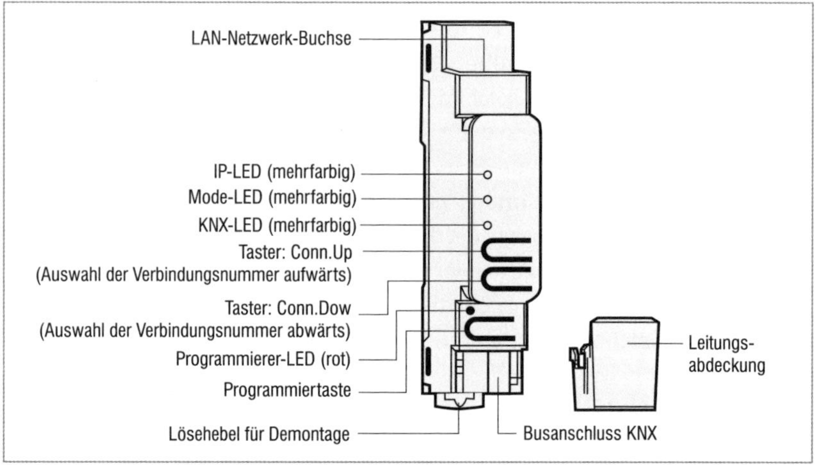

Bild 1.16 IP-Schnittstelle REG für den Zugriff auf dem Bus

Achtung! Serielle Schnittstellen werden von der ETS5 nicht mehr unterstützt.

USB-Schnittstellen werden ab der ETS3 unterstützt (**Bild 1.18**). Die Anschlussleitung sollte nicht länger als 5m sein. Die USB-Schnittstelle gibt es ebenso als UP-Gerät.

USB-Schnittstellen können lokal physikalisch adressiert werden, mit der ETS5 unter „Einstellungen“ – „Kommunikation“ (**Bild 1.19**) und mit der ETS6 unter „Bus“ – „Verbindung“, wie im **Bild 1.19 a** dargestellt.

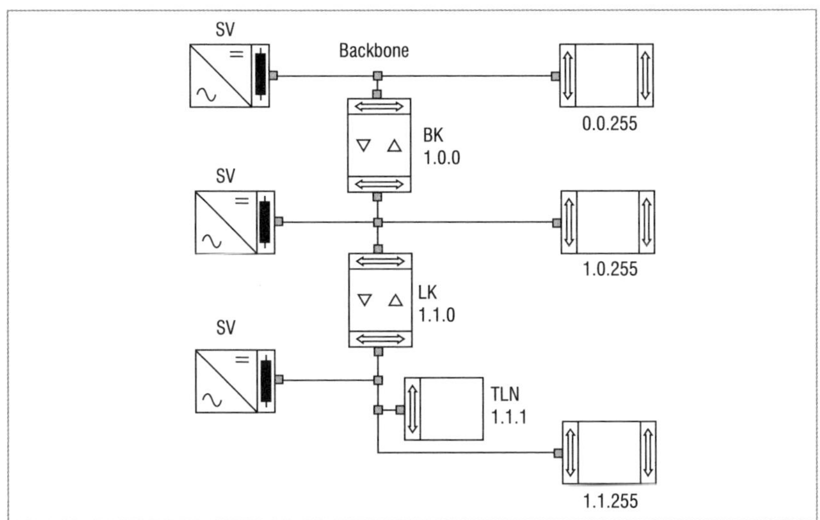

Bild 1.17 Einbaustellen für IP- und USB-Schnittstellen und deren Adressierung

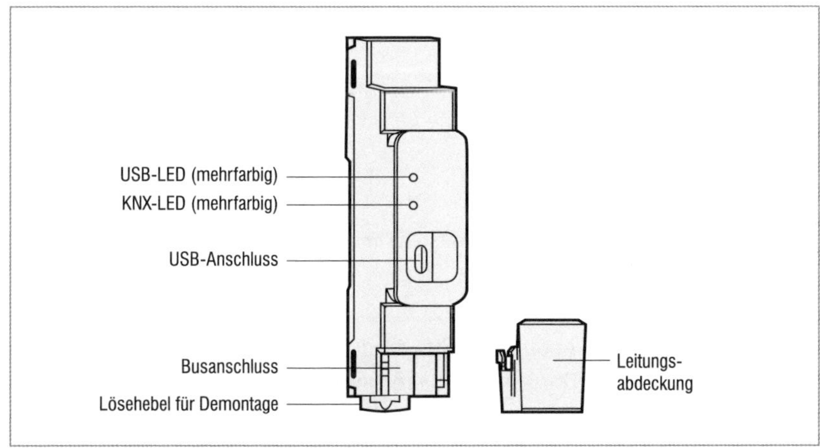

Bild 1.18 USB-REG-Schnittstelle – USB C

Zur Sicherstellung, dass die gewünschte Adresse noch frei ist, muss der Button „Adresse frei?“ gedrückt werden. In der Praxis hat sich die Adressierung der letzten möglichen Teilnehmernummern bewährt. USB- und IP-Schnittstellen können in der ETS lokal oder per Applikation physikalisch adressiert werden.

Bild 1.19 Adressierung einer USB-Schnittstelle (ETS5)

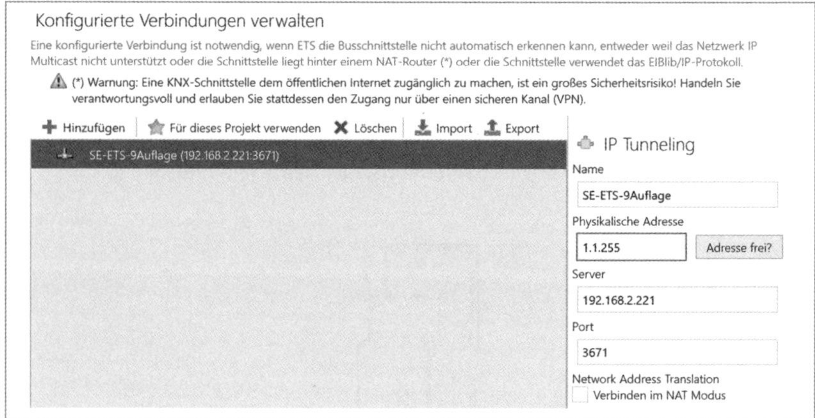

Bild 1.19 a Adressierung einer USB-Schnittstelle mit der ETS6

1.2.5 KNX – IP

IP-Netzwerke gehören heute zum Standard. Deshalb wird auch die Nutzung des Netzwerkes für KNX-Anwendungen immer mehr zum Standard. Ob als reine Schnittstelle, als Router, als Netzwerkkoppler oder als Gateway, drahtgebunden oder Wireless stellt IP die Kommunikation her.

KNXnet/IP Routing definiert, wie Bustelegramme zwischen Linien und Bereichen über IP ausgetauscht werden. Die IP-Router dienen dabei als Bereichs- oder Linienkoppler, je nachdem, wie diese adressiert wurden.

Die KNX-IP-Schnittstelle ist ein Reiheneinbaugerät mit 2 TE. Das Gerät dient als Schnittstelle zu KNX/EIB-Installationen über Datennetzwerke unter Nutzung des Internet-Protokolls (IP). Zugleich ermöglicht dieses Gerät den Buszugriff von einem PC oder anderen Datenverarbeitungsgeräten, wie WLAN-Router, um Tablets oder Smart Phones zu nutzen.

Die Verbindung zum KNX/EIB wird über eine Busanschlussklemme hergestellt. Die Verbindung zum LAN erfolgt über eine RJ45-Buchse. Auch wenn keine direkte Netzwerkverbindung zwischen einem PC und einer IP-Schnittstelle besteht, kann extern auf eine KNX/EIB-Installation zugegriffen werden. Für den Betrieb einer derzeitigen IP-Schnittstelle werden anders als früher keine zusätzlichen 24 V DC benötigt; heute wird Betriebsspannung/-strom aus dem KNX-Bus genommen. Die IP-Schnittstelle N148/22 kann diese Betriebsspannung über die Netzwerkleitung aus „Power over Ethernet" gemäß IEEE 802.3af beziehen. Die unverdrosselte Spannungsversorgung des 640 mA KNX-Netzteils darf **nicht** für die Spannungsversorgung der IP-Schnittstelle verwendet werden. Es bestünde keine Isolation mehr zur Erde (kein SELV!) wenn der LAN-Schirm geeerdet ist.

Vorteile:

- einfache Anbindung an übergeordnete Systeme durch Nutzung des Internet-Protokolls (IP),
- gebäude- und liegenschaftsübergreifende Kommunikation (Vernetzung von Liegenschaften),
- einfache Konfiguration mit der Standard-ETS5/6,
- einfache Anbindung von Visualisierungssystemen; Facility Management-Systemen und WLAN-Anwendungen KNXnet/IP-Tunneling-Schnittstelle zum Bus,
- die IP-Schnittstelle von MTN6502-0105 (**Bild 1.20**) bietet bis zu acht KNXnet/IP-Tunnelling-Verbindungen, sodass z. B. gleichzeitig visualisiert und mit der ETS konfiguriert werden kann.

Nachteil:

- Routing (Kopplung von Bereichen und Linien) ist nicht möglich.

Die IP-Adresse des KNX-IP-Interface wird per ETS-Konfiguration (ETS5 siehe **Bild 1.21** und ETS6 **Bild 1.21 a**), automatisch von einem DHCP-Dienst-Netzwerk oder durch das Gerät selbst (AutoIP) zugewiesen. Die Zuweisung der IP-Adresse durch einen DHCP-Dienst erlaubt Änderungen der IP-Adresse ohne Konfiguration des Gerätes mit der ETS. Zur Konfiguration des DHCP-Dienstes wird die MAC-Adresse des Gerätes benötigt, die auf dem Gerät aufgebracht ist. Ist ein DHCP-Dienst nicht verfügbar, sucht das Gerät sich eine eigene IP-Adresse (AutoIP).

PC-Schnittstelle plus Kopplerfunktion bietet der im Beispiel verwendete KNX-IP-Router. Er ist ein 1-TE-Reiheneinbaugerät und verbindet KNX-Linien miteinander über LAN unter Nutzung des Internet-Protokolls (IP).

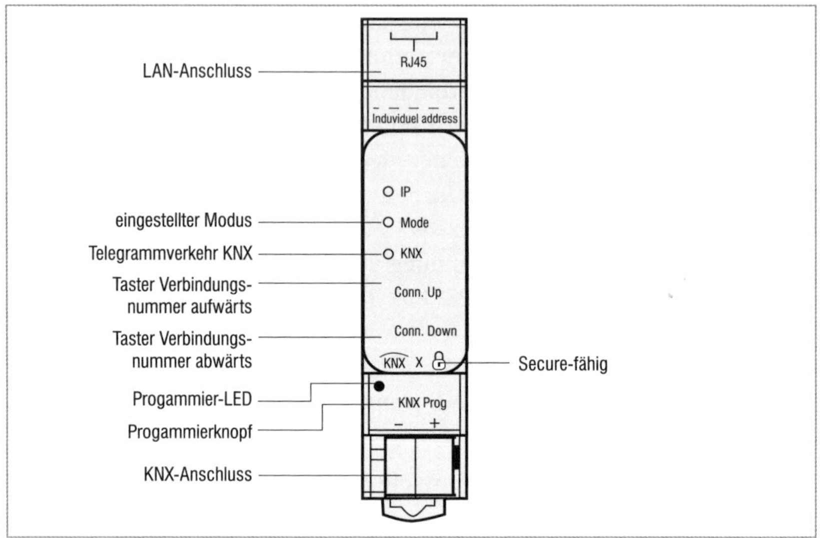

Bild 1.20 KNX-IP-Schnittstelle

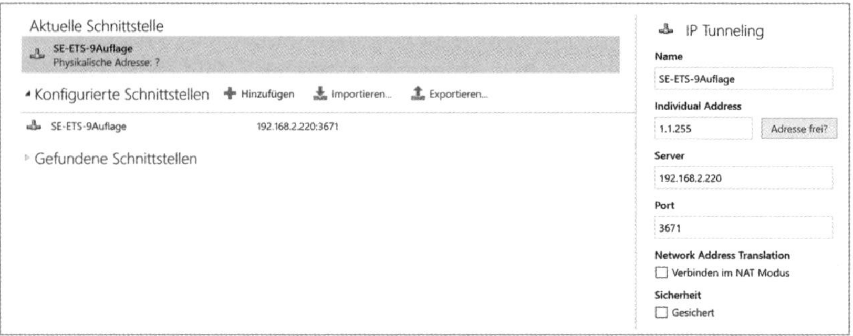

Bild 1.21 Einstellung der KNX-IP-Schnittstelle (ETS5)

Im **Bild 1.22** sind die beiden grundsätzlichen Möglichkeiten der Verwendung dargestellt. Sollen IP-Router mit Linienkopplern benutzt werden, kann der IP-Router die Rolle des Bereichskopplers übernehmen. Die Methode, den IP-Router gleich als Linienkoppler zu benutzen und so die Struktur flach zu halten, hat sich in der Praxis bewährt. Deshalb trifft man diese Konstellation häufig an.

Die Verbindung zum KNX wird über eine Busanschlussklemme hergestellt. Die Verbindung zum LAN erfolgt über eine RJ45-Buchse.

Es funktioniert ebenfalls, wenn man IP-Router mit Linienkoppler-Adresse und Koppler mit Bereichskoppler-Adresse verbindet.

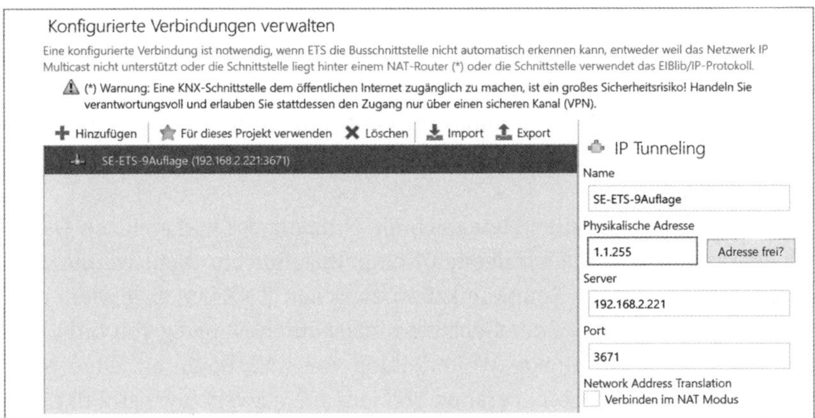

Bild 1.21 a Einstellung der KNX-IP-Schnittstelle (ETS6)

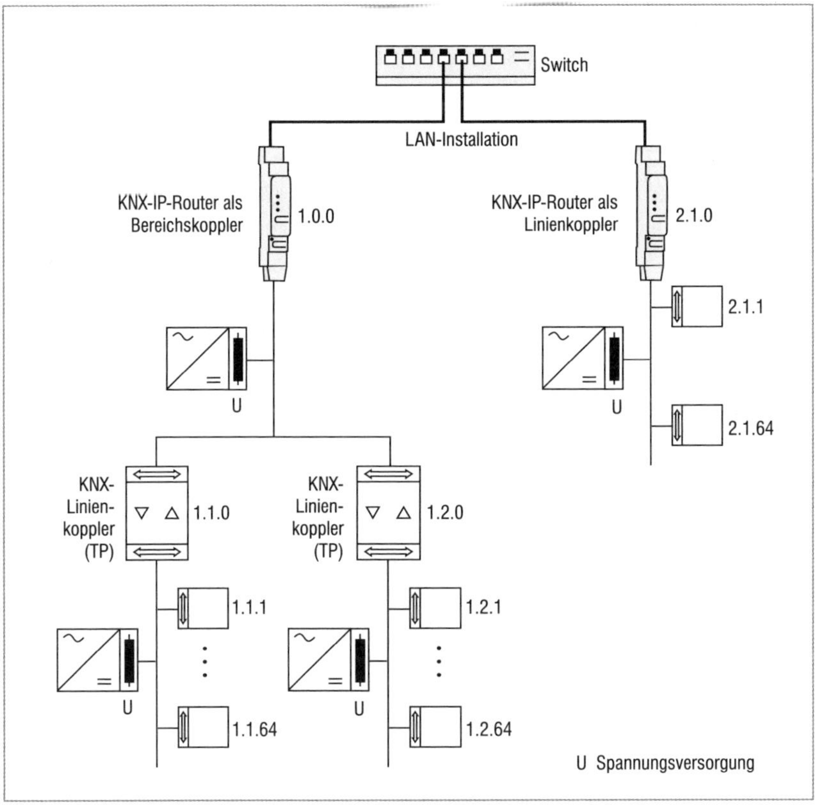

Switch
LAN-Installation
KNX-IP-Router als Bereichskoppler 1.0.0
KNX-IP-Router als Linienkoppler 2.1.0
2.1.1
2.1.64
U
KNX-Linienkoppler (TP) 1.1.0
KNX-Linienkoppler (TP) 1.2.0
1.1.1
1.1.64
1.2.1
1.2.64
U Spannungsversorgung

Bild 1.22 KNX-IP-Router als Bereichs- und Linienkoppler

Der IP-Router nutzt den KNXnet/IP-Standard, sodass über ein IP-Netzwerk KNX-Telegramme zwischen Linien weitergeleitet werden können und zugleich der Buszugriff von einem PC erfolgen kann.

Der IP-Router bietet eine einfache Konfiguration mit der Standard-ETSx und eine schnelle Anbindung von Visualisierungssystemen und Facility-Management-Systemen.

Gerade in Zweckbauten bietet sich die Nutzung des vorhandenen Datennetzwerks zur linienübergreifenden Kommunikation an. Damit verbundene Vorteile sind: schnelle Kommunikation zwischen KNX-Linien, Erweiterung eines KNX-Systems über ein Gebäude hinaus durch Nutzung von LAN- und WAN-Verbindungen, direkte Weiterleitung von KNX-Daten an jeden Netzwerknutzer, KNX-Fernkonfiguration von jedem Netzwerkzugangspunkt. Der IP-Router ist einsetzbar als Linienkoppler oder Bereichskoppler in bestehenden KNX-Netzwerken. Er enthält Filtertabellen, mit deren Hilfe bestimmte Bustelegramme von oder zur Buslinie entweder gesperrt oder durchgeschleust werden und trägt so zur Verringerung der Busbelastung bei. Die Filtertabelle wird von der ETSx bei Parametrierung und Inbetriebnahme der Anlage automatisch erstellt.

Im **Bild 1.23** wird der Verbindungsaufbau für einen „Routing Modus“ (Programmieren und bereichs- und linienübergreifender Telegrammverkehr) dargestellt. Dabei wird in der Ansicht „Einstellungen“ – Kommunikation“ mit dem Button „Neu“ eine Verbindung bearbeitet. Der Router sollte dabei bereits online sein. Über die angezeigte Netzwerkkarte des PCs wird eine Verbindung zum Gerät hergestellt. Dem Router der als Schnittstelle

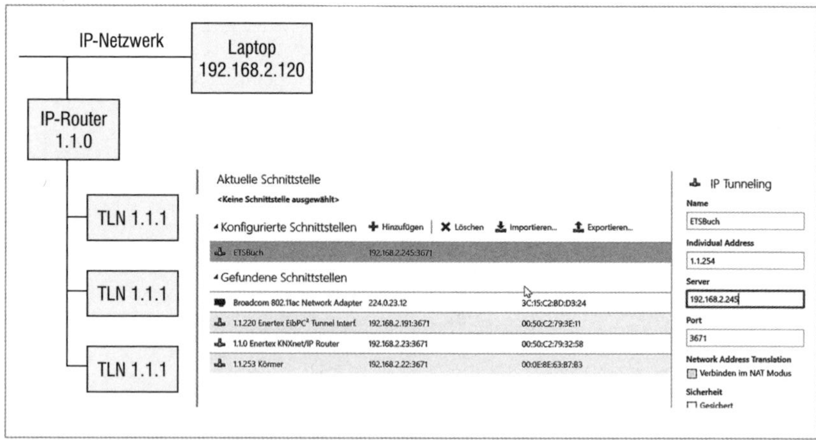

Bild 1.23 KNX-Tunneling-IP-Router

verwendet wird, sollte noch ein Name gegeben werden, damit er unter den konfigurierten Schnittstellen wiedergefunden wird.

Das Einbinden eines KNX-Gateways verläuft zunächst wie das eines Kopplers. Über die TP-Schnittstelle wird das Gerät physikalisch eingebunden.

Als Beispiel soll der IP-Router als Linienkoppler und als Schnittstelle benutzt werden können. Deshalb bekommt das Gerät die PA 1.1.0. Im nächsten Schritt müssen die Parameter für die Kopplerfunktion (Routing) und die Administration für die KNX-Schnittstelle (Tunneling) angelegt werden.

Um über einen vorhandenen LAN die weitere Programmierung durchführen zu können, müssen alle Netzwerkteilnehmer adressiert sein. Bei der Adressierung innerhalb eines Netzwerkes müssen die ersten drei Teile der IP-Adresse übereinstimmen (**Bild 1.24**). Die Vergabe erfolgt noch über die USB-Schnittstelle.

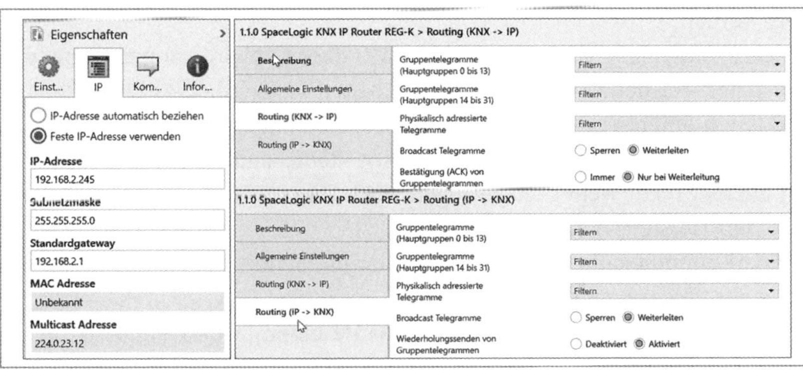

Bild 1.24 IP-Router-Parameter und IP-Einstellung

Schrittweise Vorgehensweise

a) Physikalische Adresse der USB-Schnittstelle muss in die Topologie der Linie des IP-Routers passen (z. B. USB 1.1.255, IP-Router als Linienkoppler 1.1.0).

b) Physikalische Adresse des IP-Routers in der Linie der USB-Schnittstelle vergeben (z. B. hier 1.1.0).

c) Parameter und IP-Adresse einstellen und komplette Applikation über USB-Schnittstelle auf IP-Router downloaden.

d) An LAN (RJ 45) anschließen.

e) Physikalische Adressen der entfernten IP-Router (1.2.0 über LAN mit dem IP-Router 1.1.0 verbunden) programmieren.

f) Parameter einstellen und komplette Applikation der entfernten IP-Router (1.2.0) downloaden.
g) KNX-Geräte in der Linie der entfernten IP-Router programmieren.
h) Parameter (oder Applikation) des IP-Routers (1.1.0) am Schluss programmieren.

Unter „Automatisch“ ⇒ „Konfigurierte Verbindungen verwalten“ ⇒ „Hinzufügen“ wird eine neue Verbindung hinzugefügt. Die Einstellung von Typ „IP-Tunneling“ sowie die Adressierung des IP-Routers oder IP-Schnittstelle werden dort vorgenommen (**Bild 1.25**). Die Einstellung von Typ (IP-Tunneling) und Protokoll (UDP) sowie die Adressierung des Servers werden in dieser Ansicht vorgenommen. Alle anderen Einstellungen können übernommen werden.

Zur Überprüfung der sicheren Verbindung kann der Test-Button gedrückt werden (**Bild 1.26**) oder der Eintrag in der Statusleiste (**Bild 1.27**) kontrolliert werden.

Jetzt können alle Geräte der Linie 1.1.0 über LAN programmiert und diagnostiziert werden. Alle IP-Gateways arbeiten im Beispiel als Linienkoppler und leiten linienübergreifende Gruppenadressfunktionen weiter.

Natürlich hat der IP-Router noch eine Reihe anderer Funktionalitäten, auf die hier nicht weiter eingegangen wird. Diese sind der Produktbeschreibung des Herstellers zu entnehmen.

Die Kommunikation mit dem Bus über die Schnittstellen dient in erster Linie der Programmierung mittels ETS.

In den meisten Haushalten gibt es heute einen „Quasi-Standard“ in Sachen Kommunikation: Internetanschluss über einen WLAN-Router. Auf

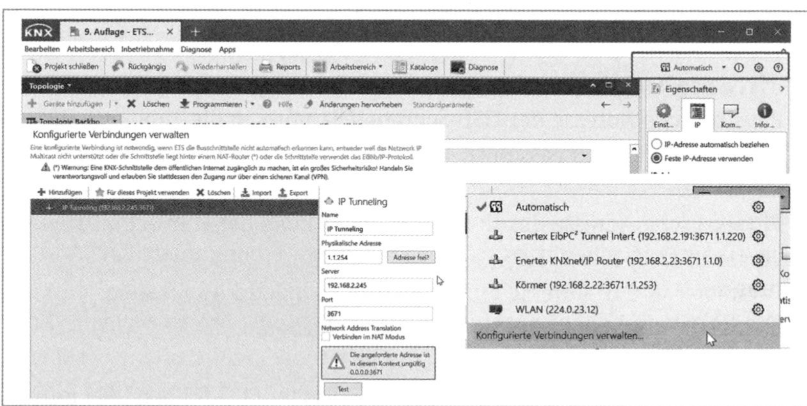

Bild 1.25 Einstellungen im Connection Manager

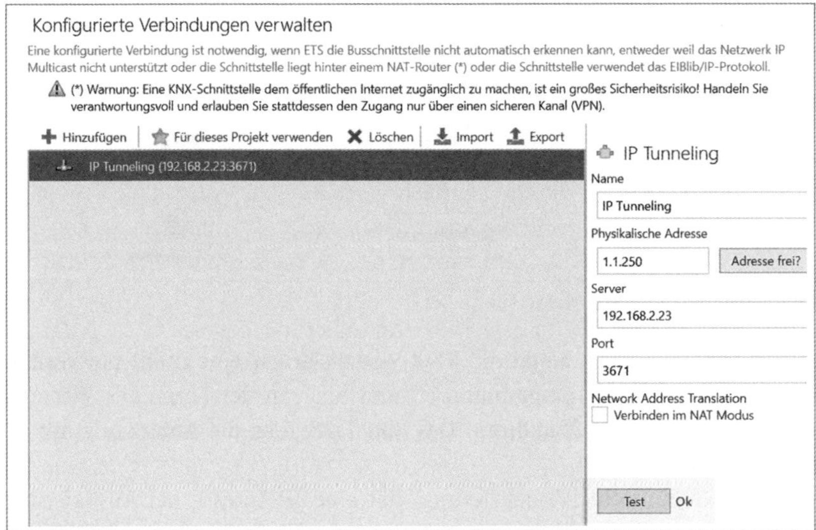

Bild 1.26 Status der Schnittstelle

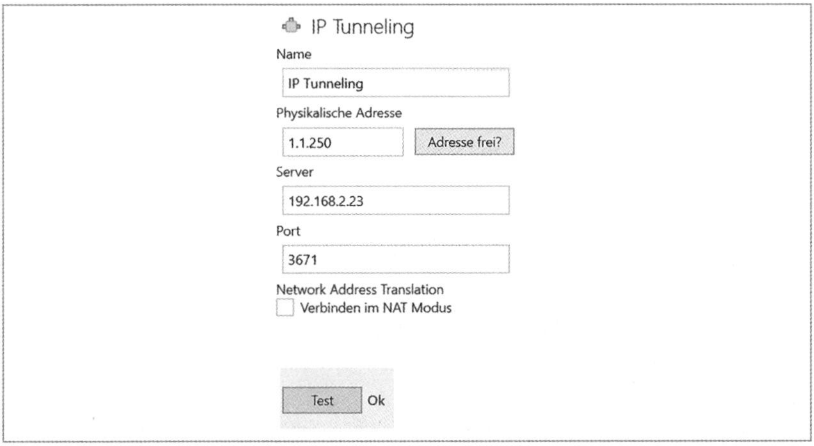

IP Tunneling
Name
IP Tunneling
Physikalische Adresse
1.1.250
Adresse frei?
Server
192.168.2.23
Port
3671
Network Address Translation
Verbinden im NAT Modus
Test
Ok

Bild 1.27 Testen der IP-Verbindung

solch einem Anschluss baut die folgende Beschreibung einer KNX-Visualisierung auf.

Die KNX-Visualisierung ist die ideale Schnittstelle, um vorhandene Kommunikationsgeräte im Haushalt zu Visualisierungs- und Bedienzwecken zu nutzen. Über das Internet besteht immer eine Verbindung mit dem Gebäude (**Bild 1.28**).

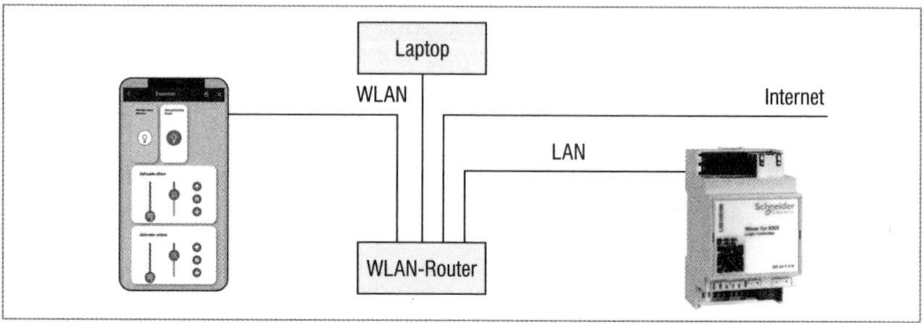

Bild 1.28 Anschluss KNX-Webserver

Für den Fachmann bietet die KNX-Visualisierung eine drahtlose Verbindung vor Ort, um zu programmieren und um von der Ferne aus Wartung und Fehlersuche durchzuführen. Das Bild 1.28 zeigt die Anbindung mit einer Fritzbox.

Der KNX-Baustein (Visualisierung) hat eine IP-Adresse bei Auslieferung 192.168.0.10. Diese muss wie alle anderen IP-Geräte in das heimische Netzwerk eingebunden werden.

Die IP-Adresse des KNX-Bausteins wird direkt in der Weboberfläche des Gerätes eingestellt. Heute ist das gängiger Standard bei Visualisierungen (**Bild 1.29**).

Als Netzwerkmaske muss hier „255.255.255.0“ eingestellt werden, da dies den Netzanteil des Netzwerkes festlegt bzw. von der Fritzbox festgelegt wird. Soll die KNX-Visualisierung auch aus dem Internet erreichbar sein,

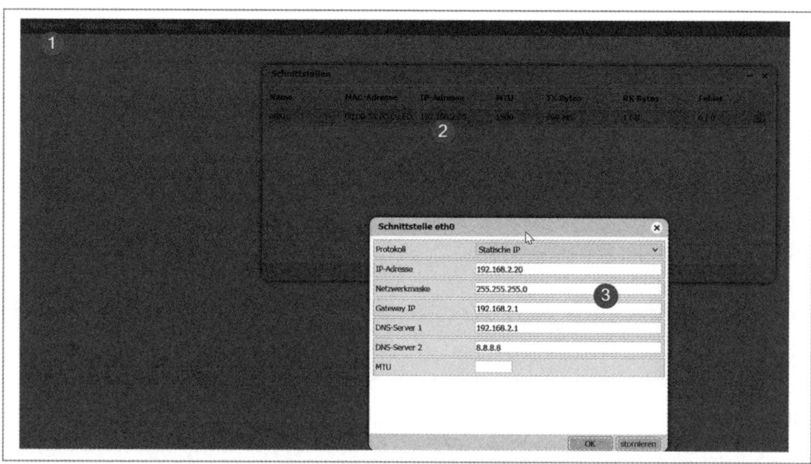

Bild 1.29 Einstellen der IP-Adressen des Webservers

muss das „Gateway“ bestimmt werden. Als Gateway bezeichnet man in einem Netzwerk auch den Router, also hier die Fritzbox. Als Gateway wird also die IP-Adresse der Fritzbox angegeben (**Bild 1.30**).

Bei „Netzwerk“ wählt man „Schnittstellen“ aus und klickt auf die IP-Adresse – jetzt kann man die IP-Adressen für das Gerät wie auch für Standard-Gateway und DNS-Server eintragen. In der Regel ist das jeweils die IP-Adresse des Routers => Fritzbox.

Sobald man die Änderungen gespeichert hat, kann man die Visualisierung mit der eingegeben IP-Adresse mit dem Aufruf z. B. „http://192.168.2.20“ aufrufen.

Zum Herstellen der Kommunikation, so dass man mit der ETS auch über die Schnittstelle programmieren kann, muss man in der ETS6 unter „Konfigurierte Verbindungen verwalten“ eine neue Schnittstelle einstellen (**Bild 1.31**).

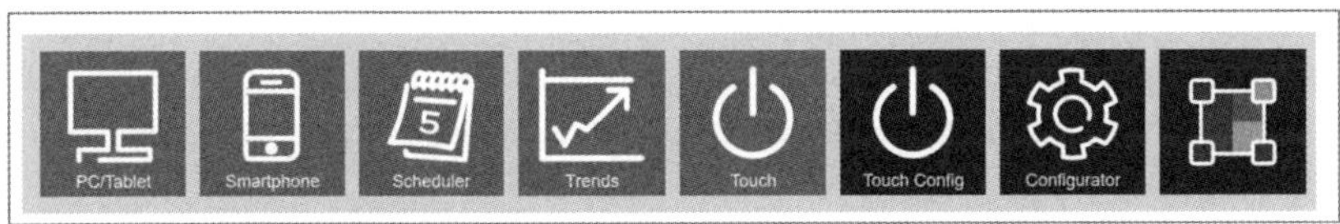

Bild 1.30 Startseite der KNX-Visualisierung

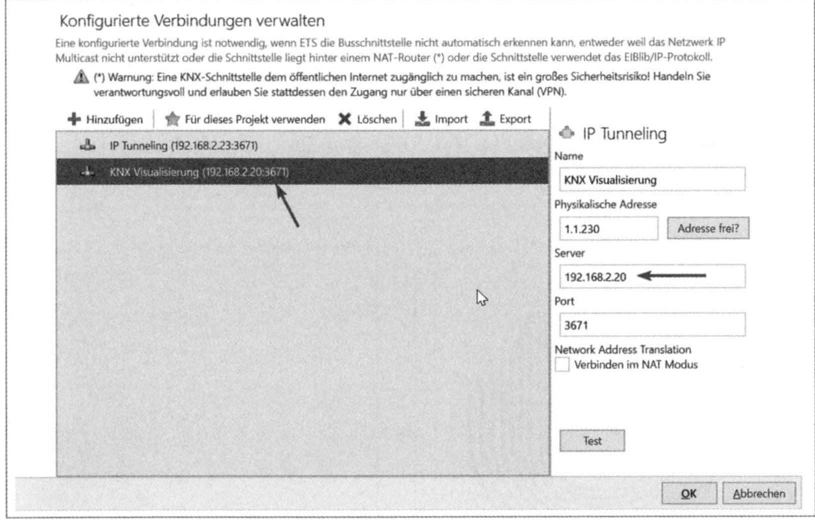

Bild 1.31 KNX-Visualisierung als Schnittstelle

1.3 Sensoren und Aktoren

1.3.1 Sensoren

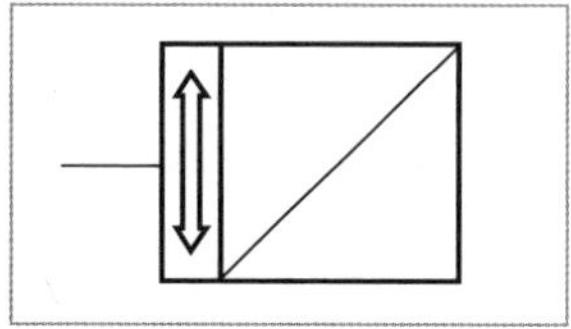

Bild 1.32 Schaltbild eines Sensors

Sensoren wandeln physikalische Größen in elektrische Signale um, die dem Busankoppler zugeführt werden (**Bild 1.32**). Die Hardware von Sensoren auf der Anwendungsseite verfügt über „Kanäle", die den Eingang der physikalischen Größen sicherstellen. Ein Beispiel: Ein Sensortaster mit vier Wippen hat acht Kanäle, das bedeutet, auf jeder Wippe befinden sich zwei Taster. Diese Kanäle werden innerhalb der Software zu Objekten. Ein Kanal kann mehrere Objekte haben. So lässt sich z.B. eine Wippe lang oder kurz betätigen, was zwei unterschiedliche Telegramme auslöst. Darüber hinaus haben Sensoren auch reine Softwareobjekte, die per Telegramm Informationen empfangen. Ein typisches Objekt dafür ist z.B. „Sperren". Wird ein Telegramm im Objekt „Sperren" empfangen, dann verhalten sich die Sendeobjekte der zugehörigen Kanäle passiv.

Beispiel 1: Taster-Schnittstelle MTN670804 von Schneider Electric. Die Taster-Schnittstelle hat vier Kanäle, von A bis D bezeichnet (**Bild 1.33**). Der Kanal A bewirkt je nach Parametrierung eine Reaktion auf die dazugehörenden Objekte (**Bild 1.34**).
Die Tasterschnittstelle im Beispiel wurde auf „Flanken 1Bit..." eingestellt. Dadurch wurden zwei Objekte (Nr. 0-1) angelegt. Damit lassen sich zwei Funktionen realisieren.

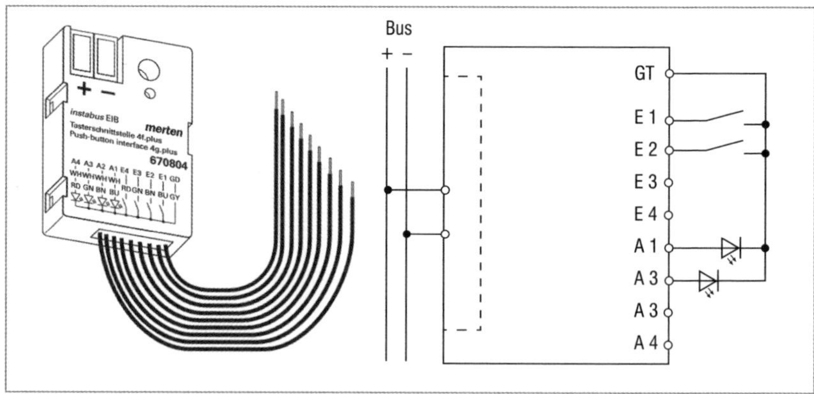

Bild 1.33 Sensor-Taster-Schnittstelle für Beispiel 1

Nummer	Name	Objektfunktion	Beschreibung	Gruppenadre:	Länge	K	L	S	Ü	A	Datentyp	Priorität
0	Objekt A	Eingang 1			1 bit	K	-	S	Ü	-		Niedrig
1	Objekt B	Eingang 1			1 bit	K	-	S	Ü	-		Niedrig
3	Schaltobjekt A	Eingang 2			1 bit	K	-	S	Ü	-		Niedrig
6	Schaltobjekt A	Eingang 3			1 bit	K	-	S	Ü	-		Niedrig
9	Schaltobjekt A	Eingang 4			1 bit	K	-	S	Ü	-		Niedrig
25	Schaltobjekt	Ausgang 1			1 bit	K	-	S	-	-		Niedrig
28	Schaltobjekt	Ausgang 2			1 bit	K	-	S	-	-		Niedrig
31	Schaltobjekt	Ausgang 3			1 bit	K	-	S	-	-		Niedrig
34	Schaltobjekt	Ausgang 4			1 bit	K	-	S	-	-		Niedrig

Bild 1.34 Objekte von Kanal A der Taster-Schnittstelle aus Beispiel 1

Insgesamt hat der Kanal A in dieser Parametereinstellung zwei Objekte. Ebenso können an den vier Ausgängen LEDs für die Signalisierung von Zuständen angeschlossen werden.

Wichtig! Immer vor der Belegung mit Gruppenadressen die Parameter einstellen, da dadurch die Anzahl und die Funktion der Objekte bestimmt werden.

Wird bei einem Sensor mehr als eine Gruppenadresse in das sendende Objekt gezogen, dann bleibt die erste (links stehende) GA in ihrer sendenden Funktion. Alle weiteren können nur „mithören", das bedeutet, dass z. B. ein „UM"-Befehl durch weitere GAs mit eindeutigen Schaltbefehlen (ein/aus) auf den gleichen Aktorkanal „informiert" wird. Damit kann der nächste Tastendruck des Kanals A der Taster-Schnittstelle wieder folgerichtig erfolgen. Würde das Mithören unterbleiben, müsste nochmals gedrückt werden, was sicherlich als Fehler angesehen wird.

Beispiel 2: Zweite Befehlsstelle mit Sensortaster. Eine zweite Befehlsstelle schaltet mit den Wippen 1 und 2 die LB1 und LB2 getrennt ein und aus. Mit der Wippe 3 werden LB1, LB2 und LB3 als Funktionsgruppe gleichzeitig ein- und ausgeschaltet (**Bild 1.35**). Dafür benötigt man eine neue Gruppenadresse.

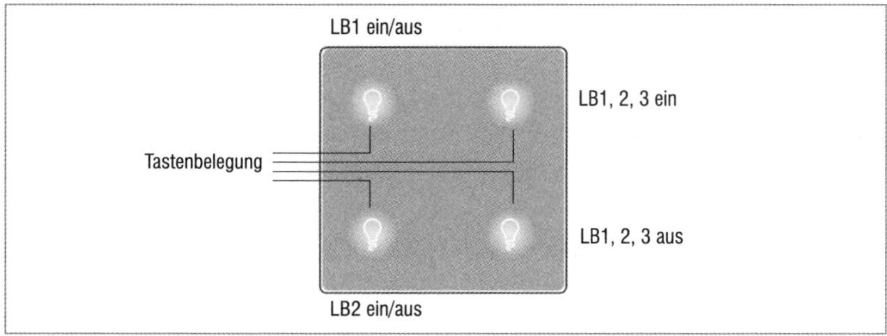

Bild 1.35 Sensortaster für Beispiel 2

Die Gruppenadressen werden in die Objekte der Wippen-Kanäle gezogen, wie im **Bild 1.36** dargestellt.

Damit nun die Taster-Schnittstelle die Bedienung der Sensortaste mitbekommt, müssen die Objekte 1 bis 3 die Gruppenadresse (1/3/100) „mithören“ (**Bild 1.37**).

Nummer	Name	Objektfunktion	Beschreibung	Gruppenadressen	Länge	K	L	S	Ü	A	Datentyp	Priorität
0	Wippe 1	Telegr. Schalten	Lichtband 1	1/3/1	1 bit	K	L	S	Ü	-	1 bit	Niedrig
1	Wippe 2	Telegr. Schalten	Lichtband 2	1/3/2	1 bit	K	L	S	Ü	-	1 bit	Niedrig
2	Wippe 3	Telegr. Schalten	Lichtband 1,2,3	1/3/100	1 bit	K	L	S	Ü	-	1 bit	Niedrig
3	Betriebsart	Komfort-Betrieb	Normalbetrieb	5/0/6	1 bit	K	-	S	-	-	1 bit	Niedrig
4	Betriebsart	Nachtbetrieb	Nachtbetrieb	5/0/5	1 bit	K	-	S	-	-	1 bit	Niedrig
5	Betriebsart	Frost-/Hitzeschutz	Frostschutz	5/0/4	1 bit	K	-	S	-	-	1 bit	Niedrig
7	Stellgröße	Heizen (schaltend)	Heizen ein aus	5/0/3	1 bit	K	-	-	Ü	-	1 bit	Niedrig
9	Basis Sollwert	Telegr. Temperatur	Temp. Vorgabe	5/0/7	2 Byte	K	L	S	-	A	degrees Celsius	Niedrig
10	Ist-Temperatur	Raumtemperatur	Ist Wert für Anzeige	5/0/8	2 Byte	K	L	-	Ü	-	degrees Celsius	Niedrig

Bild 1.36 Objekte des Sensortasters aus Beispiel 2

Nummer	Name	Objektfunktion	Beschreibung	Gruppenadressen	Länge	K	L	S	Ü	A	Datentyp	Priorität
0	Eingang A	Sperren	Bedienung gesperrt	1/3/101	1 bit	K	-	S	-	-	1 bit	Niedrig
1	Eingang A	Telegr. Betätigung 1fach	Lampenband 1	1/3/1, 1/3/100	1 bit	K	-	S	Ü	-	1 bit	Niedrig
2	Eingang A	Telegr. Betätigung 2fach	Lampenband 2	1/3/2, 1/3/100	1 bit	K	-	S	Ü	-	1 bit	Niedrig
3	Eingang A	Telegr. Betätigung 3fach	Lampenband 3	1/3/3, 1/3/100	1 bit	K	-	S	Ü	-	1 bit	Niedrig
4	Eingang A	Telegr. Betätigung 4fach	Lampenband 4	1/3/4	1 bit	K	-	S	Ü	-	1 bit	Niedrig

Bild 1.37 Mithören der GA 1/3/100 bei „UM“-Objekten

1.3.2 Aktoren

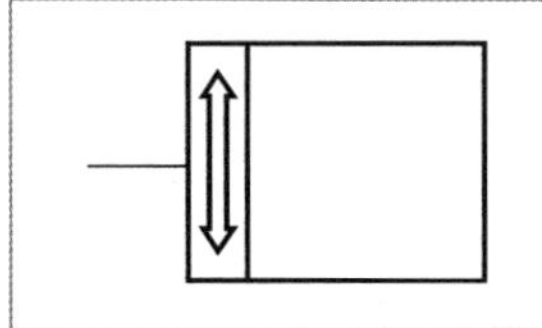

Bild 1.38 Schaltbild eines Aktors

Aktoren (**Bild 1.38**) empfangen über ihre Kommunikationsobjekte die Telegramme und wandeln die darin enthaltenen Befehle in elektrische Signale auf den dazugehörenden Kanälen um. Auch bei Aktoren können mehrere Objekte einem Kanal zugeordnet sein oder Betriebsarten mittels Objekt angewählt werden. Wie bei den Sensoren gilt, dass als erstes die Parametereinstellung durchzuführen ist, damit die Objekte für die Belegung mit den Gruppenadressen erscheinen.

Im **Bild 1.39** werden die Objekte für die Zuweisung aus den Beispielen 1 und 2 auf der Aktorseite sichtbar. Durch die Belegung der Objekte 0 bis 2 mit der gemeinsamen Gruppenadresse 1/1/9 wird die gleichzeitige Zuweisung des Befehls erkennbar.

Aktoren können auch sendende Objekte haben, z. B. bei aktiven Status-Rückmeldungen.

Im **Bild 1.40** sendet das Kommunikationsobjekt „Schalten“ des Sensortasters ein Telegramm mit der Gruppenadresse 1/1/1 an das Kommunikati-

Nummer	Name	Objektfunktion	Beschreibung	Gruppenadre:	Länge	K	L	S	Ü	A	Datentyp	Priorität
31	Master Ausgang 1	Schalten	LB 1	1/1/6, 1/1/9	1 bit	K	-	S	-	-	1-Bit, Schal...	Niedrig
37	Master Ausgang 1	Rückmeldung	LB 1	1/4/6	1 bit	K	L	-	Ü	-	1-Bit, Schal...	Niedrig
42	Master Ausgang 2	Schalten	LB 2	1/1/7, 1/1/9	1 bit	K	-	S	-	-	1-Bit, Schal...	Niedrig
48	Master Ausgang 2	Rückmeldung	LB 2	1/4/7	1 bit	K	L	-	Ü	-	1-Bit, Schal...	Niedrig
53	Master Ausgang 3	Schalten	LB 3	1/1/8, 1/1/9	1 bit	K	-	S	-	-	1-Bit, Schal...	Niedrig
59	Master Ausgang 3	Rückmeldung	LB 3	1/4/8	1 bit	K	L	-	Ü	-	1-Bit, Schal...	Niedrig
64	Master Ausgang 4	Schalten			1 bit	K	-	S	-	-	1-Bit, Schal...	Niedrig
70	Master Ausgang 4	Rückmeldung			1 bit	K	L	-	Ü	-	1-Bit, Schal...	Niedrig
75	Master Ausgang 5	Schalten			1 bit	K	-	S	-	-	1-Bit, Schal...	Niedrig
81	Master Ausgang 5	Rückmeldung			1 bit	K	L	-	Ü	-	1-Bit, Schal...	Niedrig
86	Master Ausgang 6	Schalten			1 bit	K	-	S	-	-	1-Bit, Schal...	Niedrig

Bild 1.39 Aktorbelegung mit Gruppenadressen

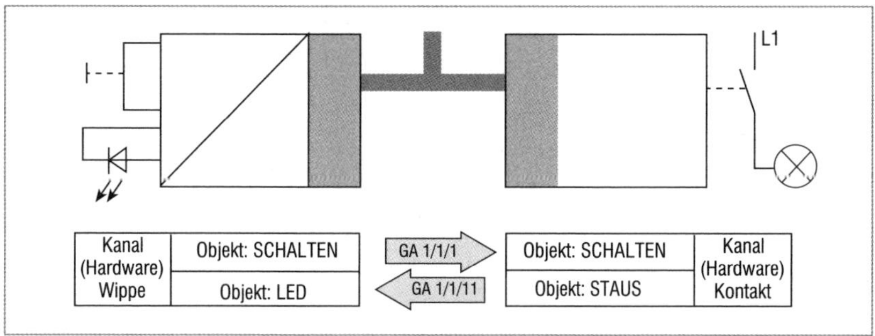

Bild 1.40 Zusammenspiel von Sensor und Aktor

onsobjekt „Schalten" des Aktors. In der Applikationsschicht angekommen wird eine Statusmeldung generiert. Diese wird über ein eigenes Kommunikationsobjekt „Status" per Telegramm an das Kommunikationsobjekt „LED" des Sensortasters versandt.

1.3.3 Kombigeräte

Leistungsfähigere Prozessoren und natürlich wirtschaftliche Erwägungen begünstigen die Entwicklung sog. Raum-Controller. Raum-Controller sind multifunktionale Kombigeräte, die mittels eines Busankopplers unterschiedlichste Sensor- und Aktor-Funktionen übernehmen können. Damit dies noch handhabbar bleibt, sind dafür sog. Plug Ins nötig. Plug Ins sind eigene Programme in der ETS, die Hilfeleistungen beim Parametrieren und Zuweisen von Gruppenadressen geben. Plug Ins sind firmen- und produktspezifisch aufgebaut, das bedeutet, dass jedes Produkt seinen individuellen Aufbau und seine individuellen Funktionen hat.

Im folgenden Beispiel wird der Raum-Controller der Firma ABB behandelt. Er ist ein modulares Gerät, das je nach Aufgabenstellung acht Modulplätze bereithält. Elf verschiedene Module stehen zur Auswahl bereit und können in beliebiger Auswahl und Anordnung bestückt werden. Beim Aufruf der Parametrierung öffnet sich das Plug In in der ETS oder es kommt die Aufforderung, den „produktspezifischen Parameterdialog zu öffnen". Das Plug In ist das gleiche in beiden Versionen.

Im ersten Schritt ordnet man die benötigten Module ihren Plätzen zu (**Bild 1.41**). Sind die Module bestimmt, werden die Parameter der Module eingestellt (**Bild 1.42**). Alle internen Zuweisungen (Gruppenadressen auf Kommunikationsobjekte) sind ebenfalls im Plug In zu tätigen. Sind die externen Gruppenadressen schon angelegt, können diese natürlich auch im Plug In in die Kommunikationsobjekte verzogen werden (**Bild 1.43**).

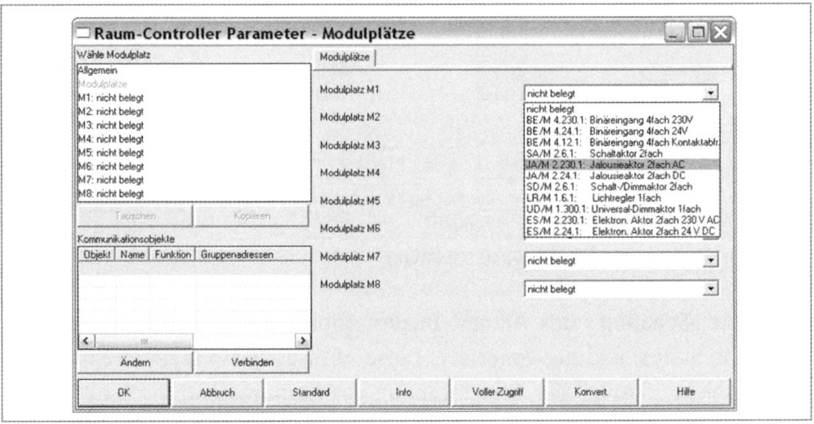

Bild 1.41 Plug In für die Auswahl der Module eines Raum-Controllers

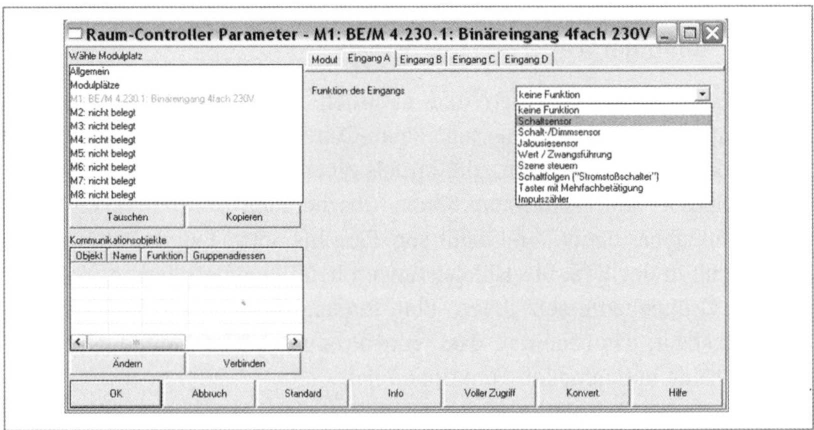

Bild 1.42 Parametrierung eines ausgewählten Moduls im Raum-Controller

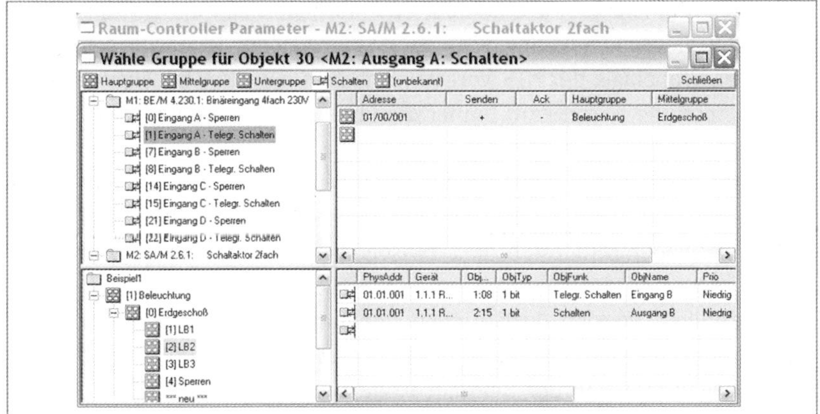

Bild 1.43 Zuweisung der Gruppenadressen auf Objekte innerhalb des Raum-Controllers

1.4 Busleitung

In der ETS wird die Busleitung (**Bild 1.44**) lediglich als topologisches Gebilde dargestellt und physikalisch in Backbone, Bereich und Linie eingeteilt. Weitere Funktionen, z.B. die Überwachung der Einhaltung der Leitungslimits (**Bild 1.45**), sind der Installationsplanung vorbehalten.

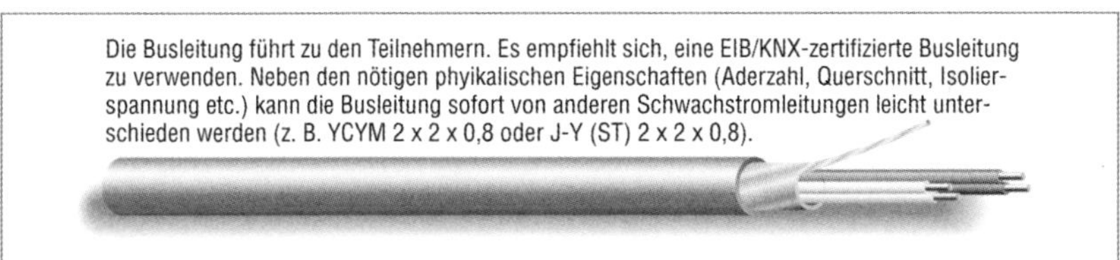

Bild 1.44 Busleitung

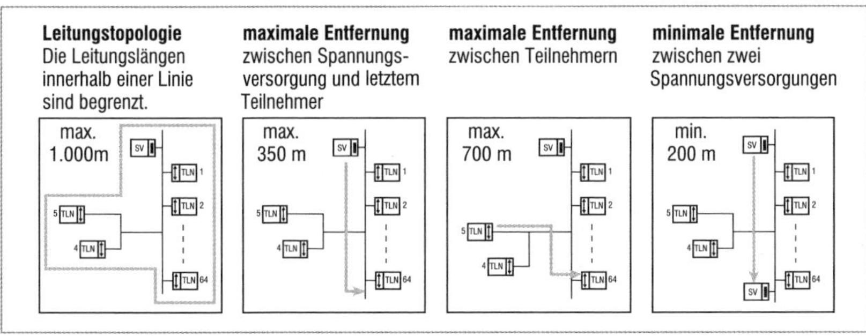

Bild 1.45 Leitungslimits im KNX-Bus

Bei der Montage ist zu beachten, dass auf jeden Fall die Leitungsenden beschriftet werden, um Ringleitungen zu vermeiden. Dazu am besten bereits in der Topologie der ETS Vorgaben machen. Bewährt hat sich die Start-Ziel-Bezeichnung. Darin wird immer die Linie und das andere Ende der Leitung angegeben, Beispiel **Bild 1.46.**

Bei der Verlegung und Verdrahtung von Bus- und Netzleitung ist bei abgemantelten Leitungen auf den Abstand zu achten. Wie im **Bild 1.47** dargestellt, beträgt der Mindestabstand zwischen den Adern der Netzleitungen und den Adern der Busleitung 4 mm.

In Verteilern werden Busleitungen nur unmittelbar vor der Busklemme abgemantelt. Dabei ist darauf zu achten, dass die Schirmfolie der Leitung bündig abgetrennt und der Beidraht isoliert wird. Für beide, Beidraht und Schirmfolie, gilt: Sie werden nicht durchverdrahtet und sie müssen gegen Potential Erde isoliert sein.

Die Busleitungsverlegung muss auch bei der Erst- und Wiederholungsprüfung berücksichtigt werden. Zunächst bei der Sichtprüfung und auch bei der messtechnischen Prüfung. Beim KNX-Bus handelt es sich um die Schutzmaßnahme „Schutzkleinspannung mit sicherer Trennung“ (DIN VDE 0100-410, 414.4.1 bis 414.4.2). Deshalb ist gemäß DIN VDE 0100-600 die Überprüfung der sicheren Trennung (Isolationswiderstandsmessung RISO) durchzuführen. Gemäß 61.3.4.1 muss sichergestellt sein, dass keine Ver-

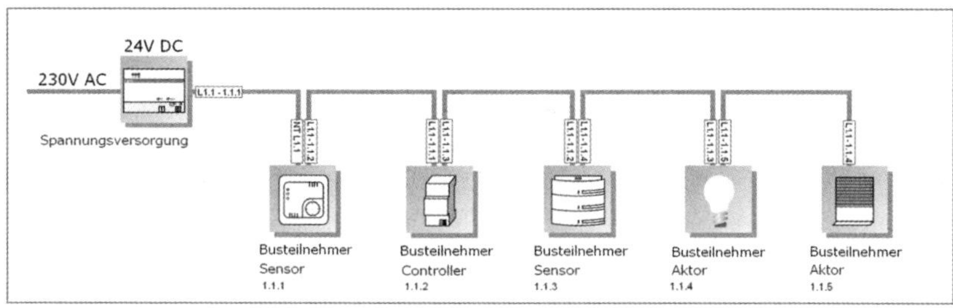

Bild 1.46 Bezeichnung Start-Ziel

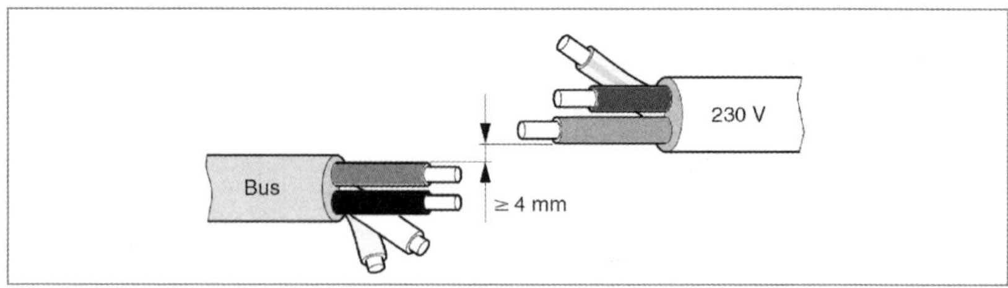

Bild 1.47 Mindestabstand Bus – Netzadern

bindung zu aktiven Leitern des Netzes besteht. Dabei muss mit mindestens der Höhe der Netzspannung gemessen werden. Bei der Isolationswiderstandsmessung kommen also mindestens 250 V DC zum Einsatz. Wenn dabei ein falscher Mess-Schaltungsaufbau gewählt wurde, können alle Busteilnehmer zerstört werden. Es empfiehlt sich folgende Vorgehensweise:

a) Netz freischalten, alle aktiven Leiter werden vom Netz getrennt.
b) Netzfreiheit prüfen.
c) Busleitung (rot – schwarz) kurzschließen.
d) Messung Busleitung gegen L1; Busleitung gegen PE, Busleitung gegen N.
e) Protokollierung der Ergebnisse.

Bei einer Erstprüfung erwarten wir mindestens 100 MΩ, bei Wiederholungsprüfungen liegt der Grenzwert bei 0,5 MΩ. Wird dieser Wert unterschritten, muss die Anlage außer Betrieb genommen und der Fehler gesucht werden.

> **Achtung!** Messungen dürfen nur von befähigten Personen nach TRBS (Technische Richtlinie Betriebssicherheit) durchgeführt werden.

Weitere wichtige Planungsvorgaben sind der DIN EN 50090 (VDE 0829) zu entnehmen.

1.5 Backbone, Bereich und Linie

Nach DIN EN 50090 werden „Anforderungen für eine Koexistenz der ESHG-Klasse-1-Verkabelung mit dem Stromnetz (230/400 V) und anderen Netzwerken“ spezifiziert. Die EN 50090-9-1 ist auch als Richtlinie für die Vorplanung und Vorverkabelung von ESHG-Klasse-1-Zweidrahtleitungen zu verwenden.

Die Topologie soll grundsätzlich folgenden Ansprüchen gerecht werden:

Erweiterbarkeit, Übersichtlichkeit, Funktionssicherheit, Verfügbarkeit, Zukunftssicherheit.

Damit diese Anforderungen erfüllt werden können, ist eine möglichst flächendeckende Infrastruktur notwendig. Die Daumenformel: „Wo Netz ist, ist der Bus und wo der Bus ist, ist Netz“ umschreibt die grundsätzliche Verfügbarkeit beider Systeme, um im Feld auch neue, bei der Planung noch unberücksichtigte Funktionen zu realisieren.

Auf große Gebäude angepasst, können damit vertikale und horizontale Ebenen erschlossen werden (**Bild 1.48**). Bei großen Nutzgebäuden zieht

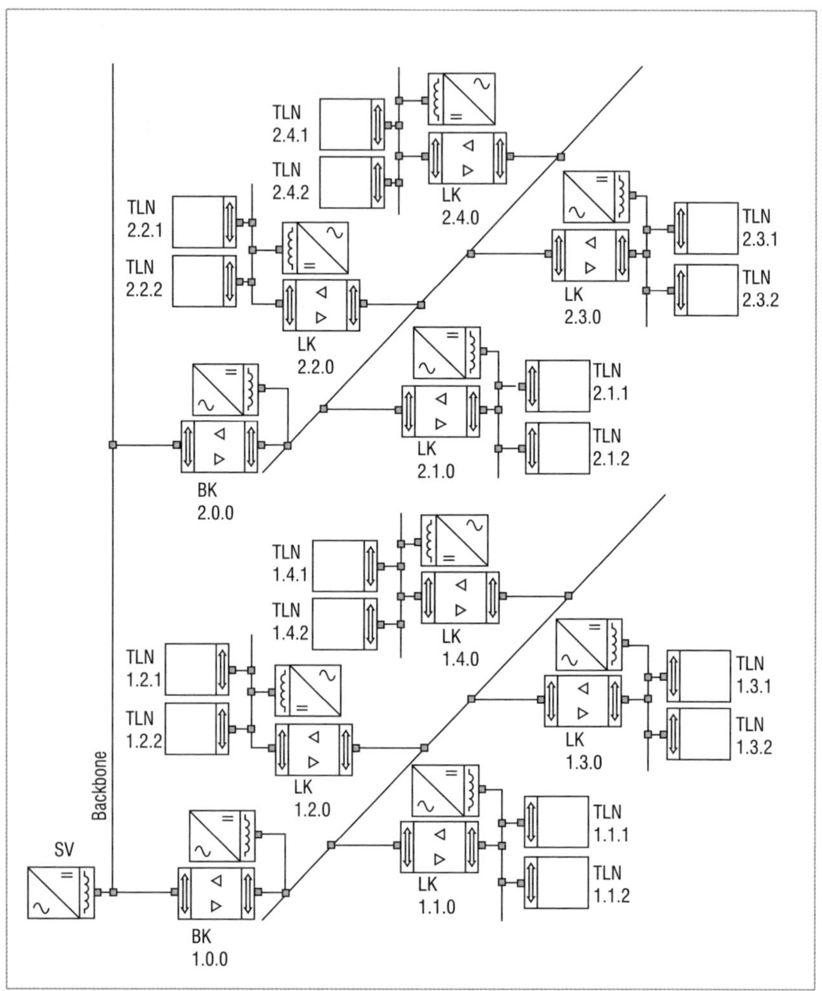

Bild 1.48 Topologie für große Gebäude

man den Backbone vertikal (Y-Achse) durch alle Stockwerke. Horizontal (X-Achse) gehen die Hauptlinien ab, an denen entlang sich dann die Linien nach rechts und links ausbreiten (Z-Achse).

Oft wird heute der Backbone durch vorhandene LANs ersetzt.

Die **Tabelle 1.2** gibt eine Übersicht über alle Bereichs- und Linienkoppler-Adressen.

Bereich	Linien														
1.0.0	1.1.0	1.2.0	1.3.0	1.4.0	1.5.0	1.6.0	1.7.0	1.8.0	1.9.0	1.10.0	1.11.0	1.12.0	1.13.0	1.14.0	1.15.0
2.0.0	2.1.0	2.2.0	2.3.0	2.4.0	2.5.0	2.6.0	2.7.0	2.8.0	2.9.0	2.10.0	2.11.0	2.12.0	2.13.0	2.14.0	2.15.0
3.0.0	3.1.0	3.2.0	3.3.0	3.4.0	3.5.0	3.6.0	3.7.0	3.8.0	3.9.0	3.10.0	3.11.0	3.12.0	3.13.0	3.14.0	3.15.0
4.0.0	4.1.0	4.2.0	4.3.0	4.4.0	4.5.0	4.6.0	4.7.0	4.8.0	4.9.0	4.10.0	4.11.0	4.12.0	4.13.0	4.14.0	4.15.0
5.0.0	5.1.0	5.2.0	5.3.0	5.4.0	5.5.0	5.6.0	5.7.0	5.8.0	5.9.0	5.10.0	5.11.0	5.12.0	5.13.0	5.14.0	5.15.0
6.0.0	6.1.0	6.2.0	6.3.0	6.4.0	6.5.0	6.6.0	6.7.0	6.8.0	6.9.0	6.10.0	6.11.0	6.12.0	6.13.0	6.14.0	6.15.0
7.0.0	7.1.0	7.2.0	7.3.0	7.4.0	7.5.0	7.6.0	7.7.0	7.8.0	7.9.0	7.10.0	7.11.0	7.12.0	7.13.0	7.14.0	7.15.0
8.0.0	8.1.0	8.2.0	8.3.0	8.4.0	8.5.0	8.6.0	8.7.0	8.8.0	8.9.0	8.10.0	8.11.0	8.12.0	8.13.0	8.14.0	8.15.0
9.0.0	9.1.0	9.2.0	9.3.0	9.4.0	9.5.0	9.6.0	9.7.0	9.8.0	9.9.0	9.10.0	9.11.0	9.12.0	9.13.0	9.14.0	9.15.0
10.0.0	10.1.0	10.2.0	10.3.0	10.4.0	10.5.0	10.6.0	10.7.0	10.8.0	10.9.0	10.10.0	10.11.0	10.12.0	10.13.0	10.14.0	10.15.0
11.0.0	11.1.0	11.2.0	11.3.0	11.4.0	11.5.0	11.6.0	11.7.0	11.8.0	11.9.0	11.10.0	11.11.0	11.12.0	11.13.0	11.14.0	11.15.0
12.0.0	12.1.0	12.2.0	12.3.0	12.4.0	12.5.0	12.6.0	12.7.0	12.8.0	12.9.0	12.10.0	12.11.0	12.12.0	12.13.0	12.14.0	12.15.0
13.0.0	13.1.0	13.2.0	13.3.0	13.4.0	13.5.0	13.6.0	13.7.0	13.8.0	13.9.0	13.10.0	13.11.0	13.12.0	13.13.0	13.14.0	13.15.0
14.0.0	14.1.0	14.2.0	14.3.0	14.4.0	14.5.0	14.6.0	14.7.0	14.8.0	14.9.0	14.10.0	14.11.0	14.12.0	14.13.0	14.14.0	14.15.0
15.0.0	15.1.0	15.2.0	15.3.0	15.4.0	15.5.0	15.6.0	15.7.0	15.8.0	15.9.0	15.10.0	15.11.0	15.12.0	15.13.0	15.14.0	15.15.0

Tabelle 1.2 Adressen der Bereichs- und Linienkoppler

2 Software

2.1 ETSx

Die ETS (Engineering Tool Software, früher EIB Tool Software) ist die dynamische Konstante des gesamten Systems. Ihre Aufgabe, den Anwendern kontinuierlich eine solide Basis zur Administration und Parametrierung von KNX/EIB-Produkten zu gewähren und sich ständig den neuen Anforderungen der wechselnden Betriebssysteme und Hardwareausstattungen der Rechner anzupassen, hat sie gut gemeistert. Nach einem „harten" Bruch des grundsätzlichen Verfahrens von der ETS1 zur ETS2 hat sich seit 1996 das grundsätzliche Verfahren nicht mehr geändert.

Das Einfügen der Geräte, das Parametrieren, die Anlage der Gruppenadressen sowie das „Verziehen" (Drag & Drop) der Gruppenadressen sind seither gleichgeblieben und auch die ETS6 wird daran nichts ändern. Das schafft Vertrauen und Kontinuität und hilft beim „Aufsteigen" und „Weiterentwickeln". Die **Tabelle 2.1** zeigt alle bisher angebotenen ETS-Versionen.

ETS Version	ab	Betriebssystem	Buszugang	Besonderheiten
ETS1	1993	Win3.1, 95, 98, ME	RS232	VDS1
ETSV1.36	1996	Win3.1, 95, 98, ME	RS232	VDS1
ETS2	1996	Win3.1, 95, 98, ME	RS232	kann eine ETS1-Datenbank übernehmen, wenn ETS1 vorhanden
ETS2 V1.1	1998	Win3.1, 95, 98, ME	RS232	
ETS2 V1.2	2001	Win3.1, 95, 98, ME, NT, 2000, XP	RS232	NT, 2000, XP zusätzlicher Patch notwendig
ETS2 V1.3	2003	Win3.1, 95, 98, ME	RS232 EIBlib	RS232/USB-Wandler funktioniert nicht
ETS3	2004	2000, XP	RS232, USB, EIBlib, KNX/net	
ETS3 1.0f	2008	2000, XP, Vista, 2003 Server, Win7	RS232, USB, EIBlib, KNX/net	
ETS4	2010	2000, XP, Vista, 2003 Server, Win7	EIBlib, KNX/net, KNX/RF	
ETS4.0.7	2012	2000, XP, Vista, 2003 Server, Win7	USB, EIBlib, KNX/net, KNX/RF	
ETS4.2.0	2013	Win7/Win8	USB, IP	ETS App
ETS5.0.2	2015	Win7/Win8	USB, IP	
ETS5.7.6	2021	Win7/Win8/Win10	USB, IP	
ETS6.0.0	2021	Win7/Win8/Win10	USB, IP	
ETS6.0.1	2022	Win10/11	USB, IP	
ETS6.0.2	2022	Win10/11	USB, IP	
ETS6.0.3	2022	Win10/11	USB, IP	
ETS6.0.4	2022	Win10/11	USB, IP	
ETS6.0.5	2022	Win10/11	USB, IP	Cloud-Lizensierung

Tabelle 2.1 Versionen der ETS

Die ETSx ist kostenlos erhältlich (Download von www.knx.org) und läuft ohne Lizenzierung als Demoversion. Die Demoversion hat folgende Einschränkungen:

- ein Projekt mit maximal fünf Geräten.

Für die Nutzung der vollen Funktionalität der ETS muss ein Lizenzschlüssel angefordert werden. Dabei steht eine PC-unabhängige Dongle-Version zur Verfügung. Bezug, Installation, Konfiguration und Lizenzierung werden im Abschnitt D 6.3 Lizenzierung noch ausführlich beschrieben.

Beim ersten Aufruf der ETS6 besteht noch keine Katalog-Datei. Diese muss erst noch upgedatet werden. Dies war bei der ETS5 auch schon so.

Der Produktkatalog wird beim ersten Aufruf der ETS5 bzw. ETS6 in den Einstellungen das erste Mal von Hand angestoßen.

Der Online-Katalog erspart einen die mühsame Suche der Produktdaten, die dann erst importiert werden müssen. Ab der ETS5 war/ist der Online-Katalog ein sehr hilfreiches Feature.

In der ETS kann man diese Datenbanken im Produktkatalog (siehe Abschnitt A 1.2.1) einsehen, verschieben und löschen.

Zur Projektierung innerhalb der ETS sind mindestens zwei Ansichten nötig:

a) Die Topologie, das Abbild der Busleitung, an die die KNX-Geräte „angeschlossen" werden und damit ihre Physikalische Adresse erhalten und
b) die Gruppenadressen, die die Kommunikationsverbindung herstellen.

Die „Gebäudeansicht" hat eine Ordnungs- und Übersichtsfunktion und ist bei Projekten mit mehr als 20 Geräten unabdingbar. Hier werden alle fertig parametrierten Geräte in die vorgesehene Location gezogen.

In der Topologie werden über den Produktkatalog (ETS5/6) die Produkte als Applikation (Software) gesucht, angezeigt und ausgewählt. In der Linie eingefügt, sollte man die Produkte mit Informationen versehen, die eine eindeutige Verortung zulassen.

Die Produkte, die in die Topologie eingefügt wurden, werden „parametriert" um die Softwareapplikation auf die gewünschten Funktions zu stellen. Erst danach sind die Kommunikationsobjekte in der gewünschten Konstellation vorhanden, so dass sie mit den Funktionsbegriffen beschriftet werden können.

Die Anlage der Gruppenadressen erfolgt nach der Funktionsliste. Jede Funktion entspricht mindestens einer Gruppenadresse.

Die finale Parametrierarbeit ist dann das Verziehen der Gruppenadressen an die funktional betroffenen Kommunikationsobjekte.

Die **Tabelle 2.2** stellt die wichtigsten Schritte bei der Bearbeitung eines Projektes mit der ETS zusammen.

1	Projekt anlegen – Bereich und Linie festlegen
2	Geräte einfügen und beschriften
3	Gerät parametrieren und resultierende Kommunikationsobjekte beschreiben
4	Gruppenadressen anlegen und beschriften
5	Gruppenadressen verziehen (Drag & Drop)
6	Geräte in Gebäudeansicht ziehen
7	Projekt prüfen (Plausibilität) und Dokumentation erstellen
8	Schnittstelle definieren und testen
9	Inbetriebnahme (Programmieren)
10	Funktionstest und Monitoring
11	Dokumentationsergänzung und Archivierung (Projekt Export)

Tabelle 2.2 Vorgehensweise innerhalb der ETS

2.2 Produktdatenbanken, Applikationen

Die Produktdatenbanken beinhalten die Applikationen zu den Produkten der Hersteller. Je nach ETS-Version unterscheidet man zwischen VD1, VD2, VD3, VD4, VD5 und KNXProd-Dateien.

VD1 für die ETS1, VD2 für die ETS2, VD3 für die ETS3, VD4 für die ETS4 bzw. VD5 für die ETS5; KNXProd-Dateien sind für die ETS5 und ETS6 konzipiert. Es sollten dabei aber immer die Angaben der Hersteller beachtet werden.

Der Import der Produktdateien erfolgt in der ETS5/6 in der Ansicht „Kataloge" (**Bild 2.1**).

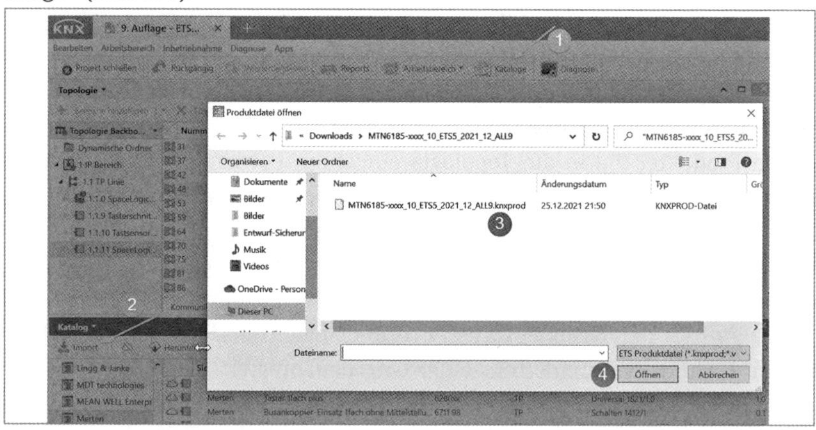

Bild 2.1 Produktimport

Unter einer Applikation versteht man eine Software für ein bestimmtes Produkt in der Datenbank. Bei sehr vielen neueren Produkten gibt es mittlerweile nur eine Applikation pro Produkt, die aber sehr vielseitig parametrierbar ist. Zuvor (bei früheren Busankopplern) war es nicht selten, dass mehrere Applikationen für ein und dasselbe Produkt zur Auswahl standen. Diese hatten dann nur sehr beschränkte Parametriermöglichkeiten.

Die Auswahl eines Gerätes setzt die Kenntnis über die Applikation voraus. Dazu bieten die Hersteller umfangreiche Beschreibungen an. Es ist empfehlenswert, die Produktschulungen der Hersteller wahrzunehmen, um wirklich das richtige Gerät am richtigen Ort einzusetzen.

2.3 Parametrierung

Die Parametrierung „vervollständigt" die Applikation für den speziellen Einsatz. Bei den ETS-Versionen wird mittels Kontextmenü (rechte Maustaste über „Gerät") die Parametrierung aufgerufen. Bei der ETS5/6 kann zusätzlich über ein Register schnell zur Parametrierung gewechselt werden.

Durch die Parametrierung wird – wie oben erwähnt – endgültig festgelegt, welche und wie viele Kommunikationsobjekte angelegt werden. Im Beispiel von **Bild 2.2** werden durch die Parametrierung „Flankenauswertung 1 Bit" einer Tasterschnittstelle auch entsprechend zwei Kommunikationsobjekte angelegt, damit bei kurzer oder langer Tastenbetätigung eine andere Funktion ausgelöst wird.

Nummer	Name	Objektfunktion	Beschreibung	Gruppenadre	Länge	K	L	S	Ü	A	Datentyp	Priorität
0	Objekt A	Eingang 1			1 bit	K	-	S	Ü	-		Niedrig
1	Objekt B	Eingang 1			1 bit	K	-	S	Ü	-		Niedrig
3	Schaltobjekt A	Eingang 2			1 bit	K	-	S	Ü	-		Niedrig
6	Schaltobjekt A	Eingang 3			1 bit	K	-	S	Ü	-		Niedrig
9	Schaltobjekt A	Eingang 4			1 bit	K	-	S	Ü	-		Niedrig
25	Schaltobjekt	Ausgang 1			1 bit	K	-	S	-	-		Niedrig
28	Schaltobjekt	Ausgang 2			1 bit	K	-	S	-	-		Niedrig
31	Schaltobjekt	Ausgang 3			1 bit	K	-	S	-	-		Niedrig
34	Schaltobjekt	Ausgang 4			1 bit	K	-	S	-	-		Niedrig

Bild 2.2 Parametereinstellung

2.4 Kommunikationsobjekte, Datenpunkt-Typen und Flags

Die Kommunikationsobjekte bilden die Ports für die Nutzinformationen der Telegramme (**Bild 2.3**). Durch die Parametrierung wird auch festgelegt, welches „Format" sie haben werden.

Nummer	Name	Objektfunktion	Beschreibung	Gruppenadre:	Länge	K	L	S	Ü	A	Datentyp	Priorität
0	Objekt A	Eingang 1	LB 1	1/1/6, 1/1/9	1 bit	K	-	S	Ü	-		Niedrig
1	Objekt B	Eingang 1	LB 1,2,3	1/1/9	1 bit	K	-	S	Ü	-		Niedrig
3	Schaltobjekt A	Eingang 2	LB 2	1/1/7, 1/1/9	1 bit	K	-	S	Ü	-		Niedrig
6	Schaltobjekt A	Eingang 3	LB 3	1/1/8, 1/1/9	1 bit	K	-	S	Ü	-		Niedrig
9	Schaltobjekt A	Eingang 4			1 bit	K	-	S	Ü	-		Niedrig
25	Schaltobjekt	Ausgang 1			1 bit	K	-	S	-	-		Niedrig
28	Schaltobjekt	Ausgang 2			1 bit	K	-	S	-	-		Niedrig
31	Schaltobjekt	Ausgang 3			1 bit	K	-	S	-	-		Niedrig
34	Schaltobjekt	Ausgang 4			1 bit	K	-	S	-	-		Niedrig

Bild 2.3 Kommunikationsports

Sowie eine Gruppenadresse in ein Kommunikationsport gezogen wird, „nimmt diese das Format an“. Das bedeutet, dass diese Gruppenadresse nur noch in Kommunikationsports gleichen Formats von der ETS zugelassen wird.

Damit die KNX/EIB-Geräte der unterschiedlichen Hersteller miteinander arbeiten können, bedurfte es eines Standards für die Kommunikation und Interpretation der übermittelten Daten, der für alle verbindlich ist. Mit dem EIB Interworking Standard (EIS) wurde er begründet und kommt heute in dieser Form auch noch in so mancher Beschreibung von Herstellern vor. In Zukunft wird aber der DPT-Standard bei allen KNX/EIB-Geräten angegeben werden (siehe **Tabellen 2.3** und **2.3 a** bis **2.3 q**).

EIS-Typ	Datenpunkt-Haupttyp Name	Haupt-Nr.	Daten-länge	KNX/EIB-Funktionen
EIS 1	Boolean	1	1 bit	Schalten Ein, Aus, Auf, Ab, Offen, Geschlossen
EIS 2	3 Bit Controlled	3	4 bit	Dimmen – heller/dunkler schrittweise Ansteuerung beim Dimmen
EIS 3	Time	10	3 Byte	Uhrzeit
EIS 4	Date	11	3 Byte	Datum
EIS 5	2 Octet Float Value	9	2 Byte	Analogwerte, Zahl mit Nachkomma
EIS 6	8 Bit Unsigned Value	5	1 Byte	Skala, Relativwert ganzzahlige positive Werte
EIS 7	Boolean	1	1 bit	Antriebssteuerung Auf/Ab Stopp, Schritt
EIS 8	1 Bit Controlled	2	2 bit	Zwangssteuerung priorisierte Schaltfunktion
EIS 9	4 Octet Float Value	14	4 Byte	Fließzahl Analogwerte nach IEEE 754
EIS 10	2 Octet Unsigned Value	7	2 Byte	ganzzahlige positive Werte
EIS 10	2 Octet Signed Value	8	2 Byte	ganzzahlige Werte -32768 bis +32767
EIS 11	4 Octet Unsigned Value	12	4 Byte	ganzzahlige positive Werte
EIS 11	4 Octet Signed Value	13	4 Byte	ganzzahlige Werte – 2147483648 bis + 2147483647
EIS 12	Access	15	4 Byte	Zugriffssteuerung
EIS 13	Character Set	4	1 Byte	ASCII-Zeichen alphanumerisch oder Sonderzeichen
EIS 14	8 Bit Signed Value	6	1 Byte	ganzzahlige Werte – 128 bis + 127
EIS 15	String	16	14 Byte	Texte

Tabelle 2.3 Gegenüberstellung EIS-Typ und DPT

Format:	**1 bit**			
Bereich:	**V = {0,1}**			
Datapoint Types “Boolean”; Unterarten				
ID	**Name**	**Wert = 0**	**Wert = 1**	**Verwendung**
1.001	DPT_Switch	Off	On	allgemein
1.002	DTP_Bool	False	True	allgemein
1.003	DTP_Enable	Disable	Enable	allgemein
1.004	DTP_Ramp	No Ramp	Ramp	nur Funtionsblock
1.005	DTP_Alarm	No Alarm	Alarm	nur Funtionsblock
1.006	DTP_BinaryValue	Low	High	nur Funtionsblock
1.007	DTP_Step	Degrease	Ingrease	nur Funtionsblock
1.008	DTP_UpDown	Up	Down	allgemein
1.009	DTP_OpenClose	Open	Close	allgemein
1.010	DTP_Start	Stop	Start	allgemein
1.011	DTP_State	Inactive	Activ	nur Funtionsblock
1.012	DTP_Invert	Not Inverted	Inverted	nur Funtionsblock
1.013	DTP_DimSendStyle	Start/Stop	Cyclically	nur Funtionsblock
1.014	DTP_InputSource	Fixed	Calculated	nur Funtionsblock

Tabelle 2.3 a DPT “Boolean” früher EIS-Typ 1

Format:	**2 bit**			
Bereich:	**C = {0,1}** **V = {0,1}**			
Datapoint Types “1 Bit Controlled”; Unterarten				
ID	**Name**	**Codierung**		**Verwendung**
		C	**V**	
		0 = No Control 1 = Control	wie DTP 1.xxx	
2.001	DPT_Switch_Control			allgemein
2.002	DPT_Bool_Control			allgemein
2.003	DPT_Enable_Control			nur Funtionsblock
2.004	DPT_Ramp_Control			nur Funtionsblock
2.005	DPT_Alarm_Control			nur Funtionsblock
2.006	DPT_BinaryValue_Control			nur Funtionsblock
2.007	DPT_Step_Control			nur Funtionsblock
2.008	DPT_Direction1_Control			nur Funtionsblock
2.009	DPT_Direction2_Control			nur Funtionsblock
2.010	DPT_Start_Control			nur Funtionsblock
2.011	DPT_State_Control			nur Funtionsblock
2.012	DPT_Invert_Control			nur Funtionsblock

C	**V**	
0	0	No Control
0	1	No Control
1	0	Control. Function Value 0
1	1	Control. Function Value 1

Tabelle 2.3 b DPT “1 Bit Controlled” früher EIS-Typ 8

Format: **4 bit**
Bereich: **C = {0,1}**
V = {siehe Codierung}

Datapoint Types "3 Bit Controlled"; Unterarten

ID	**Name**	**Codierung**		**Verwendung**
		C	**VVV**	
3.007	DPT_Control_Dimming	wie 1.007	Range[000b … 11b] 001b … 111b: Step 000b: Break	nur Funtionsblock
3.008	DPT_Control_Blinds	wie 1.008		
3.009	DPT_Mode_Boiler	wie 1.014	Range: {001, 010, 100}	

VVV	**Active Mode**
001	Mode 0
010	Mode 1
100	Mode 2

Tabelle 2.3 c DPT "3 Bit Controlled" früher EIS-Typ 2

Format: **8 bit**

Datapoint Types "Charakter Set"; Unterarten

ID	**Name**	**Codierung** siehe unten		**Bereich**
4.001	DPT_Char_ASCII			0–127
4.002	DPT_Char_8859_1			0–255

AAAA	AAAA
MSN	LSN

LSN = Least Significant Nibble
MSN = Most Significant Nibble

MSN	0	1	2	3	4	5	6	7	8	9	A	B	C	D	E	F
LSN																
0	NUL	DLE		0	@	P	`	p				°	À	Ð	à	ð
1	SOH	DC1	!	1	A	Q	a	q			¡	±	Á	Ñ	á	ñ
2	STX	DC2	"	2	B	R	b	r			¢	²	Â	Ò	â	ò
3	ETX	DC3	#	3	C	S	c	s			£	³	Ã	Ó	ã	ó
4	EOT	DC4	$	4	D	T	d	t			¤	´	Ä	Ô	ä	ô
5	ENQ	NAK	%	5	E	U	e	u			¥	µ	Å	Õ	å	õ
6	ACK	SYN	&	6	F	V	f	v			¦	¶	Æ	Ö	æ	ö
7	BEL	ETB	'	7	G	W	g	w			§	·	Ç	×	ç	÷
8	BS	CAN	(	8	H	X	h	x			¨	¸	È	Ø	è	ø
9	HT	EM	)	9	I	Y	i	y			©	¹	É	Ù	é	ù
A	LF	SUB	*	:	J	Z	j	z			ª	º	Ê	Ú	ê	ú
B	VT	ESC	+	;	K	[	k	{			«	»	Ë	Û	ë	û
C	FF	FS	,	<	L	\	l	|			¬	¼	Ì	Ü	ì	ü
D	CR	GS	-	=	M	]	m	}			-	½	Í	Ý	í	ý
E	SO	RS	.	>	N	^	n	~			®	¾	Î	Þ	î	þ
F	SI	US	/	?	O	_	o				¯	¿	Ï	ß	ï	ÿ

Tabelle 2.3 d DPT "Character Set" früher EIS-Typ 13

Format: **8 bit** **Bereich:** **U = [0 ... 255] Binary Encoded**				
Datapoint Types "8 Bit Unsigned Value"; Unterarten				
ID	**Name**	**Bereich min ... max**	**Einheit**	**Codierung**
5.001	DPT_Scaling	[0 ... 100]	%	lsb msb
5.003	DPT_Angle	[0 ... 360]	°	UUUUUUUU
5.004	DPT_RelPos_Value	[0 ... 255]	%	00000000 = range min. /off
5.010	DPT_Value_1_Uncount	[0 ... 255]	cp	00000001 = value "low"
				11111111 = range max.

Tabelle 2.3 e DPT "8 Bit Unsigned Value" früher EIS-Typ 6 (5.010 = EIS-Typ14)

Format: **8 bit** **Bereich:** **–128 ... +127**			
Datapoint Types "8 Bit Signed Value"; Beschreibung			
ID	**Name**	**Einheit min ... max**	**Verwendung**
6.010	DPT_Value_1_Count	Counter Value	allgemein

Tabelle 2.3 f DPT "8 Bit Signed Value" früher EIS-Typ 14

Format: **8 bit** **Bereich:** **A,B,C,D,E = { 0,1}** **FFF = {001$_b$, 010$_b$, 100$_b$}**			
Datapoint Types "Status with Mode"; Beschreibung			
ID	**Name**	**Codierung**	**Verwendung**
6.020	DPT_Status_Mode3	A,B,C,D,E 0 = set 1 = clear FFF 001$_b$ = mode 0 = aktiv 010$_b$ = mode 1 = aktiv 100$_b$ = mode 2 = aktiv	nur Funktionsbaustein

Tabelle 2.3 g DPT "Status with Mode"

Format: **2 octet (2 Byte)** **Bereich:** **U = [0 ... 65535]**			
Datapoint Types "2 Octet Unsigned Value"; Unterarten			
ID	**Name**	**Einheit**	**Codierung**
7.001	DPT_Value_2_Ucount	Zähler-Impulse	Binary Encoded Value
7.010	DPT_PropDataType	ohne Einheit; Objekt Parameter-Daten-Typ	

Tabelle 2.3 h DPT "2 Octet Unsigned Value" früher EIS-Typ 10

Format: **2 octet (2 Byte)** **Bereich:** **–32768 ... +32767**			
Datapoint Types "2 Octet Signed Value"; Beschreibung			
ID	**Name**	**Einheit**	**Codierung**
8.001	DPT_Value_2_count	Zähler-Impulse	Two's complement notation

Tabelle 2.3 i DPT "2 Octet Signed Value" früher EIS-Typ 10

Format: 2 octet (2 Byte) Bereich: −671088.64 ... 670760.96				
Datapoint Types "2 – Octet Float Value"; Unterarten				
ID	**Name**	**Bereich**	**Einheit**	**Codierung**
9.001	DPT_Value_Temp	−273 ... +670760	°C	allgemein
9.002	DPT_Value_Tempd	−670760 ... +670760	K	
9.003	DPT_Value_Tempa	−670760 ... +670760	K/h	
9.004	DPT_Value_Lux	0 ... 670760	Lux	
9.005	DPT_Value_Wsp	0 ... 670760	m/s	
9.006	DPT_Value_Pres	0 ... 670760	Pa	
9.010	DPT_Value_Time1	−670760 ... +670760	s	
9.011	DPT_Value_Time2	−670760 ... +670760	ms	
9.020	DPT_Value_Volt	−670760 ... +670760	mV	
9.021	DPT_Value_Cur	−670760 ... +670760	mA	

Tabelle 2.3 j DPT "2 Octet Float Value" früher EIS-Typ 5

Format: 3 octet (3 Byte: Tag Stunde Minute Sekunde)				
Datapoint Types "Time"; Beschreibung				
ID	**Name**	**Bereich**	**Einheit**	**Codierung**
10.001	DPT_TimeOfDay d	[0 – 7] 3 Bit	days	0 = kein Tag 1 = Montag 2 = Dienstag ... 7 = Sonntag
	h	[0 – 23] 4 Bit	hours	binär
	m	[0 – 59] 6 Bit	minutes	binär
	s	[0 – 59] 6 Bit	seconds	binär

Tabelle 2.3 k DPT "Time" früher EIS-Typ 3

Format: 3 octet (3 Byte: Tag, Monat, Jahr)				
Datapoint Types "Date"; Beschreibung				
ID	**Name**	**Bereich**	**Einheit**	**Codierung**
11.001	DPT_Date	[1–31]	Tag eines Monats	D
		[1–12]	Monat	M
		[0–99]	Jahr	Y
Y stellt den Bereich zwischen 1990 und 2089 dar.				

Tabelle 2.3 l DPT "Date" früher EIS-Typ 4

Format: 4 octet (4 Byte)				
Datapoint Types „4 Octet Unsigned Value"; Beschreibung				
ID	**Name**	**Bereich**	**Einheit**	**Codierung**
12.001	DPT_Value_4_Uncount	0 ... 4294967295	Zähler-Impulse	binär

Tabelle 2.3 m DPT "4 Octet Unsigned Value" früher EIS-Typ 11

Format:	4 octet (4 Byte)			
Datapoint Types „4 Octet Signed Value"; Beschreibung				
ID	**Name**	**Bereich**	**Einheit**	**Codierung**
13.001	DPT_Value_4_Count	−2147483648 … +2147483647	Zähler-Impulse	Two's complement notation

Tabelle 2.3 n DPT "4 Octet Signed Value" früher EIS-Typ 11

Format:	4 octet (4 Byte)		
Codierung:	**gem. IEEE 754**		
Bereich:	**S = {0,1}** **e = [0…255]** **f = [0 … 8388607]**		
Datapoint Types "4 Octet Float Value"; Unterarten			
ID	**Name**	**Einheit**	**Beschreibung**
14.000	DPT_Value_Acceleration	$m\ s^{-2}$	Beschleunigung, linear
14.001	DPT_Value_ Acceleration_Angular	$rad\ s^{-2}$	Winkelbeschleunigung
14.002	DPT_Value_Activation_Energy	$J\ mol^{-1}$	Aktivierungsenergie
14.003	DPT_Value_Activity	s^{-1}	radioaktivie Energie
14.004	DPT_Value_ Value_Mol	mol	Stoffmenge
14.005	DPT_Value_Amplitude	–	Amplitude
14.006	DPT_Value_AngleRad	rad	Winkel Radiant
14.007	DPT_Value_AngleDeg	°	Winkel Grad
14.008	DPT_Value_Angular_Momentum	J s	Drehimpuls
14.009	DPT_Value_Angular_Velocity	$rad\ s^{-2}$	Winkelgeschwindigkeit
14.010	DPT_Value_Area	m^2	Fläche
14.011	DPT_Value_Capacitance	F	Kapazität
14.012	DPT_Value_Charge_DensitySurface	$C\ m^{-2}$	Ladungsdichte (Oberfläche)
14.013	DPT_Value_Charge_DensityVolume	$C\ m^{-3}$	Ladungsdichte (Volumen)
14.014	DPT_Value_Compressibility	$m^2\ N^{-1}$	Kompressibilität
14.015	DPT_Value_Conductance	$S = \Omega^{-1}$	Leitwert
14.016	DPT_Value_Electrical_Conductivity	$S\ m^{-1}$	elektrischer Leitwert
14.017	DPT_Value_Density	$kg\ m^{-3}$	Dichte
14.018	DPT_Value_Electric_Charge	C	Ladung
14.019	DPT_Value_Electric_Currend	A	Strom
14.020	DPT_Value_ Electric_CurrendDensity	$A\ m^{-2}$	Stromdichte
14.021	DPT_Value_ Electric_DipoleMoment	C m	elektrischer Dipolmoment
14.022	DPT_Value_ Electric_Displacement	$C\ m^{-2}$	elektrische Verschiebung
14.023	DPT_Value_ Electric_FieldStrength	$V\ m^{-1}$	elektrische Feldstärke
14.024	DPT_Value_ Electric_Flux	c	elektrischer Fluss
14.025	DPT_Value_ Electric_FluxDensity	$C\ m^{-2}$	elektrische Flussdichte
14.026	DPT_Value_ Electric_Polarization	$C\ m^{-2}$	elektrische Polarisation
14.027	DPT_Value_ Electric_Potential	V	elektrisches Potential
14.028	DPT_Value_ Electric_ PotentialDifferenz	V	elektrische Potentialdifferenz

Tabelle 2.3 o DPT "4 Octet Fload Value" früher EIS-Typ 9 (Teil 1/3)

ID	Name	Einheit	Beschreibung
14.029	DPT_Value_Electromagnetic_Moment	$A\ m^2$	elektromagnetisches Moment
14.030	DPT_Value_Electromotive_Force	V	elektromagnetische Kraft
14.031	DPT_Value_Energy	J	Energie
14.032	DPT_Value_Force	N	Kraft
14.033	DPT_Value_Frequency	Hz	Frequenz
14.034	DPT_Value_Angular_Frequency	$rad\ s^{-1}$	Winkelfrequenz
14.035	DPT_Value_Heat_Capacity	$J\ K^{-1}$	Wärmekapazität
14.036	DPT_Value_Heat_FlowRate	W	Wärmeflussrate
14.037	DPT_Value_Heat_Quantity	J	Wärmemenge
14.038	DPT_Value_Impedance	Ω	Impedanz
14.039	DPT_Value_Lenght	m	Länge
14.040	DPT_Value_Light_Qantity	lm s	Lichtmenge
14.041	DPT_Value_Lumiance	$cd\ m^{-2}$	Leuchtdichte
14.042	DPT_Value_Luminous_Flux	lm	Lichtstrom
14.043	DPT_Value_Luminous_Intensity	cd	Beleuchtungsstärke
14.044	DPT_Value_Magnetic_FieldStrength	$A\ m^{-2}$	magnetische Feldstärke
14.045	DPT_Value_Magnetic_Flux	Wb	magnetischer Fluss
14.046	DPT_Value_Magnetic_FluxDensity	T	magnetische Flussdichte
14.047	DPT_Value_Magnetic_Moment	$A\ m^2$	magnetisches Moment
14.048	DPT_Value_Magnetic_Polarization	T	magnetische Polarisation
14.049	DPT_Value_Magnetization	$A\ m^{-1}$	Magnetisierung
14.050	DPT_Value_MagnetomotiveForce	A	magnetmotorische Kraft
14.051	DPT_Value_Mass	kg	Masse
14.052	DPT_Value_MassFlux	$kg\ s^{-1}$	Massenfluss
14.053	DPT_Value_Momentum	$N\ s^{-1}$	Impuls
14.054	DPT_Value_Phase_AngleRad	rad	Phasenwinkel radient
14.055	DPT_Value_Phase_AngleDeg	°	Phasenwinkel Grad
14.056	DPT_Value_Power	W	Leistung
14.057	DPT_Value_Power_Factor	$\cos \varphi$	Leistungsfaktor
14.058	DPT_Value_Pressure	Pa	Druck
14.059	DPT_Value_Reactance	Ω	Blindwiderstand
14.060	DPT_Value_Resistance	Ω	Widerstand
14.061	DPT_Value_Resistivity	Ωm	Spezifischer Widerstand
14.062	DPT_Value_Selfinductance	H	Selbstinduktivität
14.063	DPT_Value_SolidAngle	sr	Raumwinkel
14.064	DPT_Value_Sound_Intensity	$W\ m^{-2}$	Lautstärke
14.065	DPT_Value_Speed	$m\ s^{-1}$	Geschwindigkeit
14.066	DPT_Value_Stress	$Pa = Nm^{-2}$	mechanische Spannung
14.067	DPT_Value_Surface_Tension	$N\ m^{-1}$	Oberfächenspannung
14.068	DPT_Value_Common_Temperature	°C	Temperatur Celsius
14.069	DPT_Value_Absolute_Temperature	K	Temperatur Kelvin
14.070	DPT_Value_Temperature_Difference	K	Temperaturdifferenz
14.071	DPT_Value_Thermal_Capacity	$J\ K^{-1}$	Wärmekapazität

Tabelle 2.3 o DPT "4 Octet Fload Value" früher EIS-Typ 9 (Teil 2/3)

ID	Name	Einheit	Beschreibung
14.072	DPT_Value_Thermal_Conductivity	$W\ m^{-1}\ K^{-1}$	Wärmeleitfähigkeit
14.073	DPT_Value_ThermoelectricPower	$V\ K^{-1}$	thermoelektrische Leistung
14.074	DPT_Value_Time	s	Zeit
14.075	DPT_Value_Torque	Nm	Drehmoment
14.076	DPT_Value_Volume	m^3	Volumen
14.077	DPT_Value_Volume_Flux	$m^3\ s^{-1}$	Volumenfluss
14.078	DPT_Value_Weight	N	Gewicht
14.079	DPT_Value_Work	J	Arbeit

Tabelle 2.3 o DPT "4 Octet Fload Value" früher EIS-Typ 9 (Teil 3/3)

Format:	**4 octet (4 Byte)**	
Codierung:	**$[D_6D_6D_6D_6\ D_5D_5D_5D_5]\ [D_4D_4D_4D_4\ D_3D_3D_3D_3]\ [D_2D_2D_2D_2\ D_1D_1D_1D_1]$ [EPDCNNN]** **$D_6D_5D_4D_3D_2D_1$: binär [0 bis 9]** **N: binär [0 bis 15]** **E,P,D,C: { 0,1}**	
Datapoint Types „Access"; Beschreibung		
ID	**Name**	**Codierung**
15.000	DPT_Access_Data	D_x (24 bit) Zugriffs-Identifikations-Code, nur Karten-Nummer oder Schlüssel-Nummer
		E = 1 Fehler; Lesen der Information nicht erfolgreich P Permission (Erlaubnis) = 0 nicht akzeptiert = 1 akzeptiert D Read Direction (Leserichtung) = 0 von links nach rechts = 1 von rechts nach links C Zugriffsinformation verschlüsselt = 0 nein = 1 ja N Index Zugriffs-Identifikationscode

Tabelle 2.3 p DPT "Access" früher EIS-Typ 12

Format:	**14 octet (14 Byte)**	
Codierung:	**ASCII-Zeichensatz** **Beispiel: „EIB ist OK" = 45 69 42 20 69 73 54 20 4F 4B 00 00 00 00** **(20 leer)**	
Datapoint Types "String"; Unterarten		
ID	**Name**	**Bereich**
16.000	DPT_String_ASCII	wie 4.001 (DPT_Char_ASCII)
16.001	DPT_String_8859_1	wie 4.002 (DPT_Char_8859_1)

Tabelle 2.3 q DPT "String" früher EIS-Type 15

Die KNX-Datenpunkt-Typen legen die Bedeutung der Daten fest, die über den Bus gesendet bzw. empfangen werden. Je nach Typ kann es damit vorkommen, das gleiche Werte unterschiedlich zu interpretieren sind.

Identische vom KNX-Editor empfangene 2-Byte-Werte können damit beispielsweise 2-Octet-Float **–291.84,** 2-Octet-Unsigned-Value **53191** und 2-Octet-Signed-Value **12345** bedeuten.

Die Datenpunkt-Typen sind definiert als eine Kombination von Format, Codierung, Bereich und Einheit. Die DPTs werden den KONNEX Interworking Standard weiter beschreiben und in Zukunft mehr und mehr an Bedeutung gewinnen.

Datenpunkt-Typ (DPT)			
Data Typ		Dimension	
Format	Codierung	Bereich	Einheit

Die DPTs werden identifiziert durch eine 16 bit lange Hauptnummer und eine 16 bit lange Subnummmer, getrennt jeweils durch einen Punkt. Im Beispiel 1.001 beschreibt die Hauptnummer 1 (Boolean) Format und Codierung, die Subnummer 001 (bei HN Boolean = DPT_Switch) Bereich und Einheit.

DP-Typen mit derselben Hauptnummer sind also identisch in Typ, Format und Codierung. Die davon abweichende Subnummer steht für Bereich und Einheit.

Die ETS unterstützt den Anwender bestmöglich, indem fehlerhafte Zuordnungen (falsche DPTs) nicht angenommen werden. Sowie eine Gruppenadresse einem Kommunikationsobjekt zugewiesen wurde, nimmt diese dessen Format an und kann nur noch mit Kommunikationsobjekten gleichen Formates verbunden werden.

Die korrekte Zuordnung der Datenpunkt-Typen ist eine sehr wesentliche Voraussetzung für die richtige Funktionsweise der Programme, die auf KNX-Editoren basieren.

Das sind in erster Linie Visualisierungen. Sie benötigen zum exakten Darstellen der enthaltenen Informationen ganz präzise Angaben. So stellt das detaillierte Wissen über DPTs bei ausschließlichem Anwenden der ETS eine eher untergeordnete Rolle dar, wird aber bei größeren Projekten mit Zusatzprogrammen unumgänglich.

Im Kontextmenü des Kommunikationsobjektes gelangt man über „Eigenschaften“ zur Auswahl und Anzeige des Datentyps (**Bilder 2.4** und **2.5**).

Die Kommunikationsobjekte in der ETS sind die logischen Schnittstellen der Geräte, über die bei Übereinstimmung der eigenen mit der gesendeten Gruppenadresse(n) die Informationen aufgenommen werden.

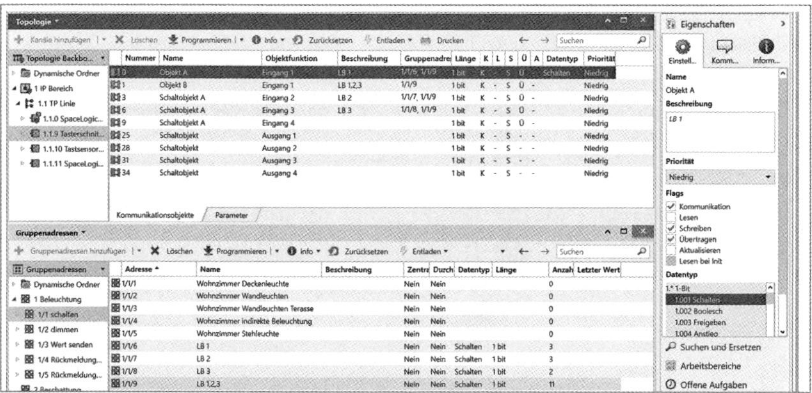

Bild 2.4 Auswahl und Anzeige des Datentyps

Bild 2.5 Anzeige des Datentyps im Kommunikationsport

Die Kommunikationsobjekte sind für die Aufnahme der Gruppenadressen zuständig. Sie enthalten die Grundinformation, mit welchem DPT (früher EIS-Typ) sie mit anderen Kommunikationsobjekten verbunden werden können. Würde versucht werden, eine Gruppenadresse, die auf dem DPT-Switch-Kommunikationsobjekt gebunden ist, auf ein Kommunikationsobjekt DPT-Control-Dimming zu ziehen, ließe dies die ETS nicht zu (**Bild 2.6**).

Die Anzahl der maximal einfügbaren Gruppenadressen in ein Kommunikationsobjekt ist eine wichtige Angabe für den Projektanten, um beurteilen zu können, ob die gewünschte Funktionalität direkt über Sensor und Aktor möglich ist oder ob zusätzliche Kontroller eingesetzt werden müssen.

Aktuelle Geräte sind in der Lage, bis zu 254 Gruppenadressen aufzunehmen. Diese können dann frei auf die vorhandenen Kommunikationsobjekte verteilt werden. Jedoch gibt es auch Geräte, die nur 8 Kommunikationsobjekte aufnehmen können (s. auch **Tabelle 2.4**).

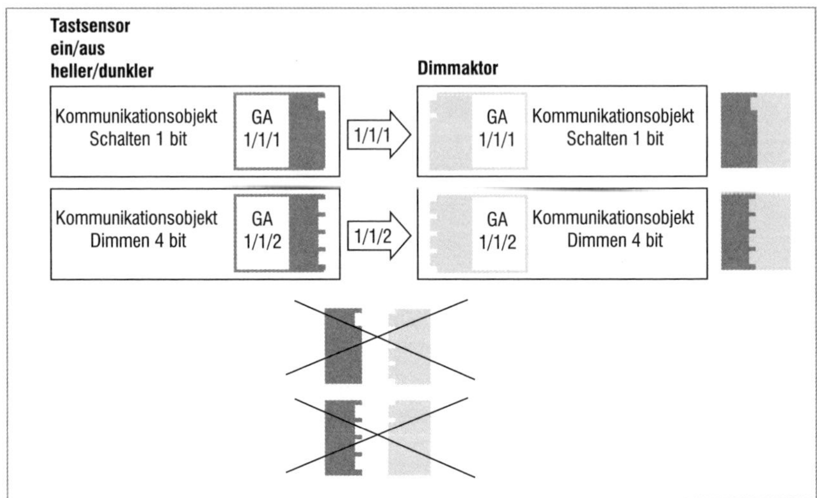

Bild 2.6 Gruppenadressen nehmen DP-Typ an

	BCU* 1 (BIM M111)	**BCU 2**	**BIM** M112 (701)**
Benutzer-RAM	18 Byte	42 Byte ... 98 Byte	7 kByte (14 kByte)
Benutzer-EEPROM	230 Byte	858 Byte	8 kByte (32 kByte)
max. Kommunikationsobjekte	~ 12	~ 32	255
max. mögliche Gruppenadressen	~ 64	~ 64	254
EIB-Objekte		X	X
Zugriffssicherung		X	X
Multithreading			X
Progammiersprache	Assembler	Assembler	C
Protokoll-Treiber		X	X

* BCU Bus Coupling Unit; BIM Bus Interface Module
** Bus Interface Module

Tabelle 2.4 Leistungdaten BCU 1/2; BIM M111/ M112 (701)

Beim Vergeben von Gruppenadressen (GA) wird bei Sensoren grundsätzlich die erste Gruppenadresse im Kommunikationsobjekt eines Wippenkanals als „sendende“ Gruppenadresse markiert. Jede weitere GA, die in das gleiche Objekt gezogen wird, kann „nur noch“ gelesen werden **(Bild 2.7**). Da in einem Telegramm auch „nur“ *ein* Befehl und *ein* Schaltobjekt übertragen werden können, kann auch nur *eine* Gruppenadresse als sendende berücksichtigt werden.

Wenn z. B. von verschiedenen Stellen aus mit Umschaltfunktion geschaltet wird, lässt man die anderen Schaltstellen immer „mithören", um nie zweimal auf eine Wippe drücken zu müssen.

Werden in ein „Schalten"-Kommunikationsobjekt von einem Schaltaktor mehrere Gruppenadressen geschrieben, dann haben alle die gleiche Funktionalität. Jede GA kann einschalten, jede GA kann ausschalten. Das jeweils letzte Telegramm setzt sich durch **(Bild 2.8)**.

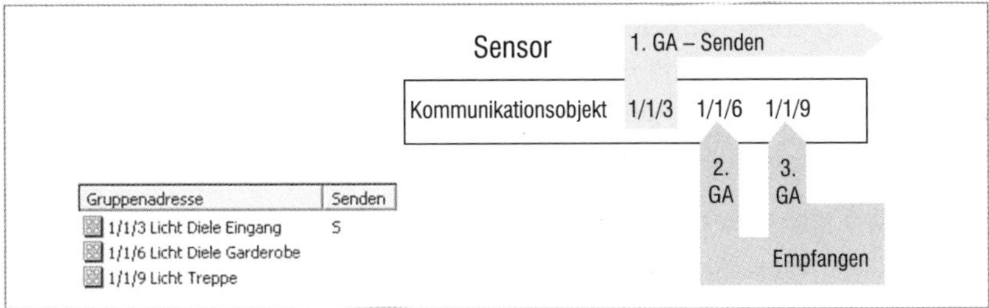

Bild 2.7 Sendende Gruppenadressen bei Sensoren

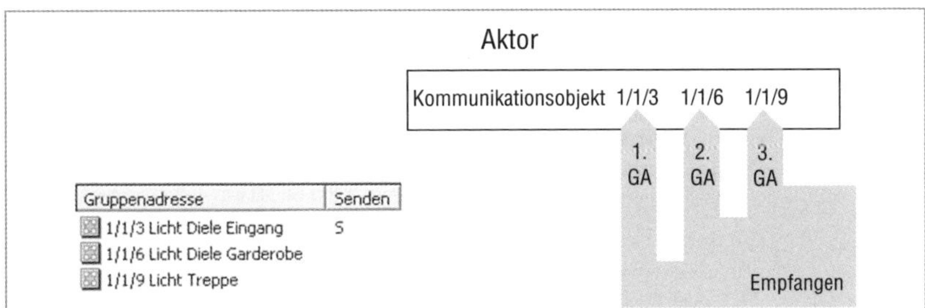

Bild 2.8 Empfangende Gruppenadressen bei Schaltaktoren

In jedem Kommunikationsobjekt werden auch die Kommunikations-Flags angezeigt.

Unter den Rubriken:

- K Kommunikation,
- L Lesen,
- S Schreiben,
- Ü Übertragen,
- A Aktualisieren

steht, welches der Flags gesetzt ist.

In jeder Applikation wird bereits durch den Hersteller eine optimale Einstellung der Flags vorgenommen, so dass eigentlich nur in Ausnahmefällen Veränderungen erfolgen müssen. Im Fenster „Eigenschaften" zur Einstellung der Flags befindet sich auch ein Standard-Button, mit dem nach evtl. Veränderung der Flags wieder die ursprüngliche Voreinstellung des Herstellers aktiviert werden kann.

So muss zum Beispiel bei allen Kommunikationsobjekten von Schaltaktoren das Lesen-Flag gesetzt werden, wenn der Zustand der Schaltaktoren von einer zugeschalteten Visualisierung ausgelesen werden soll. Bei nicht gesetztem Lese-Flag würde die Visualisierung erst aktualisiert werden, wenn ein Schaltbefehl des betreffenden Objektes eingeht.
Alternativ bieten heute die Schaltaktoren bzw. Aktoren im Allgemeinen Rückmeldeobjekte an, die für die Visualisierungen interessant sind bzw. die auch das Lese-Flag gesetzt haben.

Tabelle 2.5 gibt eine Übersicht über die Funktionen der einzelnen Flags.

Flag	Funktion gesetzt	Funktion nicht gesetzt
Kommunikation (Communication)	Kommunikationsobjekt hat normale Verbindung zum Bus (Standard).	Telegramme werden zwar quittiert, aber nicht ins Kommunikationsobjekt übernommen. Veränderung führt dazu, dass der zugehörige Kanal nicht mehr reagiert.
Lesen (Read)	Der Objektwert (Status) kann über den Bus gelesen werden. Kommt eine Anforderung, wird der aktuelle Wert ausgegeben.	Der Objektwert kann über den Bus nicht gelesen werden (häufiger Standard).
Schreiben (Write)	Der Objektwert kann über den Bus geändert werden (Standard).	Der Objektwert kann über den Bus nicht geändert werden. Führt bei Aktoren zu Funktionsverlust, bei Sensoren verhindert es den Statusabgleich.
Übertragen (Transmit)	Wird bei einem sendenden Teilnehmer der Objektwert geändert, so wird ein Telegramm versandt (Standard).	Es wird nur nach Anforderung ein Telegramm mit dem geänderten Objekt gesandt.
Aktualisieren (Update)	Antworttelegramme schreiben den aktuellen Wert ins Objekt, sie aktualisieren damit (Standard).	Der Wert des Objektes bleibt auch nach Empfang des Antworttelegramms erhalten.

Tabelle 2.5 Funktionen der Flags

Achtung!
Das Verändern der Flags kann zu Funktionsverlust führen. Es wird geraten, Standard-Einstellungen zu benutzen und bei Sonderfunktionen den Hersteller-Support zu befragen.

2.5 Telegramme

Reduziert man die Funktionalität des KNX/EIB auf die wesentlichen Bestandteile, so bleiben

- Sensoren,
- Telegramme und
- Aktoren.

Bindet man diese Hauptbestandteile in einen Funktionskreislauf, so entsteht ein fast allgemeingültiges Modell entsprechend **Bild 2.9.**

Dieses Prinzip entspricht dem standardisierten ISO/OSI Modell (DIN ISO 7498), einem Modell zur Untergliederung von Kommunikationssystemen. (ISO steht für International Standardization Organisation – OSI für Open Systems Interconnection.)

Reduzieren wir dieses Modell nun weiter auf den von uns zu erbringenden Teil der Arbeiten bei der Realisierung einer Gebäudefunktion mit der ETS, dann kommen wir sehr schnell auf deren Hauptbestandteil, nämlich das *Verbinden der Kommunikationsports der Geräte.*

Um die bereits äußerst benutzerfreundlich ausgeführte ETS sinnvoll nutzen zu können, ist es wichtig, die grundsätzliche Funktionalität der Kommunikation zu kennen:

KNX/EIB-Geräte enthalten für ihre Kommunikation untereinander sog. Kommunikationsobjekte. Diese werden hauptsächlich durch die Applikation

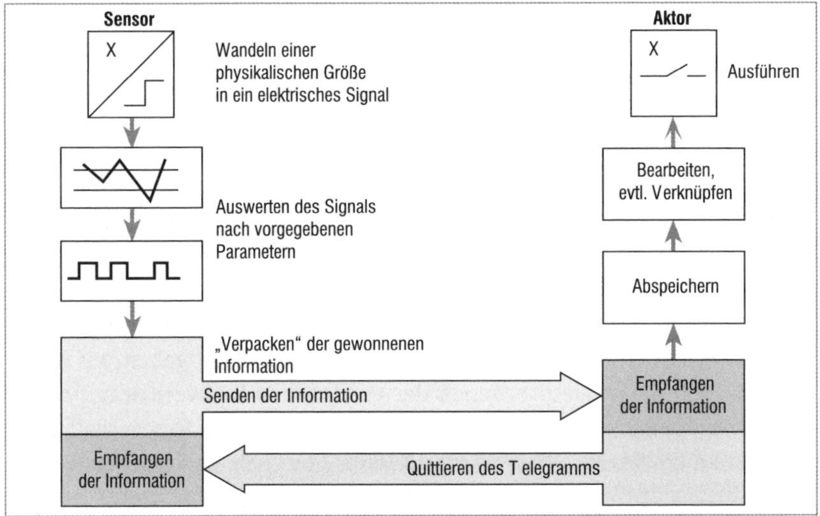

Bild 2.9 Funktionalität des KNX im Wesentlichen

bestimmt, aber auch Parametereinstellungen des Projektanten können einen Einfluss darauf haben.

Die Kommunikationsports nehmen die vom Projektanten zugeteilten sog. Gruppenadressen auf. Jeweils gleiche Gruppenadressen werden immer denjenigen Kommunikationsports zugeteilt, deren Kommunikationsobjekte untereinander Nachrichten austauschen sollen. Gruppenadressen sind damit die *funktionellen Ziel*adressen des KNX/EIB. Da beim KNX/EIB immer an alle Teilnehmer gesendet wird, die gemeinsame Gruppenadressen aufweisen, werden keine *Physikalischen Zieladressen* benötigt[1].

Beispiel: Binärausgang Sensor

Beschreibung	wohnz.verteiler/biaus2f/lampe 1
Parameter	
Aktivierungszeitpunkt	nach Empfang
bei Verknüpfung	auf Verknüpfungs-Objekt
Ausschaltfunktion	keine
Basis	260 ms
Faktor	40
Einschaltzeitfunktion	keine
Basis	260 ms
Faktor	40

Damit der Nachrichtenaustausch auch möglich ist, müssen alle Ports einem bestimmten Typ entsprechen, nämlich dem DPT (Datenpunkt-Typ), früher EIS (EIB Interworking Standard, kurz EIS-Typ).

Zur Verbildlichung der KNX/EIB-Kommunikation kann man folgenden Vergleich heranziehen:

Man geht von einer Person aus, die mit einer bestimmten Gruppe anderer Personen kommunizieren möchte. Sie spricht daher zu einer ihr nicht näher bekannten Personenansammlung (Namen, Anzahl, usw.) und will die o. g. Gruppe, z. B. Monteure, innerhalb dieser Personenansammlung über einen bestimmten Sachverhalt unterrichten.

Die Gruppe „Monteure“ ist bereits innerhalb der Gesamtgruppe definiert, so dass sich diese auch angesprochen fühlen. Jetzt gehen wir davon aus, dass von den Angesprochenen der verstandene Sachverhalt mit relativ stummem Kopfnicken bestätigt wird, nicht verstandener Sachverhalt dafür aber mit einem lauten „Was?“ bedacht wird. In diesem Fall wird die Person

1 Physikalische Adressen sind nur am Anfang für das Laden der Anwendersoftware in die Geräte notwendig.

den Sachverhalt wiederholen. Im Hinblick auf weitere wichtige Informationen kann so eine Wiederholung aber nicht unendlich oft eingefordert werden. Gehen wir zusätzlich davon aus, dass die Kommunikation der Teilnehmer untereinander so diszipliniert ist, dass immer nur einer spricht und alle anderen zuhören, so haben wir das Wesentliche der KNX/EIB-Kommunikation umrissen.

Bild 2.10 belegt diesen Sachverhalt noch einmal aus technischer Sicht:

1. Jedes Telegramm, das ein Teilnehmer erhält, wird von ihm quittiert. Die Antworten können sein:
   - beschäftigt (busy),
   - nicht empfangen (NAK negativ Acknowledge),
   - Empfang korrekt (ACK Acknowledge) (Bild 2.10 a).
2. Werden zwei Antworten gleichzeitig über den Bus gesendet, so hat immer das Telegramm mit der ersten Null den Vorrang (Bild 2.10 b).

Tabelle 2.6 fasst die technischen Daten eines Telegramms zusammen.

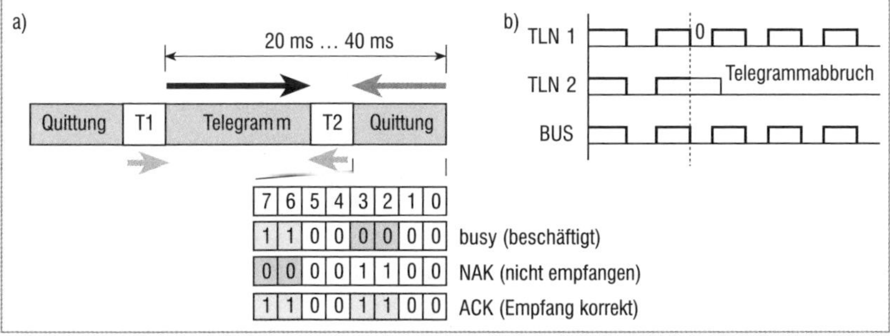

Bild 2.10 Telegrammablauf, Quittung (a) und Kollisionsbehandlung (b)
T1 und T2 sind Zeiten. T1 Zeit zwischen letzter Quittung und neuem Telegramm. T2 Zeit, die vergeht, bis das Telegramm quittiert wird.

Übertragungsrate (Baudrate)		9600 bit/s
Bit-Belegungszeit		104 µs
Zeit für ein Zeichen (11bit)		1,35 ms
Telegrammlaufzeit		20 bis 40ms
Quittung	8 bit	832 µs
Telegrammlänge	Kontrollfeld	8 bit
	Quelladresse	16 bit
	Zieladresse	17 bit
	Routing-Zähler	3 bit
	Längen-Vorschau	4 bit
	Nutzinformation	bis 16 Byte
	Sicherung	8 bit

Tabelle 2.6 Technische Telegrammdaten

Zusammenfassung der Merkmale der Twisted-Pair-Bus-Kommunikation

Immer nur einer spricht:

Wenn ein Sendewunsch vorhanden ist, wird von dem sendebereiten Teilnehmer in den Bus „hineingehört" und bei unbenutzter Kommunikation zu senden begonnen.

Sollten trotz dieser Vorsichtsmaßnahme zwei Teilnehmer gleichzeitig beginnen zu senden, was sehr selten vorkommt, dann ist physikalisch durch die Regelung „0 überschreibt 1" vorgegeben, welche Nachricht sich durchsetzt. Da jeder „Sprecher" sich selbst auch hört, erkennt er, wenn ein anderer Teilnehmer sendet, den Unterschied zu seiner eigenen Nachricht und zieht sich zurück. Nachdem der erste „Redner" seine Information erfolgreich abgesetzt hat, kann nun der „wartende" mit seiner Nachricht beginnen. Das, was wir in der menschlichen Kommunikation unter guten Manieren verstehen, ist beim KNX/EIB mit einem speziellen Verfahren geregelt, dem CSMA/CA (Carrier Sense Multiple Access with Collision Avoidance).

Alle hören zu und fühlen sich angesprochen, wenn „ihre Gruppe" gemeint ist:

Alle Geräte, die am Bus angeschlossen sind, empfangen grundsätzlich jedes Telegramm. Die im Telegramm enthaltene Zieladresse bestimmt darüber, welcher/welche Teilnehmer die „Nutzinformation" annehmen und berücksichtigen.

Alle innerhalb einer Gruppe Angesprochenen quittieren grundsätzlich den Empfang, egal ob positiv oder negativ:

Da alle Empfänger zur gleichen Zeit die Nachricht empfangen, werden sie auch zur gleichen Zeit quittieren. Dabei ist es wiederum nach dem Prinzip „0 überschreibt 1" so geregelt, dass eine negative Quittierung die Wiederholung des gesamten Sendevorgangs auslöst.

Die Bestandteile des Telegramms

Das Kontrollfeld (Bild 2.11)

Im Kontrollfeld kann der Projektant nur auf die 2 Bits „PP" für Priorität Einfluss nehmen. Das Bit für Wiederholung zeigt mit einer „0" an, dass ein Wiederholungstelegramm läuft.

Die Quelladresse (Bild 2.11 a)

Die Quelladresse ist der „Fingerabdruck" des Telegramms. Über sie wird sofort der Absender des Telegramms klar. Für den Empfänger ist die Quelladresse uninteressant. Nur für den Servicefall ist sie unverzichtbar.

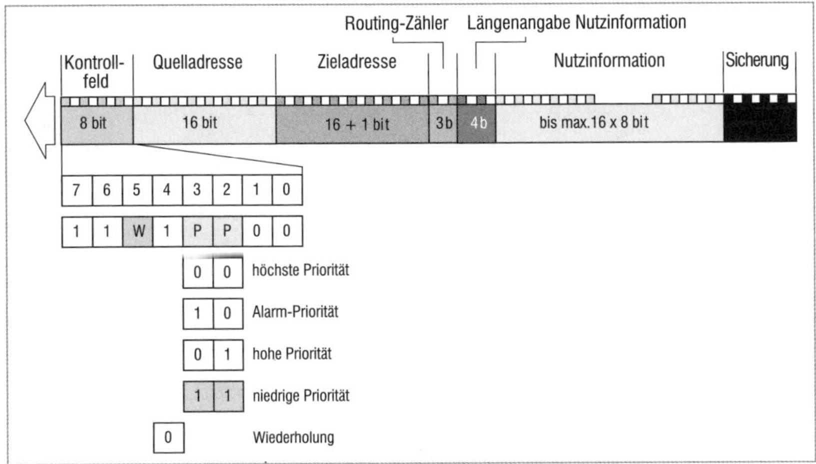

Bild 2.11 Kontrollfeld

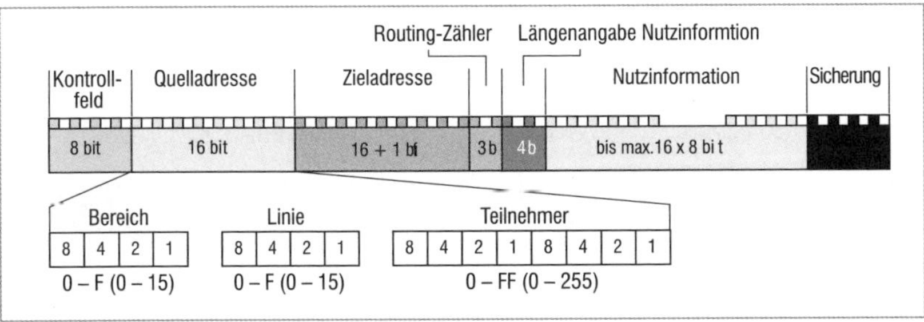

Bild 2.11a Quelladresse
0-F ist hexadezimal und entspricht 0-15 dezimal, 0-FF ist ebenfalls hexadezimal, entspricht dezimal 0-255.

Die Zieladresse (Bild 2.11 b)

Die Zieladresse bestimmt die Empfänger. Alle Kommunikationsobjekte, die diese Adresse enthalten, werden angesprochen.

Es gibt drei Arten von Gruppenadressen-Formaten, die zwei- und die dreistelligen sowie die freie Zuordnung. In der ETS wird bei der Projektierung die Entscheidung über die Gruppenadressen getroffen.

Routing-Zähler und Längenvorschau (Bild 2.12)

Der Wert der drei Bits des Routing-Zählers wird bei Telegrammübertragung jeweils um 1 vermindert und steht bei einmaliger erfolgreicher Übertragung auf 6. Wird wiederholt, nimmt der Zählerstand weiter ab.

Die Längenvorschau gibt die Länge der Nutzinformation an.

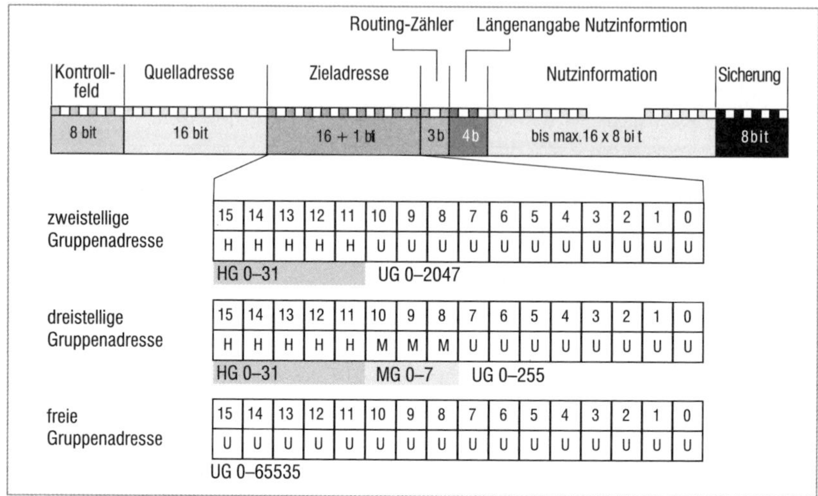

Bild 2.11b Zieladresse

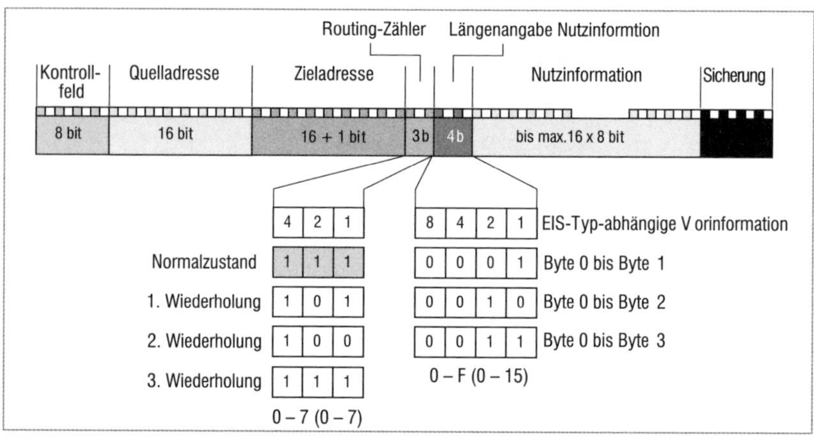

Bild 2.12 Routing- und Längenzähler

Nutzinformation (Bild 2.13)

Nachdem die Längenvorschau das Format, im Bild 2.13 1 Byte, vorgegeben hat, werden im Nutzinformationsfeld Befehl und Schaltobjekt angegeben.

Gemäß der verwendeten Applikationen werden Befehle definiert und die entsprechenden Schalt-, Prioritäts-, Dimm- und Wertobjekte im Telegramm übermittelt.

Zu den Nutzinformationen wurden im Abschnitt A 2.4 detaillierte Angaben gemacht.

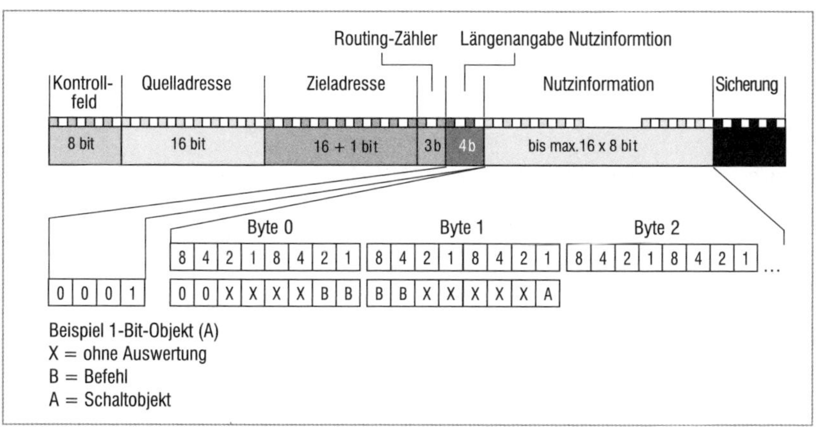

Bild 2.13 Nutzinformation

3 Projektierung

Argumentation für KNX, Projektierungshilfen, Bedarfsermittlung

Die Beratung und Bedarfsermittlung haben bei einem KNX-Projekt den wohl höchsten Stellenwert. Hier muss der Fachmann dem Kunden eine „Anlage auf den Leib schneidern". Da die KNX-Komponenten von „sehr wirtschaftlich" bis „Luxus" wirklich alles bedienen, was denkbar ist, muss das richtige Maß gefunden werden. Aus Unkenntnis des Marktes wurden schon viele unzufriedene Kunden generiert. Diese werden fortan vor allem eine Meinung vertreten: „KNX macht auch nichts Besonderes – kostet aber viel".

Werden Aufgabenstellungen ab einer bestimmten Komplexität mit konventionellen Lösungen verglichen, dann erweist sich in vielen Fällen die Buslösung mit der richtigen Geräteauswahl als günstiger. Mit Sicherheit ist sie aber komfortabler und zukunftssicherer.

Seit 2007 existiert die DIN EN 15232 (Neufassung im Dezember 2017) in der nationalen Fassung. Darin werden die Energieeffizienzklassen (EEK) für die Gebäudeautomation festgelegt (**Bild 3.1**). Demnach darf bei Neubau und Sanierung nicht mehr unter Klasse „C" gebaut oder saniert werden.

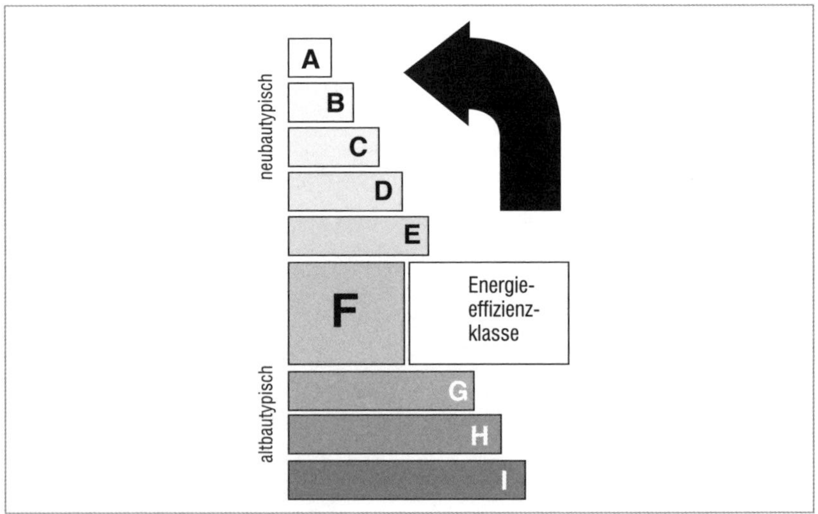

Bild 3.1 Energieeffizienzklassen nach DIN EN 15232

Im arithmetischen Mittel liegt der Gebäudebestand eher „altbautypisch" bei EEK „F" und schlechter. Sinn der Norm ist es, die Gebäude auf „neubautypisch" zu heben. Die Klasse „C" wird dabei zur Minimal-EEK.

Nur mit einer Gebäudeautomation lässt sich eine Energieeinsparung erreichen, die die überlebensnotwendige Reduzierung des CO_2-Ausstoßes sichert (**Bild 3.2**). Im Hinblick auf die im Aktionsplan der Bundesregierung bis 2020 vorgesehenen Werte muss die Gebäudeautomation als eine wesentliche Maßnahme gesehen werden.

Nach DIN EN 15232 lässt sich eine Aussage treffen, mit welchem Faktor thermische und elektrische Energie – bezogen auf den GA-Standard „C" – eingespart werden kann (**Bild 3.3**). Damit sind Wirtschaftlichkeitsbetrachtungen möglich. Alle Einzelmaßnahmen zu den Gewerken Heizung, Kühlung, Lüftung, Beleuchtung, Beschattung werden in der DIN EN 15232 detailiert beschrieben und definiert. Deshalb ist es heute unerlässlich, dass sich der KNX-Experte mit dieser Norm auskennt.

In der sogenannten Bedarfsplanung (**Bild 3.4**) gemäß DIN 18205 werden vor der eigentlichen Baumaßnahme alle wesentlichen Faktoren aufgenommen. Dann sollte ein sog. Systemintegrator mit umfangreichen Kenntnissen

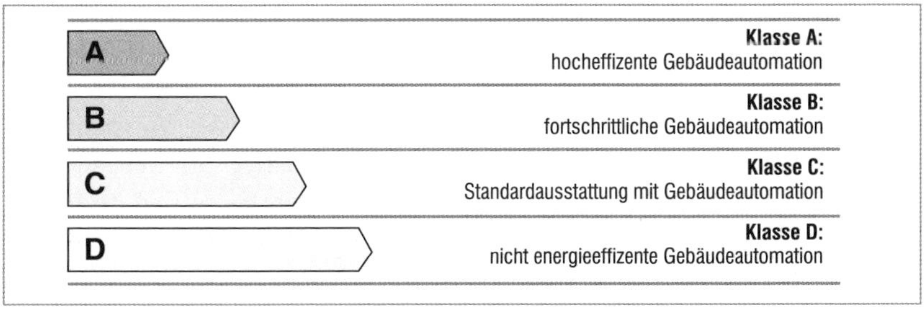

A	**Klasse A:** hocheffizente Gebäudeautomation
B	**Klasse B:** fortschrittliche Gebäudeautomation
C	**Klasse C:** Standardausstattung mit Gebäudeautomation
D	**Klasse D:** nicht energieeffizente Gebäudeautomation

Bild 3.2 Energieeffizienzklassen für die Gebäudeautomation

Gebäudeklasse	thermische Energie				elektrische Energie			
	D	C	B	A	D	C	B	A
Büros	1,51	1	0,80	0,70	1,10	1	0,93	0,87
Hörsäle	1,24	1	0,75	0,50	1,06	1	0,94	0,89
Schulen	1,20	1	0,88	0,80	1,07	1	0,93	0,86
Krankenhäuser	1,31	1	0,91	0,86	1,05	1	0,98	0,96
Hotels	1,31	1	0,85	0,68	1,07	1	0,95	0,90
Restaurants	1,23	1	0,77	0,68	1,04	1	0,96	0,92
Versammlungsräume	1,56	1	0,73	0,60	1,08	1	0,95	0,91
Wohnräume	1,10	1	0,88	0,81	1,08	1	0,93	0,92

Bild 3.3 Energieeffizienzfaktoren in der Gebäudeautomation

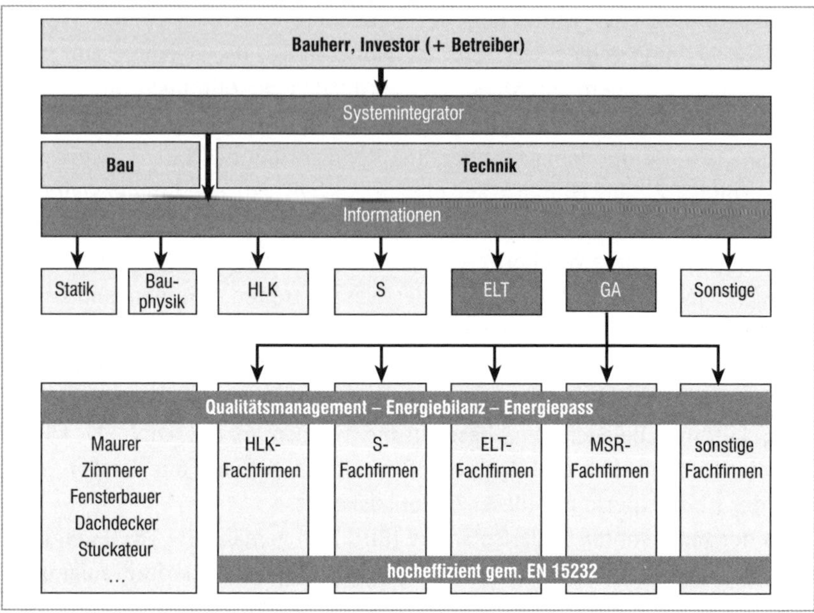

Bild 3.4 Bedarfsplanung für Systemintegration durch Gebäudeautomation

der Gebäudetechnik und der Gebäudeautomation die Schnittpunkte der Gewerke festlegen, damit diese effizient zusammenarbeiten können.

Zusammenfassend lässt sich sagen, dass es aus Sicht der Vorgaben und der Notwendigkeit des Energieumbaus keine Alternative zur Gebäudeautomation gibt. KNX ist das ideale System, die Aufgaben heute und in der Zukunft wirtschaftlich und sicher zu lösen.

Damit dies gelingt, sollte eine gewissenhafte Vorgehensweise bei der Planung obligatorisch sein.

Für die Bedarfsermittlung ist also der Maßstab für alle Gewerke die Energieeffizienzklasse „C“ als Minimum. Die Projektierungscheckliste der DIN EN 15232 stellt dabei eine optimale Möglichkeit dar, den notwendigen Automatisierungsgrad sicherzustellen.

Um die Funktionen auf Raumebene aufzunehmen, ist im Wohnbau die Funktionsliste sicherlich sinnvoll (**Bild 3.5**). Im Nutzbau sollte ab einer bestimmten Größe die Datenpunktliste gem. VDI 3814 Verwendung finden.

Nach der Feststellung der erforderlichen Funktionen werden die entsprechenden Geräte den Automatisierungsstationen (Gebäudeteile oder Flächen, Räume oder Zonen) zugeordnet. Dafür eignet sich die Hardware-Komponenten-Liste (**Bild 3.6**).

KNX	**Funktionsliste:**	**Objekt:**	bestellt am:	letzte Änderung	Blatt:
			Bearbeiter:	geändert durch:	von:

Gruppenadresse	Sensor		Aktor		Bemerkung
	Kennz. Einbauort	Wippe	Einbauort	Kanal	

Bild 3.5 Projektierungshilfe Funktionsliste (Quelle: ABB Produktdatenbank DVD)

Beiblatt 070-4 (071-1) Hardware Automatisierungseinrichtung				
Projekt:	**Projekt-Nr.:**	______-_____-___-HW-ISP-_____		
Anbieter:	**Vergabe-Nr.:**	Gebäude Nr. (von Plansteller) ISP-Nr. oder Raum/Zonentyp		
		Ausgabedatum:	Name:	Seite:
				von:
		Automationsstationen		

Hardwarekomponenten Bieterangaben												
Bezeichnung der Komponenten	Typ	ges.	St.	St.	St.	St.	St.	St.	St.	St.	St.	St

Bild 3.6 Hardware-Komponenten-Liste

Bei der Erfassung sollten lokale und globale Einrichtungen unterschieden werden. Lokal sind alle raum- oder zonenbezogenen Geräte, global sind der Gesamtheit oder Gruppen zugeordnete Geräte. Beispiel: Ein Raumtemperaturregler dient nur dem zugeordneten Raum (lokal), die Wetterstation bedient aber alle Räume (global).

Zur detailierten Belegung von Funktionen auf Bedienelementen (Wippen von Sensortastern, Tasterschnittstellen, Touch Screens usw.) lassen sich die Planungsunterlagen der Hersteller nutzen.

Im Teil D – „Ein Projekt von A bis Z“ kann man die Listen und Planungsgrundlagen in Aktion verfolgen.

B Basiswissen für das Arbeiten mit der ETS5/6 Professional

1 Grundlagen – Von der Planung bis zur Übergabe

1.1 Vorschriften, Normen, Regeln und Gütezeichen in der Gebäudesystemtechnik

Die Außenhülle eines Gebäudes dient oft mehreren Generationen. Die Anpassungen durch Nutzungsänderung im Inneren dagegen gestalten sich in kürzeren Zyklen und sind oft sehr aufwendig, da die Technik nicht über die notwendige Flexibilität verfügt. Die Gebäudesystemtechnik bietet bei strukturiertem Aufbau das immer aktuelle Haus, da sich die Anpassungen nicht durch umfangreiche Stemmarbeiten, sondern durch Parametrierungen erfüllen lassen.

Die Gebäudeautomatisierung ist nicht nur auf Wohngebäude und Grundgewerke wie Beleuchtung, Beschattung, Heizung, Klima, Lüftung, usw. beschränkt. Sie ist vielmehr ein probates Mittel für alle Liegenschaften das integrative Zusammenspiel aller Gewerke energetisch, sicher, komfortabel und transparent zu gestalten. Dazu ist ein System nötig, das mit möglichst vielen Komponenten unterschiedlichster Hersteller alle Bereiche der angewandten Elektrotechnik abdeckt. Es muss aufwärtskompatibel, flexibler und kostengünstiger sein. Die Funktionsvielfalt muss durchgängig von kleinen bis zu großen Projekten handhabbar sein. Kurz: Es muss ein System sein, das sich um ein Projektierungstool herum organisiert. KNX ist genau dieses System.

Die ETS5/6 stellt dabei das Basistool für Projektierung und Installation, der Inbetriebnahme, dem Monitoring und den geregeltem Betrieb des Bussystems bis hin zur Wartung dar. Sie unterstützt z. B. bei der Festlegung der Ausstattungsstufen, also bereits in der Planungsphase, mit dem neuen Projekt-Assistenten.

Für die Planung, Projektierung und Inbetriebnahme einer KNX-Installation benötigt das ausführende Elektroinstallations-Handwerk ein Werkzeug das in der Lage ist, strukturiert und einfach in der Anwendung die gestiegenen Anforderungen der Endkunden sowie den rasanten Technologiewechsel abzudecken.

Bei der heutigen Vielfalt und dem Zwang zukunftsorientiert zu planen, sind natürlich Orientierungen nötiger denn je.

Die Bedarfsplanung ist normalerweise Sache des Bauherrn. Natürlich ist nicht jeder in der Lage das Notwendige gesamtheitlich zu erfassen. Selbst unter Fachleuten wird man nur wenige finden, die nach den Kriterien der DIN 18205 eine Bedarfsplanung durchführen. Deshalb wird auch der Ruf nach einen „Systemintegrator" immer lauter. Wie eine Planung idealerweise aussieht, zeigt das **Bild 1.1**. Zwischen dem Bauherren und dem Planer ist der Systemintegrator angesiedelt. Er erfasst den Bedarf mit der Projekterfassungsprüfliste. Dazu werden die Rahmenbedingungen festgehalten. Damit werden die Anforderungen an den Entwurf formuliert. Das wichtigste dabei ist, die eingesetzten finanziellen Mittel so effektiv wie möglich zu verwenden, Fehlentwicklungen zu vermeiden und eine nachhaltige Anlage zu erwirken. Das bedeutet, dass alle notwendigen Schnittstellen der unterschiedlichen Gewerke definiert werden um eine ideale Synergie zwischen den Gewerken herzustellen. Der Anteil der Elektrotechnik ist an dieser systemintegrativen Aufgabe der größte, somit sind die Elektroplaner die wohl am besten geeignete Gruppe.

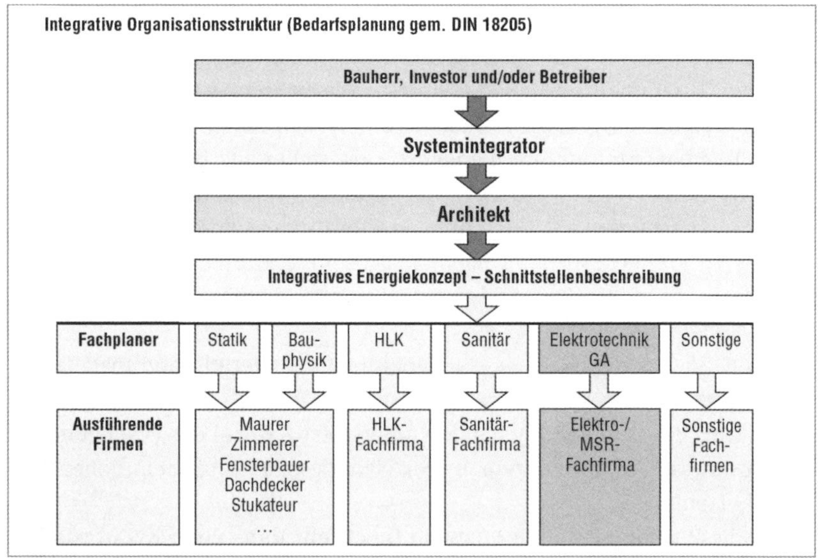

Bild 1.1 Ablauf Bedarfsplanung

1.1.1 DIN 18015

Eine Planungsorientierung der Elektrotechnik im Wohnbau bietet die DIN 18015.

Diese Norm findet Anwendung für die Art und den Umfang der Mindestausstattung elektrischer Anlagen in Wohngebäuden (z. B. Mehrfamilienhäuser, Reihenhäuser, Einfamilienhäuser).

Sie ist auch anzuwenden für solche Anlagen, die mit Gebäudesystemtechnik ausgerüstet sind und besteht aus folgenden Teilen:

- DIN 18015 Teil 1 Planungsgrundlagen
- DIN 18015 Teil 2 Art und Umfang der Mindestausstattung
- DIN 18015 Teil 3 Leitungsführung und Anordnung der Betriebsmittel
- DIN 18015 Teil 4 Gebäudesystemtechnik
- DIN 18015 Teil 5 Luftdichte und wärmebrückenfreie Elektroinstallation

Besonders die Teile 2 (Oktober 2021) und 4 (Februar 2022) betreffen die Gebäudeautomation.

Gegenüber der DIN 18015-2 von 2010-11 wurden unter anderem die Beleuchtungsanschlüsse in Fluren und Außenbereichen angepasst, zudem Unterscheidungen zwischen Ausstattungen von Wohnungen und allgemeinen Räumen eine Vereinfachung der Zählweisen von Steckdosen, die Anpassung von IuK/RuK, Konkretisierungen für Hauskommunikationsanlagen und die Aktualisierung des Anhangs A „Energieeffizienz" vorgenommen.

Die bisherigen informativen Angaben zur Gebäudesystemtechnik im Anhang A von 2004 sind nun in erweiterter Form in einen neuen Teil 4 der DIN 18015 beschrieben worden.

Auszug aus den Hinweisen zur Energieeffizienz aus der DIN 18015– Teil 2 Anhang A:

„Für eine Verbrauchs- und Tarifvisualisierung sind ggf. eigene Leitungsanlagen erforderlich, je nach Art der Signalübertragung zwischen den Verbrauchszählern (z. B. für Strom, Gas, Wasser, Wärme) und einer Visualisierungseinheit in der Wohnung".

„Zur Abschaltung von Verbrauchsmitteln mit „Stand-by"-Verlusten sollte in allen Räumen wenigstens eine Steckdose im Raum schaltbar ausgeführt werden. Alternativ kann die Möglichkeit der nachträglichen Änderung vorgesehen werden. Dies kann z. B. durch Leitungsinstallation mit Reserveadern oder Installationsrohren erfolgen".

„In Räumen, die nur gelegentlich genutzt werden, sollte eine automatische Abschaltung der Beleuchtung erfolgen".

„Beleuchtungen sollten bedarfsorientiert und energiesparend gesteuert werden. Hierfür können z. B. Bewegungs- und Präsenzmelder, Dämmerungsschalter sowie Zeitschaltuhren, ggf. sonnenauf- und -untergangsgesteuert, verwendet werden".

„Ist eine Orientierungsbeleuchtung gewünscht, sollten energiesparende Leuchtmittel eingesetzt werden“.

„Sonnenschutz (Jalousien, Markisen, Rollläden) dient der Vermeidung von Überhitzung der Räume. Durch entsprechende elektrische Steuerung wird eine ständige automatische Anpassung an die Witterungsverhältnisse möglich. Die dafür notwendige Leitungsinstallation wird jeweils vom elektrischen Antrieb zu den zugehörigen Bedien- und Automatisierungskomponenten (z.B. Windsensor, Zeitschaltuhr) für Einzel-, Gruppen,- oder Zentralsteuerung vorgesehen“.

„Durch Einzelraumtemperaturregelung ist es möglich, die Temperatur jedes Raumes an die individuelle Nutzung anzupassen. Für elektrisch betätigte Ventilstellantriebe ist zwischen dem Raumtemperaturregler und den Ventilstellantrieben sowie den Fensterkontakten eine Leitungsinstallation vorzusehen. Damit wird den Räumen nur die wirklich benötigte Heiz-energie, abhängig von Raumbelegung und Tageszeit, zugeführt“.

„Wärmepumpenheizungsanlagen erhalten einen eigenen Anschluss. Der Verbrauch der Wärmepumpenheizungsanlagen wird ggf. über einen eigenen Zähler erfasst. Neben der Versorgungsleitung für das Wärmepumpenaggregat werden noch Leitungen zu den Hilfsaggregaten (z.B. Umwälzpumpen) und den Regeleinrichtungen benötigt“.

„Zu Anschlüssen von besonderen Verbrauchsmitteln mit eigenem Stromkreis und zu solchen mit hohem Jahresenergieverbrauch kann zusätzlich zur Stromkreisleitung ein Installationsrohr mit geeignetem Durchmesser, z.B. M25, vom Stromkreisverteiler ausgehend in Betracht gezogen werden. Dies ermöglicht jederzeit die Aufnahme von Steuerleitungen für die Einbindung oben genannter Verbrauchsmittel in Maßnahmen zur Steigerung der Energieeffizienz“.

„Gebäude nach Niedrigenergie-Standard verfügen in der Regel über eine hohe Luftdichtigkeit. Zur Vermeidung von Schwitzwasser, Schimmelbildung usw. können für diese Gebäude Raumlüftungsanlagen mit bzw. ohne Wärmerückgewinnung erforderlich werden. In diesem Fall sind die entsprechenden Leitungsanlagen und Anschlussstellen für den elektrischen Anschluss und die regeltechnischen Einrichtungen vorzusehen“.

„Eine luftdichte und wärmebrückenfreie Gebäudehülle (wie z.B. in der EnEV beschrieben) darf durch die Elektroinstallationen nicht unzulässig beeinträchtigt werden. Aus diesem Grund werden bei Installationen an der Gebäudehülle (Innen- und Außenseite) luftdichte Geräte- und Verteilerdosen eingesetzt. Bei erforderlichen Rohrverbindungen vom Rauminneren

nach außen (z. B. für den Anschluss von außen liegenden Rollläden, Jalousien etc.) ist auf einen luftdichten Abschluss zu achten".

„Elektroinstallationen an gedämmten Außenfassaden sind derart auszuführen, dass die Dämmwirkung nicht unzulässig beeinträchtigt wird. Dies kann durch den Einsatz dafür geeigneter Gerätedosen und Geräteträger erreicht werden".

Im informativen Anhang B sind Beispiele von Verteilern mit Einrichtungen für Gebäudesystemtechnik bzw. Kommunikation dargestellt.

Die Änderungen der DIN 18015-2 „Elektrische Anlagen in Wohngebäuden – Teil 2: Art und Umfang der Mindestausstattung" Ausgabe Oktober 2021 sowie der Neuausgabe der DIN 18015-4 „Elektrische Anlagen in Wohngebäuden – Teil 4: Gebäudesystemtechnik" erforderten eine Anpassung und Neufassung der RAL-RG 678 (**Tabelle 1.1**). Die RAL ist der „1925 gegründete Reichsausschuss für Lieferbedingungen", heute „Deutsches Institut für Gütesicherung und Kennzeichnung" (www.ral.de; www.elektroplus.de). Im Mai 2011 wurde deshalb eine Neufassung veröffentlicht.

Während DIN 18015-2 und -4 die Mindestausstattung beschreiben, enthält RAL-RG 678 darüber hinausgehende Festlegungen für Standardausstattung und Komfortausstattung.

Die DIN 18015 T4 gilt für zu errichtende Wohngebäude und Gebäude mit Büro- oder ähnlicher Nutzung (z. B. Kleingewerbe, Kanzleien, Praxen und dergleichen), die mit Gebäudesystemtechnik ausgestattet oder für diese vorbereitet werden. Sie gilt sinngemäß auch für den Gebäudebestand. Sie beschreibt die Festlegungen zwischen Bauherrn, Planer und Errichter der elektrischen Anlage. Derartige Festlegungen müssen bei der Gebäudesystemtechnik getroffen werden, um spätere Unstimmigkeiten auszuschließen. Damit nicht jedes Detail festgelegt werden muss, gilt die Norm.

Ausstattungswert	Kennzeichen	Qualität
1	✻	Mindestausstattung gem. DIN 18015 T2
2	✻ ✻	Standardausstattung
3	✻ ✻ ✻	Komfortausstattung
1 plus	✻ plus	Mindestausstattung gem. DIN 18015 T2 und Vorbereitung für Gebäudesystemtechnik gem. DIN 18015 T4
2 plus	✻ ✻ plus	Standardausstattung und mindestens ein Funktionsbereich gem. DIN 18015 T4
3 plus	✻ ✻ ✻ plus	Komfortausstattung und mindestens zwei Funktionsbereichen gem. DIN 18015 T4

Tabelle 1.1 Übersicht der Ausstattungsstufen nach RAL-RG 678

Sollte nicht nach dieser Norm gearbeitet werden, ist anzuraten, dass dieser Umstand schriftlich festgehalten wird und eine detaillierte Funktionsbeschreibung erstellt wird. Auch in den Fällen, in denen DIN-Normen von Vertragsparteien nicht zum Inhalt eines Vertrages gemacht worden sind, dienen DIN-Normen im Streitfall als Entscheidungshilfe, wenn es im Kauf- und Werkvertragsrecht um Sachmängel geht. Hier spricht der Beweis des ersten Anscheins für den Anwender der Norm in dem Sinne, dass er die im Verkehr erforderliche Sorgfalt beachtet hat.

Die Leitungsinstallationen sind nach DIN 18015-1 bis -3 zu planen und auszuführen. Dabei ist zu berücksichtigen, ob die Aktorik zentral im Verteiler oder dezentral im Feld installiert werden sollen. Bei der dezentralen Variante gibt es die klassische Unterputzdose oder den Einbau in Brüstungskanälen sowie in Zwischendecken und Zwischenböden. Bei ausreichender Bauteilgröße können Aktoren auch direkt im Betriebsmittel untergebracht werden (**Tabelle 1.2**).

Bei allen dezentralen Aktoren empfiehlt sich mindestens die vorherige Adressierung mit der Physikalischen Adresse vor dem Einbau, da die Zugänglichkeit eingeschränkt ist.

Bei dezentralen Aktoren gilt die Formel: Energieleitung plus Busleitung immer gemeinsam. In der Norm DIN 18015 wird die grundsätzliche 5-adrige Energieleitung favorisiert.

Alle Sensoren benötigen grundsätzlich die Busleitung. Da viele Komponenten eine separate Spannungsversorgung benötigen (in der Regel 24V DC), sollte das freie Adernpaar (gelb und weiß) immer komplett durchverdrahtet werden.

Aktoreinbau	**Vorteile**	**Nachteile**
Verteiler	Zentrale Einspeisung mit Aufteilung auf mehrere Phasen möglich. Busleitungen mit kurzen Wegen im Verteiler.	Die Adernzahl der Energieleitung muss richtig bestimmt werden. Spätere Erweiterungen schwierig. Sehr viele Energieleitungen. Fehlende Busleitung im Feld.
Unterputzdose	Durchschleifen der Energie- und Busleitung sorgt für geringere Anzahl Leitungen.	Geringe Platzverhältnisse in der Dose, geringere Leistung für Einbauaktoren, Zugänglichkeit eingeschränkt.
Brüstungskanal	Sehr übersichtlich, gut erweiterbar, ideal für Büros mit Fensteraktoren (Beschattung, Heizung, Steckdosen), gute Zugänglichkeit, typisch Nutzbau.	Verbindung zur Decke schwierig, kann nicht mit Möbeln verstellt werden.
Zwischendecke, Zwischenboden	Ideal für Beleuchtung und Beschattung, gut erweiterbar, nachträglich erweiterbar.	Zugänglichkeit eingeschränkt.

Tabelle 1.2 Vor- und Nachteile der Aktorplatzierung in unterschiedlicher Umgebung

In der Norm wird nochmals auf die Notwendigkeit der Leitungskennzeichnung hingewiesen. Idealerweise wird das sogenannte Start-Ziel-Verfahren angewandt. Das bedeutet, dass am Leitungsende steht, woher die Leitung kommt und am Anfang festgehalten ist, wohin sie geht. Bei den Busleitungen kann das die PA sein.

Nach 4.3.1 der DIN 18015 ist die Größe der Stromkreisverteiler so zu bemessen, dass alle REG-Komponenten ausreichend Platz haben und gegenseitige Beeinflussung ausgeschlossen sind. Dazu werden Richtwerte vorgegeben:

Ab 100 m² Wohnfläche wird ein Verteiler mit mindestens 96 Teilungseinheiten notwendig. Als „Daumenregel“ kann man 0,5 Teilungseinheiten pro Schaltkanal und zwei Teilungseinheiten pro Dimm- oder Jalousiekanal ansetzen.

Bei mehrgeschossigen Wohnungen wird in jedem Stockwerk mindestens ein Stromkreisverteiler angeordnet. Ein Reserveplatz von mind. 20% ist vorzusehen.

Bezüglich der Beleuchtung gibt die Tabelle 1 der DIN 18015 T4 Auskunft über die Schaltanforderungen. In der **Tabelle 1.3** wurden im Gegensatz zur Norm die Vorgaben noch sinnvoll ergänzt.

Szenen sind nicht nur raumbedingt oder auf die Beleuchtung beschränkt, sondern auch z. B. für eine Panikfunktion für das ganze Gebäude vorzuse-

Räume	Schalten	Status Schalten	Dimmen	Status Dimmen	Sperren	Szene	Bewegung
Wohnzimmer	S	V	S	V	N	S	V
Schlafzimmer	S	V	S	V	N	S	N
Kinderzimmer	S	V	S	V	N	S	N
Esszimmer	S	V	S	V	N	S	V
Küche	S	N	V	N	N	S	V
Flur / Treppe	S	N	N	N	N	S	S
Bad	S	N	V	N	N	S	N
Hausarbeitsraum	S	S	N	N	N	S	S
WC	S	N	N	N	N	S	N
Arbeitszimmer	S	V	V	N	N	S	N
Terrasse	S	V	N	N	N	S	S
Hobbyraum	S	S	N	N	N	S	N
Außenbeleuchtung	S	S	N	N	N	S	S
Garage	S	S	N	N	N	S	S
Einfahrt / Eingang	S	N	N	N	N	S	S

S = Standard, O = optional, V = vorbereiten, N = nicht notwendig

Tabelle 1.3 Beleuchtungsfunktionen

hen (Zentralfunktionen). Wenn mehr als ein Beleuchtungskreis pro Raum vorhanden ist werden ebenfalls Zentralfunktionen vorgesehen. Darüber hinaus haben sich raumüberlappende Szenen in Durchgangsrichtung etabliert, da sie sehr komfortabel sind. Eine „Haus ist alleine“-Funktion greift auf die gesamte Beleuchtung zu. Für alle Standardfunktionen sind die notwendigen Gruppenadressen anzulegen.

Eine helligkeitsabhängige Grundbeleuchtung beim Betreten des Gebäudes ist ebenfalls sinnvoll.

Sogenannte „Urlaubsschaltungen“ (Anwesenheitssteuerung) sind nach Bedarf vorzusehen. Automatische (zeit- oder helligkeitsabhängig) Schaltungen können zusätzliche Sicherheit in Treppenhäusern und Eingängen schaffen.

Nicht nur Beleuchtung, sondern auch separat schaltbare Steckdosen und schaltbare Gerätestromkreise sind dort vorzusehen, wo Medienschwerpunkte (z.B. Heimbüro, Unterhaltungsgeräte, Kommunikationsgeräte), Tisch- und Stehleuchten oder Haushaltsgeräte wie Bügeleisen, Elektroherd, Wäschetrockner geplant sind.

Schaltbare Steckdosen sind zu kennzeichnen z.B. über Schriftfeld oder Funktionsanzeige. Zugehörige Schaltstellen zum Einschalten müssen den Schaltzustand anzeigen.

Für Jalousien, Markisen, Rollläden und andere Sonnenschutzeinrichtungen sowie Garagentorantriebe und Fensterantriebe können die Funktionen aus **Tabelle 1.4** vorgesehen werden.

In Kombination mit einer Wetterzentrale kann der solare Eintrag des Sonnenschutzes automatisch so nachgeführt werden, dass direkt einfallendes Sonnenlicht reflektiert wird, während indirektes Sonnenlicht in den Raum gelassen wird. Das ist heutzutage ein sehr wichtiges Thema, das aber meist unterschätzt wird.

Bei raumübergreifender Bedienung ist festzulegen, ob bei Verlassen der Wohnung das Auffahren aller Sonnenschutzeinrichtungen erfolgen soll. Wie bei der Beleuchtung können Szenen den Komfort erhöhen, indem zentrale und raumüberlappende Funktionen realisiert werden. Für Terrassen und Balkone ist ein Sperren vorzusehen, wenn die Möglichkeit besteht, dass durch Automatikfunktionen die Gefahr des Aussperrens besteht. Gesamtszenen in Zusammenhang mit der Beleuchtung, der Innentemperatur sowie Panik- und Urlaubsfunktionen können ebenfalls realisiert werden.

Zum Schutz von Markisen, Jalousien oder anderen Sonnenschutzeinrichtungen gegen Zerstörung durch Sturm muss ein Windsensor vorgesehen

Räume	auf/ab und Lamellen	Status Position	Position anfahren	Wettersta-tion	Sperren	Szene	Bewegung
Wohnzimmer	S	S	S	S	S	S	V
Schlafzimmer	S	S	S	S	S	S	V
Kinderzimmer	S	S	S	S	S	S	V
Esszimmer	S	S	S	S	S	S	V
Küche	S	S	S	S	S	S	V
Flur/Treppe	S	S	S	S	S	S	V
Bad	S	S	S	S	S	S	V
Hausarbeitsraum	S	S	S	S	S	S	V
WC	S	S	S	S	S	S	V
Arbeitszimmer	S	S	S	S	S	S	V
Terrasse/Balkon	S	S	S	S	S	0	V
Hobbyraum	S	S	S	S	S	S	V
Fensterantriebe	S	S	N	S	S	S	N
Garagentor	S	S	S	S	S	S	V
Torantrieb	S	S	S	0	0	S	N
S = Standard, 0 = optional, V = vorbereiten, N = nicht notwendig							

Tabelle 1.4 Beschattungs- und Antriebsfunktionen

werden, der bei Überschreiten eines konfigurierbaren Grenzwertes die Sonnenschutzeinrichtungen in eine sichere Position fährt. Bei Ausfall des Windsensors ist durch entsprechende Maßnahmen im Aktor sicherzustellen, dass die Sonnenschutzeinrichtung in die sichere Position fährt.

Bei innenliegenden Jalousien muss ein Schließen durch Fensterkontakte verhindert werden, solange das Fenster geöffnet ist.

In Zusammenhang mit der Heizung kann der solare Eintrag genützt werden.

Antriebe für Fenster- und Torantriebe werden ebenfalls mit Jalousieaktoren gestartet und gestoppt.

Beim Erreichen von Endlagen muss der Antriebsmotor automatisch durch mechanische oder elektronische Endschalter abschalten.

Bei der Planung ist festzulegen, ob die Betätigung vor Ort oder über Fernbedienung oder automatisch erfolgen soll.

Weiterhin ist festzulegen, durch welche Sensorik (Induktionsschleife; Bewegungsmelder; Funkfernbedienung; Zeitschaltuhr) dies erfolgen soll.

Bei der Planung und Ausführung sind DIN EN 60335-2-103 (VDE 0700-103) und BGR 232 zu berücksichtigen.

Für den Schutz von Fenstern gegen Zerstörung durch Sturm oder vor Folgeschäden durch eindringendes Wasser ist eine Wetterstation (Wind-/ Niederschlagssensor) vorzusehen, die bei Überschreiten von konfigurierbaren Grenzwerten die Fenster zufährt. Bei Ausfall der Wetterstation ist durch entsprechende Maßnahmen im Aktor sicherzustellen, dass die Fenster schließen.

Fenster, Türen und Tore sollen zu Statuszwecken und für eine Alarmbewertung abgefragt werden.

Für die Nutzung der Gebäudesystemtechnik zur Steuerung oder Regelung von Heizung, Lüftung oder Klimatisierung, sind nachfolgende Anforderungen zu erfüllen:

Für die Raumtemperaturregelung ist die BUS-Leitungsinstallation zu den Ventilstellantrieben/Heizungsaktoren und zum Raumtemperaturregler notwendig.

Fensterkontakte leisten einen wesentlichen Beitrag zur Energieeffizienz der Raumtemperaturregelung und sollten daher vorgesehen werden um die Komfort-Temperatursteuerung zu tätigen. Abhängig davon, ob eine Einzelraumregelung realisiert wird, sind geeignete Möglichkeiten zur Vorgabe individueller Solltemperatur-Einstellungen, Istwert-Anzeigen, Absenkstufen und Komfortzeitverlängerungen vorzusehen. Optional kann die Einbindung der „Anwesend"-Taste für eine Temperaturabsenkung benutzt werden.

Frostschutz und Temperatursensorüberwachung sollen ebenfalls realisiert werden. Bei Wohnraumlüftung mit Wärmerückgewinnung werden zudem noch Sensoren nötig, die den CO_2-Gehalt und die Luftfeuchtigkeit erkennen. Alle Ist-Werte zur Lufthygiene und zur Komforttemperatur sollten an geeigneter Stelle visualisiert werden.

Werden Zutrittskontrollsysteme geplant, mit Schnittstelle zur Gebäudesystemtechnik, so sind folgende Aspekte zu betrachten:

- die Verbindung mit konventionellen Zutrittskontrollsystemen,
- die Art der physikalischen oder biometrischen Sensoren,
- die Weiterleitung, Meldung des Zutritts,
- eventuelle Folgeschaltungen und Plausibilitätsabfragungen.

Zum Beispiel kann ein Nachbar, angefordert von der Gebäudesystemtechnik, dann das Gebäude betreten, wenn er einen Transponder oder RFID-Tag besitzt. Ohne Anforderung kommt es zu keiner Zutrittsberechtigung. Derartige Zugangssteuerungen haben sich auch für Reinigungskräfte und andere regelmäßigen Dienstleister bewährt. Solche Zugänge sollten dann gelockt und visualisiert werden.

Bei Rauch- und Brandmeldeanlagen sind in erster Linie die Meldeeinrichtungen festzulegen. Erste Priorität hat dabei die Warnung der Bewohner (akustisch, optisch). Darüber hinaus muss Hilfe geholt werden (automatischer Notruf oder über Panik-Taste) und mögliche Fluchtwege (Auffahren von Jalousien und Rolläden, Fluchtwegbeleuchtung) erschlossen werden.

Für unberechtigte Zugänge auf das Grundstück können zur Abschreckung Außenbeleuchtungen eingeschaltet werden. Um einen berechtigten von einem unberechtigten Zugang zu unterscheiden, können Verknüpfungen mit der Türstation am Gartentor herangezogen werden. Ein Einbrecher wird nicht vorher läuten.

Es werden drei Areale unterschieden: Der Außenbereich um das Haus, die Gebäudehülle und der Innenbereich.

Für alle drei Bereiche lassen sich die bereits für Beleuchtungszwecke vorgesehenen Bewegungsmelder heranziehen. Für die Gebäudehülle kommen die Kontakte für Türen und Fenster (ursprünglich für die Heizungssteuerung vorgesehen) hinzu. Es ist empfehlenswert, die Bewegungsmelder helligkeitsunabhängig zu parametrieren, damit sie auch tagsüber melden können. Zur Unterscheidung, ob bei berechtigtem Zugang das Licht ohne Alarmmeldung eingeschaltet wird, dienen ein Dämmerungsschalter und eine Zugangsberechtigung.

Für die Scharfschaltung kann die „Anwesend"-Taste herangezogen werden.

Für die Meldungen können vom Einschalten der Beleuchtungen, oder der Sirene mit Blitzlicht bis zur Verständigung von Nachbarn effektive Maßnahmen ergriffen werden.

Über die Gebäudesystemtechnik lassen sich auch Kamerasysteme ansteuern.

Für alle versicherungsrechtlich relevanten Vorgaben empfiehlt es sich die entsprechende VDS-Vorgaben der Versicherer abzurufen.

Auch interne Ereignisse können überwacht werden. Dazu gehören:

- Leckage, auftretende Feuchtigkeit, Rohrbruch,
- über- oder unterschrittene Füllstände (Hauswasserversorgung, Zisterne),
- zu hohe/zu niedrige Luftfeuchtigkeit,
- CO_2-Gehalt der Luft,
- Wind, Niederschlag, Frost, Eis, Helligkeit, Außentemperatur,
- Stromausfall sowie Funktionsausfall (Heizung, Lüftung usw.).

Speziell für den Stromausfall ist zu prüfen, ob eine 24V DC Pufferung für den Funktionserhalt des Bussystems vorgesehen werden soll.

Des Weiteren muss eine zuverlässige Meldung über Status LED, Display, Panel, Telefonanlage, SMS oder E-Mail vorgesehen werden.

1.1.2 DIN EN 15232

Die steigenden Energiekosten und der geplante und gewollte Energieumbau in unserem Lande machen auch in Wohnhäusern ein Energiemanagement unumgänglich. Besonders durch den Einsatz der Gebäudesystemtechnik ist es möglich Energiekosten einzusparen. Automatismen verhindern Fehlbedienung und Unberücksichtigung durch den Benutzer.

Auch darauf bezieht sich die DIN 18015 T4. Wenn man sich detailliert über den Einfluss der Gebäudesystemtechnik auf die Energieeffizienz erkundigen will, dann empfiehlt sich die Lektüre der DIN EN 15232. Darin werden die Funktionen in direkten Zusammenhang zu den erreichbaren Energieeffizienzklassen gebracht.

In der **Tabelle 1.5** sind die erreichbaren Energieeffizienzfaktoren dargestellt. Die Klasse C ist der Zielstandard bei Neubau und Sanierung und deshalb mit dem Faktor 1 belegt. Die Faktoren geben an, um welches Vielfache die thermische und elektrische Energie steigt (Klasse D und schlechter) oder fällt (Klasse B und A).

Was zur Erreichung des jeweiligen Faktors (thermisch und elektrisch) an Gebäudeautomation nötig ist, wird in der EN 15232 detailliert beschrieben.

Unterteilt in die Rubriken

- Regelung des Heizbetriebes,
- Regelung des Kühlbetriebes,
- Regelung der Lüftung und des Klimas,
- Regelung der Beleuchtung,
- Regelung des Sonnenschutzes,
- Hausautomation Nutzerbedürfnisse sowie
- Technisches Haus- und Gebäudemanagement

werden in Tabellen die jeweiligen Funktionen benannt, die eine Klassifizierung erlauben. In der **Tabelle 1.6** ist beispielhaft ein Auszug aus der DIN

	Thermische Energie				Elektrische Energie			
Gebäude/Klasse	D	C	B	A	D	C	B	A
Büros	1,51	1	0,80	0,70	1,10	1	0,93	0,87
Hörsäle	1,24	1	0,75	0,50	1,06	1	0,94	0,89
Schulen	1,20	1	0,88	0,80	1,07	1	0,93	0,86
Krankenhäuser	1,31	1	0,91	0,86	1,05	1	0,98	0,96
Hotels	1,31	1	0,85	0,68	1,07	1	0,95	0,90
Restaurants	1,23	1	0,77	0,68	1,04	1	0,96	0,92
Versammlungsräume	1,56	1	0,73	0,60	1,08	1	0,95	0,91
Wohnräume	1,10	1	0,88	0,81	1,08	1	0,93	0,92

Tabelle 1.5 Energieeffizienzfaktoren nach DIN EN 15232

	Tabelle 1 EN 15232 Funktionsliste und Zuordnng zu den Klassen der GA-Energieeffizienz							
	Definition der Klassen							
	Wohngebäude				Nicht-Wohngebäude			
	D	C	B	A	D	C	B	A
Automatische Steuerung und Regelung								
Regelung des Heizbetriebs								
Regelung der Übergabe								
Die Regelung wird auf der Übergabe- oder Raumebene installiert; im Fall 1 kann eine Einrichtung mehrere Räume regeln.								
0 Keine automatische Regelung	X				X			
1 Zentrale automatische Regelung	X				X			
2 Automatische Einzelraumregelung		X				X		
3 Einzelraumregelung mit Kommunikation zwischen den Regeleinrichtungen der GA			X				X	
4 Integrierte Einzelraumregelung einschließlich bedarfsgeführter Regelung durch Nutzung, Luftqualität usw.				X				X

Tabelle 1.6 Beispiel Regelung des Heizbetriebs nach DIN EN 15232

EN 15232 zur Regelung des Heizbetriebes zu sehen. Bereits bei Klasse „C“, also dem Standard ist eine Einzelraumregelung notwendig. Das bedeutet, dass der Standard ohne Gebäudesystemtechnik nicht mehr erreicht wird.

Zur bedarfsgerechten Regelung gehören nach DIN EN 15232 sogenannte Raumprofile (**Bild 1.2**). Das Raumprofil zeigt die zeitabhängige und belegungsabhängige Funktion der Stellgrößen auf.

Natürlich hängt der Erfolg der Energiesparmaßnahme auch von der energetischen Bauweise des Gebäudes ab. Dämmung, Fenster und Türen, sowie regenerativer Anteil in Verbindung mit moderner Technik gehen dabei Hand in Hand. Im **Bild 1.3** werden die Kategorien A bis G in Bezug zum thermischen Verbrauch gebracht und den Gebäudetypen zugeordnet.

Der wichtigste Schritt in Wohnhäusern zur Energieeinsparung gelingt nur dadurch, dass die Energiewandlung transparent und somit erlebbar gemacht wird. Das bedeutet, dass die Basis für ein Energiemanagement Smart Metering ist. Dabei werden nicht nur die elektrischen Verbrauchswerte erfasst, sondern auch die thermischen Verbrauchswerte, der Wasserverbrauch sowie die klimatischen Bedingungen.

Dazu bedarf es natürlich der entsprechenden Messeinrichtungen, die idealerweise direkt mit KNX-Busankopplern ausstaffiert sind. Damit diese Messeinrichtungen dann auch schaltend und regelnd eingreifen können, sind entsprechende Kommunikationsobjekte nötig.

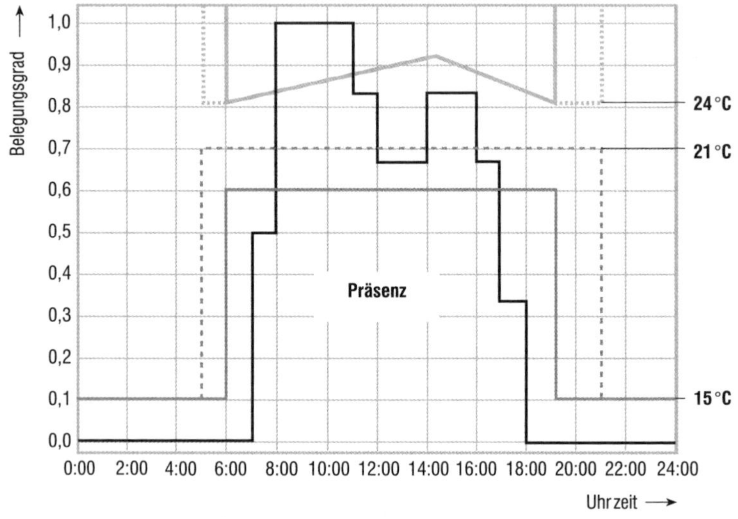

Belegungsgrad ⟶

1,0 0,9 0,8 0,7 0,6 0,5 0,4 0,3 0,2 0,1 0,0

24 °C
21 °C
15 °C
Präsenz

0:00 2:00 4:00 6:00 8:00 10:00 12:00 14:00 16:00 18:00 20:00 22:00 24:00

Uhrzeit ⟶

	Thermische Energie				Elektrische Energie			
Gebäudeklasse	D	C	B	A	D	C	B	A
Büros	1,51	1	0,80	0,70	1,10	1	0,93	0,87

Bild 1.2 Beispiel Raumprofil „Büro" für Energieeffizienzklasse A gem. DIN EN 15232

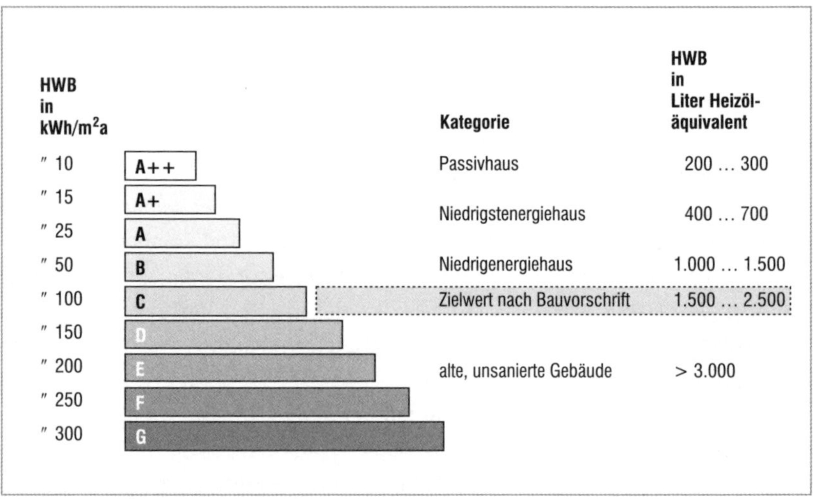

Bild 1.3 Heizwärmebedarf

Alle Daten werden zur Auswertung geloggt und in graphischer Form ausgegeben.

Mit den Ist-Werten kann ein Lastmanagement getriggert werden. Leider gibt es derzeit noch viel zu wenig Angebote der Energieversorger mit flexiblen Tarifen. Die Verbrauchsanlagen der Zukunft müssen aber erst über eine bestimmte Infrastruktur verfügen, bevor das Netz intelligent die Verbraucher als Regularium nützen kann. Mit der zunehmenden Verbreitung von Elektromobilität wurde das Thema sehr interessant; es gibt schon einige Möglichkeiten dazu.

Nicht nur die Auswertungen der Smart Metering Daten, sondern auch aller anderen Daten der Gebäudesystemtechnik müssen visualisiert werden. Die einfachste Art mit Status LEDs wird oft als störend empfunden und sollte deshalb auch abschaltbar sein. Info-Displays und Touch Panels, aber auch Smart Phones nehmen heute den Platz ein. Deshalb ist die Erschließung des Heimnetzwerkes durch die Informationen der Gebäudesystemtechnik ein wichtiger Schritt, um mit den gestiegenen Anforderungen mithalten zu können. Sind die KNX-Daten auf dem Netzwerk, lassen sich alle modernen Informations-, Telekommunikations- und Unterhaltungselektronikgeräte dazu nutzen.

1.1.3 DIN EN 50090

Nach DIN EN 50090-9-1 wird die „Elektrische Systemtechnik für Heim und Gebäude“ (ESHG) bezüglich der „Installationsanforderungen – Verkabelung von Zweidrahtleitungen“ beschrieben. Mit zahlreichen Abbildungen und Tabellen beschreibt die Norm die Vernetzung von Systemkomponenten und Teilnehmern zu einem auf die Elektroinstallation abgestimmten System, das Funktionen und Abläufe sowie deren gewerkeübergreifende Verknüpfung in einem Gebäude sicherstellt. Somit ist der Besitz der Norm eine Voraussetzung für die Planung gemäß den Regeln der Technik.

Die **Tabelle 1.7** zeigt an, ob die Bereitstellung des Einbauplatzes für die Installation mehrerer Funktionen innerhalb jedes IS obligatorisch (M), optional (O) oder in Übereinstimmung mit der konventionellen Praxis (P) ist.

Die **Tabelle 1.8** erklärt die Punkte.

	Funktionen		Ebenen						
	Dienste	**Komponenten**	**IS1**	**IS2**	**IS3**	**IS4**	**IS5**	**IS6**	**IS4 Heim**
1	Strom-versorgung (230/400V) und Signal-übertragung über das Stromnetz	Abschalt- und Trennvorrichtungen zum Stromnetz (230/400 V), Leitungs-schutzschalter	M	M	M	M	0	P	M
		Stromnetzeinspeisungen	M	M	M	M	–	–	M
		(230/400 V + PE) Leitungsschutzschalter							
		Elektrischer Zähler	0	M	M	M	0	–	M
		Steuergeräte, Datensammler	M	M	0	M	0	–	M
		HLK-Zentraleinheiten	M	M	0	0	0	–	0
		Verteiler	M	M	0	M	–	–	M
		Anschlussklemmen	M	M	M	M	M	M	M
		Schnittstelle, Brücke, Linienkoppler	M	M	M	M	0	–	M
		Verstärker, Umsetzer	M	M	0	0	–	–	M
		Filter (z. B. Signalübertragung Powerline)	M	M	0	0	–	–	M
		Steckdosen für Zweidraht-Busleitung	0	0	0	0	0	M	0
		Steckdosen (230/400 V)	0	0	0	0	0	M	0
		(Relais) Verstärker	M	M	M	M	0	–	M
2	IT, Telefon und Daten-linien	Abschalt- und Trennvorrichtungen zum Stromnetz (230/400 V), Leitungs-schutzschalter	M	M	M	M	M	0	M
		Steuergeräte, Datensammler	M	M	M	M	0	–	M
		Verteiler	M	M	0	M	–	–	M
		Rangierfeld	0	0	M	M	M	–	M
		Anschlussklemmen	M	M	M	M	M	M	M
		Schnittstelle, Brücke, Linienkoppler	M	M	M	M	0	–	M
		Verstärker Umsetzer	M	M	0	M	0	–	M
		Filter (EMV)	M	M	M	M	0	–	M
		Breitbandschnittstelle	0	0	0	M	M	0	M
		Bus- und IT-Kabel-/Leitungsmanagement				M	M	–	M
		Passiver Netzwerkabschluss				M	–	–	M
		Aktiver Netzwerkabschluss				M	0	–	M
		Steckdose für Zweidraht Busleitung	0	0	0	0	0	M	0
		Steckdosen (230/400 V)	0	0	0	0	0	M	0
		(Relais) Verstärker	M	M	M	M	M	–	M
3	CAT V	Abschalt- und Trennvorrichtungen zum Stromnetz (230/400V), Leitungs-schutzschalter	M	M	M	M	M	0	M
		Steuergeräte, Datensammler	M	M	M	M	0	–	M
		Rangierfeld	0	0	M	M	M	–	M
		Anschlussklemmen	M	M	M	M	M	M	M
		Schnittstelle, Brücke, Linienkoppler	M	M	M	M	0	–	M
		Verstärker Umsetzer	M	M	0	M	0	–	M
		Filter (EMV)	M	M	M	M	0	–	M
		Breitbandschnittstelle	M	M	M	M	M	0	M

Tabelle 1.7 Mindestanforderungen an die Funktionalität von Installationsplätzen (DIN 50090-9-1 Tabelle 2) (Teil 1/2)

	Funktionen		Ebenen						
	Dienste	**Komponenten**	**IS1**	**IS2**	**IS3**	**IS4**	**IS5**	**IS6**	**IS4 Heim**
3	CAT V	Bus + CAT V-Kabel-/Leitungsmanagement	M	M	M	M	M	–	M
		Passiver Netzwerkabschluss				M	–	–	M
		Aktiver Netzwerkabschluss				M	0	–	M
		Steckdose für Zweidraht-Busleitung	0	0	0	0	0	M	0
		Steckdose (230/400 V)	0	0	0	0	0	M	0
		(Relais) Verstärker	M	M	M	M	M	–	M
4	Funk für Tele-Services und Fern-steuerung	Abschalt- und Trennvorrichtungen zum Stromnetz (230/400 V), Leitungs-schutzschalter	M	M	M	M	0	0	M
		Empfänger und Sender	M	M	M	M	0	–	M
		Steuergeräte Datensammler	M	M	M	M	0	–	M
		Schnittstelle, Brücke, Linienkoppler	M	M	M	M	0	–	M
		Verstärker Umsetzer	M	M	M	M	M	0	M
		Filter (EMV)	M	M	M	M	M	–	M
		Passiver Netzwerkabschluss				M	–	–	M
		Aktiver Netzwerkabschluss				M	0	–	M
		(Relais) Verstärker	M	M	M	M	M	–	M

Tabelle 1.7 Mindestanforderungen an die Funktionalität von Installationsplätzen (DIN 50090-9-1 Tabelle 2) (Teil 2/2)

IS	**Punkt**	**Schnittstelle**	
IS1	Platz für Stromverteiler	Externer Standort	– gehört zum Standort
IS2	Platz für Gebäudeverteiler	Standort zum Gebäude	– gehört zum Gebäude
IS3	Platz für Stockwerkverteiler	Gebäude zu Etage	– gehört zur Etage
IS4	Platz für Wohnungsverteiler	Etage zu Wohnung	– gehört zur Wohnung
IS5	Raumanschlusspunkt	Wohnung zu Raum	– gehört zum Raum
IS6	Anwendungsanschlusspunkt	Raum zu Anwendung	– gehört zur Anwendung

Tabelle 1.8 Prinzip der ESHG-Installationsplätze zur Koexistenz zwischen ESHG-Kontrollbus, Breitband-Multimedia und Netz. Installationsplätze, kurz IS (engl.: Installation Space)

1.1.4 Vorgaben zur Projektdokumentation

Bereits bei der Angebotsbearbeitung und natürlich bei der Planung müssen die umfangreichen Dokumentationsaufwendungen mit in die Betrachtung gezogen werden. Diese sind ein wichtiger Anteil des Projektes und somit natürlich auch Arbeit, die ihren Preis hat.

Oft gibt es bei der Frage nach der Vollständigkeit der Projektdokumentation unterschiedliche Auffassungen. Der Umfang der Unterlagen, deren Form und der Anspruch auf die ausgewählte Software sollten immer bereits ab der Auftragsbestätigung festgelegt werden. Bei komplexeren Anlagen oder erklärungsbedürftigen Komponenten ist darüber hinaus noch eine Bedienungsanleitung notwendig.

Zunächst wollen wir auf die einschlägigen Vorschriften und Ordnungen zurückgreifen.

In der VOB, Teil A, wird im § 7 „Leistungsbeschreibung“ und § 8 „Vergabeunterlagen“ auf die „Unterlagen“ nach § 8 Abs. 1 eingegangen. In der VOB, Teil B, wird im § 1 „Art und Umfang der Leistung“ darauf verwiesen, dass es auf den Vertrag zwischen Auftragnehmer und Auftraggeber ankommt.

Bei Widersprüchen im Vertrag werden aber dann alle verfügbaren Unterlagen, von der Leistungsbeschreibung als Vergabegrundlage über die besonderen und zusätzlichen Vertragsbedingungen bis hin zu den technischen Vertragsbedingungen nach VOB, Teil C, zur Klärung herangezogen.

Das bedeutet, dass bereits das LV solche Hinweise, die auf die spätere Ausführung der Dokumentation abzielen, enthalten sollte, und im Zweifel dann auch zur Durchsetzung der Rechte des Auftraggebers heranziehbar ist.

Bezüglich der Software nimmt der § 3 Nr.6 der VOB, Teil B Stellung: Dabei geht es um die Rechte des Auftragnehmers an der Nutzung von Programmen, die für die Darstellung der Ausführungsunterlagen bestimmt sind. Zitat: „An Programmen hat der Auftraggeber das Recht zur Nutzung mit den vereinbarten Leistungsmerkmalen in unveränderter Form auf den festgelegten Geräten. Der Auftraggeber darf zum Zwecke der Datensicherung zwei Kopien herstellen.“

Bezogen auf KNX-Projekte, kann damit nur die ETS mit „Programm“ gemeint sein. Die „Leistungsmerkmale in unveränderter Form“ sind nichts anderes als das Projekt selbst, oder eben die daraus ableitbaren Arten der Dokumentation.

Detailliert steht es in der VOB Teil C – DIN 18382 „Allgemeine technische Vertragsbedingungen für Bauleistungen, Nieder- und Mittelspannungsanlagen mit Nennspannungen bis 36 kV“ (September 2019).

Hier steht in Absatz 3.1.3: *„Der Auftragnehmer hat dem Auftraggeber … alle Angaben zu machen, die … für den ordnungsgemäßen Betrieb der Anlage notwendig sind.“*

Dazu gehören immer:

- Stromlaufpläne,
- Adressierungspläne,

- Stücklisten,
- evtl. Bedienungsanleitungen sowie
- Funktionsbeschreibungen (Handbücher).

Ein Stromlaufplan ist in einem KNX-Projekt die Topologie, die sowohl tabellarisch als auch per Zeichnung angefertigt sein kann.

Adressierungslisten sind nichts anderes als die Physikalischen und Gruppenadressen unserer KNX-Geräte. Hier ist insbesondere die Gruppenadressliste in detaillierter Form zu nennen. Aus ihr können die Funktionen nachempfunden werden. Dazu sind natürlich die Parametereinstellungen der einzelnen Geräte notwendig. Die wiederum können aus der detaillierten Topologie entnommen werden.

Eine Stückliste zeigt den Geräteumfang auf und eignet sich für die Ersatzteilbeschaffung.

Funktionsbeschreibungen können bei niedriger Komplexität mit knappen Hinweisen im Gerätekommentar oder Adresskommentar bereits abgedeckt sein.

Sobald Verknüpfungen realisiert wurden, lässt sich das nicht mehr nachempfinden.

Deshalb sollten dann sog. Flowcharts oder Blockschaltpläne erstellt werden.

Bei den Bedienungsanleitungen kann vielfach auf die guten Vorlagen der Hersteller zurückgreifen.

Installationshinweise sollten für jedes Gerät vergeben werden, das eine Besonderheit beim Austausch oder der Installation hat (Hardware Einstellungen, spezielle Inbetriebnahmeprozeduren usw.).

Dazu gibt der Abschnitt 3.1.6 der DIN 18382 Auskunft: *„Der Auftragnehmer hat alle ... erforderlichen Bedienungs- und Wartungsanleitungen und notwendigen Bestandspläne zu fertigen und dem Auftraggeber diese und einzelne projektspezifische Daten zu übergeben“.*

Damit steht fest, dass der Auftraggeber ein einklagbares Recht auf Herausgabe dieser Daten und Pläne hat, die sich in einer KNX-Datenbank befinden. Deshalb sollte es für einen KNX-Projektanten obligatorisch sein, die im folgenden gelisteten Daten und Dokumente herzustellen und dem Auftraggeber in geeigneter und nutzbarer Form zu übergeben.

Das Projekt der ETS6

Das Projekt wird auf USB-Stick oder SD-Karte gespeichert und dem Auftraggeber übergeben.

Sinnvollerweise kann dazu die Projektdatei nochmals gezippt werden.

Natürlich ist ohne die dazu passende ETS6 für den Auftraggeber keine direkte Nutzung möglich. Er muss also darüber aufgeklärt werden, dass er für eine direkte Nutzung eine passende ETS-Lizenz besitzen muss. Selbstverständlich sollte der Auftragnehmer dazu klare Garantieausschlüsse definieren.

Des Weiteren kann es zusätzliche Daten geben, z.B. die DLLs und Hilfe-/Zusatzdateien einzelner Produkte, ohne die später keine Änderungen mehr vorgenommen werden können. Seit der Version ETS3 befinden sich alle Daten aus dem „Baggage"-Verzeichnis auch in der jeweiligen ETS-Datenbank. Zur Sicherheit kann man diese sogenannten „Baggage"-Daten aber trotzdem mit kopieren. Diese finden sich – falls ETS im Standardverzeichnis „C:\Programme\ETSX" installiert wurde – im Unterverzeichnis „C:\Program Files (x86)\Ets3PlugIn\Ets3LkExt" bzw. auch in den jeweiligen ETSx-Ordnern durchnummeriert nach den Herstellercodes.

Das Einfügen von Projektdateien wird in der ETS6-Projektansicht durchgeführt. (**Bilder 1.4** und **1.4a**).

Erstellen der Dokumentation:

Zur Dokumentation eines Projektes kann eine Reihe sogenannter Reports aus der ETS5/6 benutzt werden:

a) Gebäudestruktur mit zugeordneten Geräten,
b) Stückliste,
c) Bustopologie-Übersicht,
d) Linien-Geräteliste detailliert,
e) Gruppenadressen und
f) Inbetriebnahme Status.

Ein detaillierter Ausdruck der Gebäudeansicht mit allen verfügbaren Informationen würde auch alles zeigen, allerdings käme dabei ein sehr umfangreiches Werk heraus, aus dem es schwer wird das Gewünschte zu finden. Deshalb ist auch eine strukturierte Dokumentation sinnvoll.

Die Gerätedetails, also Parameterkonfiguration, Objektflags, Kommentare und zugeordnete Adressen, sollte man auch nicht in der Gebäudeansicht mit ausdrucken.

1.1.5 Erstprüfung

In diesen Zusammenhang wird auch auf die absolut notwendige Überprüfung der Anlage nach DIN VDE 0100 T600 hingewiesen (**Bild 1.5**). Das Protokoll dieser Überprüfung ist ebenfalls Bestandteil der Anlage. Da heute

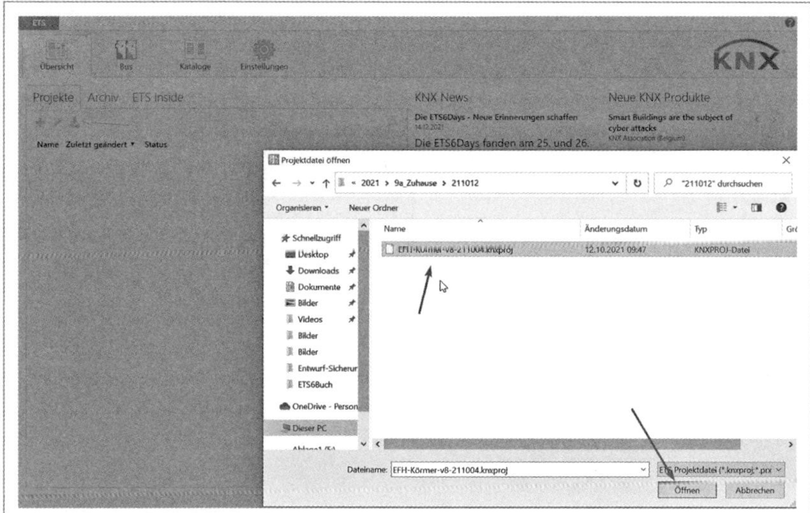

Bild 1.4 Einfügen von Projektdateien in die ETS5

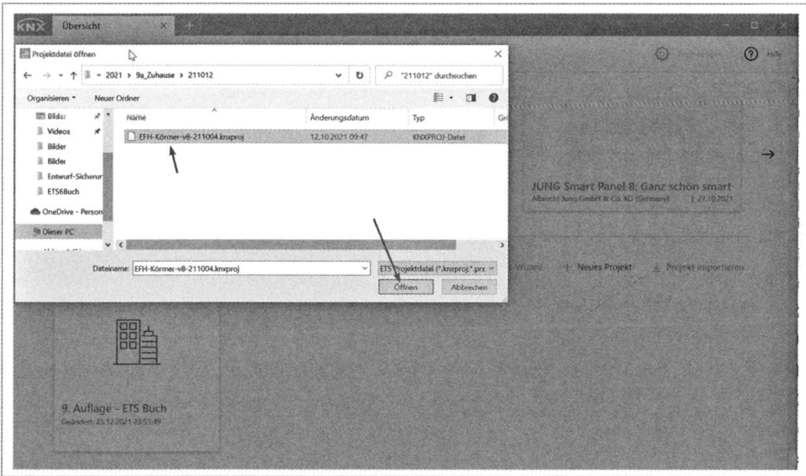

Bild 1.4 a Einfügen von Projektdateien in die ETS6

derartige Überprüfungen ebenfalls edv-unterstützt angefertigt werden, kann die PDF-Datei des Protokolls ebenfalls in die Datenbank integriert werden.

Für die Funktionsprüfungen kann die Detailansicht der Gruppenadressen dienen.

Da jede GA einer Funktion entspricht, wird damit beim Austesten keine Adresse vergessen.

Besichtigung

OK	n.OK		OK	n.OK	
[x]	[ ]	Schutz gegen direktes Berühren	[x]	[ ]	Schutz und Überwachungseinheiten
[x]	[ ]	Brandschottung	[x]	[ ]	Querschnitt der Schutz- / Erdungs- / PA-Leiter
[x]	[ ]	Leiter (Strombelastbarkeit / Spannungsfall)	[x]	[ ]	Sicherheitseinrichtungen
[x]	[ ]	Zugänglichkeit	[x]	[ ]	Trenn- und Schalteinrichtungen
[x]	[ ]	Zusätzlicher (örtlicher) Potentialausgleich	[x]	[ ]	Keine Dokumentation
[x]	[ ]	Wärmeerzeugende Betriebsmittel	[x]	[ ]	Schutzisolierung
[x]	[ ]	Betriebsmittel	[x]	[ ]	Schutztrennung
[x]	[ ]	Auswahl Betriebsmittel (äußere Einflüsse)	[x]	[ ]	Kleinspannung mit sicherer Trennung
[x]	[ ]	Kennzeichnung Stromkreise	[x]	[ ]	Gebäudesystemtechnik - Anordnung Buskomponente
[x]	[ ]	Kennzeichnung Sicherungen	[x]	[ ]	Gebäudesystemtechnik - Leitungsverlegung
[x]	[ ]	Kennzeichnung Schalter	[x]	[ ]	Gebäudesystemtechnik - Leitungslängen
[x]	[ ]	Kennzeichnung Klemmen / Leiterverbindungen	[x]	[ ]	Gebäudesystemtechnik - Zielbezeichnung
[x]	[ ]	Kennzeichnung N- und PE-Leiter			

Bemerkung:

Erproben / Funktion

OK	n.OK		OK	n.OK	
[x]	[ ]	Funktionsprüfung der elektrischen Anlage	[x]	[ ]	Drehrichtung der Motoren
[x]	[ ]	Rechtsdrehfeld der Steckdosen	[x]	[ ]	Funktionsprüfung der Gebäudesystemtechnik
[x]	[ ]	Spannungsfestigkeit	[x]	[ ]	Funktion RCD Schutzschalter
[x]	[ ]	Spannungspolarität	[x]	[ ]	Zähleranlauf

Bemerkung:

Protokollierung

Ja	Nein	
[x]	[ ]	Schaltungsunterlagen übergeben
[x]	[ ]	EIB-Lastenheft und Dokumentation übergeben
[x]	[ ]	Prüfergebnis mängelfrei
[x]	[ ]	Prüfplakette im Stromkreisverteiler eingeklebt
[x]	[ ]	Anlage entspricht den anerkannten Regeln

[ ] Anlage ist bis zum folgenden Termin instandzusetzen

Prüfzyklus (Monate): 48

Nächste Prüfung: 18.12.2015

Bemerkung:

Bild 1.5 KNX/EIB-bezogene Prüfungen gemäß DIN VDE 0100 T600

Auch die Ergebnisse der Online-Diagnosen sollten den Erstprüfungsdokumenten beigeheftet werden.

2 Produktdaten

2.1 Import von Produktdaten

2.1.1 Produktdaten finden

Um mit der ETS5/6 ein Projekt erstellen zu können, muss zuvor die Anwendersoftware der gewünschten KNX-Geräte importiert werden.

Während man früher noch im Internet jeweils bei den Herstellern die verschiedenen Produktdaten zusammen suchte, erledigt das heute der „Online-Katalog“.

Im folgendem Schritt-für-Schritt-Beispiel soll ein Raumtemperaturregler von Merten, ein REG-Schalt-/Jalousieaktor von Schneider Electric und ein CO_2-Sensor von Theben in das neue Projekt eingefügt

In der ETS5/6 muss vor dem ersten Projekt der Online-Katalog eingestellt werden. Hier wird unter „Einstellungen/Online-Katalog“ das jeweilige Land und der Aktualisierungsrythmus eingestellt (**Bilder 2.1** und **2.2**).

Natürlich kann man auch auf den Hersteller-Seiten nach den jeweiligen Produktdaten suchen. Dies empfiehlt sich immer, wenn man die Applikations-Beschreibungen haben möchte, da hier die Kommunikationsobjekte bzw. Parameter genau beschrieben sind.

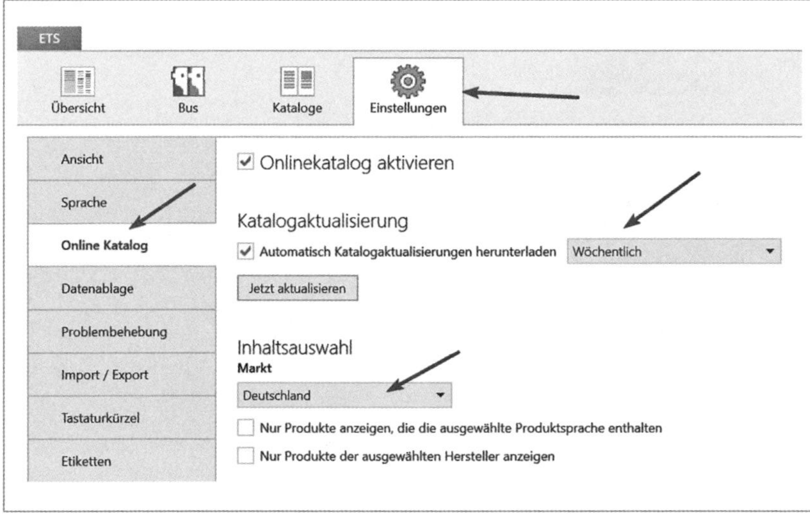

Bild 2.1 Einstellen des Online Katalogs in der ETS

In der Regel findet man die Produktdaten wie auch die Applikations-Beschreibungen, wenn man auf der Herstellerseite (**Bild 2.3**) in der Suchmaske die genaue Artikelnummer des gesuchten Gerätes (Sensor wie auch Aktor) eingibt.

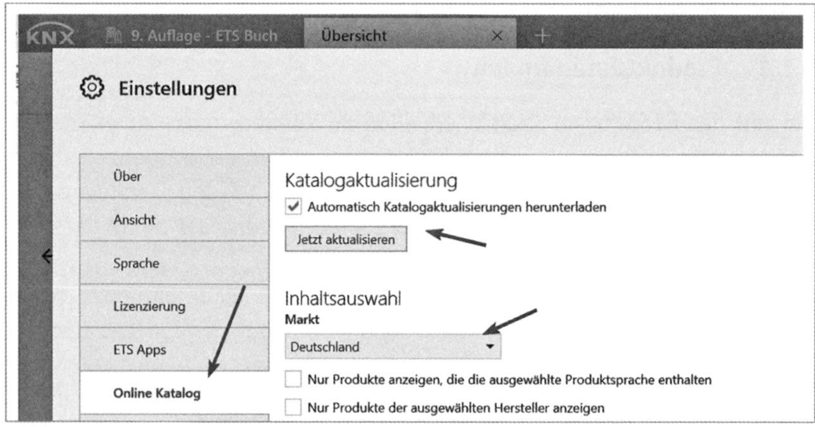

Bild 2.2 Einstellen des Online-Katalogs in der ETS6

Bild 2.3 Dokumentations-Ansicht auf der Schneider-Electric-Seite

2.1.2 Import von Produktdaten mit der ETS5

Die ETS5 hat keine Datenbank mehr. Das bedeutet, dass alle Produkte für alle Projekte zur Verfügung stehen. Das Importieren der Produktdaten erfolgt direkt über „Kataloge" – „Importieren" (**Bild 2.4**).

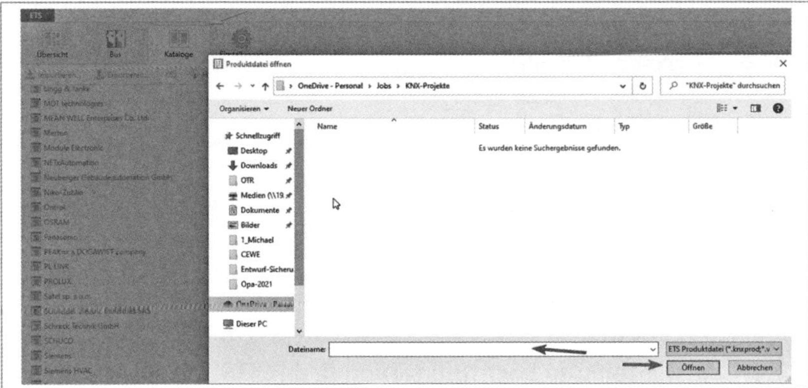

Bild 2.4 Produktimport mit der ETS5

2.1.3 Import von Produktdaten mit der ETS6

Der Produktimport mit der ETS6 unterscheidet sich nur geringfügig von dem mit ETS5. Allerdings muss man beim Umstieg wissen, dass es keinen allgemeinen Katalog mehr gibt, sondern dieser nun projektbezogen ist. Will man ein Gerät importieren, muss zuerst ein Projekt angelegt werden. Anschließend wird der Produktkatalog (**Bild 2.5**) bei „Geräte hinzufügen" geöffnet. Nun kann die Datei ausgewählt und der Import-Vorgang gestartet werden. Generell wird man mit dem Online-Katalog fast alle Geräte finden – Ausnahmen sind meist Neuerscheinungen, die man ggf. manuell importieren muss.

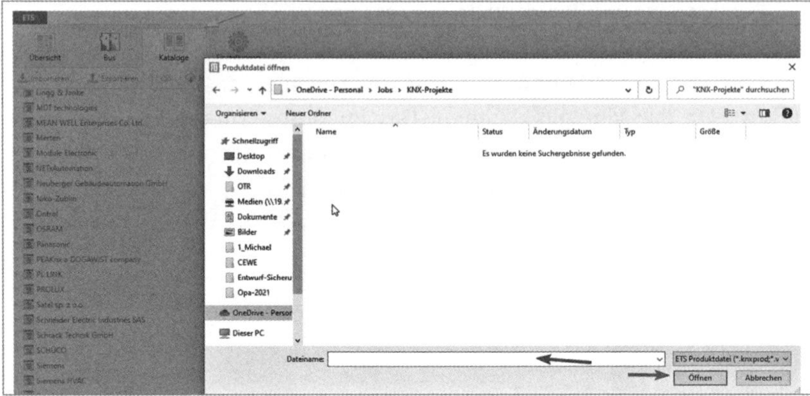

Bild 2.5 Produktkatalog ETS6

2.2 Produktkataloge

2.2.1 Ansichten und Suchfunktionen in der ETS

Sobald der Online-Katalog eingestellt wurde, sind in der Ansicht „Kataloge" die Hersteller sichtbar. Dies geschieht über den Punkt „Einstellungen/Online Katalog" (**Bild 2.6**). Wird jetzt ein bestimmtes Produkt gesucht, kann dies über Hersteller und der Artikelnummer erfolgen, oder aber über das Suchfenster rechts (**Bild 2.7**). Die Ansicht ist in der ETS6 gleich, dort allerdings im Projekt selbst zu finden (**Bild 2.8**).

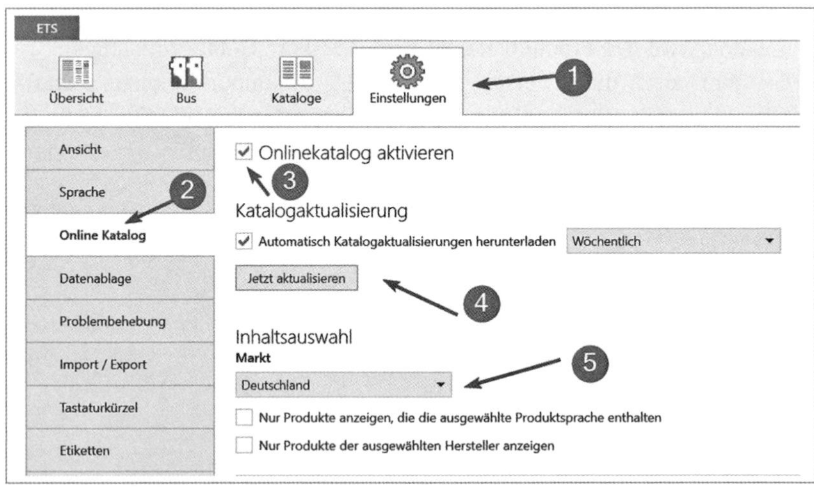

Bild 2.6 Online-Katalog-Einstellungen

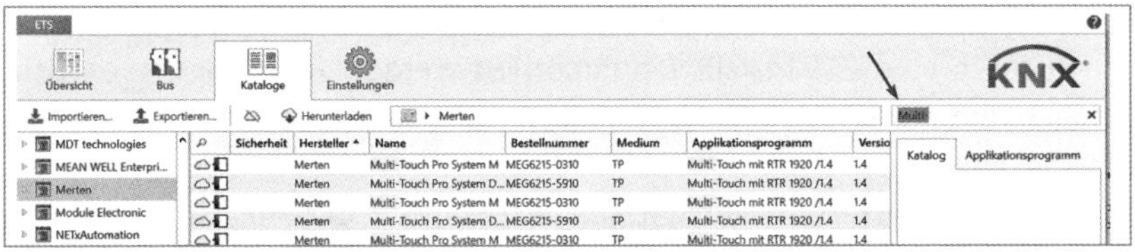

Bild 2.7 Suchmaske im Online-Katalog

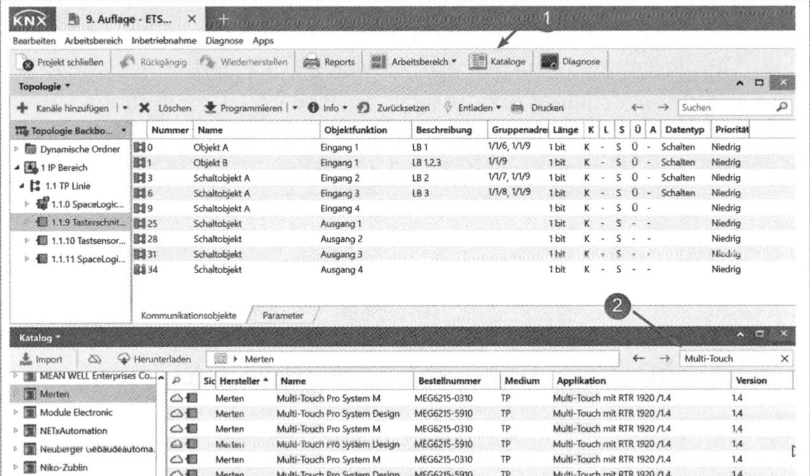

Bild 2.8 Suchmaske im Online-Katalog der ETS6

Durch diese Suchfunktion findet man schnell zur richtigen Produktdatenbank. Eine Filterfunktion wie in der ETS4 ist hier nicht mehr notwendig.

Ebenso kann eine Produktdatenbank, die im Online-Katalog noch nicht enthalten ist, über den Punkt "Importieren" leicht in die ETS eingepflegt werden. Wir empfehlen, bei jedem neuen Projekt immer zuerst den Online-Katalog zu aktualisieren. Nur so kann man sicher sein, dass man die notwendigen Produktdaten auch auf seinen Rechner hat.

2.2.2 Aktionen im Katalog der ETS5

Der Produktdatenexport (**Bild 2.9**) ist aus zwei Fenstern heraus möglich:

- aus dem Dashboard-Reiter „Kataloge“ und
- in der Projektierung aus dem Katalog-Fenster heraus.

Je nach gesetzter Markierung in dem jeweiligen Fenstern werden einzelne Produkte, ganze Produktgruppen, alle Produkte eines Herstellers oder auch alle Produkte des Kataloges exportiert. Es entsteht eine Datei mit der Endung .knxprod. Das Datenformat dieser Datei ist XML, die Produkte können so wieder in eine ETS-Installation importiert werden. Allerdings ist es nicht möglich, auf diese Weise Produktdaten für den Import in ältere ETS-Versionen zu erzeugen.

Bei der ETS5 kann allgemein bei der Auswahl der Ansichten der Produktsuche zwischen der bekannten „Baumsuche" links und der Suchmaske rechts ausgewählt werden (**Bild 2.10**).

Eine wichtige und interessante Neuerung ab der ETS5 ist der Online-Katalog. Mit diesem ist es nicht mehr notwendig, alle Daten in die ETS5/6 von Hand zu importieren; man braucht nur noch die Geräte in die jeweiligen Projekte zu importieren. Hierbei ist wichtig, dass man die zwei neuen Schaltflächen im Katalog-Fenster (**Bild 2.11**) kennt.

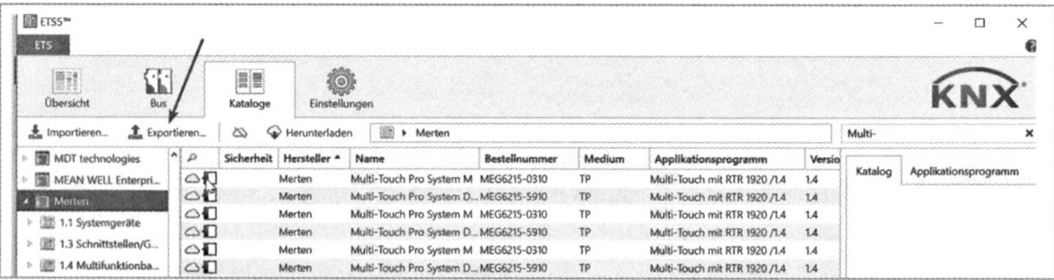

Bild 2.9 Exportieren von Produkten

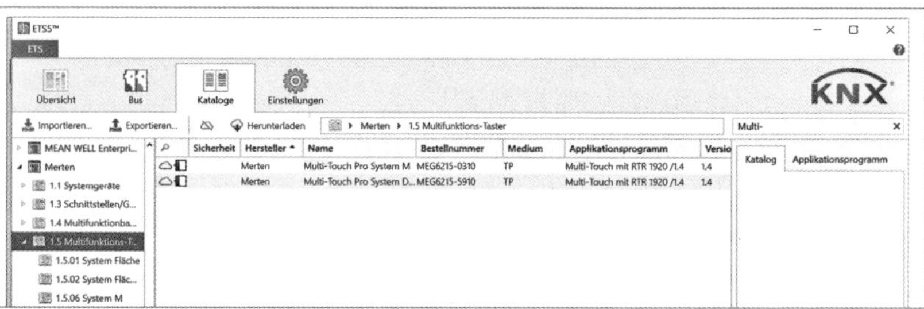

Bild 2.10 Baum-Ansicht und Suchmaske

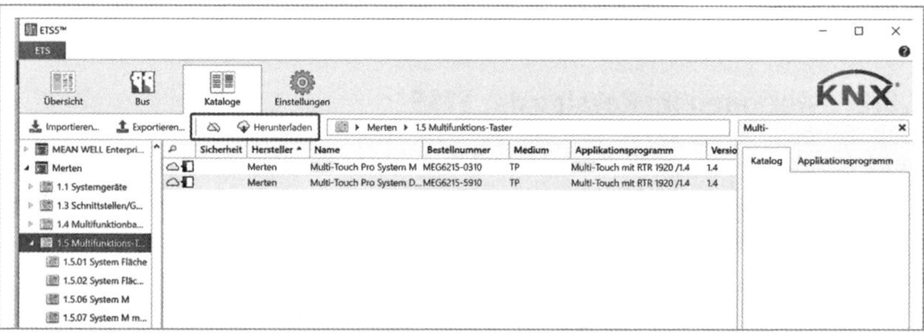

Bild 2.11 Zwei neue Schaltflächen für den Online-Katalog

Die linke Schaltfläche mit der „durchgestrichenen Wolke“ bedeutet, dass man keinen Online-Katalog verwendet, und nur die bereits importieren Produkte sieht – ob diese Produkte über den Online-Katalog oder von Hand importiert wurden, ist hier nicht von Bedeutung.

Die rechte Schaltfläche mit der Wolke und Pfeil nach unten bedeutet, dass man den Online Katalog verwendet und auf alle Daten zurückgreifen kann, die in der ETS-Welt verfügbar sind.

Hat man diese Schaltfläche ausgewählt, sieht man bei jedem Produkt, dass noch nicht auf diesem Rechner importiert wurde, eine Wolke vorne links (vgl. **Bild 2.12**).

Hat man ein Produkt ausgewählt, kann man über die rechte Schaltfläche (Wolke mit Pfeil nach unten) die Produktdaten auf seinen Rechner herunterladen. Klickt man direkt zweimal auf das Produkt, werden die Produktdaten heruntergeladen und das Produkt wird auch direkt in das offene Projekt importiert. Es können mehrere Produkte/Produktgruppen/Hersteller parallel ausgewählt und heruntergeladen werden.

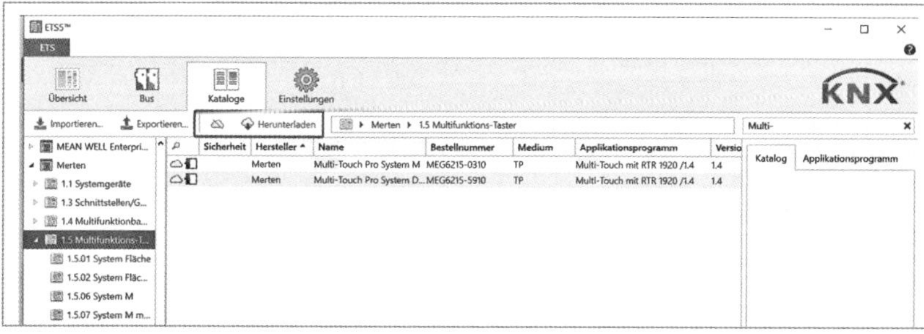

Bild 2.12 Verwendung des Online-Katalogs

2.2.3 Aktionen im Katalog der ETS6

Der Katalog der ETS6 weist gegenüber der ETS5 keine entscheidenden Änderungen auf. Der Online-Katalog ist wie in der ETS5 verfügbar und wird auch genauso eingestellt. Ein Unterschied ist aber, dass man den Katalog nicht mehr im Dashboard findet, sondern dieser, wie auch die Schnittstellenkonfiguration, jetzt projektabhängig ist. Es muss also zuerst ein Projekt erstellt/geöffnet werden, damit man in den Katalog gelangt. Des Weiteren fehlt in der ETS6 der Button für das „Exportieren“ (**Bild 2.13**). Updates der Produktdatenbanken werden in Zukunft online durchgeführt werden – den „Import-Button“ gibt es aber in der aktuellen Version 6.0.5 noch!

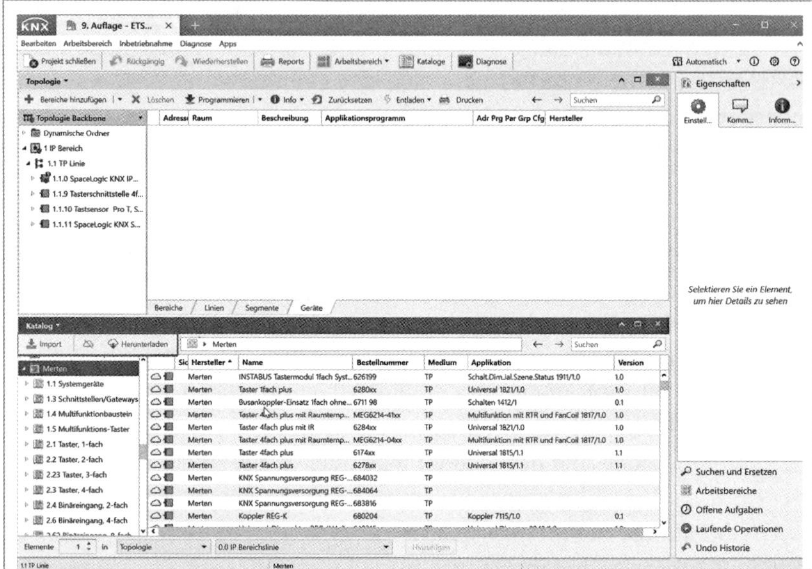

Bild 2.13 Online-Katalog der ETS6

3 Grundsätzliche Vorgehensweise beim Arbeiten mit der ETS5/6 – der Rote Faden

Schritt	Maßnahme	Besonderheiten
1	Mindestanforderungen an Rechner prüfen	ETS5/6-Vorgaben beachten
2	www.knx.org-Onlineshop registrieren	Internet
3	Download ETS auf Festplatte des Rechners	Internet
4	Installation der ETS	läuft im Demo-Modus (max. 5 Geräte)
5	Lizenz im Onlineshop erwerben	Internet
6	Lizenzierung durchführen	

Tabelle 3.1 Vorbereitende Maßnahmen (einmalig)

Schritt	Maßnahme	Besonderheiten
1	Auf Updates prüfen	nur online möglich – einfacher
2	Online-Katalog aktivieren/einstellen	ETS-Software ⇒ Einstellungen ⇒ Online Katalog

Tabelle 3.2 Vorbereitende Maßnahmen (wiederkehrend)

Schritt	Maßnahme	Besonderheiten
1	Kundenprojekt erstellen	
2	räumliche Aufteilung des Gebäudes erfassen	
3	Funktionen mit Kunden festlegen	ProAss
4	Geräte für Projekt auswählen	Internet/Katalog
5	Geräte in "Topologie" oder "Gebäude" einfügen	Katalogansicht
6	Geräte parametrieren und beschriften	Topologie, Gebäude, alle Geräte
7	Gruppenadressen zu Kommunikationsobjekte	Gruppenadressansicht, Topologie
8	Projektprüfung	Diagnose offline
9	Datensicherung	Backup sollte zwischenzeitlich immer wieder erstellt werden!

Tabelle 3.3 Projekt anlegen (Projekt-Assistent – hier ProAss genannt)

Schritt	Maßnahme	Besonderheiten
1	Kundenprojekt anlegen	
2	Gebäudeansicht erstellen	Bauplan
3	Funktionen mit Kunden festlegen	eigene Listen
4	Gruppenadressen erstellen	Gruppenadressenansicht
5	Geräte für Projekt auswählen	Internet
6	Geräte in Topologie oder Gebäude einfügen	Katalogansicht
7	Geräte parametrieren und beschriften	Projektansicht
8	Gruppenadressen zu Kommunikationsobjekten	Projekt-GA-Ansicht
9	Projektprüfung	Diagnose offline
10	Datensicherung	Backup immer wieder zwischenzeitlich erstellen

Tabelle 3.4 Projekt anlegen (alternativ ohne ProAss)

Schritt	Maßnahme	Besonderheiten
1	Schnittstelle wählen und konfigurieren	Projekteinstellungen
2	Physikalische Adressen vergeben	beschriften
3	Geräte einbauen	vor Ort
4	Applikationsdownload für alle Geräte	vor Ort
5	Funktionstest und Onlinetest	Diagnosefunktionen
6	Erstprüfung	Protokoll
7	Kunden einweisen	Handbuch
8	Dokumente übergeben	Plantasche
9	Regelmäßg über neue Produkte informieren	Internet

Tabelle 3.5 Inbetriebnahme

Schritt	Maßnahme	Besonderheiten
1	Fehlerbeschreibung analysieren	Kundenbeschreibungen
2	Bus- oder Gruppenmonitor aktivieren	Online-Prüfungen
3	Telegrammaufzeichnungen auswerten	vor Ort
4	GA senden und lesen	Ausschlussverfahren
5	Modifizierung durchführen	ETS5/6-Projektexport
6	Dokumente aktualisieren	Beschriftungen, Ausdrucke
7	Archivierung durchführen	ETS5/6-Projektexport

Tabelle 3.6 Fehlersuche

Schritt	Maßnahme	Besonderheiten
1	Projekt importieren	ETS5/6
2	Neue Funktionen festlegen	Kundenwunsch
3	Geräte in Topologie einfügen	Katalog
4	Geräte parametrieren	Topologie
5	Gruppenadressen anlegen	Ansicht GA
6	Gruppenadressen verziehen	Topologie und GA
7	Schnittstelle definieren	vor Ort
8	Geräte in Betrieb nehmen	vor Ort
9	Funktionstest	vor Ort
10	Erstprüfung/Online Prüfung	Protokoll
11	Projekt exportieren (Backup)	ETS5/6
12	Dokumente aktualisieren	ETS5/6-Reports
13	Kunden Unterlagen aushändigen	Plantasche

Tabelle 3.7 Erweiterung mit der ETS5/6

C ETS5 Professional

1 Die ETS5 stellt sich vor

1.1 Die neue Oberfläche

Gegenüber der ETS4 wurde in der neuen ETS5 gründlich aufgeräumt. Die „Übersicht" beinhaltet jetzt auch das ganze Projektmanagement. Damit kann sofort auf die Projektdetails, das Projektlogbuch und die Projektdateien zugegriffen werden. Beim Start werden die KNX-News und neue KNX-Produkte angezeigt. Sowie ein Projekt angewählt oder ein neues Projekt erstellt wird, blenden sich die Projektmanagement-Ansichten ein. Beim Öffnen eines Projektes wird automatisch in die Projektbearbeitung mit den klassischen Ansichten („Gebäude", „Gruppenadressen", „Topologie", „Ganzes Projekt", „Geräte" und „Reports") umgeschaltet. Unter „Bus" befinden sich alle wichtigen Schalthebel für die erfolgreiche Busverbindung. Sicher und souverän werden konfigurierte Schnittstellen gefunden und können getestet und ausgewählt werden. Die „Katalog"-Ansicht hat sich nur geringfügig verändert. Das Produktmanagement erfolgt in gewohnter Weise, beim Einfügen eines Gerätes in der Projektbearbeitung wird automatisch die „Katalog"-Ansicht gewählt. Die „Einstellungen" ermöglichen Vorgaben bezüglich Sprache, der Problembehandlung und dem Onlinekatalog. Die Übersicht der ETS5-Oberfläche (**Bild 1.1**) zeigt alle Funktionalitäten in ihrem Zusammenhang.

Nach dem Start der ETS5 öffnet sich die Ansicht, wie sie im **Bild 1.2** dargestellt ist.

Auf der linken Seite ist die Übersicht mit den Projekten angewählt, rechts werden KNX-News und neue Produkte eingeblendet. In der Statuszeile kann die ETS-Version abgerufen und die Lizenzeinstellungen betrachtet werden. Zudem können die aktiven Apps überblickt werden.

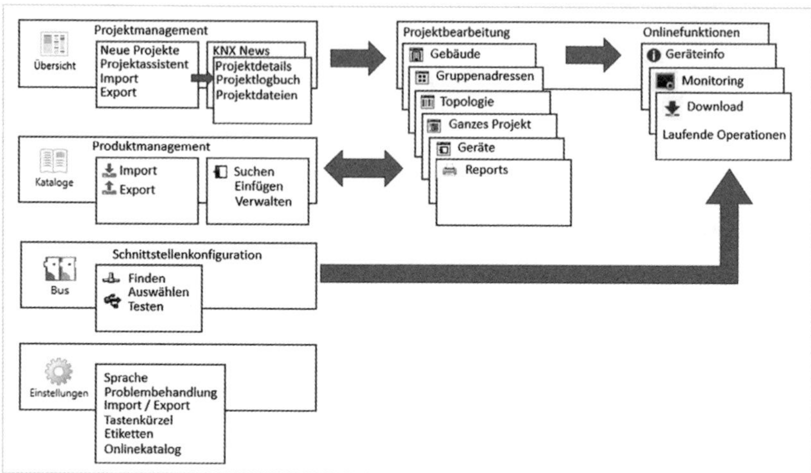

Bild 1.1 Die ETS5-Oberfläche

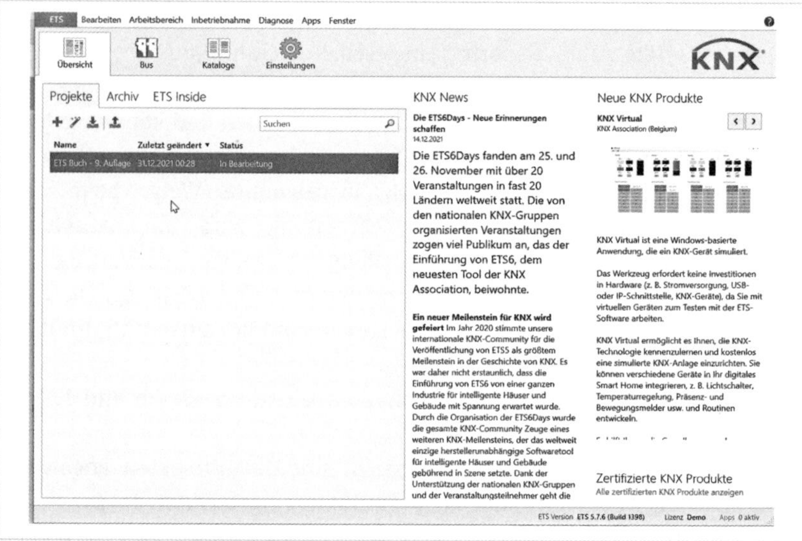

Bild 1.2 Ansicht ETS5 nach Start

1.2 Projekte anlegen, verwalten, importieren und exportieren

In der Übersicht können die gängigen Projektaktionen mithilfe von vier Symbolen angewählt werden (**Bild 1.3**).

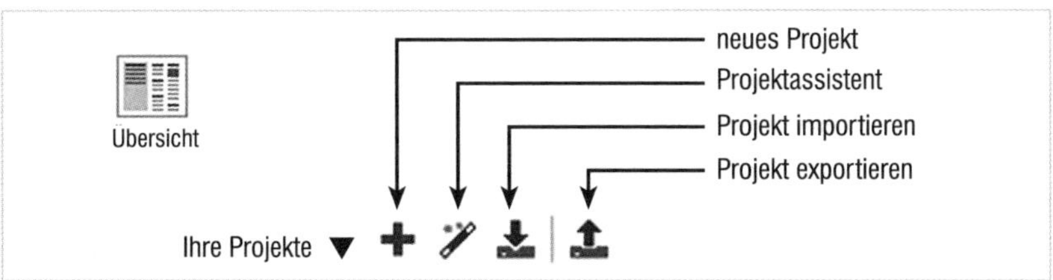

Bild 1.3 Projektaufrufe in der Übersicht

1.2.1 Ein neues Projekt anlegen

Nach dem Anklicken des Symbols „Neues Projekt“ öffnet sich das Dialogfenster „Neues Projekt erstellen“ (**Bild 1.4**). Hier wird der Name des neuen Projekts vergeben – in der Regel die Objektbezeichnung, z. B. „EFH Meyer“. Danach wird das Medium des Backbones ausgewählt – Busleitung (TP) oder Netzwerk (IP). Wird unter „Topologie“ der Haken bei „Linie 1.1 erzeugen“ belassen, wird diese Linie im neuen Projekt bereits mit passendem Backbone erzeugt. Danach wird das Medium der Topologie ausgewählt. Busleitung (TP), Netzleitung (PL), Funk (RF) oder Netzwerk (IP) kann dafür angegeben werden. Die Gruppenadressen können dreistufig (Standard), zweistufig (ältere Installationen) oder frei (bei großen Projekten sinnvoll) gewählt werden. Nach den Festlegungen wird das Projekt mit dem Button „Projekt fertigstellen“ angelegt.

Nach Betätigen des Buttons springt die ETS5 sofort in die Ansicht „Gebäude“. In der Regel wird dort der erste Schritt der Projektierung ausgeführt, das Anlegen der Gebäudeteile. Anders verhält es sich, wenn über den Projektassistenten gearbeitet wird.

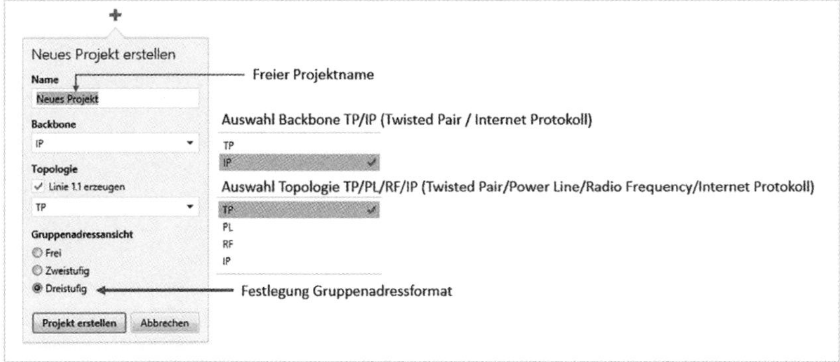

Bild 1.4 Neues Projekt erstellen

1.2.2 Projektassistent

Der Projektassistent ist eine perfekte Hilfe, um Zeit zu sparen sowie alle Möglichkeiten checklistenartig abzuarbeiten. Dazu wird aus den Standardvorlagen „Einfamilienhaus“, „Büro“ oder „Wohnung“ ausgewählt (**Bild 1.5**). Darüber hinaus können eigene Vorlagen mit Sonderlösungen angelegt werden.

Mit dem „Weiter“-Button am rechten unteren Rand gelangt man zur nächsten Seite mit den verschiedenen Geschossen und Räumen. Im „Erdgeschoss“, „Obergeschoss“ und „Außenbereich“ sind bereits Räume mit Funktionen abgelegt. (**Bild 1.6**). Diese können abgewählt oder durch zusätz-

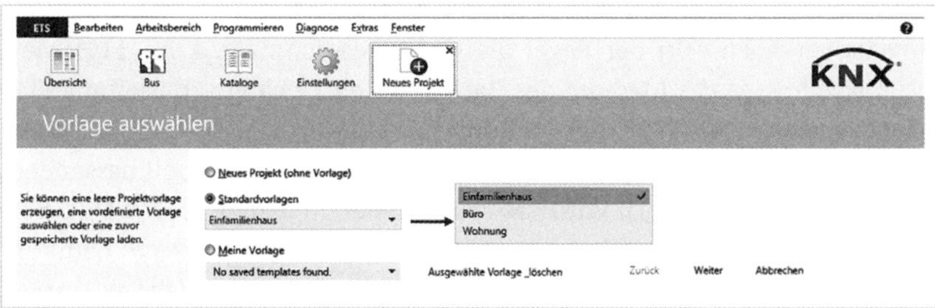

Bild 1.5 Projektassistent Standardvorlagen

Bild 1.6 Mit dem Projektassistenten arbeiten

liche Räume ergänzt werden. Alle Textfelder sind frei zu beschriften. Damit es schneller geht, sind bereits Standardfunktionen belegt.

Wenn alle Geschosse und Räume bearbeitet sind, kann man in der Zusammenfassung nochmals alle Positionen überprüfen und die Zusammenstellung eventuell als eigene Vorlage abspeichern, um sie bei ähnlichen Projekten wieder verwenden zu können (**Bild 1.7**).

Mit dem Button „Ausführen“ werden alle Angaben zur Ausgestaltung der Gebäudeansicht und der Gruppenadressen verwendet. Das Ergebnis sind dann angelegte Gruppenadressen und eine komplette Gebäudestruktur mit allen Funktionen (**Bild 1.8**).

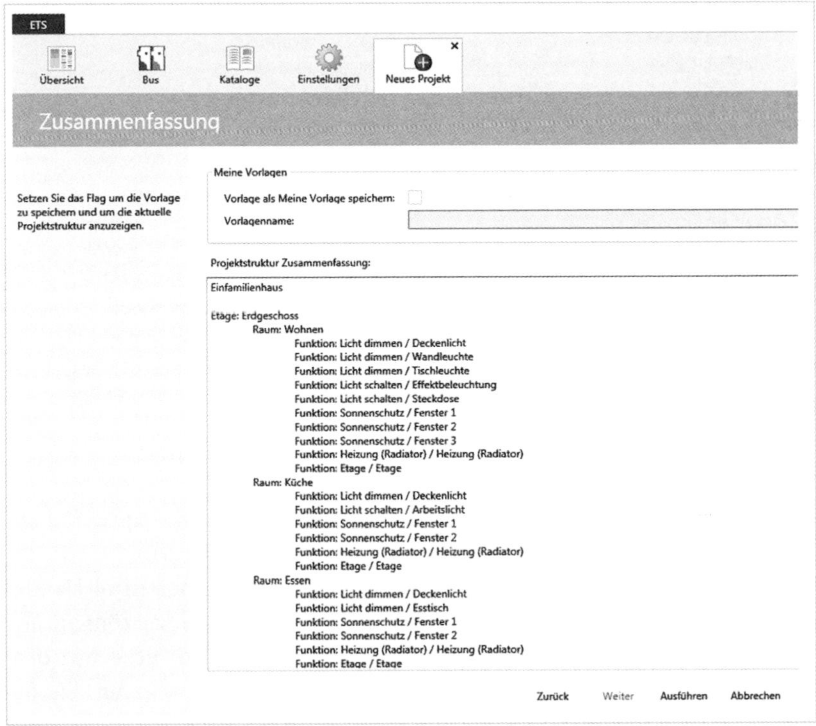

Bild 1.7 Zusammenfassung Projektassistent

Bild 1.8 Vom Projektassistenten angelegte Ansichten

1.2.3 Projekt importieren

Die ETS5 kann grundsätzlich alle *.knxproj-Dateien und alle *.prx-, *.pr1-, *.pr2-, *.pr3-, *.pr4- und *.pr5-Dateien importieren (**Bild 1.9**).

Backups aus Datenbanken der ETS4 müssen zuerst in der ETS4 als Projekt exportiert werden, um mit der ETS5 aufgerufen werden zu können.

Sollte nur eine ETS4-Datenbank vorhanden sein, kann diese mit dem ETS-Projekt-Exportassistent in eine Projektdatei gewandelt werden. Sie finden den ETS-Projekt-Exportassistent auf der Seite der Konnex.

1.2.4 Projekt exportieren

Zum Exportieren eines Projektes auf einen separaten Datenspeicher wird das betreffende Projekt selektiert und das Symbol „Projekt exportieren“ angeklickt (**Bild 1.10**).

Es entsteht eine *.knxproj-Datei.

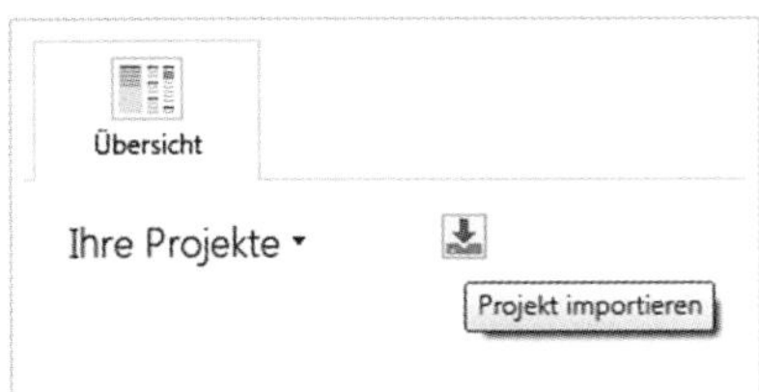

Bild 1.9 Projekt importieren

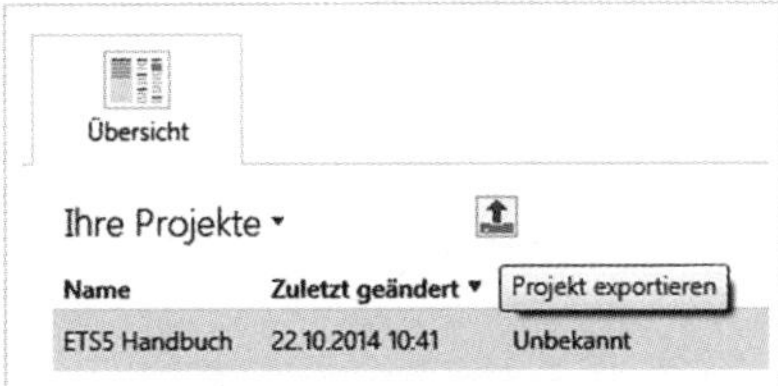

Bild 1.10 Projekt exportieren

1.2.5 Projekt öffnen

Geöffnet wird ein angelegtes Projekt über das Kontext-Menü (rechte Maustaste) oder Doppelklick (**Bild 1.11**).

Über das Kontext-Menü können auch Projekte kopiert oder gelöscht werden.

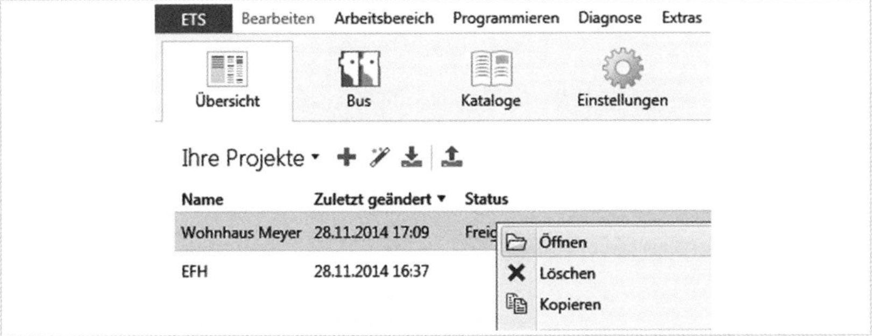

Bild 1.11 Projekt öffnen

1.2.6 Projektdetails

Die Projektdetails (**Bild 1.12**) sollten immer den aktuellen Bearbeitungsstatus beinhalten. In den Projektdetails kann auch ein Passwort festgelegt und ein Busankoppler-Schlüssel vergeben werden. Zu beachten ist dabei, dass bei Verlust des Passworts keine Möglichkeit besteht, das Projekt zu verändern oder in die Geräte einzugreifen.

1.2.7 Projektlogbuch

KNX-Projekte werden sicherlich oft geändert, ergänzt und modifiziert. Damit diese Schritte einwandfrei nachvollzogen werden können, ist es sinnvoll, diese Schritte zu dokumentieren (**Bild 1.13**).

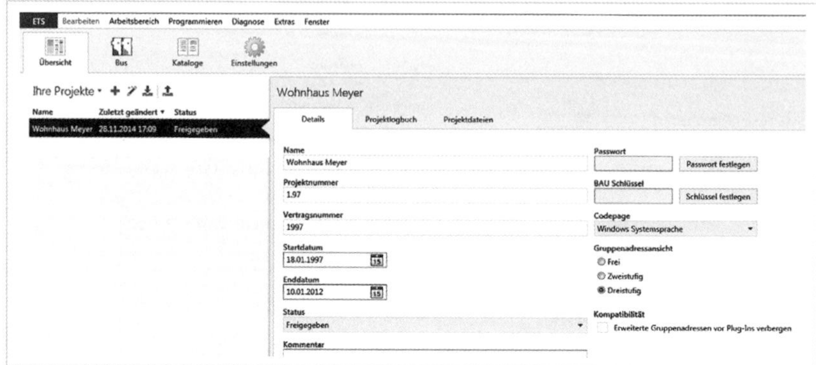

Bild 1.12 Projektdetails

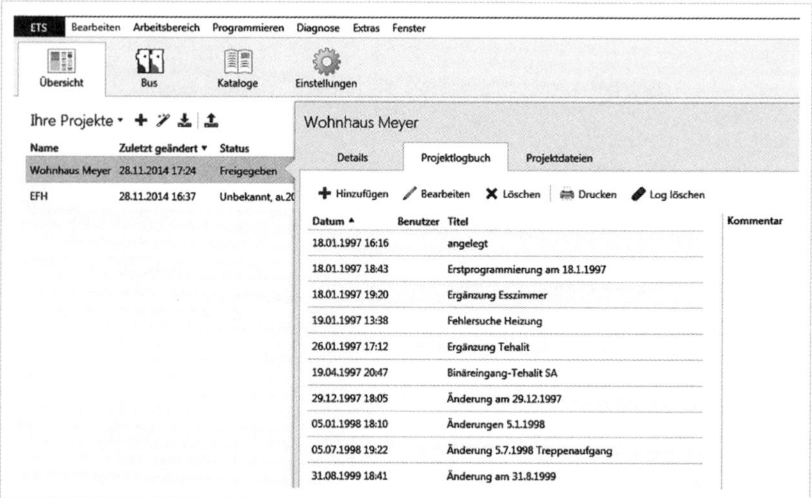

Bild 1.13 Einträge im Projektlogbuch

1.2.8 Projektdateien

Damit beim Archivieren oder Exportieren des Projektes alle wichtigen Dateien mit dabei sind, können die Dokumente unter „Projektdateien“ angegeben werden (**Bild 1.14**), die mit der Projektdatei vereint werden sollen.

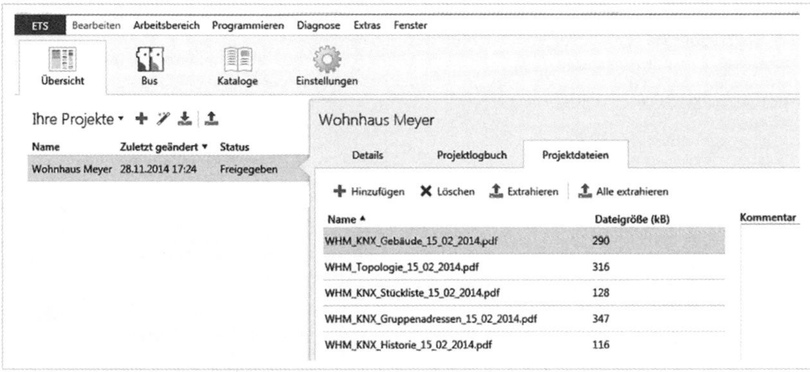

Bild 1.14 Angehängte Projektdateien

1.3 Statusleiste in der Übersicht

In der Statusleiste der Übersicht kann die ETS5-Version abgefragt sowie Updates durchgeführt werden (**Bild 1.15**). Desweiteren werden dort die Lizenzen der ETS5 verwaltet und die aktiven Apps angezeigt.

Ist ein Update verfügbar, kann man den Download mit dem Button „Herunterladen“ starten (**Bild 1.16**).

Während der Download läuft, wird der Verlauf angezeigt (**Bild 1.17**). Danach wird der Vollzug gemeldet (**Bild 1.18**).

Mit dem Button „Aktualisieren“ wird der Installationsprozess gestartet. Während die Installation läuft, wird der aktuelle Status angezeigt (**Bild 1.19**). Nach erfolgreichem Abschluss erfolgt eine Meldung (**Bild 1.20**).

Nach dem Schließen des Meldefensters erscheint die aktuelle Version (**Bild 1.21**) sowie die Mitteilung „Die Software ist auf dem neuesten Stand“.

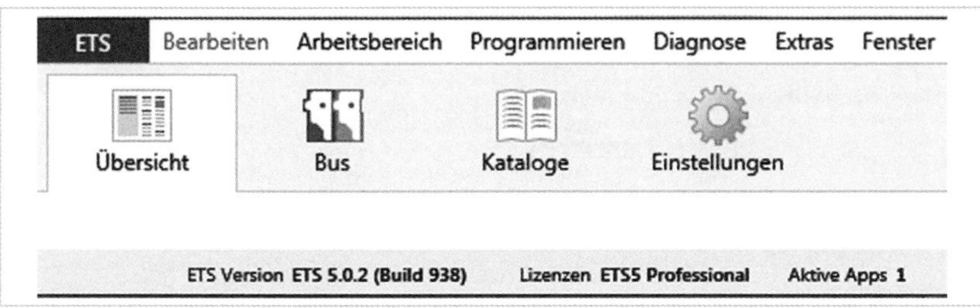

Bild 1.15 Statusleiste Übersicht

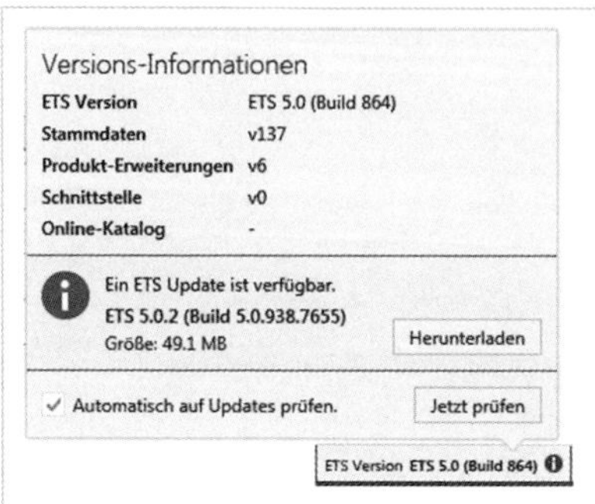

Bild 1.16 Update verfügbar

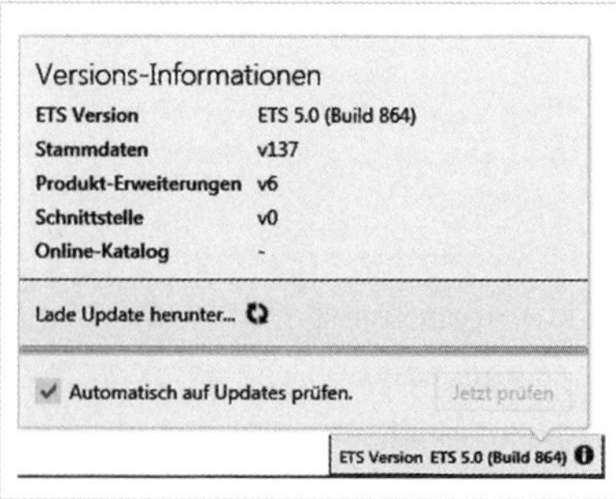

Bild 1.17 Update läuft

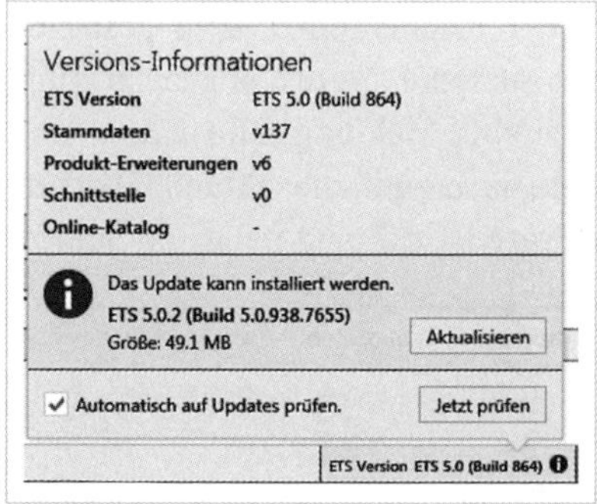

Bild 1.18 Update installieren

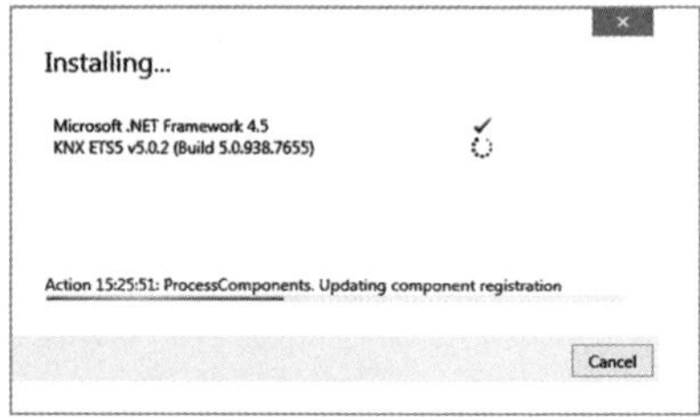

Bild 1.19 Installation läuft

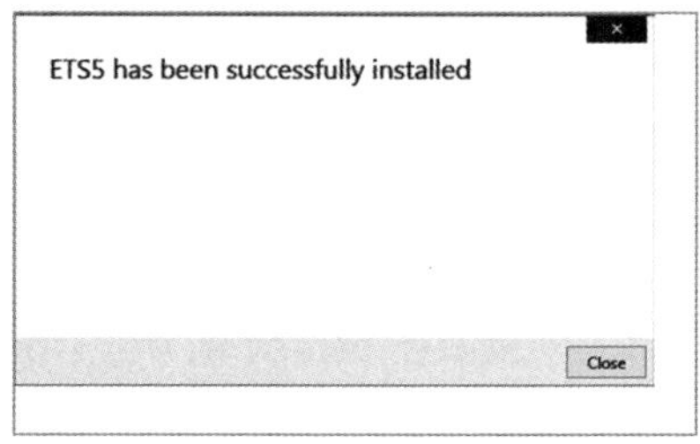

Bild 1.20 Installation abgeschlossen

Bild 1.21 Abschlussmeldung nach erfolgreichem Update

2 Projektbearbeitung

2.1 Die Ansichten der Projektbearbeitung

Nach dem Öffnen eines Projektes wird normalerweise die Gebäudeansicht angezeigt. Wird das Symbol „Gebäude“ angeklickt, öffnet sich das Pull-down-Menü und lässt den Zugriff zu den anderen Ansichten zu (**Bild 2.1**). Dieses Pull-down-Menü zum Wechseln der Ansichten kann auch geöffnet werden, indem man auf das Symbol „Arbeitsbereich“ klickt und dann „Neues Fenster öffnen“ auswählt (**Bild 2.2**).

> **Tipp:** Sollten alle Ansichten abgewählt worden sein, kann nur über das Symbol „Arbeitsbereich“ und „Neues Fenster öffnen“ wieder in eine Ansicht verlinkt werden.

Die Gebäudeansicht ist die ideale Oberfläche für den Projektstart. Nach der Erstellung des Gebäudebaumes können von dort aus gleich die Geräte eingefügt und bearbeitet werden.

Bild 2.1 Ansichten der Projektbearbeitung

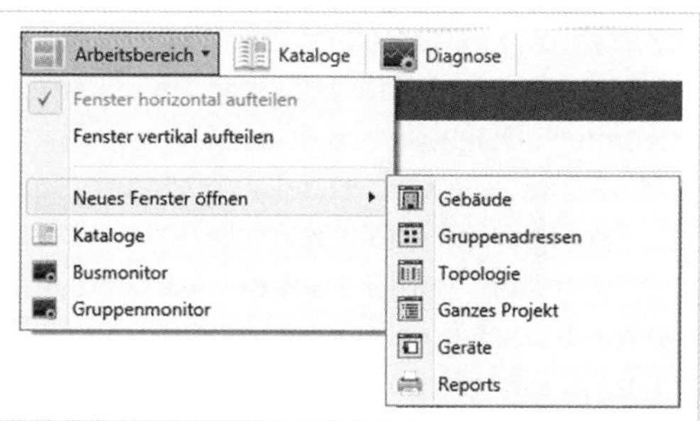

Bild 2.2 Arbeitsbereich wählen

2.2 Die Gebäudeansicht – Menüleisten und Aufbau

Im **Bild 2.3** ist die komplette Gebäudeansicht zu sehen. Es gibt drei Menüleisten in der Ansicht Gebäude. Je nach selektiertem Bereich im linken Auswahlfenster werden in den Menüleisten entsprechende Befehle angezeigt. Die oberste Menüleiste besitzt die globalen Bearbeitungsanweisungen. Diese Menüleiste ist in allen Ansichten gleich.

Mit „ETS“ springt man zurück in die Übersicht.

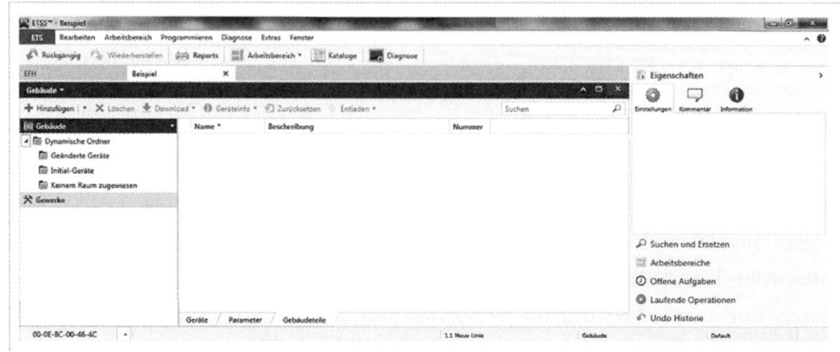

Bild 2.3 Die Ansicht „Gebäude“

Unter „Bearbeiten“ befinden sich viele unterschiedliche Bearbeitungsbefehle, die sich nach der Selektion des linken Auswahlfeldes richten.

Unter „Arbeitsbereich“ kann in die verschiedenen Ansichten gewechselt werden sowie die Navigationsleiste (dritte Ebene der Menüleiste) konfiguriert werden. Der Befehl „Projekt schließen“ ist hier ebenfalls anwählbar.

Unter „Programmieren“ finden sich alle Downloadfunktionen.

„Diagnose“ beinhaltet die Onlinediagnosen „Geräte-Info“, „Physikalische Adresse“ und „Geräte entladen“ sowie die Projektprüfungen und die Onlinefehler- und Installationsdiagnosen. Bus- und Gruppenmonitor sind ebenfalls unter „Diagnose“ zu finden.

Will man eine OPC-Datei exportieren, muss dies jetzt im Dashboard unter „Exportieren“ erfolgen.

In „Fenster“ wird neben der horizontalen und vertikalen Aufteilung bei mehreren Ansichten auf dem Bildschirm auch zwischen gleichzeitig aktiven Projekten navigiert, um z. B. Kopierfunktionen durchzuführen.

Die mittlere Menüleiste ist für die Undo- (Rückgängig und Wiederherstellen) und Navigationssteuerung zwischen den Ansichten da. Klickt man sie mit der rechten Maustaste an, kann man sie individualisieren (**Bild 2.4**), indem man zwischen der Anzeige „Icons und Text“ oder „nur Icon“ wählt oder die Menüleiste mit den Symbolen der Ansichten nach eigenen Wünschen konfiguriert. Mit „Zurücksetzen“ lässt sich der Originalzustand wiederherstellen.

Die Menüleiste unter dem Punkt „Gebäude“ (**Bild 2.5**) bezieht sich hauptsächlich auf die Bearbeitung der Geräte.

Unter „Hinzufügen“ können je nach Selektion Teile der Gebäudestruktur, Funktionen und Geräte eingefügt werden. Was sich in der jeweiligen

Selektion einfügen lässt, sieht man, wenn das Auswahlicon bei „Hinzufügen“ gedrückt wird.

„Löschen“ bezieht sich ebenfalls auf selektierte Elemente.

„Download“ entspricht in vollem Umfang der „Programmieren“-Funktion aus der globalen Menüleiste. Hier werden alle Onlinefunktionen auf den Bus getätigt (**Bild 2.6**).

„Geräteinfo“, „Zurücksetzen“ und „Entladen“ sind ebenfalls typische Onlinefunktionen und werden im Kapitel D 5 noch näher behandelt.

Bild 2.4 Menüleiste konfigurieren

Bild 2.5 Menüleiste „Gebäude“

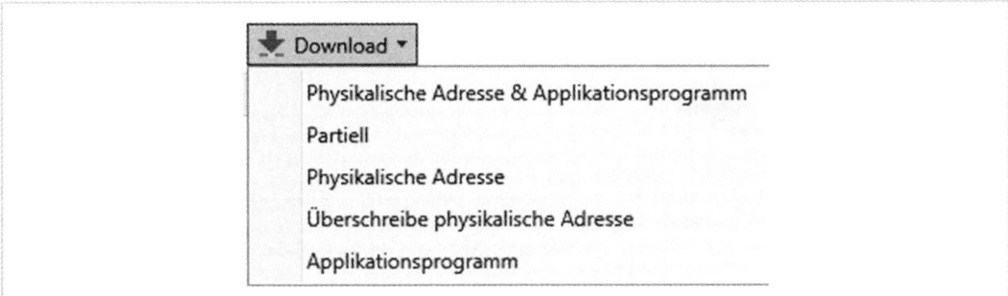

Bild 2.6 Pull-down-Menü „Download“

2.2.1 Gebäudeansicht bearbeiten

Im folgenden Beispiel soll in einer leeren Gebäudeansicht (Projektierung ohne Projektassistent) der eingeschossige Süd- und Westflügel eines Hotels entstehen. Im Südflügel werden der Empfangsraum, der Wintergarten, die

Flure, der Speisesaal, die Küche, die Lounge und der Sanitärbereich einfügt. Ein Hauptverteiler befindet sich ebenfalls im Südflügel. Gestartet wird mit „Hinzufügen“ – „Gebäude“ und der Beschriftung „Hotel“ (**Bild 2.7**).

Im Eingabefenster können Anzahl der Gebäude und Parallelobjekte vorgegeben werden.

Nachdem das Gebäude „Hotel“ angelegt ist, werden die Gebäudeteile „Süd- und Westflügel“ eingefügt (**Bild 2.8**).

Im nächsten Schritt wird die Etage eingefügt (**Bild 2.9**). Die Vorgehensweise ist die gleiche, wichtig ist immer nur, dass die vorhergehende Ebene selektiert wird, bevor die „Hinzufügen“-Funktion gewählt wird.

In der Etage Erdgeschoss werden nun alle Flure und Räume eingefügt (**Bild 2.10**). In der Küche soll der Hauptverteiler des gesamten Südflügels untergebracht werden. Dazu wird die Küche selektiert und mit „Hinzufügen“ das nun eingegrenzte Auswahl-Menü geöffnet (**Bild 2.11**).

Bild 2.7 Anlegen einer Gebäudeansicht – Gebäude einfügen

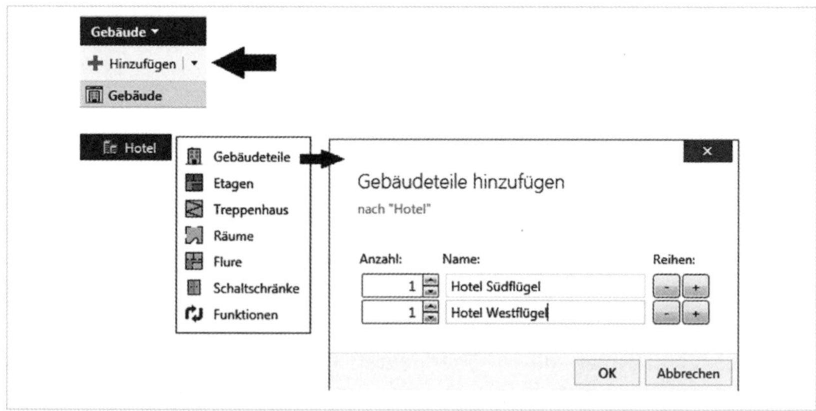

Bild 2.8 Einfügen Gebäudeteile

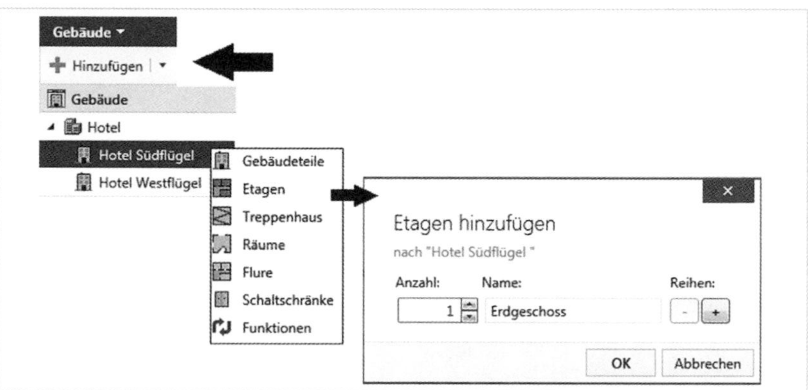

Bild 2.9 Etage hinzufügen

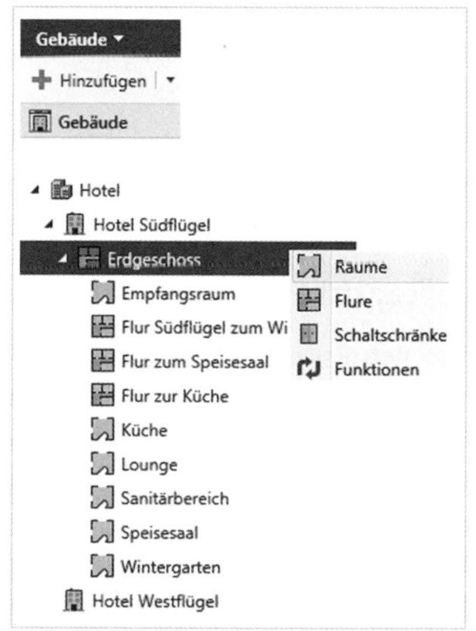

Bild 2.10 Einfügen der Räume

Bild 2.11 Einfügen des Verteilers

Eine Alternative dieser Struktur wäre eine Ordnung nach Gewerken. Dazu wird wie im **Bild 2.12** dargestellt, die Rubrik „Gewerke“ selektiert, und mit der „Hinzufügen“-Auswahl werden weitere Gewerke eingesetzt, unter die dann die Geräte eingefügt werden.

Die übliche Darstellung ist die Gebäudedarstellung. Bei der Gewerke-Darstellung verliert man leicht den Überblick, was die lokalen Gegebenheiten betrifft.

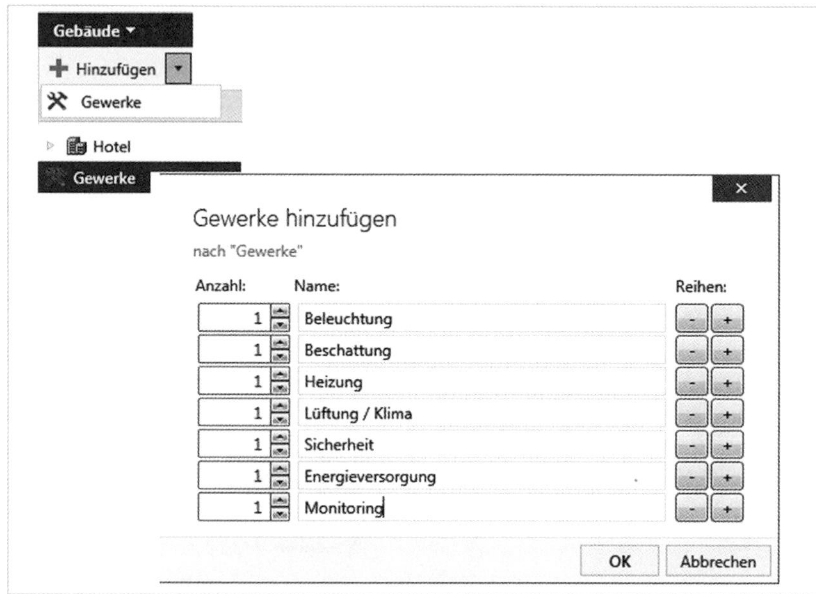

Bild 2.12 Gewerke

2.2.2 Geräte einfügen in der Gebäudeansicht

Im **Bild 2.13** wird die Vorgehensweise am Beispiel des Empfangsraums gezeigt, in den das erste Gerät eingefügt werden soll. Bei selektiertem Raum wird über „Hinzufügen" die begrenzte Auswahltabelle mit „Schaltschrank", „Geräte" und „Funktionen" angezeigt. Durch die Auswahl „Geräte" öffnet sich sofort die Kataloganzeige.

Die Kataloganzeige wird noch ausführlich unter Abschnitt D 2.8 besprochen, hier wird nur die weitere Vorgehensweise zum Einfügen von Geräten erörtert.

In die Zwischendecke des Empfangsraums soll ein Raum-Controller eingebaut werden. Dazu gibt man im Suchfeld der Kataloganzeige die Bezeichnung oder Teile der Bezeichnung ein. Aus den ausgefilterten Ergebnissen (**Bild 2.14**) wird das betreffende Gerät ausgewählt und mit dem Button „Hinzufügen" in die Statusleiste eingefügt.

In der Gebäudeansicht (**Bild 2.15**) ist nun das eingefügte Gerät im Empfangsraum zu sehen und kann individuell beschrieben werden. Besonders bei Geräten wie Raum-controllern ist eine ausführliche Dokumentation der Funktionen sehr wichtig.

Bild 2.13 Einfügen von Geräten in die Gebäudeansicht

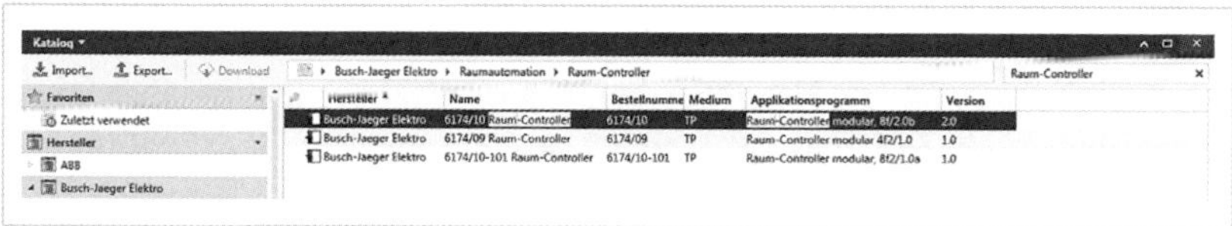

Bild 2.14 Einfügen eines Gerätes aus dem Katalog

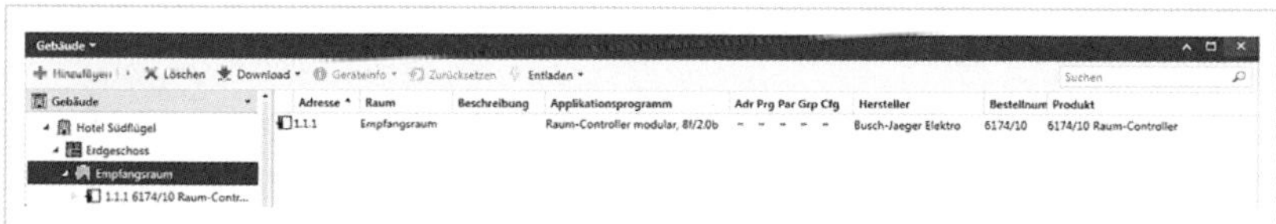

Bild 2.15 Eingefügtes Gerät in Gebäudeansicht

2.2.3 Geräte bearbeiten in der Gebäudeansicht

Geräte parametrieren

Wird ein Gerät in der Gebäudeansicht selektiert, ändern sich die Menüleiste und die Register der Gebäudeansicht (**Bild 2.16**). In der Menüleiste erscheinen die zusätzlichen Funktionen „Änderungen hervorheben“ und „Standardparameter“, was sehr sinnvolle Funktionen bei der Parametrierung sind. Die Register „Kommunikationsobjekte“ und „Parameter“ sorgen dafür, dass im Bearbeitungsfeld die entsprechenden Änderungen und Ergänzungen durchgeführt werden können. Im Beispiel erscheint im Register „Parameter“ die Meldung „Produktspezifischen Parameterdialog öffnen“, was so viel wie eine Aufforderung ist, darauf zu klicken. Die ETS hat in derartige Parameterdialoge keinen Zugriff.

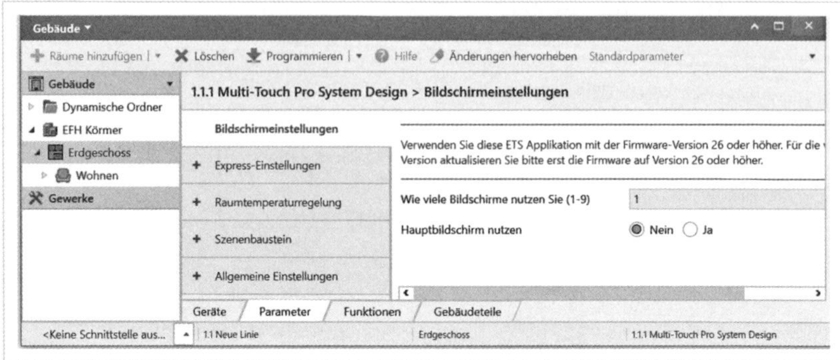

Bild 2.16 Parametrierung von Geräten in der Gebäudeansicht

Das Parametrieren der Geräte ist das Kernstück der Anpassung an die Aufgaben, die die Geräte erfüllen sollen. Da die Geräte immer leistungsfähiger werden, verwenden Hersteller dafür gerne eigene, komfortable Werkzeuge, die in der ETS unter Parameter geöffnet werden. Hier werden die Einstellungen anhand von herstellerspezifischen Verfahren getroffen. Das Wissen über diese Parametrierung ist von absoluter Bedeutung für die erfolgreiche Projektierung des KNX-Profis und wird am Besten in Produktschulungen der Hersteller vermittelt.

Tipp: Legen Sie Parameterbeschreibungen der Geräte immer als Dokument mit in die Projektdateien ab, sodass sie immer griffbereit sind (siehe 1.2.8).

Die Dokumentation aller Arbeitsschritte ist wichtig. Dafür gibt es auf der rechten Seite der Gebäudeansicht die Möglichkeit der Kommentierung (**Bild 2.17**). Die „Eigenschaften" teilen sich in drei Register auf. Unter „Einstellungen" erscheinen Gerätebezeichnung, die manuelle Beschreibung des Gerätes (diese kann hier auch geändert werden), die Physikalische Adresse des Gerätes (diese wurde aus der Projekteröffnung mit Bereich 1 und Linie 1 übernommen) sowie ein Änderungseintrag. Unter „Kommentar" kann man weitere Angaben machen. Sinnvoll bei großen Projekten ist es immer, einen Hinweis zum lokalen Standort des Gerätes zu hinterlegen. Im Feld „Info" werden Angaben der Hersteller zur Applikation des Gerätes gelistet. Natürlich können auch Gebäudeteile, Räume oder Verteiler selektiert und kommentiert werden.

Im Feld der gelisteten Kommunikationsobjekte des selektierten Gerätes ist es besonders wichtig, nach der Parametrierung die Beschreibung der

Kommunikationsobjekte durchzuführen. Dabei sollte darauf geachtet werden, dass eine gewisse „Durchgängigkeit“ zur Beschriftung der dazugehörenden Gruppenadressen entsteht (**Bild 2.18**).

Den in der KNX-Spezifikation genormten DPTs (Datenpunkt-Typen – siehe Abschnitt A 2.4) kommt eine immer wichtigere Aufgabe in der ETS zu. Sie erfüllen wesentliche Eigenschaften, z. B. die „Typ“-Validierung von GA(Gruppenadress)-Werten zur Laufzeit (Anzeige im Monitor) oder die Prüfung von möglichen Zuordnungen.

Wenn eine GA (zum Lesen oder Schreiben eines Werts) ausgewählt wird, so ist der – erste im Projekt gespeicherte – DPT-Typ automatisch vorausgewählt (solange ein Kommunikationsobjekt mit einem dedizierten DPT verknüpft ist). Falls keinem Kommunikationsobjekt ein DPT zugeordnet ist, wird der DPT-Haupttyp angezeigt.

Es werden nur GAs angeboten, welche in der Bit-Breite kompatibel für eine Zuordnung sind, alle nicht kompatiblen GAs werden ausgefiltert bzw.

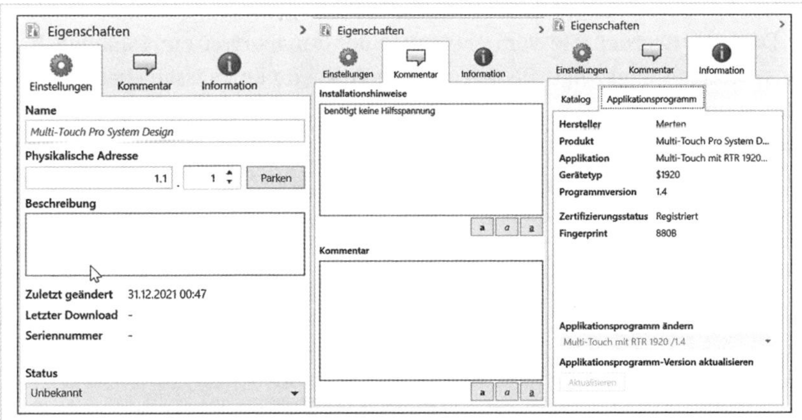

Bild 2.17 Eigenschaften des Gerätes

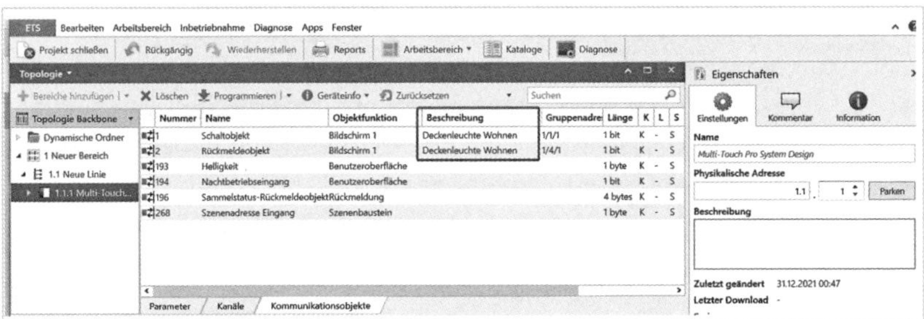

Bild 2.18 Beschreibung der Kommunikationsobjekte

im Dialog nicht angezeigt. Es gibt dabei zwei grundsätzliche Fallvarianten:

a) Die gewünschte GA hat explizit eine DPT-Zuweisung, aber keine GO(Gruppenobjekt oder Kommunikationsobjekt)-Zuordnung (ist also „leer").
b) Die gewünschte GA hat eine/mehrere GO-Zuordnungen und demzufolge implizit eine Bit-Breite (eine eventuelle DPT-Zuordnung am GO ist dann nicht mehr relevant).

Fazit: Konkrete Angaben verhindern eine Fehlinterpretation.

Zur eindeutigen Zuordnung kann man bei selektiertem Kommunikationsobjekt in der Ansicht „Eigenschaften" die Auswahl des zutreffenden DPT-Typen tätigen. In der Auswahltabelle unter „Datentyp" (**Bild 2.19**) werden nur die möglichen DPTs angezeigt.

Darüber hinaus wird in den „Eigenschaften" die Priorität angezeigt und ist per Auswahltabelle auf „Alarm", „Hoch" oder „Niedrig" (Normalzustand) veränderbar. Dadurch kann für den Fall einer Telegrammkollision der „Vorrang" eines bestimmten Telegramms sichergestellt werden.

Darunter werden die vom Hersteller der Applikation empfohlenen Flag-Einstellungen angezeigt. Bis auf wenige Ausnahmen müssen diese Einstellungen nicht verändert werden. Profis benutzen die Flags auch für Inbetriebnahme und Fehlersuche.

Die Möglichkeit, geänderte Parametereinstellungen sichtbar zu machen, ist spätestens bei der Inbetriebnahme eine große Hilfe. Im **Bild 2.20** wird dies anhand der geänderten Schaltfunktion ⇒ „Dimmen" dargestellt.

> **Achtung:** Mit „Standardparameter" werden alle Parameter wieder zurückgesetzt!

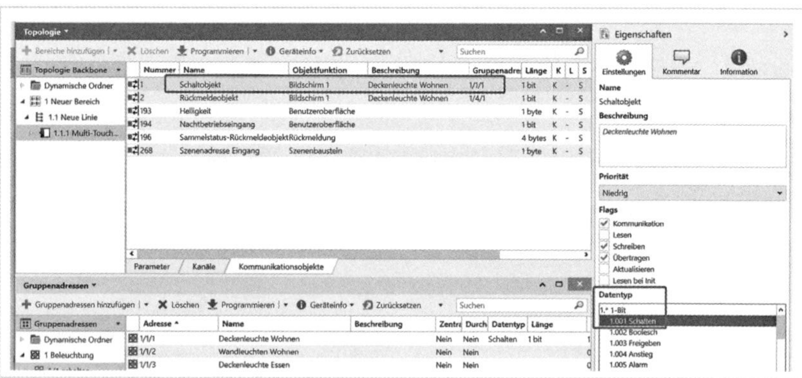

Bild 2.19 Eigenschaften der Kommunikationsobjekte

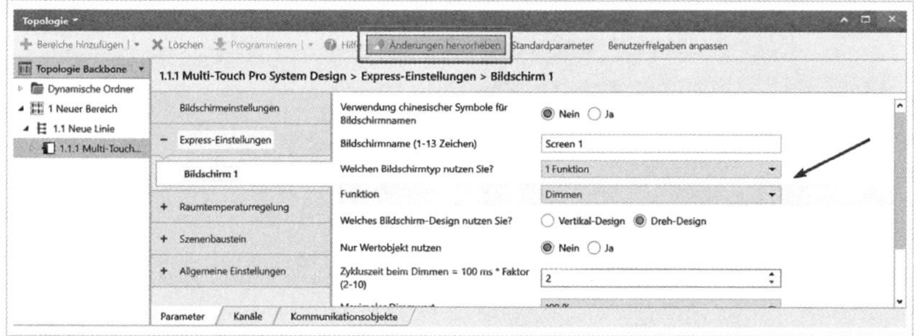

Bild 2.20 Parametrierung Änderungen

Im weiteren Verlauf werden nun als nächstes die Funktionen über die Ansicht „Gruppenadressen“ realisiert. Deshalb widmet sich das nächste Kapitel der Gruppenadressansicht.

2.3 Gruppenadressansicht

Die Gruppenadressansicht wird in der ETS5/6 in den Projekteinstellungen für jedes Projekt einzeln eingestellt. Wird die Ansicht geändert, so wird das ausgewählte (und möglicherweise geöffnete) Projekt geschlossen, um die nötigen Änderungen vorzunehmen. Das Projekt muss danach vom Benutzer wieder geöffnet werden. Die unterschiedlichen Formate der Gruppenadressen sind in **Tabelle 2.1** zu sehen.

In der Gruppenadressansicht werden zunächst die Hauptgruppen angelegt (**Bild 2.21**). Dazu wird nach der Selektierung des Gruppenadress-Symbols „Hinzufügen“ angeklickt und die Hauptgruppen nach der beschriebe-

	Name	Gliederung	Bit-Bereich	Beispiel	Bemerkung
1	dreistufig	Haupt-/Mittel-/Untergruppe	5/3/8	1/1/11	Seit ETS2 32 Hauptgruppen (0–31) 8 Mittelgruppen (0–7) 256 Untergruppen (0–255) 0/0/0 nicht möglich
2	zweistufig	Haupt-/Untergruppe	5/11	1/111	Seit ETS3 32 Hauptgruppen (0–31) 2048 Untergruppen (0–2047) 0/0 nicht möglich
3	frei	Untergruppe	16	1111	Seit ETS4 65535 Untergruppen (0–65535) 0 nicht möglich

Tabelle 2.1 Gruppenadressformate

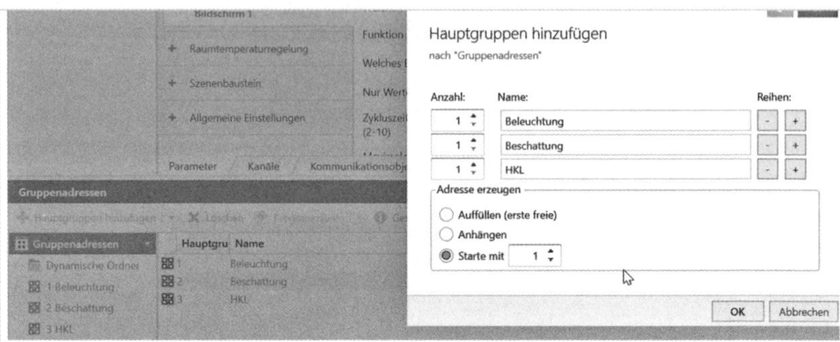

Bild 2.21 Hauptgruppen anlegen

nen Philosophie eingegeben. Hier wurde im Beispiel mit der Zahl „1" begonnen. Sie können aber auch „Auffüllen" oder „Anhängen", wenn Erweiterungen durchzuführen sind. Damit schließen Sie Lücken.

Bei größeren Projekten ist es sinnvoll, die Gewerke noch weiter zu untergliedern. Bei 31 Hauptgruppen lassen sich hilfreiche Kombinationen aus Gewerk und Location erstellen, wie z. B. „Beleuchtung Südflügel Erdgeschoss". Die Dokumentation der GA-Bestandteile zeigt **Tabelle 2.2**.

Nach den Hauptgruppen werden die Mittelgruppen angelegt. Meistens sind diese von der Beschreibung gleich oder ähnlich. Deshalb können sie, wie im **Bild 2.22** dargestellt, kopiert werden. Zuerst wird eine Mittelgruppe angelegt und beschriftet. Mittels Kontextmenü wird sie in den Zwischenspeicher gelegt und in gleicher Weise wieder in der nächsten Hauptgruppe eingefügt.

Das Anlegen der Untergruppen funktioniert nach dem gleichen Prinzip. Untergruppen werden logischerweise am meisten benötigt. Sie brauchen den größten „Erkennungswert". Deshalb hat sich in der Praxis folgende Vorgehensweise bewährt:

Zunächst wird die entsprechende Mittelgruppe selektiert (**Bild 2.23**) und mit „Hinzufügen" das Editionsfenster „Gruppenadressen hinzufügen" geöffnet. Dann wird der Start der Untergruppen definiert und die Anzahl festgelegt. Mit „OK" werden diese dann alle mit der Bezeichnung „Neue Gruppenadresse" aufgelistet.

Gruppe	Information	Textinfo Name	Textinfo Beschreibung
Hauptgruppe	Gewerk	Hinweis auf Gewerk im Bereich	ergänzende Informationen
Mittelgruppe	Location	Hinweis auf Einbauort	ergänzende Informationen
Untergruppe	Funktion	identisch mit Kommunikationsobjekt	ergänzende Informationen

Tabelle 2.2 Gruppenadressdokumentation

In der Liste werden nun die Namen der Untergruppen vergeben (**Bild 2.24**). Dazu empfiehlt es sich, die Liste mit den Namen der Kommunikationsobjekte zusätzlich anzuzeigen, sodass die Beschriftungen eindeutig zueinander passen.

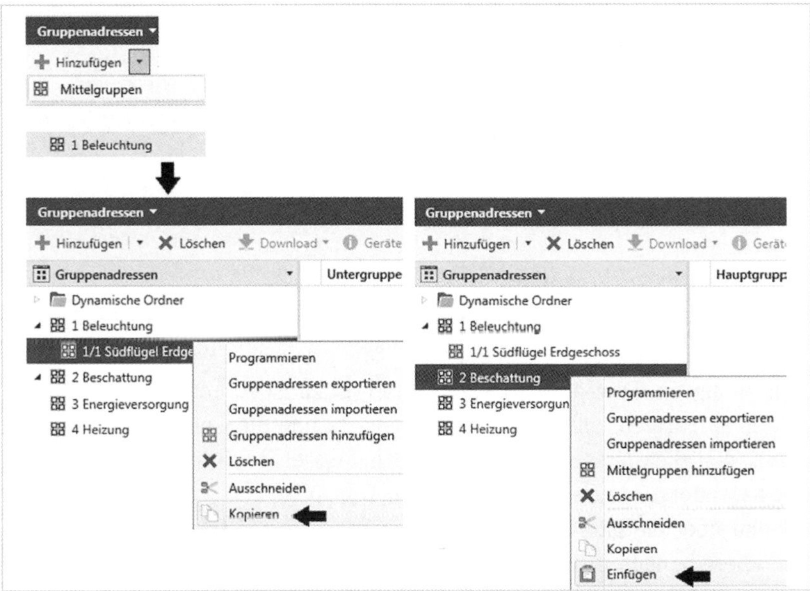

Bild 2.22 Mittelgruppen anlegen und kopieren

Bild 2.23 Untergruppen anlegen

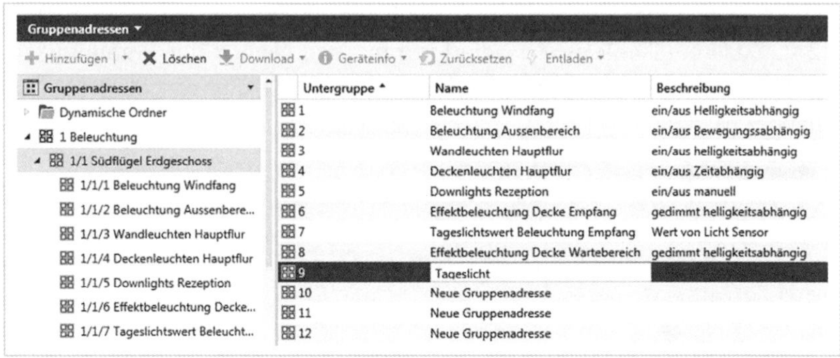

Bild 2.24 Untergruppen beschriften

Gruppenadressen zuweisen

Die angelegten fertigen Gruppenadressen werden im nächsten Schritt den Kommunikationsobjekten zugeordnet. Die klassische Form dieser Zuordnung erfolgt im Drag-and-drop- Verfahren. Dazu ist es notwendig, zwei Ansichten aufzurufen: die Gruppenadressansicht und die Gebäudeansicht (**Bild 2.25**). Natürlich lassen sich die Gruppenadressen auch in die Ansicht „Topologie" oder „Ganzes Projekt" ziehen. Die Ansichten werden beide geöffnet und über die globale Menüzeile „Fenster" und „Fenster vertikal aufteilen" übereinander gestellt.

Der DPT-Typ aus dem Kommunikationsobjekt wird bei der Zuweisung auf die Gruppenadresse übertragen. Damit ist diese festgelegt und kann nicht mehr fälschlicherweise auf ein ungeeignetes Kommunikationsobjekt gezogen werden. Sollte es trotzdem versucht werden, erscheint die Anzeige (**Bild 2.26**) „Validierung fehlgeschlagen".

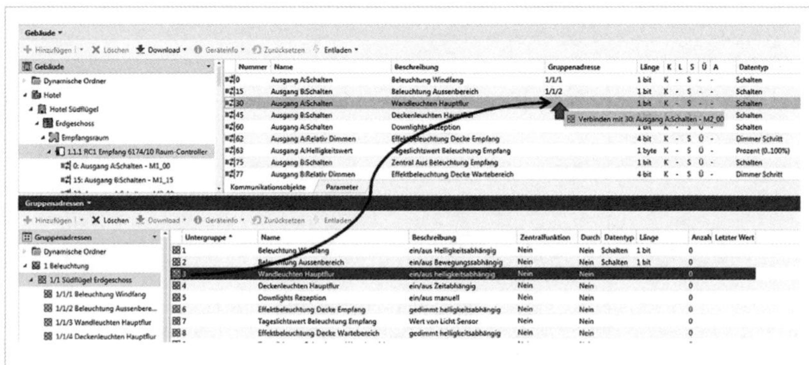

Bild 2.25 Zuweisung der Gruppenadressen per Drag-and-drop

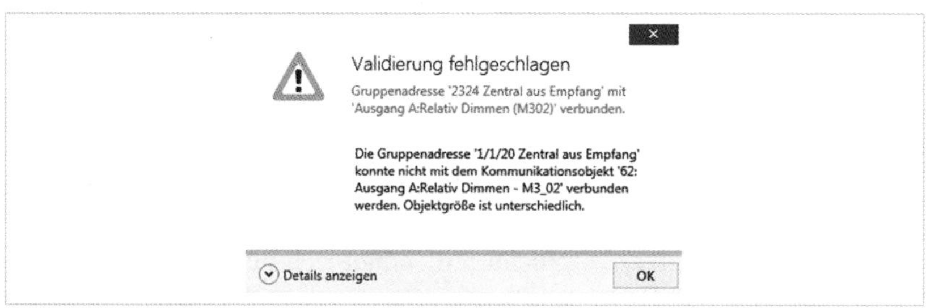

Bild 2.26 Meldung Validierung fehlgeschlagen

Wichtig! Bei der ersten Zuweisung einer Gruppenadresse auf ein Kommunikationsobjekt wird diese vom DPT festgelegt. War diese erste Zuweisung falsch, muss sie wieder getrennt werden.

Eine Gruppenadresszuweisung wird gelöscht, indem mit der linken Maustaste auf die GA im Kommunikationsobjekt geklickt wird (**Bild 2.27**). Es öffnet sich das Kontextmenü, und über „Trennen" wird die GA aus dem Kommunikationsobjekt entfernt. Weitere Funktionen im Kontextmenü sind:

„Zum Element navigieren" – damit wird die Quelle in der Gruppenadressansicht angewählt, und man kann alle Verbindungen dieser GA einsehen.

„Wert lesen/schreiben" – damit öffnet sich der Gruppenmonitor, und es kann ein Telegramm mit der GA gesendet oder der Wert der GA ausgelesen werden.

Achtung! Beachten Sie, dass geschriebene Werte die gleichen Resultate bewirken, als wenn die Werte von einem Gerät aus der Installation (z. B. einem Sensor) kämen. Das Senden unerwarteter Werte oder das Senden von Werten an bisher noch nicht konfigurierte Geräte kann möglicherweise unvorhersehbare Situationen auslösen.

Bild 2.27 Kontextmenü Gruppenadresse

„Sendend setzen“ – die Funktion bewirkt, dass diese GA in die erste Reihe vorrückt, also dann die sendende GA ist. Grundsätzlich wird immer nur die erste GA in einem Kommunikationsobjekt gesendet. Jede weitere wird lediglich gehört.

Eine weitere Methode, Gruppenadressen zuzuweisen, ist über das Kontextmenü bei selektiertem Kommunikationsobjekt (**Bild 2.28**).

Mit dem Menüpunkt „Verbinden mit“ öffnet sich die Auswahl der angelegten GAs und es kann die gewünschte GA ausgewählt werden. Voraussetzung ist, dass diese bereits besteht. Die Plausibilitätsprüfung bezüglich des GA-Formats läuft in diesem Modus in gleicher Weise ab wie bei der Drag-and-drop-Methode.

Um alle Assoziationen einer Gruppenadresse anzuzeigen, kann in der Gruppenadressansicht eine GA im Baumdiagramm angeklickt werden. In der Listenansicht rechts daneben werden dann alle Kommunikationsobjekte aller verbundenen Geräte angezeigt (**Bild 2.29**). Auch alle weiteren mit den Kommunikationsobjekten verbundenen GAs werden gelistet. Das sind wichtige Hilfsmittel, um Zusammenhänge schnell aufnehmen zu können.

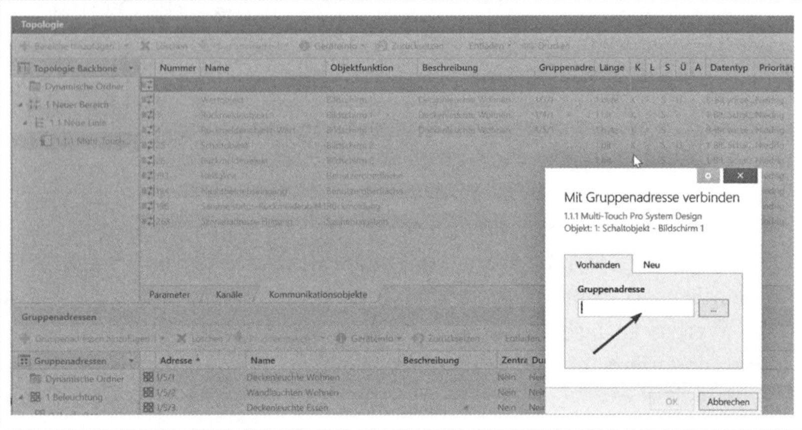

Bild 2.28 Kontextmenü GA verbinden

Bild 2.29 Assoziationen Gruppenadressen

2.4 Dynamische Ordner

Die Funktion „Dynamische Ordner“ gibt es in der Gebäudeansicht, der Gruppenadressansicht, der Topologie, der Ganzes-Projekt-Ansicht und der Geräteansicht. In jeder dieser Ansichten sind bereits dynamische Ordner vorhanden, in der Ganzen-Projekt-Ansicht ist es die Zusammenfassung aller Ansichten (**Bild 2.30**).

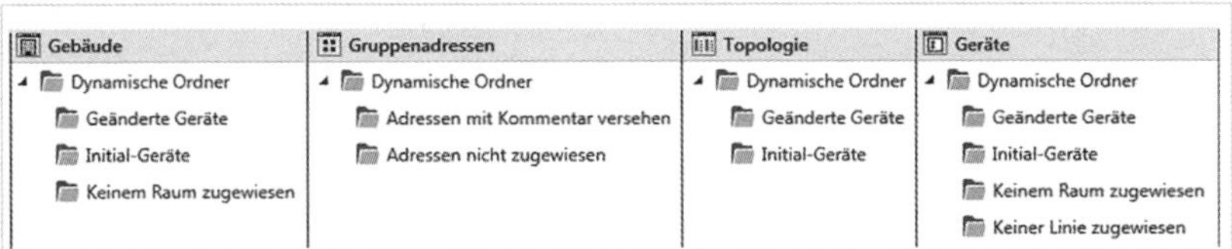

Bild 2.30 Dynamische Ordner in den Ansichten

Gebäudeansicht: Hier werden „Geänderte Geräte“ angezeigt, damit man den Download nicht vergisst. „Initial-Geräte“ weisen darauf hin, dass sie noch nicht mit einer PA (Physikalischen Adresse) angelegt wurden, und „Keinem Raum zugewiesen“ bedeutet, dass Geräte nicht in der Gebäudeansicht auftauchen.

Gruppenadressenansicht: „Adressen mit Kommentar versehen“ weist auf Gruppenadressen mit zusätzlichem, benutzerspezifischem Kommentar hin, „Adressen nicht zugewiesen“ erinnert an GAs ohne Kommunikationszuweisung.

Topologieansicht: In der Topologieansicht sind die Ordner „Geänderte Geräte“ und „Initial-Geräte“ vorhanden.

Geräteansicht: Hier findet man die Ordner „Geänderte Geräte“, „Initial-Geräte“, „Keinem Raum zugewiesen“ und „Keiner Linie zugewiesen“, was bedeutet, dass das Gerät keine PA besitzt.

Es können beliebig weitere Dynamische Ordner erzeugt werden. Dazu wird das Kontext-Menü über dem Symbol „Dynamischer Ordner“ geöffnet und „Neuer Dynamischer Ordner“ angewählt (**Bild 2.31**).

Der neue dynamische Ordner erhält einen Namen, und es wird das erste Element, der Inhalt des Ordners, angegeben.

Der neue Ordner kann Geräte, Kommunikationsobjekte, Gruppenadressen, Gebäudeteile, Gewerke oder Linien enthalten.

Anschließend werden die Filterkriterien definiert und eventuell mit weiteren logisch verknüpft (und/oder).

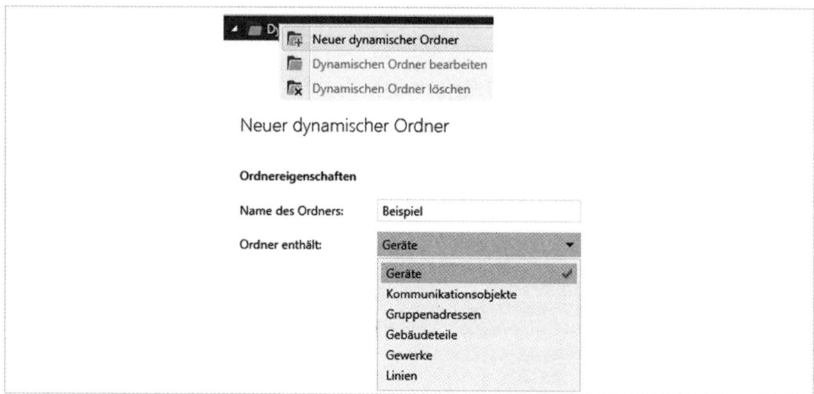

Bild 2.31 Dynamische Ordner erstellen

In der **Tabelle 2.3** sind unter den möglichen sechs Inhalten des dynamischen Ordners alle Auswahlkriterien aufgelistet, die als Kriterium zur Wahl stehen.

Diese Kriterien können dann mit logischen Bedingungen versehen werden, wie in **Tabelle 2.4** aufgelistet.

Ordner beinhaltet		
Geräte	**Kommunikationsobjekte**	**Gruppenadressen**
Applikationsprogramm	Anzahl Verknüpfungen	Anzahl Verknüpfungen
Applikationsprogramm geladen	Beschreibungen	Durch Linienkoppler lassen
Beschreibung	Gerätebestellnummer	Gruppenadresse
Bestellnummer	Gerätegewerk	Länge Bit
Fertigstellungsstatus	Gerätename	Zentral
Geräteadresse	Geräteraum	
Gewerk	Kommunikations-Flag	
Hersteller	Länge	
Ist Powerline Repeater	Lese-Flag	
letzter Download	Name	
Linienadresse	Objektfunktion	
Mediumkonfiguration geladen	Physikalische Adresse	
Name	Read-on-Init-Flag	
Parameter geladen	Schreiben-Flag	
Physikalische Adresse	Übertragungs-Flag	
Physikalische Adresse geladen	Update-Flag	
Raum		
zuletzt geändert		

Tabelle 2.3 Ordnerkriterien für dynamische Ordner (Teil 1/2)

Ordner beinhaltet		
Gebäudeteile	**Gewerke**	**Linien**
Beschreibung	Beschreibung	Bereichsadresse
Fertigstellungsstatus	Fertigstellungsstatus	Beschreibung
Name	Name	Domänenadresse
Nummer	Nummer	Fertigstellungsstatus
		Medium
		Name

Tabelle 2.3 Ordnerkriterien für dynamische Ordner (Teil 2/2)

Enthält	Gleich	Ist
Enthält nicht	Größer als	Ist leer
Endet mit	Größer oder gleich	Ist nicht
	Kleiner als	Beginnt mit
	Kleiner oder gleich	
	Ungleich	
	Zwischen	

Tabelle 2.4 Logische Bedingungen für dynamische Ordner

Im Dynamischen Ordner im Beispiel werden Kommunikationsobjekte mit mehr als zwei Verknüpfungen gesucht, die mit „Beleuchtung" oder „Licht" beschrieben wurden (**Bild 2.32**).

Ordnereigenschaften
Name des Ordners: Beispiel
Ordner enthält: Kommunikationsobjekte
Ordner-Kriterien
Anzahl Verknüpfungen | Größer als | 2
UND Beschreibung | Enthält | Beleuchtung
ODER | Enthält | Licht

Bild 2.32 Dynamische Ordner – Eigenschaften logisch definieren

2.5 Topologieansicht

In der Ansicht Topologie kann man wie in der Ansicht Gebäude Geräte einfügen und bearbeiten, Kommunikationsobjekte beschriften, Parameter-Einstellungen vornehmen und Kommunikationsobjekte mit Gruppenadressen verknüpfen.

2.5.1 Linien- und Bereichskoppler

Die Topologieansicht wird unbedingt gebraucht, wenn weitere Bereiche oder Linien angelegt werden sollen. Im **Bild 2.33** wird in der Topologie eine neue Linie eingefügt, beschriftet und mit Kopplern bestückt.

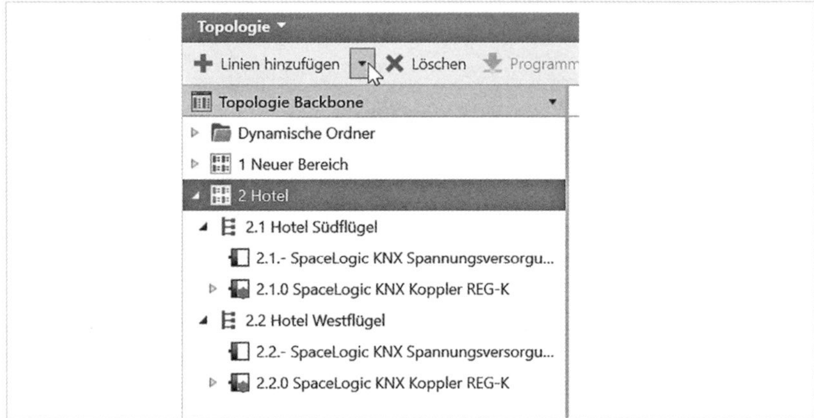

Bild 2.33 Topologieansicht – Linienkoppler

2.5.2 Filtertabellen

Linienkoppler haben unter anderem die Aufgabe, Telegramme zu filtern, damit das Telegrammaufkommen in den Linien begrenzt bleibt. Dazu erstellt die ETS automatisch Filtertabellen.

Um die Filtertabelle sichtbar zu machen, wird das Kontextmenü über den Bereichs- oder Linienkoppler geöffnet (**Bild 2.34**) und „Vorschau Filtertabelle“ gewählt.

In der Filtertabelle (**Bild 2.35**) werden die Gruppenadressbereiche angezeigt, die gefiltert durch den Linienkoppler 2.1.0 übertragen werden.

Alle anderen werden gesperrt.

Achtung! Nach jeder Änderung von Gruppenadresszuweisungen über Bereiche und Linien hinweg, muss die Applikation des Linienkopplers geladen werden, damit die Filtertabelle aktualisiert wird.

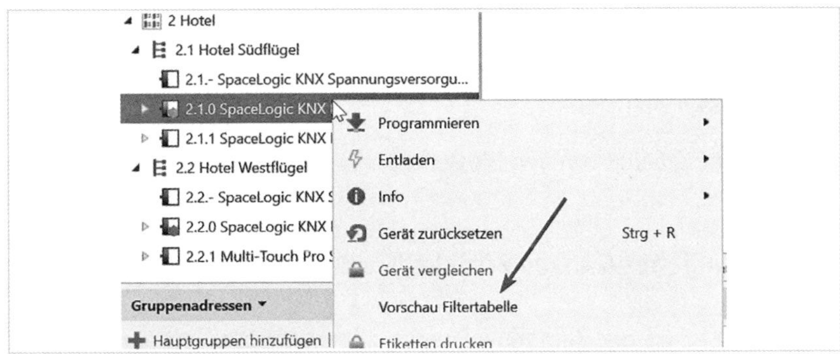

Bild 2.34 Vorschau Filtertabelle

Bild 2.35 Filtertabelle

2.6 Ansicht „Geräte"

In der Topologie werden die Geräte gemäß ihrer Physikalischen Adressen in den Bereichen und Linien angezeigt. In der Ansicht „Geräte" werden alle Geräte ohne Unterordnung aufgelistet. Wie in der Gebäudeansicht oder der Topologie können die Geräte bearbeitet werden (**Bild 2.36**).

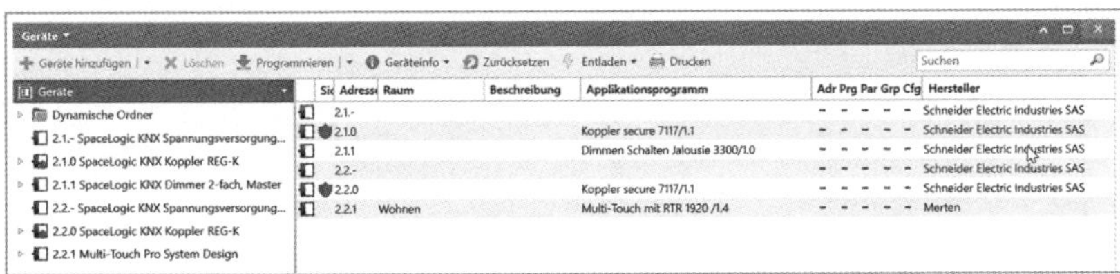

Bild 2.36 Ansicht „Geräte"

Achtung! Wenn in dieser Ansicht ein neues Gerät hinzugefügt wird, wird das Gerät automatisch einem Gebäudeelement und/oder einer Bus-Linie zugeordnet.

Die Zuordnung hängt von den Einstellungen für die aktuelle Linie ab.

2.7 Ansicht „Ganzes Projekt"

Diese Ansicht ist die Zusammenfassung aller Ansichten auf einen Inhalt. Aus dieser Ansicht heraus könnten ohne Wechsel und ohne Mehrfachansichten alle Arbeiten der ETS erledigt werden. Bei größeren Projekten kann es aber unübersichtlich werden.

Deshalb machen die einzelnen Ansichten durchaus Sinn.

Im **Bild 2.37** ist die Struktur aus Gebäude, Gewerke, Topologie, Gruppenadressen und Geräten zu erkennen.

Achtung! Auch hier gilt, Wenn in dieser Ansicht ein neues Gerät hinzufügt wird, so wird das Gerät automatisch einem Gebäudeelement und/ oder einer Bus-Linie zugeordnet. Die Zuordnung hängt von den Einstellungen für die aktuelle Linie ab.

Idealerweise sollten Geräte in der Ansicht Ganzes Projekt nur in der Topologie eingefügt werden.

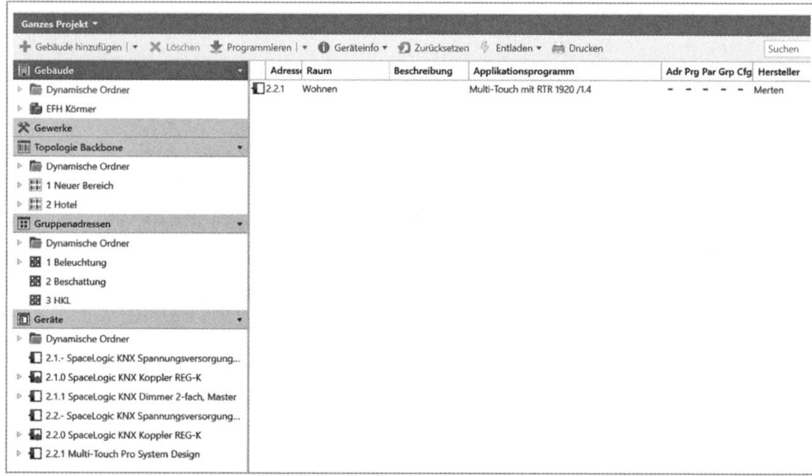

Bild 2.37 Ansicht „Ganzes Projekt"

2.8 Arbeitsbereich „Katalog“

In den Katalog gelangt man über die Symbolleiste und das Katalogicon oder über „Arbeitsbereiche“ – „Kataloge“ (**Bild 2.38**).

Im Arbeitsprozess springt die ETS automatisch aus den verschiedenen Ansichten heraus in die Kataloganschicht, wenn ein Gerät eingefügt werden soll. Aber bevor dies möglich ist, müssen erst Geräteapplikationen importiert werden.

Mit dem Icon „Import“ wird ein Browser geöffnet (**Bild 2.39**), mit dem man auf die Suche nach Dateien mit der Endung *.knxprod; *.vdx; *.vd1; *.vd2; *.vd3; *.vd4 und *.vd5 gehen kann.

Nachdem eine passende Datei angewählt wurde, wird diese analysiert und geöffnet (**Bild 2.40**).

Eine Liste aller zertifizierten Produkte erhält man unter: www.knx.org/knx-de/fuer-fachleute/erste-schritte/neue-knx-produkte/

Im nächsten Fenster erscheinen alle Produkte der Datenbank zur Suche. Man kann einzelne Geräte zum Import auswählen oder aber alle Produkte importieren (**Bild 2.41**).

Nach der Auswahl der Geräte, werden die Daten importiert (**Bild 2.42**) und eine eventuell notwendige Plug-In-Installation angemeldet. Derartige Installationen sollten immer sofort durchgeführt werden.

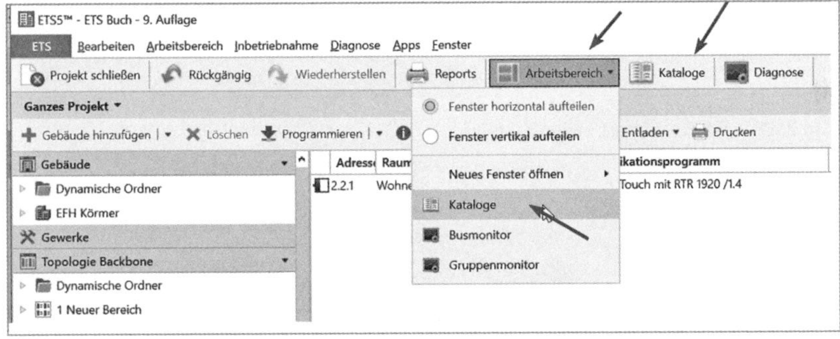

Bild 2.38 Aufruf Katalog

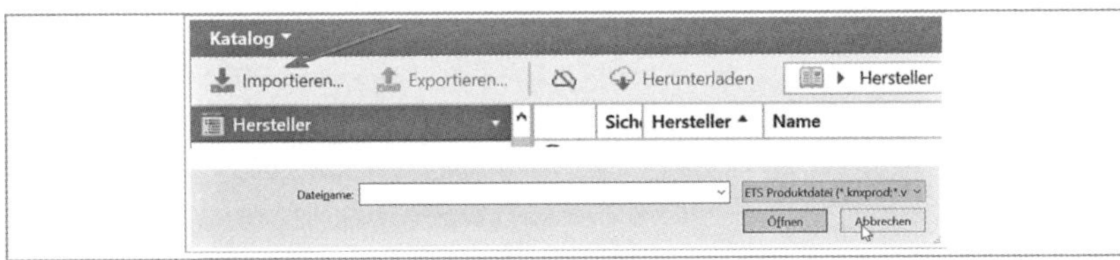

Bild 2.39 Katalog-Import

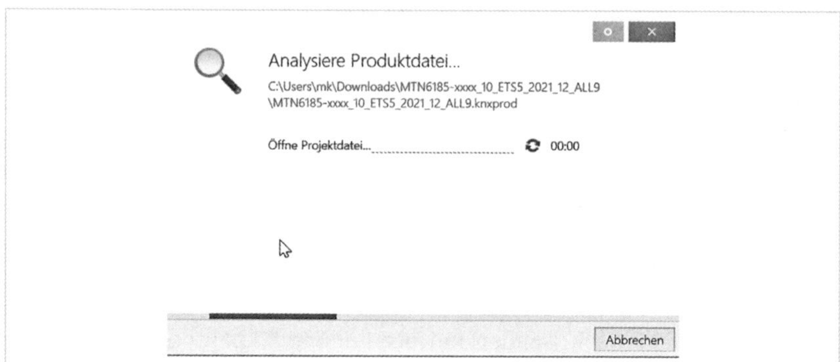

Bild 2.40 Öffnen der Produktdatei

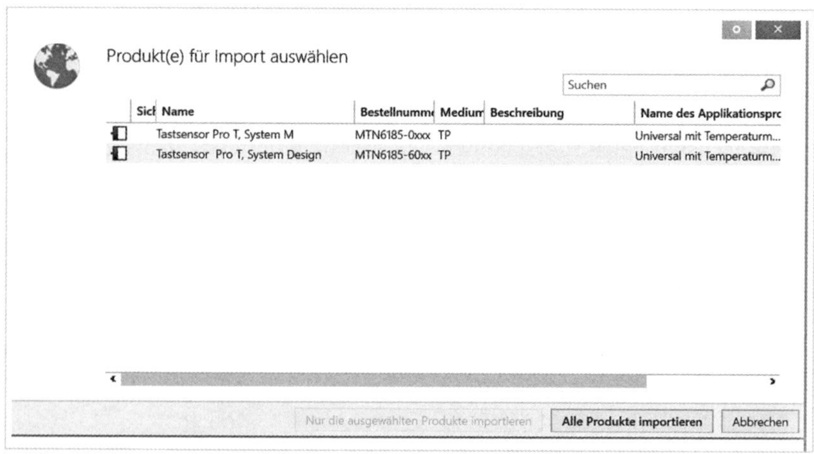

Bild 2.41 Geräte-Import in den Katalog

Konvertiere Produktdatei...
C:\Users\mk\Downloads\MTN6185-xxxx_10_ETS5_2021_12_ALL9
\MTN6185-xxxx_10_ETS5_2021_12_ALL9.knxprod
Lese Projektdatei 00:00
Lade Übersetzungen 00:00
Konvertiere Daten 00:00
Abbrechen

Bild 2.42 Import der Produktdatei

Nach Abschluss des Imports sollte die Erfolgsmeldung (**Bild 2.43**) erscheinen. Nur dann können Sie auch davon ausgehen, dass alle Applikationen einsatzbereit sind.

Werden fehlerhafte oder unvollständige Geräteimports angezeigt, können diese Geräte im Katalog gefunden werden. Verschiedene Zeichen geben Aufschluss über den Zustand. Wird im Katalog ein rot umrandetes Ausrufezeichen angezeigt, ist das Gerät nicht verwendbar. Bei einem gelb umrandeten Ausrufezeichen ist das Gerät unvollständig.

Um Geräte und Gerätegruppen zu finden, gibt man, soweit bekannt, Bezeichnungen oder Teile von Bezeichnungen ein (**Bild 2.44**). Immer wenn diese Bezeichnung auftaucht, wird das entsprechende Gerät im Katalog angezeigt.

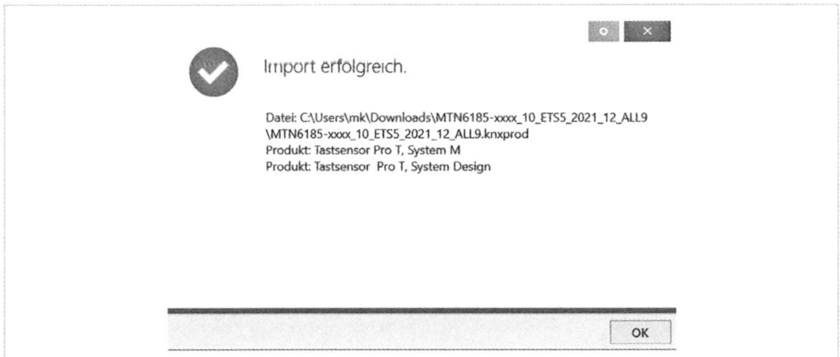

Bild 2.43 Import erfolgreich

Bild 2.44 Suchen im Katalog

Achtung! Entfernen Sie nach Gebrauch unbedingt die Angabe im Suchfenster, sonst werden plötzlich alle anderen Geräte nicht mehr angezeigt.

Wurde das richtige Gerät gefunden, kann es direkt aus dem Katalog in jedes beliebige Gebäudeteil oder jede beliebige Linie eingefügt werden (**Bild 2.45**).

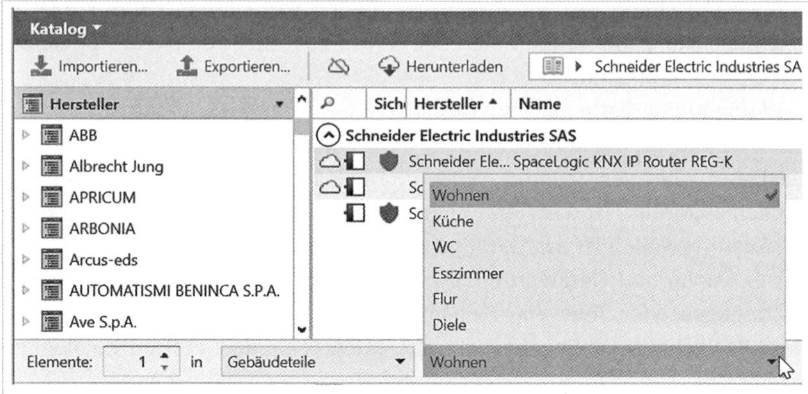

Bild 2.45 Einfügen eines Gerätes in einen Gebäudeteil

2.9 Ansicht „Reports"

Die Dokumentation spielt eine entscheidende Rolle bei der erfolgreichen Projektierung. Mit dem Reports ist der Projektant in der Lage, alle wesentlichen Bestandteile der vorgeschriebenen Unterlagen zu erstellen und darüber hinaus auch nach längerer Zeit optimal Support zu leisten.

Die Symbolleiste in der Ansicht Reports (**Bild 2.46**) von links nach rechts:

„Aktualisieren" – Mittels des „Aktualisieren"-Buttons kann ein Report aktualisiert werden, wenn sich z. B. ein Element im Projekt geändert hat oder ein anderes Gerät gewählt wurde (eine automatische Aktualisierung bei Änderungen im Projekt erfolgt nicht).

„Drucken" – Ausgabe auf Papier (aus Umweltschutzgründen sollte eine PDF-Dokumentation bevorzugt werden)

„Export" – Ausgabe auf die Formate *.pdf, *.csv, *.html

„Einstellungen" – Papierformat (hoch/quer + Größe)

„Inhalt" – Hier können die „Objekte" und/oder „Parameter" mit angeklickt werden, damit bei den Geräten alle Informationen vorliegen.

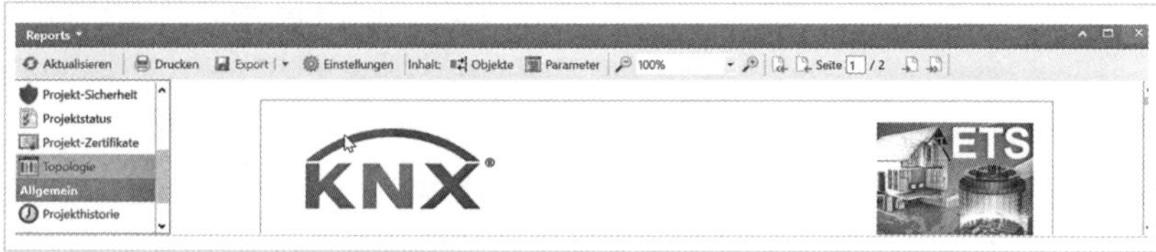

Bild 2.46 Voreinstellungen Reports

Einzelne Geräte-, Gebäude- und Gewerke-Reports können mit und ohne Inhalt von Objekten und Parametern erzeugt werden.

Gruppenadressen können mit und ohne Objekte erzeugt werden.

Der Projektstatus kennt keine Inhalte.

Die Topologie kann wieder mit oder ohne Objekte und Parameter erzeugt werden.

Projekthistorie, Projektstatistik und Stücklisten sind ohne weitere Inhalte (**Bild 2.47**).

Bild 2.47 Arten von Reports

3 Bus-Verbindung zum KNX

Die Ansicht „Bus“ (**Bild 3.1**) gliedert sich auf in „Verbindungen“, „Monitor“ und „Diagnose“.

Unter „Verbindungen“ wird der Onlinezugang zum Bus verwaltet. Die ETS5 unterstützt USB-Schnittstellen und den Zugriff über IP (LAN und WLAN).

Unter „Monitor“ befinden sich der Gruppen- und Busmonitor. Diese können aber in jeder anderen Ansicht ebenfalls aufgerufen werden. Der Gruppenmonitor macht nur Sinn, wenn bereits ein Projekt geöffnet wurde, damit die Daten des Projektes genutzt werden können.

Unter „Diagnose“ befinden sich die gleichen Werkzeuge wie in den anderen Ansichten unter dem Symbol „Diagnose“.

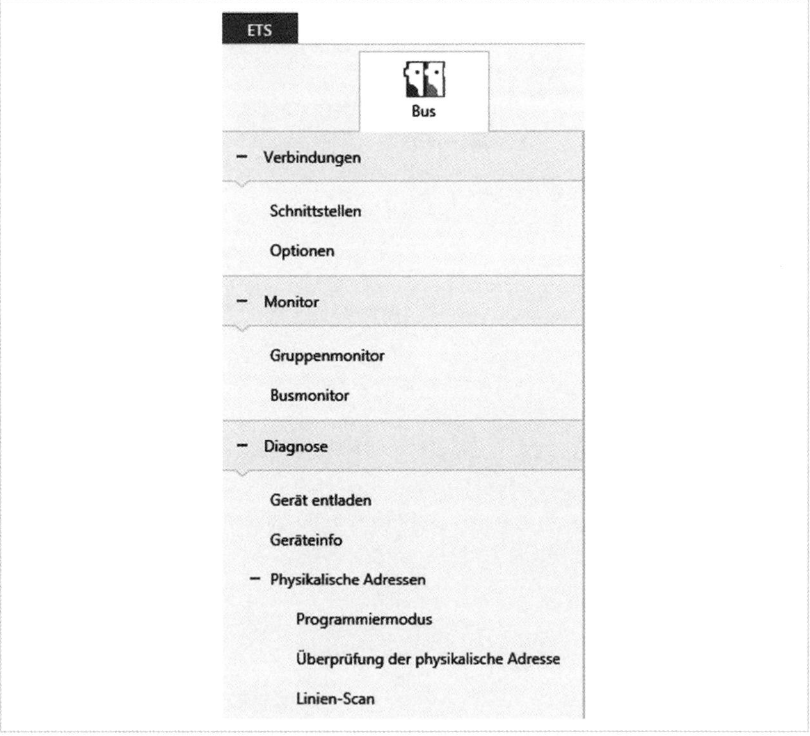

Bild 3.1 Ansicht Bus – Überblick

3.1 Schnittstellen finden und auswählen

Wenn die ETS auf einem Rechner läuft, der eine Netzwerkverbindung hat, und zum Netzwerk ein KNX-IP-Koppler läuft, wird dieser auch automatisch gefunden und kann ausgewählt werden (**Bild 3.2**). Unter „Aktuelle Schnittstelle“ wird dann die aktive Schnittstelle angezeigt.

Damit die direkte IP-Verbindung immer verwendet wird, ist unter „Optionen“ die Einstellung wie im **Bild 3.3** zu belassen.

> **Achtung!** Wenn diese Option aktiviert ist, werden direkte IP-Verbindungen zu IP-Geräten aufgebaut, um Online- Operationen durchzuführen (sofern das Gerät über IP gefunden wird).

> **Achtung!** In diesem Modus sind Telegramm-Aufzeichnungen mit dem ETS-Monitor nicht möglich.

Alle von der ETS5 unterstützten Kommunikationstypen werden in der **Tabelle 3.1** dargestellt.

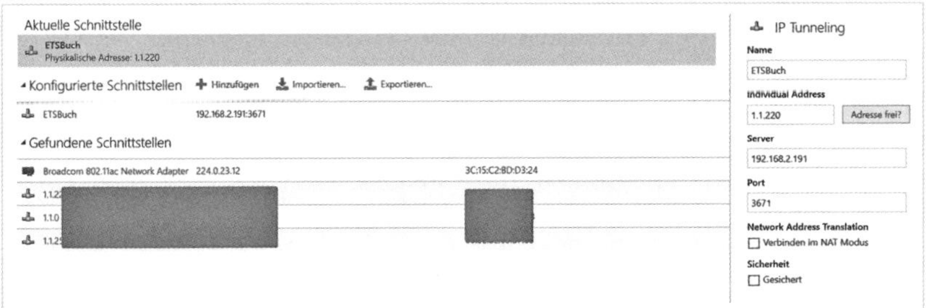

Bild 3.2 Schnittstelle auswählen

- Verbindungen
Schnittstellen
Optionen

Verbindungsoptionen
- [x] Direkte IP-Verbindung verwenden wenn verfügbar
- [x] Verwende Projekt-Verbindung falls definiert
- [x] Verbindung nach Verwendung trennen

Bild 3.3 Verbindungsoptionen

Unterstütztende KNX-Kommunikationstypen			
KNXnet/IP (Tunnelling)	KNXnet/IP (Routing)	IP (EibLib/IP)	USB

Tabelle 3.1 Schnittstellen

3.2 USB-Schnittstelle einbinden

Eine USB-Schnittstelle, die eine Verbindung zum Bus hat, wird an den ETS-Rechner angeschlossen. Die ETS erkennt die Schnittstelle automatisch und führt diese unter „Gefundene Schnittstellen“ auf (**Bild 3.4**). Mit dem „Test“-Button kann die Verbindung geprüft werden. Durch das Drücken des „Auswählen“-Button wird die USB-Schnittstelle als „Aktuelle Schnittstelle“ angezeigt (**Bild 3.5**).

Die lokale Adresse kann umgestellt werden, sie sollte immer zum aktuellen Projekt passen. Im Beispiel wurde die PA 1.1.254 gewählt, da das Projekt auf Bereich 1 und Linie 1 läuft.

Die Umstellung auf eine andere PA erfolgt in drei Schritten:

a) Überschreiben der vorhandenen PA
b) „Adresse frei?“ – Button klicken
c) Wenn die Meldung erscheint, dass die Adresse nicht benutzt wird, „OK“ anklicken

Achtung! Koppler können nur konfiguriert werden, wenn die Schnittstellen dazugehörende Physikalische Adressen besitzen. Passen Sie deshalb immer zuerst die Schnittstellen an die aktuelle Topologie an.

Tipp: Versehen Sie Schnittstellen immer mit einer Endteilnehmernummer (254, 255), um Konflikte zu vermeiden und um diese schnell auffinden zu können.

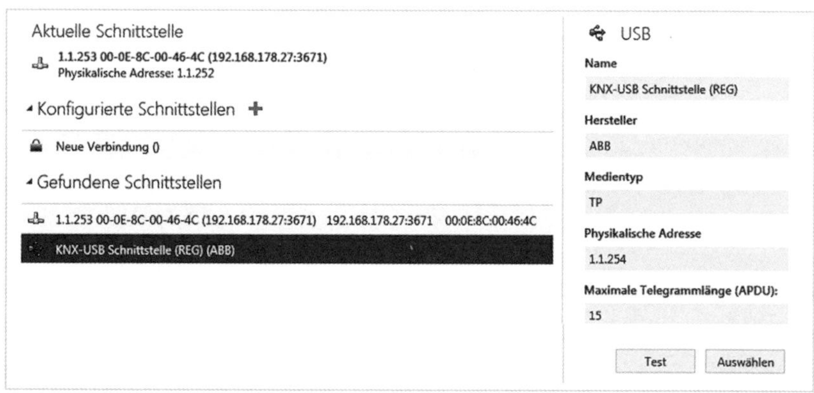

Bild 3.4 USB-Schnittstelle erkannt

Bild 3.5 Aktuelle USB-Schnittstelle

3.3 Gruppen- und Busmonitor

Gruppen- und Busmonitor sind im Prinzip gleich. Der Unterschied ist, dass der Gruppenmonitor in der Lage ist, Telegramme zu schreiben und zu lesen sowie einen Projektzusammenhang herzustellen. Deshalb ist der Gruppenmonitor auch weitaus häufiger im Einsatz.

Die Menüleiste des Gruppenmonitors (**Bild 3.6**) beginnt von links mit den „Start"- und „Stop"-Icons.

Wird „Start" geklickt, wird die Aufzeichnung gestartet (**Bild 3.7**) und der Beginn protokolliert. In der unteren Statuszeile muss eine aktive Schnitt-

Bild 3.6 Menüleiste Gruppenmonitor

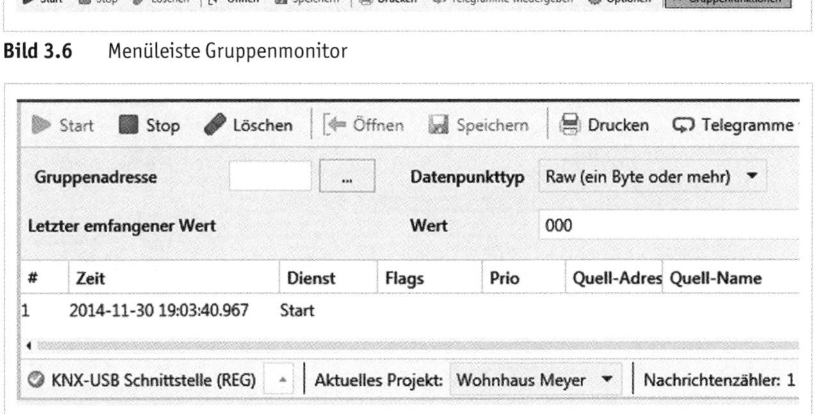

Bild 3.7 Gruppenmonitor gestartet

stelle angegeben sein. Im Gruppenmonitor ist ebenfalls ein aktuelles Projekt notwendig.

Wurden Telegramme aufgezeichnet, können diese nachträglich ausgewertet werden. Dies wird durch Selektion eines aufgezeichneten Telegramms und Aufruf der Eigenschaften gestartet. Im **Bild 3.8** kann man die Darstellung sehen.

Aufgezeichnete Telegramme können komplett oder teilweise abgespeichert und wieder abgespielt werden. Dazu wird nach einer Aufzeichnung in der Menüleiste „Speichern“ gedrückt: Eine *.XML-Datei wird erstellt. Mit dem Icon „Öffnen“ kann diese Datei wieder geladen werden und mit „Telegramme wiedergeben“ starten die Telegramme in der Reihenfolge ihrer Aufzeichnung.

Zu Testzwecken können vom Gruppenmonitor aus Telegramme gesendet werden. Dazu kann der Gruppenmonitor direkt auf die Gruppenadressen des Projektes zugreifen (**Bild 3.9**).

Unter „Optionen“ lassen sich weitere Eigenschaften der Telegrammaufzeichnung bestimmen (**Bild 3.10**).

Im Bereich „Allgemein“ werden grundsätzliche Vorgaben über Volumen und Filterung gemacht. Die Standard-Einstellung ist so angelegt, dass einer sofortigen Aufzeichnung nichts im Wege steht.

Im „Recording“-Feld (**Bild 3.11**) werden wesentliche Einstellungen bezüglich des Aufnehmens und der Aufnahmedateien getätigt:

☑ Aktiviere Echtzeit-Logging der Telegramme in eine Datei

Diese Option legt fest, ob die vom Monitor aufgezeichneten Telegramme direkt gespeichert werden. Alle weiteren Optionen auf dieser Seite sind deaktiviert, solange diese Option nicht aktiviert ist.

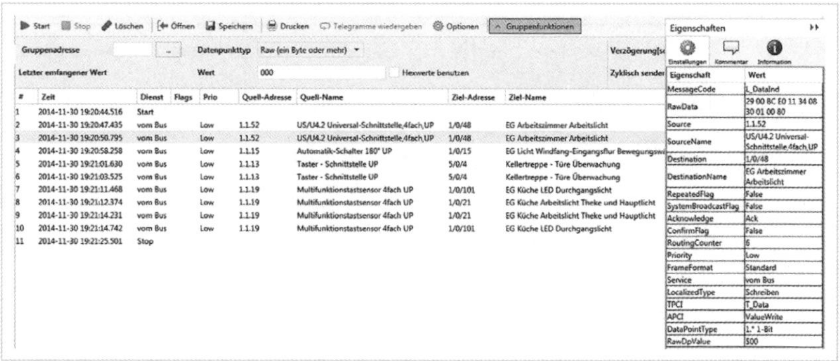

Bild 3.8 Auswertung aufgezeichnetes Telegramm

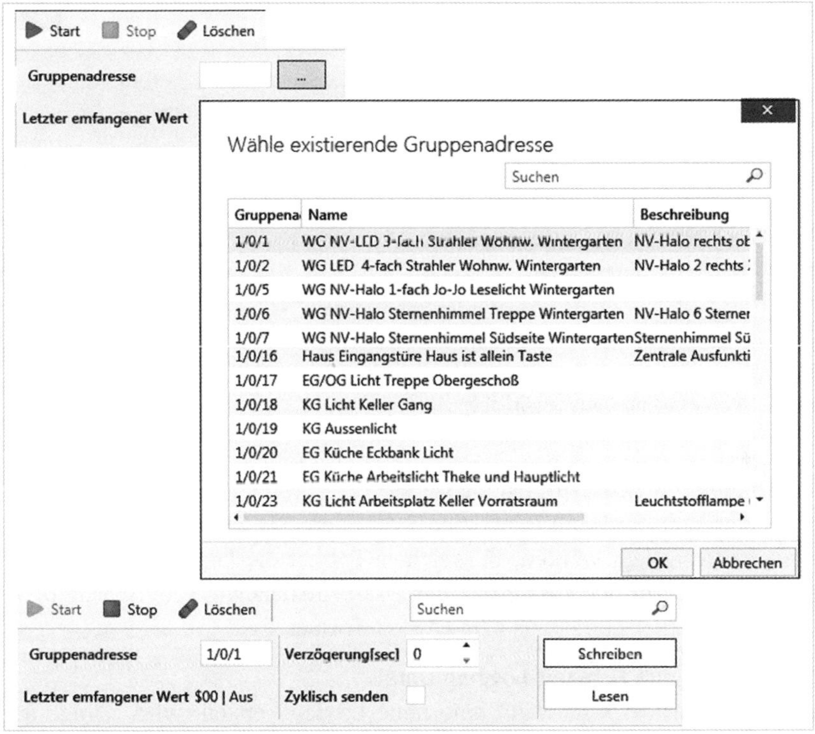

Start
Stop
Löschen
Gruppenadresse
Letzter emfangener Wert
Wähle existierende Gruppenadresse
Suchen
Gruppena
Name
Beschreibung
1/0/1 WG NV-LED 3-fach Strahler Wohnw. Wintergarten NV-Halo rechts ob
1/0/2 WG LED 4-fach Strahler Wohnw. Wintergarten NV-Halo 2 rechts
1/0/5 WG NV-Halo 1-fach Jo-Jo Leselicht Wintergarten
1/0/6 WG NV-Halo Sternenhimmel Treppe Wintergarten NV-Halo 6 Sterner
1/0/7 WG NV-Halo Sternenhimmel Südseite Wintergarten Sternenhimmel Sü
1/0/16 Haus Eingangstüre Haus ist allein Taste Zentrale Ausfunkti
1/0/17 EG/OG Licht Treppe Obergeschoß
1/0/18 KG Licht Keller Gang
1/0/19 KG Aussenlicht
1/0/20 EG Küche Eckbank Licht
1/0/21 EG Küche Arbeitslicht Theke und Hauptlicht
1/0/23 KG Licht Arbeitsplatz Keller Vorratsraum Leuchtstofflampe
OK
Abbrechen
Start
Stop
Löschen
Suchen
Gruppenadresse 1/0/1
Verzögerung[sec] 0
Schreiben
Letzter emfangener Wert $00 | Aus
Zyklisch senden
Lesen

Bild 3.9 Schreiben von Telegrammen im Gruppenmonitor

Optionen
Monitoroptionen
Allgemein
Recording
Einfärbung
Bedingungen
Dekodierung
Zeitstempelformat Datum un
Maximale Anzahl angezeigter Telegramme während der Aufzeichnung 1000
Warnung wenn Telegramm-Monitor beim Schließen nicht gespeicherte Telegramme enthält
Capture Filter Bedingung Kein
Filter-Bedingung verwenden beim Laden aus Datei
Capture Trigger Bedingung Kein
Anzahl der anzuzeigenden Telegramme vor dem Triggerpunkt 0
Begrenze Anzahl der aufzuzeichnenden Pakete nach dem Trigger-Punkt
Anzahl der anzuzeigenden Telegramme nach dem Triggerpunkt 100
Trigger-Bedingung verwenden beim Laden aus Datei
OK
Abbrechen

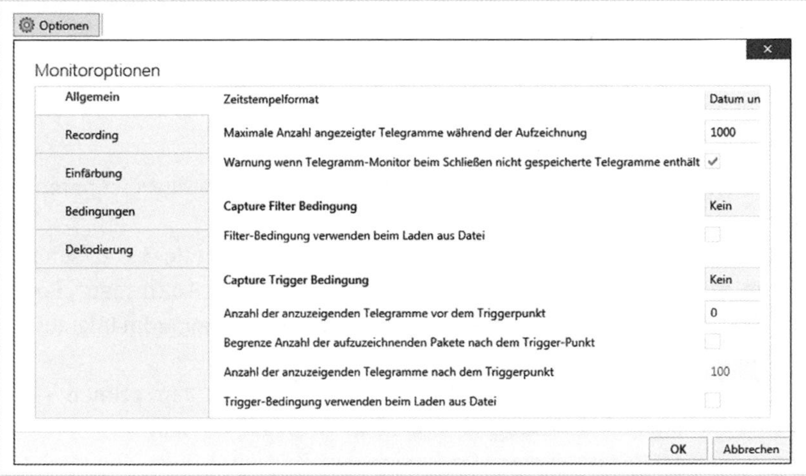

Bild 3.10 Optionen im Gruppenmonitor

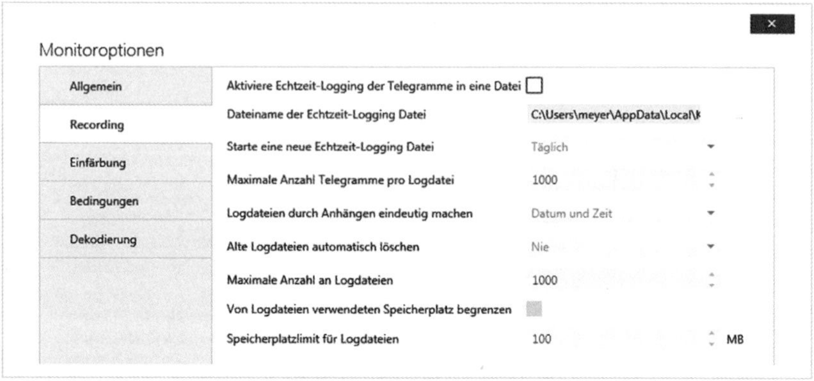

Bild 3.11 Recording-Optionen Gruppenmonitor

Dateiname der Echtzeit-Logging-Datei

Hier kann man Pfad und Dateiname auswählen. Als Option im Auswahldialog kann festgelegt werden, in welchem Format die Logdatei erstellt wird (XML, CSV). Der Speicher-Inhalt der Datei (unabhängig vom Speicher-Format) besteht hier immer aus dem ETS5/6-Format.

Starte eine neue Echtzeit-Logging-Datei

Diese Option legt fest, wann eine neue Logdatei erstellt wird. Einige der nach dieser Option beschriebenen Optionen sind nur plausibel und aktiviert, falls als Einstellung eine „Anzahl“ ausgewählt ist.

☑ Von Logdateien verwendeten Speicherplatz begrenzen

Mit dieser Option können Sie den maximal verwendeten Speicherplatz für Logdateien festlegen. Wenn das Limit überschritten wird, wird die älteste Logdatei als erstes gelöscht.

Eine weitere Option ist die individuelle Einfärbung der aufgezeichneten Telegramme nach ihrem Status (**Bild 3.12**).

Der voreingestellte Standard der Einfärbung ist in **Tabelle 3.2** zu sehen.

Um gezielt nach speziellen Telegrammen zu suchen, kann man „Bedingungen“ setzen (**Bild 3.13**). Diese Bedingungen sind standardmäßig auf die wichtigsten Attribute festgelegt.

Um eine neue Bedingung zu erstellen, muss man mit dem grünen +-Zeichen eine neue Zeile einfügen. Die neue Bedingung erhält anschließend einen aussagefähigen Namen. Im „Ausdruck“-Feld wird über „Eigenschaft“ – „Operator“ – „Wert“ die Bedingung formuliert. Es können mehrere Be-

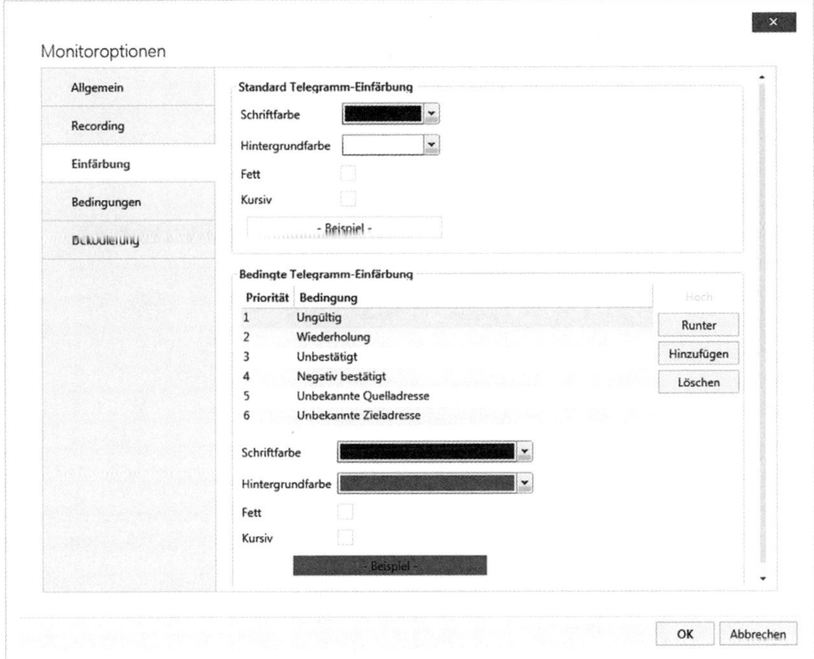

Bild 3.12 Einfärbung der aufgezeichneten Telegramme

Bedingung	Schriftfarbe	Hintergrund
Ungültig	schwarz	rot
Wiederholung	schwarz	gelb
Unbestätigt	schwarz	grün
Negativ bestätigt	schwarz	grün
Unbekannte Quelladresse	schwarz	grau
Unbekannte Zieladresse	schwarz	grau

Tabelle 3.2 Einfärbung der Telegrammaufzeichnung

dingungen logisch (und/oder) verknüpft werden. Im Beispiel wurde „Routingzähler < 4“ als Bedingung formuliert. Alle Möglichkeiten der Kombination sind in der **Tabelle 3.3** aufgelistet.

Im letzten Bereich der Monitoroptionen können die Bedingungen für die Dekodierung der Inhalte im Monitor bestimmt werden.

Durch Klick auf „Erweiterte Dekodierung“ wird die erweiterte DPT-Dekodierung bei der Anzeige von Telegramm-Inhalten aktiviert.

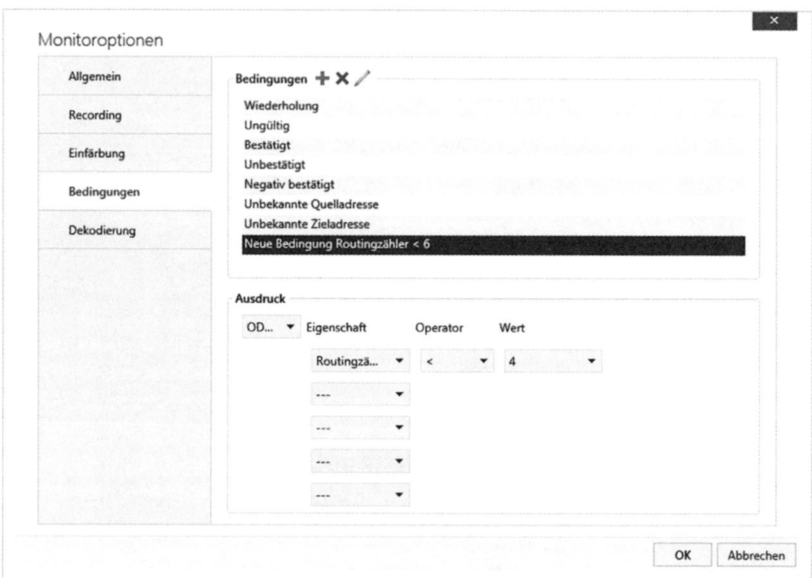

Bild 3.13 Bedingungen festlegen für Telegrammfilterung

Eigenschaft	Operator	Wert
Quelladresse	==; =!; <; >; >=; <=; zwischen	Zahlenwert
Zieladresse	==; =!; <; >; >=; <=; zwischen	Zahlenwert
ungültig	kein Operator	ja/nein
Bestätigung	==; =!	None, ACK, NACK, BUSY
Wiederholt	kein Operator	ja/nein
Priorität	==; =!	System, Normal, Urgent, Low
Routingzähler	==; =!; <; >; >=; <=; zwischen	0 … 7
Telegrammtyp	==; =!	T_Connect; T_Disconnect; Lesen; Antwort; Schreiben; IndividualAdressRead; IndividualAdressResponse; IndividualAdressWrite; ADCRead; ADCResponce; MemoryRead; MemoryResponse; MemoryWrite; DeviceDescriptionRead; DeviceDescriptionResponse; Restart; MemoryResponse
Quelle unbekannt	kein Operator	ja/nein
Ziel unbekannt	kein Operator	ja/nein
Datenverbindungsmodus	kein Operator	Connection oriented; Connection less
numerischer Datenpunktwert	==; =!; <; >; >=; <=; zwischen	Zahlenwert
textueller Datenpunktwert	==; =!; <; >; >=; <=; zwischen	Zahlenwert

Tabelle 3.3 Eigenschaften – Operatoren – Werte für Bedingungen der Telegrammaufzeichnung

Die Aufgaben der genormten DTPs können im Abschnitt D 2.2.3 nachgelesen werden.

Höhere Priorität bei der Dekodierung haben mögliche DPTs, welche „über" dem GO, z. B. direkt der zu lesenden/schreibenden GA zugeordnet sind. Hier gewinnt der DPT mit der niedrigsten Nummer (bei Mehrfachzuordnung von DPTs an der GA).

ETS App für Dekodierung

Ist eine oder sind mehrere „Decoder"-ETS App(s) von KNX-Herstellern installiert, wird hier jeweils der aktuell aktive Decoder gewählt. Mehrfachauswahl bzw. Kaskadierung (gleichzeitige Ausführung, z. B. hintereinander) von Decodern ist nicht möglich.

4 Inbetriebnahme

Damit eine Inbetriebnahme gestartet werden kann, müssen Geräte projektiert und eine Schnittstelle definiert werden. Wichtig ist, dass jedes Gerät, das in Betrieb genommen wird, auch sofort mit seiner Physikalischen Adresse beschriftet wird.

Inbetriebnahmen lassen sich aus allen Ansichten, in denen Geräte dargestellt werden, vornehmen. Idealweise sollte man die „Gebäude"- oder „Ganzes Projekt"-Ansicht wählen.

Unabhängig von der Ansicht gibt es zwei Möglichkeiten, ein Gerät zu programmieren. Man beginnt damit, ein oder mehrere Geräte zu selektieren. Danach kann entweder mit dem „Download"-Symbol in der Menüleiste oder per Kontextmenü (rechte Maustaste) der Menüpunkt „Programmieren" angewählt werden (**Bild 4.1**).

Unter „Programmieren" teilt sich die Struktur weiter auf. Jetzt kommt es auf die Situation an, mit welcher Prozedur gearbeitet wird.

„Programmieren (Physikalische Adresse und Applikation)" ist sicher der Standard, wenn es darum geht, ein Gerät komplett auszustaffieren. Manchmal ist man aber noch nicht mit dem Gerät fertig, und es soll trotzdem schon eingebaut werden. Dann empfiehlt sich auf jeden Fall vor dem Einbau mindestens die PA zu vergeben und das Gerät zu beschriften. Dazu verwendet man „Physikalische Adresse". Ist nach einer Änderungen eines Gerätes lediglich die Aktualisierung zu übertragen, eignet sich „Programmieren (Partiell)".

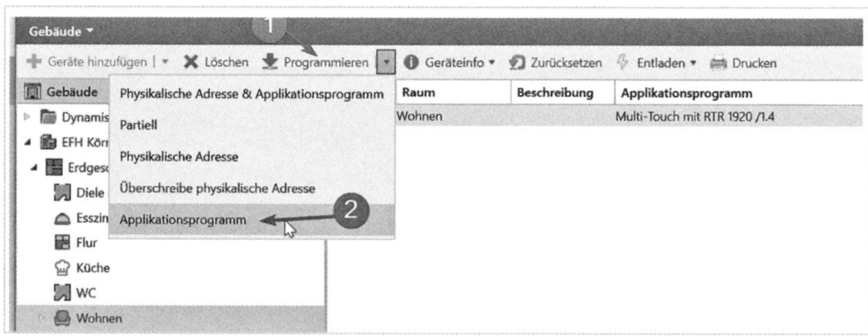

Bild 4.1 Programmieren eines Gerätes

Achtung! Läuft ein Gerät nach partieller Übertragung nicht selbstständig an, muss dieses zurückgesetzt werden.

Die Funktion „Überschreibe Physikalische Adresse" wird benutzt, um bei fehlerhafter Adressvergabe die PA richtigzustellen.

„Applikationsprogramm" ist die Standard-Übertragung für die Funktionalität, grundsätzlich oder nach Änderung, setzt aber die bereits vorhandene Physikalische Adresse voraus.

Tipp: Wenn in einem bereits funktionierenden Projekt eine Programmierung mit Vergabe der Physikalischen Adresse geplant ist, sollte zuvor getestet werden, dass sich keine weiteren Geräte im Programmiermodus befinden (**Bild 4.2**).

Ist dies sichergestellt, kann das gewünschte Gerät ausgewählt werden und im ersten Schritt mit einer Physikalischen Adresse versehen werden.

Im folgenden Beispiel wird die Taster-Schnittstelle 1.1.11 neu angelegt. Im ersten Schritt soll sie mit der Physikalischen Adresse versehen werden (**Bild 4.3**).

Zuerst wird das Gerät selektiert (1). Am Status von „Adr" (Physikalische Adresse), „Prg" (Programm), „Par" (Parameter), „Grp" (Gruppenadressen)

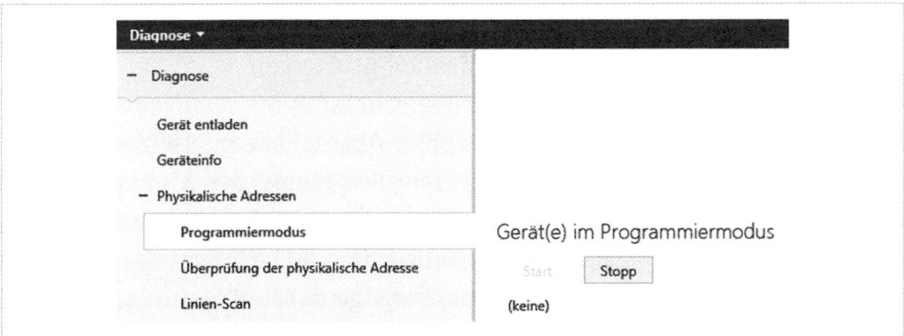

Bild 4.2 Gerät im Programmiermodus

Bild 4.3 Geräteauswahl für Download

und „Cfg“ (Konfiguration) kann man erkennen, dass das Gerät noch nicht angelegt ist (2). Mit dem „Download“-Symbol wird der Vorgang eingeleitet (3).

Physikalische Adresse anlegen

Mit Klick auf „Physikalische Adresse“ wird der Start gegeben. In der Eigenschaften-Anzeige öffnet sich automatisch die „Laufende Operation“ mit der Aufforderung „Bitte Programmierknopf drücken“ (**Bild 4.4**). Wird dem iFolge geleistet, startet die Übertragung der PA, und das Gerät wird konfiguriert.

Das Gerät zeigt nun den Status der Adresse und der Konfiguration (**Bild 4.5**) an.

Bild 4.4 Physikalische Adresse – Programmierknopf drücken

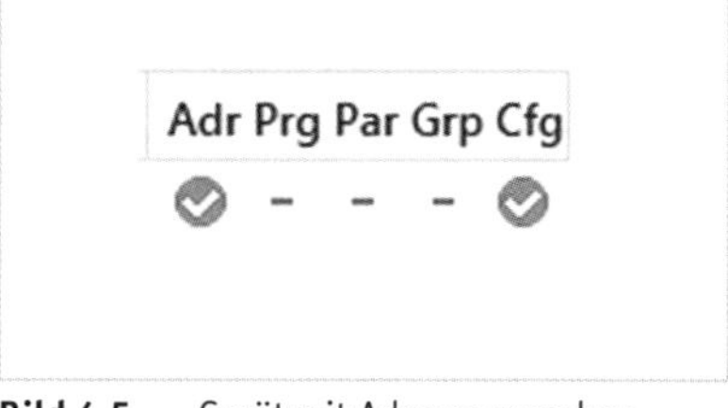

Bild 4.5 Gerät mit Adresse versehen

Im nächsten Schritt wird die Applikation übertragen.

Nach erfolgreicher Programmierung erscheint unter „Laufende Operationen“ die Meldung „Programmieren(Appl.): Abgeschlossen“ (**Bild 4.6**).

Damit ist das Gerät nun auch mit dem Programm, den Parametern und den Gruppenadressen ausstaffiert. Dies kann man an den fünf Haken sehen, die jetzt als Status angezeigt werden (**Bild 4.7**).

In der **Tabelle 4.1** sind die Zusammenhänge der fünf Statusanzeigen mit Inbetriebnahme-Schaltflächen zusammengefasst.

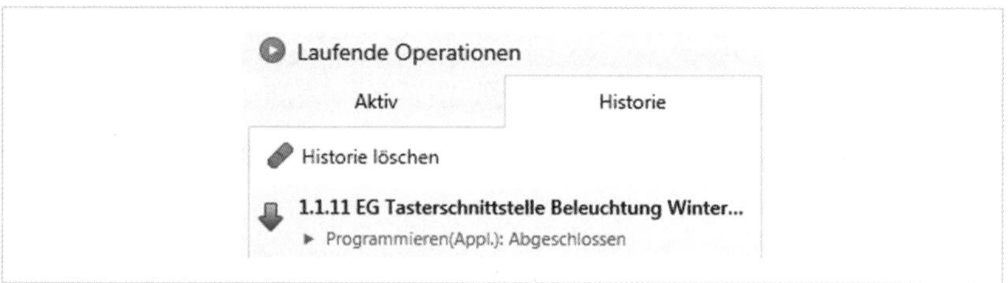

Bild 4.6 Gerät fertig programmiert

Adresse	Raum	Beschreibung	Applikationsprogramm	Adr Prg Par Grp Cfg	Hersteller
1.1.11	Wintergarten-Süd	EG Tasterschnittstelle Beleuchtung Wintergarten	Binäreingang Anzeige Heizen 4f/1.3		ABB

Bild 4.7 Status Download abgeschlossen

Schaltfläche (Variante)	Aktion	Involvierte Flags	Kommentar
Physikalische Adresse und Applikations-programm	Alle in der ETS vorhandenen Projekt-daten werden in die entsprechenden Geräte programmiert. Um die PA/IA der Geräte zu setzen, müssen Sie die Programmiertasten an den Geräten drücken.	*Adr; Prg; Par; Grp*	In dieser Kombination programmiert die ETSx zuerst die PA/IA und danach das Applikationsprogramm. Wird mehr als ein Gerät programmiert, ist die „innere" Programmierreihenfolge (anders als bei der ETS3) Gerät 1 (PA/IA; Applikationsprogramm) > Gerät 2 (PA/IA; Applikationsprogramm) > usw.
Partiell	Die ETS wird nur die Teile program-mieren, die in der ETS geändert und noch nicht zuvor programmiert worden sind. Die ETS unterscheidet zwischen zwei Teilen: – Parameter/Adressen (GAs und GOs) – Applikationsprogramme	*Par; Grp*	Das separate Programmieren von *Par* und *Grp* ist – anders als in der ETS3 – nicht mehr möglich, um inkonsistente Daten im Gerät zu vermeiden. Die folgende Sequenz kann diese verursachen: 1. *Geräteparameter* programmieren 2. *Geräteparameter* ändern (in der ETS) 3. *Gruppenadressen* programmieren Geräteparameter passen evtl. nicht zu den GAs
Physikalische Adresse	Weist einem KNX-Gerät die PA/IA zu. Die Programmiertaste an dem be-troffenen Gerät/den betroffenen Geräten muss gedrückt werden.	*Adr*	Im Container „Laufende Operationen" er-scheint die Aufforderung, die Programmier-taste zu drücken, falls Sie dies nicht bereits getan haben.
Überschreibe Physikalische Adresse	Weist einem KNX-Gerät die PA/IA zu, indem die vorher bekannte Adresse überschrieben wird. Damit kann ein Drücken der Pro-grammiertaste vermieden werden.	*Adr*	Diese Option ist nur verfügbar, wenn ein einzelnes Gerät ausgewählt ist. 1. Abfragung, ob die vorherige Adresse des Geräts überschrieben werden soll (Achtung! ETS speichert überschriebene PA/IAs nicht in einer Historie). 2. Die neue Adresse entspricht der aktuell im PA/IA-Feld des ausgewählten Gerätes eingegebenen PA/IA.
Applikations-programm	Programmiert das Applikations-programm in das Gerät.	*Prg*	komplette Übertragung

PA/IAs Physikalische Adresse/Identifikationsadresse

Tabelle 4.1 Download Zusammenfassung

Werden in der Folge Änderungen vorgenommen, kann man dies am Status gut erkennen, oder man nutzt die Dynamischen Ordner „Geänderte Geräte".

> **Wichtig!** Während des Downloads darf die Verbindung zum Bus nicht unterbrochen werden. Stellen Sie immer sicher, dass auch falsche Downloads erst einmal vollständig übertragen werden. Damit bleiben Geräte „ansprechbar".

5 Diagnosefunktionen

Nicht immer verläuft alles reibungslos, dann müssen Diagnosefunktionen helfen, die Ursache für die Fehlfunktionen zu finden. Die ETS besitzt die in **Bild 5.1** abgebildeten Diagnosefunktionen.

Über „Geräteinfo" wird das selektierte Gerät online ausgelesen. Unter „laufende Operationen" wird der Vollzug angezeigt, und man kann auf das Dokumente-Symbol klicken, um alle Ergebnisse anzuzeigen (**Bild 5.2**).

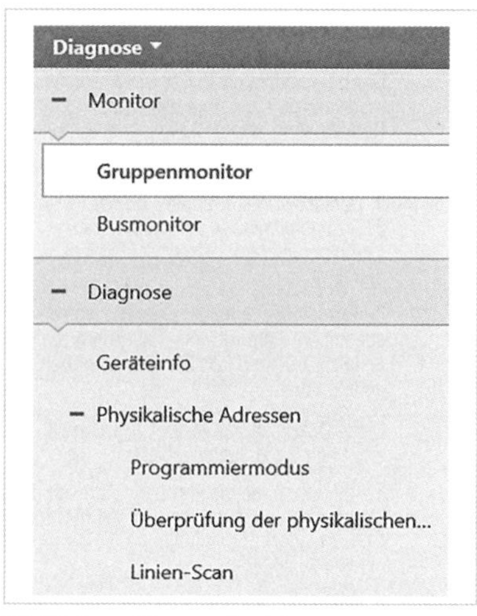

Bild 5.1 Diagnosefunktionen

Bild 5.2 Geräteinfo öffnen

Folgende Informationen stehen unter „Geräteinfo" bereit:

Allgemein	
Maskenversion	aktuelle Maskenversion des Buskopplers
Physikalische Adresse	PA/IA des ausgelesenen Buskopplers
Gerätehersteller	Name des Herstellers des ausgelesenen Geräts
Busspannung	Busspannung, gemessen vom Buskoppler
Programmiermodus	Status der Programmier-LED
Ausführungsfehler	Fehler während des Ausführens des Programms im Buskoppler (falls kein Fehler -> OK)
AST-Typ (Hardware)	Adaptertyp der Hardware

Applikationsprogramm	
Applikation	Applikation-ID, bestehend aus Hersteller-ID des Geräteherstellers, Gerätetyp und Version
Gerätetyp	Herstellerspezifische Applikationsnummer, typischerweise im Gerätespeicher hinterlegt
Version	Versionsnummer der Applikation
Ausführungszustand	Status des Applikationsprogramms
AST-Typ (Software)	Beschreibung des konfigurierten Adaptertyps (falls AST-Typ = 01, dann ungültiger Adaptertyp)
3 x Ladezustand	Address/Assoziation/Objekttabelle mit Text/Wert
n x Kommunikations-	Objektnummer; (Objektgröße/Flags/Priorität); alle zugeordneten GAs objekt (dreistufige GA-Darstellung = Default, eine andere Einstellung in einem Projekt ist auf dieser Ebene nicht bekannt)

Mit der Diagnosefunktion „Physikalische Adressen" – „Prüfen, ob eine Adresse existiert" ist man in der Lage, „versenkte" Geräte wiederzufinden. Dazu wird die PA des betreffenden Gerätes eingegeben und der Button „Prüfen, ob vorhanden" geklickt. Erscheint ein grünes Busgerät-Symbol, ist es vorhanden, ist das Busgerät-Symbol rot, ist es nicht vorhanden (**Bild 5.3**). Um nun auch noch das Gerät zu erkennen, kann man die Programmier-LED blinken lassen.

Normalerweise kann man Busgeräte beliebig oft mit einem neuen oder geänderten Programm überspielen. Lässt sich das Gerät aber aus einem nicht näher zu analysierenden Grund nicht mehr ansprechen, hilft eventuell das „Entladen" (**Bild 5.4**). Nachdem in dem Diagnose -Menü „Entladen" bei selektiertem Gerät angeklickt wurde, erscheint die Aufforderung, die Programmiertaste des betreffenden Gerätes zu drücken. Danach wird der Vorgang durchgeführt.

Um eine gesamte Linie zu scannen, ist die Funktion „Physikalische Adresse" – „Linienscan" vorhanden (**Bild 5.5**). Dazu müssen lediglich Bereich und Linie eingegeben werden. Die ETS „ruft" die PAs in den Bus hinaus und weist entsprechend der Antworten die Geräte zu. Mit dem Gruppenmonitor kann die Aktion verfolgt werden.

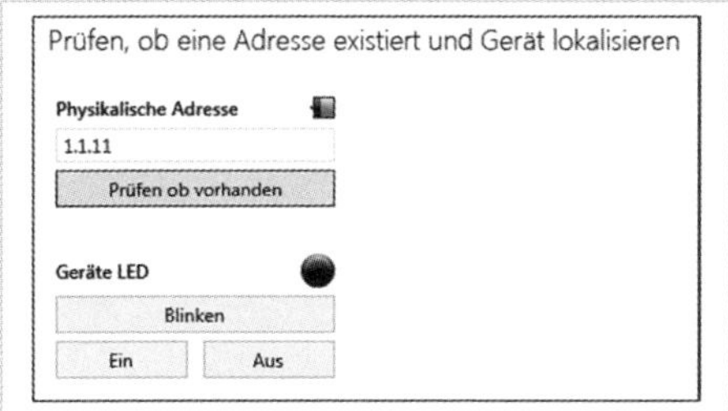

Bild 5.3 Prüfung, ob das Busgerät vorhanden ist

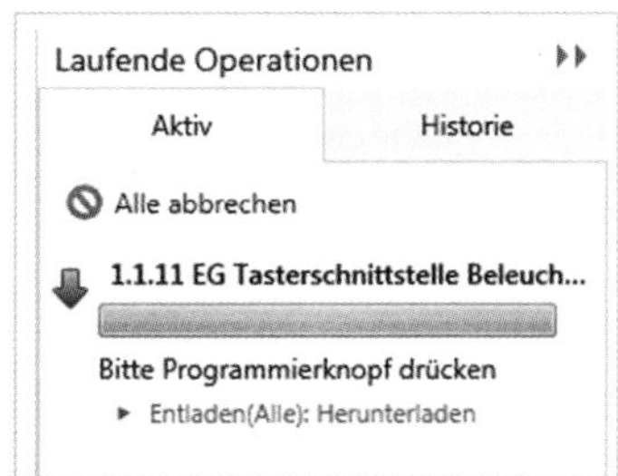

Bild 5.4 Entladen eines Gerätes

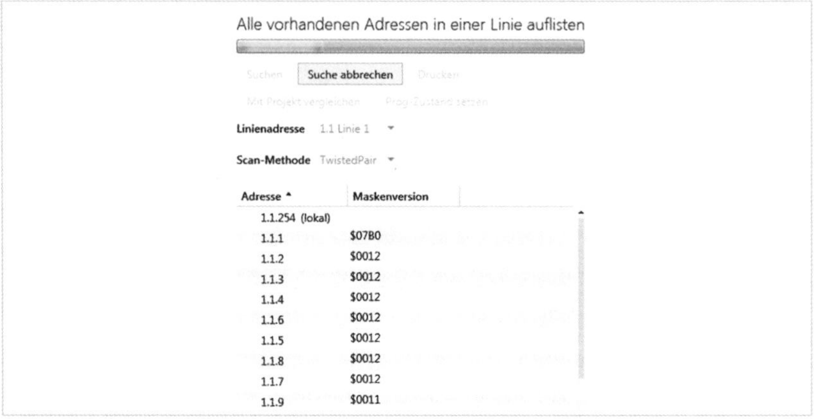

Bild 5.5 Linienscan

Das ganze Projekt kann über die Diagnosefunktion „Projektprüfung" durchgeführt werden. Dazu müssen zu den Themen „Geräte überprüfen" (**Bild 5.6**), „Gruppenadressen überprüfen" (**Bild 5.7**), „Technologie überprüfen" (**Bild 5.8**) und „Produktinformationen überprüfen" (**Bild 5.9**) Angaben gemacht werden.

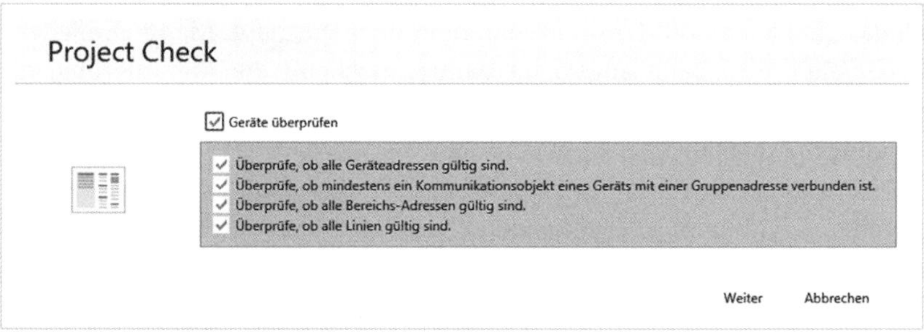

Bild 5.6 Geräte überprüfen im Projekt-Check

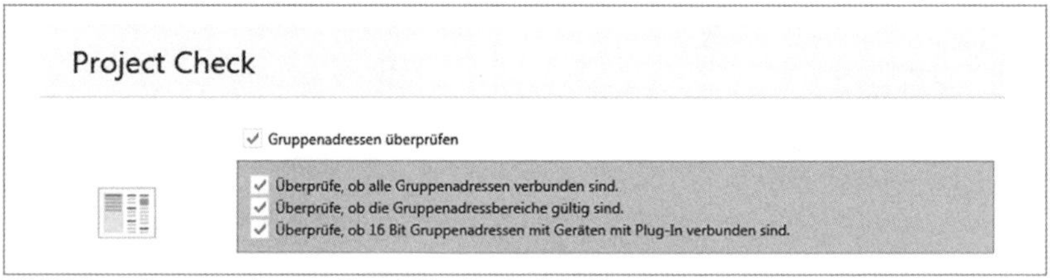

Bild 5.7 Gruppenadressen überprüfen im Projekt-Check

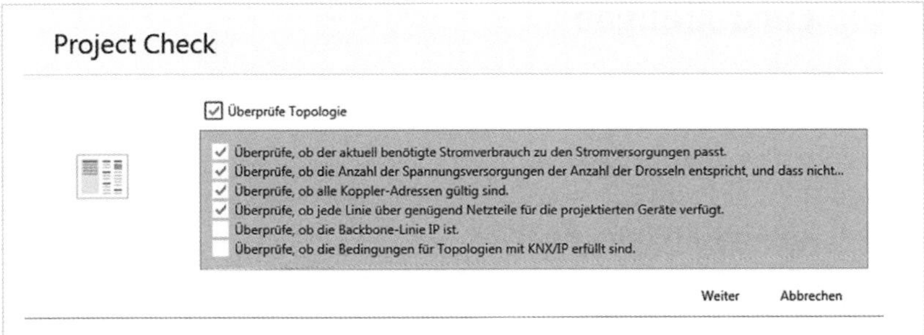

Bild 5.8 Technologie überprüfen im Projekt-Check

Project Check

Produktinformationen überprüfen

Erzeuge eine Liste der vom Projekt verwendeten Applikationsprogramme.

Erzeuge eine Liste der Applikationsprogramme, die ein Update der Produkt-Datenbank benötigen.

Ausführen

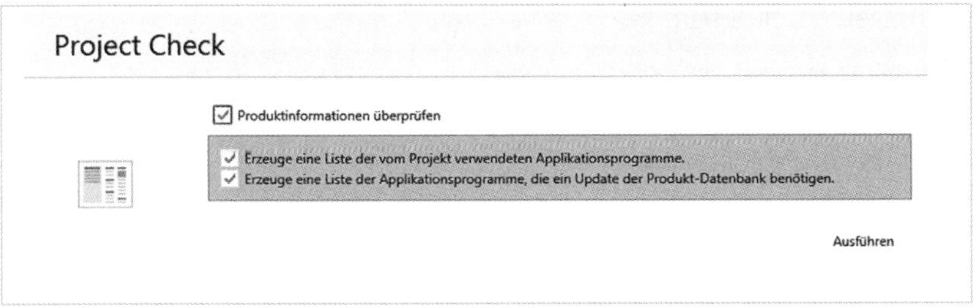

Bild 5.9 Produktinformationen überprüfen im Projekt-Check

6 Einstellungen

6.1 Einstellungen „Ansicht"

Die Voreinstellungen unter „Ansicht" sind nach der Installation so gewählt, dass dem sofortigen Arbeiten mit der ETS nichts im Wege steht (**Bild 6.1**). In der **Tabelle 6.1** sind zusammenfassend alle Einstellungen mit ihren Auswirkungen beschrieben.

> **Tipp:** Verändern Sie Einstellungen nur, wenn Sie sich über deren Auswirkung im Vorfeld im Klaren sind. Hinterlegen Sie geänderte Einstellungen in der Projekthistorie.

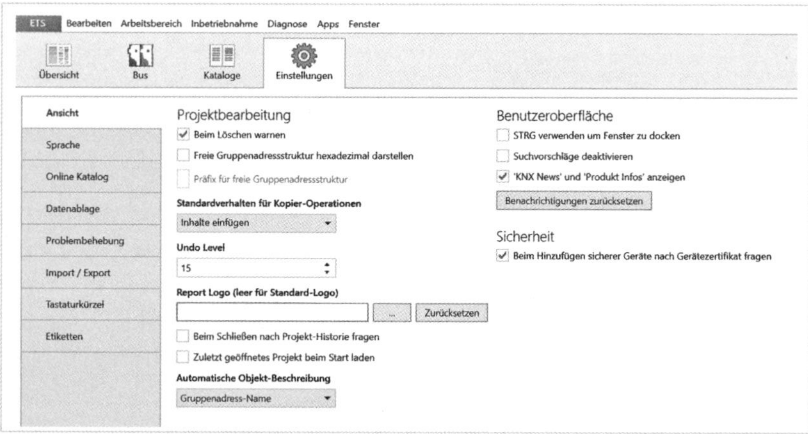

Bild 6.1 Einstellungen „Ansicht"

Einstellung	Auswirkung
☑ Beim Löschen warnen	Ist die Option aktiv, wird vor dem Löschen von Objekten nachgefragt, andernfalls nicht.
☑ Freie Gruppenadressstruktur hexadezimal darstellen	Wenn die Option aktiv ist, werden die Gruppenadressen in der freien Gruppenadressansicht nicht mehr dezimal, sondern hexadezimal nummeriert.
Präfix für freie Gruppenadressstruktur	Ist die obere Option aktiv, kann in diesem Feld ein Zeichen eingegeben werden, das den hexadezimalen GAs zur Kennzeichnung vorangestellt wird.
Standardverhalten für Kopier-Operationen	Auswählbar sind „Einfügen“, „Inhalte einfügen“ (Standard) und „Erweitertes Einfügen“ (Details zu den einzelnen Verfahren). Die Option „Erweitertes Einfügen“ ist nur aktivierbar, wenn die entsprechende Lizenz freigeschaltet ist.
Undo Level	Maximale Anzahl der Aktionen, bei denen die Funktionen „Rückgängig“ oder „Wiederherstellen“ erlaubt sind (mögliche Werte 1 ... 200).
Report Logo	Bei allen Ausdrucken wird standardmäßig das ETS-Logo auf die Deckseite aufgedruckt, hier kann das Logo durch ein eigenes Logo ersetzt werden. Das Logo muss in einem Format mit der Dateiendung .bmp, .tif, .tiff, .jpg oder .jpeg vorliegen und für ein optimales Ergebnis folgende Maße besitzen: 6,33 cm x 6,33 cm (quadratisch). Andere Abmessungen werden darauf skaliert.
Beim Schließen nach Projekthistorie fragen	Ist die Option aktiv, so fordert ETS Sie beim Beenden auf, einen Log-Eintrag für jedes offene Projekt vorzunehmen. Jede dieser Anfragen kann durch Drücken der ESC-Taste übersprungen werden.
Zuletzt geöffnetes Projekt beim Start laden	Lädt automatisch das zuletzt geöffnete Projekt beim Start der ETS. Sind beim Schließen mehrere Projekte offen, ist das zuletzt geschlossene Projekt das am weitesten „rechts“ stehende Projekt in der Projektleiste.
Automatische Objektbeschreibung	Übernimmt aus einer GA das per Option angegebene Element automatisch in das Feld Beschreibung eines Kommunikationsobjektes bei der Zuweisung eines GO zu einer GA (Nichts, GA-Name, GA-Beschreibung).
☑ STRG verwenden, um Fenster zu docken	Ist die Option aktiv, werden schwebende Fenster beim Loslassen nur angedockt, wenn zusätzlich STRG gedrückt wird.
☑ KNX News und Produktinformation anzeigen	Schaltet die KNX-News per RSS-feed und KNX-Produktinformationen ein oder aus. Besitzt Ihr Rechner keine Internetverbindung, so ist es sinnvoll, diese Funktion abzuwählen, um unnötige Verbindungsversuche und Meldungen zu vermeiden. Im Fall, dass die Funktion abgeschaltet ist, wird dies im Fenster mit einer Meldung angezeigt.
Benachrichtigungen zurücksetzen	In manchen Dialogen kann angegeben werden, dass beim gleichen Sachverhalt beim nächstem Mal nicht wieder nachgefragt wird. Mit dieser Funktion werden alle abgeschalteten Benachrichtigungen wieder eingeschaltet.
Sicherheit	Beim Hinzufügen sicherer Geräte nach Gerätezertifikat fragen.

Tabelle 6.1 Einstellungen unter Ansicht

6.2 Einstellung „Sprache"

Diese Einstellung legt die Sprache der ETS-Benutzeroberfläche fest. Wenn diese Einstellung geändert wird, fragt die ETS automatisch, ob auch die „Präferierte Produktsprache" geändert werden soll. Dies kann akzeptiert oder abgelehnt werden. Die Einstellung wird wirksam, wenn die ETS geschlossen und neu gestartet wird.

Die Einstellung „Präferierte Produktsprache" legt die verwendete Sprache zur Anzeige von KNX-Produktdatenbankeinträgen (Geräteparameter, Katalogeinträge, ...) fest. Die gewählte Spracheinstellung kann sich von der eingestellten Sprache der ETS-Benutzeroberfläche unterscheiden, beispielsweise um KNX-Produktdatenbankeinträge nicht in der gleichen Sprache wie in der ETS anzuzeigen. Die Einstellung wird wirksam, wenn die ETS geschlossen und wieder neu geöffnet wird.

6.3 Online-Katalog

Diese frühere ETS App ist jetzt direkt in der ETS5 integriert und muss beim ersten Start nur einmal eingerichtet werden. Das erlaubt die Suche nach online verfügbaren KNX-Produktdatenbankeinträgen auf einem KNX-Server. Die Möglichkeiten der Suche umfassen alle Suchfelder, welche auch im normalen Fenster „Kataloge" verfügbar sind. Zusätzlich dazu, kann man nach Produktdatenbankeinträgen suchen, die in einem bestimmten Markt und/ oder einer Sprache zur Verfügung stehen. Die wichtigsten Anwendungsfälle sind:

- Suche nach Produktdatenbankeinträgen für die Verwendung in einem Projekt
- Suche nach Produktdatenbankeinträgen, die in einem speziellen Markt/ Land nutzbar sind
- Suche nach Produktdatenbankeinträgen in einer bestimmten Sprache
- Suche nach Aktualisierungen von Produktdatenbankeinträgen
- Suche nach Bedienungsanleitungen bei online verfügbaren KNX-Produktdatenbankeinträgen

6.4 Problembehebung

Protokollumfang

Die ETS führt selbsttätig im Hintergrund sogenannte Logdateien, die dem Support helfen sollen, eventuelle Fehler zu analysieren. Der Umfang dieser Logdateien lässt sich durch die nachfolgenden Einstellungen beeinflussen.

Die ETS schreibt nur Informationen in die Logdatei, wenn dies durch ein vordefiniertes Ereignis ausgelöst wurde. In diesem Fall werden zusätzlich die letzten Ereignisse in die Logdatei geschrieben, um vorherige Ereignisse nachvollziehen zu können.

Protokoll-Umfang **Standard:** N = 0500; Auslösung bei ERROR-Ereignis
Protokoll-Umfang **Erweitert:** N = 1000; Auslösung bei INFO- Ereignis

Achtung! Durch die Einstellung *„Erweitert"* kann die Ausführungsgeschwindigkeit der ETS deutlich reduziert werden (da jede normale ETS Aktivität intern als INFO-Ereignis definiert ist und daher bei dieser Einstellung fast alle Aktivitäten protokolliert werden). Daher sollten Sie die Einstellung „Erweitert" nur auf spezielle Anfrage, beispielsweise durch den Support der KNX-Association, verwenden.

Die Maßnahmen der „Aufräumarbeiten" und ihre Auswirkungen unter „Problembehebung" zeigt die **Tabelle 6.2.**

Einstellung/Maßnahme	Auswirkung
Diagnoseinformationen löschen	Löscht vorhandene Diagnoseinformationen von vorigen Diagnosen.
Update-Cache löschen	Löscht die lokal geladenen Daten eines Online-Updates, falls das Update nicht erfolgreich war (z. B. Verbindungsabbruch). Im Anschluss daran, kann ein neues Update angestoßen werden.
Benutzereinstellungen zurücksetzen	Löschen aller Benutzereinstellungen im Fehlerfall (Rücksetzen von Pfaden oder Spaltenpositionen/Breiten und Fensterpositionen, z. B. außerhalb Hauptmonitor)
Plug-In-Cache löschen	Löscht alle von Plug-Ins angelegten, lokalen Daten im Projekt (nicht das Plug-In), wenn Probleme mit produktspezifischen Parameter-Anzeigen auftreten (z. B. wenn inkompatible Plug-In-Versionen auf dem Rechner installiert sind).
Produktspeicher löschen	Löscht alle lokalen KNX-Produktdatenbankeinträge im Produktspeicher. Die ETS wird danach neu gestartet.
Sucheinträge löschen	Löscht alte Sucheinträge im Produktkatalog.

Tabelle 6.2 Einstellungen unter Problembehebung

6.5 Import/Export

Es macht Sinn, alle Voreinstellungen zu belassen. Es sollten immer die „Kataloginformationen“ sowie die „Kompatiblen Applikationsprogramme“ einbezogen werden.

Ebenso sollte auch der letzte Haken „Relevante Geräte Konfiguration Apps (DCA) als Projektdateien einbeziehen“ mit angekreuzt sein (**Bild 6.2**).

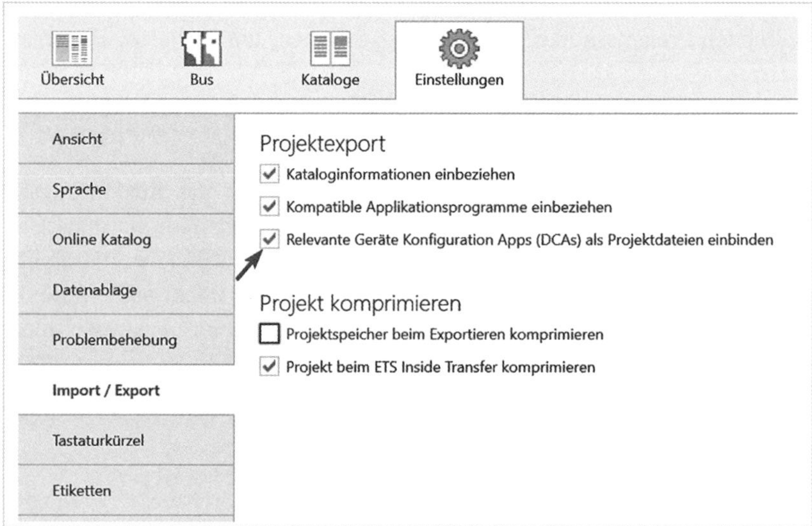

Bild 6.2 Projektexport DCA Apps miteinbinden

6.6 Tastaturkürzel

Die Tastaturkürzel (Hotkeys) werden in jedem Pulldown- und Kontextmenü angezeigt. Viele schwören mittlerweile darauf, wenn es darum geht, schnell und effektiv zu arbeiten. Zur Anpassung an gewohnte Tastenkombinationen oder zur Vereinfachung können für die Projektierung, Programmierung, Navigation und das Erscheinungsbild Veränderungen durchgeführt werden.

6.7 Etiketten

Diese (kostenpflichtige) ETS App wird über eine separate Lizenz freigeschaltet, ist diese nicht verfügbar erscheint das Schloss-Symbol 🔒.

Diese Funktion ermöglicht es, Aufkleber auszudrucken, auf denen gerätespezifische Informationen aus dem Projekt stehen, um diese anschließend in der Installation an den Geräten anzubringen. Dabei können die Informationen des Ausdrucks an die eigenen Bedürfnisse angepasst werden. Es wird vorausgesetzt, dass ein entsprechender Drucker am Computer angeschlossen ist, des Weiteren muss eine Version von Microsoft Word installiert sein.

Bei der Installation der ETS5 werden unter Laufwerk C:\ProgramData\KNX\ETS5\LabelCreator (**Bild 6.3**) vier Dateien eingefügt. Unter „Etiketten" kann man den Speicherort einsehen.

Die Etikettenvorlagen können ergänzt oder verändert werden, genauso wie die Grafik-Datei (**Bild 6.4**).

Die nach der ETS-Installation verfügbaren Druck-Vorlagen sind wie in **Tabelle 6.3** dargestellt aufgebaut.

Der Zweckform-Code (z. B. L4731) spiegelt das genormte Label wieder, die Etiketten selbst können über gängige Webshops oder im Einzelhandel bezogen werden.

Bild 6.3 Etiketten- und Label-Verwaltung

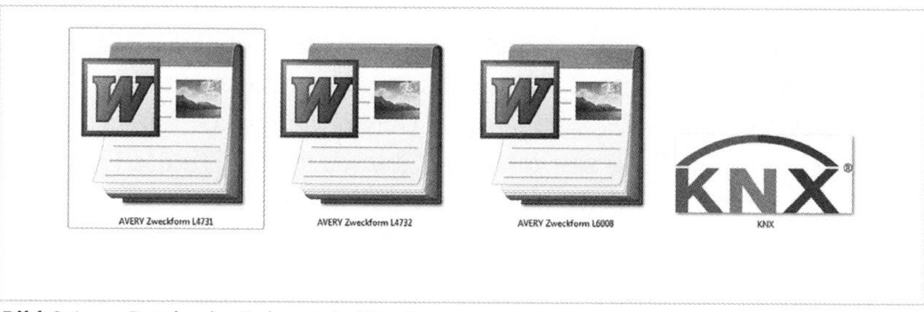

Bild 6.4 Dateien im Ordner LabelCreator

Im **Bild 6.5** ist die App aus dem Onlineshop der KNX-Association zu sehen. Im folgenden Kapitel wird die Vorgehensweise bei der App-Lizenzierung beschrieben.

AVERY Zweckform	Anwendung	Bemerkung
L4731.dot L6008.dot	PA/IA/Raum Produkt-Katalog Name Geräte-Beschreibung	L4731: Office-Bereich, Farbe Weiß, wieder ablösbar L6008: Industrie-Bereich, Farbe Silber, Polyester
L4732.do	A/IA/LOGO Raum Produkt-Katalog Name Geräte-Beschreibung	Der Hinweis in MS Word *„Error! Filename not specified“* bedeutet in einem Ausdruck nur, dass keine Geräte mehr im Projekt sind und der zugehörige Bild-Pfad somit nicht auffindbar ist, es ist kein Fehler.

Tabelle 6.3 Etikettenvorlagen

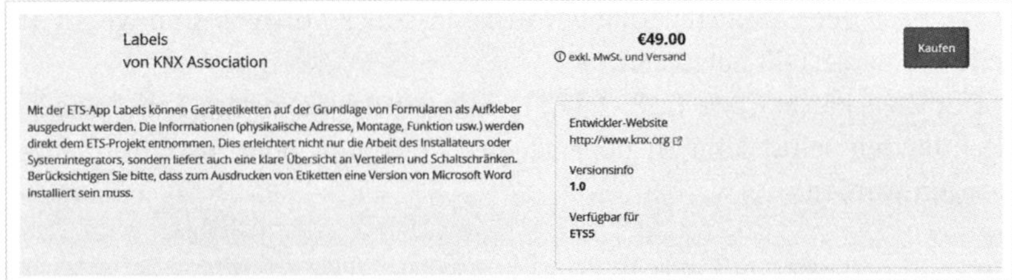

Bild 6.5 ETS App-Labels im Onlineshop

6.8 ETS Apps

Um eine ETS App zu lizenzieren, wird wie bei der Grundistallation der ETS5 die Dongle-ID benötigt. Die Dongle-ID muss in das entsprechende Lizenzierungsfeld eingetragen werden, welches im KNX-Onlineshop unter „Mein Konto – Meine Produkte“ zu finden ist. Es muss die dafür bestehende Dongle-ID der ETS5 verwendet werden.

Dazu gehen Sie am besten folgendermaßen vor:

Klicken Sie in der Übersicht in der unteren Statusleiste auf „Lizenzen ETS5 Professional“. Es öffnet sich das Fenster „Lizenzen“ (**Bild 6.6**). Neben dem „+“-Icon befindet sich das Symbol zum Abspeichern der ID des selektierten Dongles in der Zwischenablage. Gehen Sie danach zurück in den Onlineshop und fügen Sie den Inhalt der Zwischenablage in das Feld „Produktschlüssel“ ein. Mit „Schlüssel hinzufügen“ wird die Lizenz zum Download bereitgestellt. Wenn die Dongle-ID eingetragen wurde, können Sie den Lizenzschlüssel für die App (ZIP-Format) herunterladen. Anschließend entpacken Sie die *.license-Lizenzdatei.

Starten Sie die ETS5, wählen Sie „Lizenzierung“ aus, und fügen Sie die Lizenz hinzu, die Sie heruntergeladen haben, um die ETS App zu aktivieren.

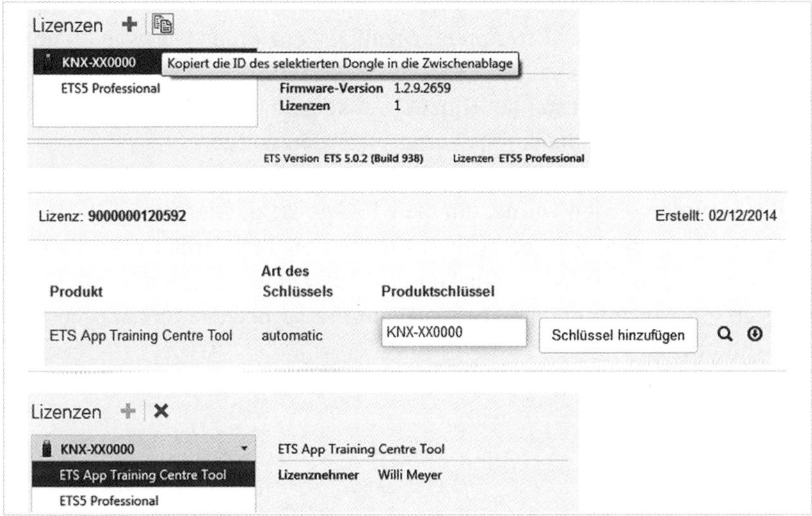

Bild 6.6 App-Lizenz

Installationsdateien für ETS Apps

Für die meisten ETS Apps der KNX-Association müssen keine zusätzlichen Installationen durchgeführt werden. Nach der Lizenzaktivierung in der ETS5 sind die neuen Funktionen direkt aktiviert und verfügbar. In einigen Fällen (wie u. a. bei Apps, die nicht von der KNX Association entwickelt wurden) wird eine separate Installationsdatei benötigt (.etsapp).

Die ETS Apps, die derzeit einen Download von Installationsdateien (.etsapp) benötigen, sind

- KNX App: Training Centre Tool (nur für KNX-Schulungsstätten verfügbar)
- KNX App: Device Reader
- KNX App: Device Editor (nur für KNX-Hersteller)
- Alle ETS Apps, die nicht von der KNX Association entwickelt wurden

Falls eine zusätzliche Installation der ETS App erforderlich sein sollte, ist folgendermaßen vorzugehen:

- Aufruf des KNX-Onlineshops im Bereich „MEIN KONTO – MEINE PRODUKTE“. Rechts von der jeweiligen App-Lizenz befindet sich ein Download-Icon. Bei Klick auf das Icon startet der Download der „.etsapp“-Datei.

- Öffnen der ETS5 und Aufruf der „Einstellungen“
- Auf „ETS APPS“ klicken
- Auf “Installieren” klicken und die „.etsapp“-Datei auswählen, die heruntergeladen und gespeichert wurde
- Nach Installation der ETS App im Menü „Lizenzierung“ auswählen und auf „Lizenzen“ klicken.
- Im Lizenzierungsfenster auf Hinzufügen klicken und die Lizenzdatei (.license) auswählen, die bereits heruntergeladen wurde.
- ETS5 neu starten, „Lizenzierung“ auswählen und die Lizenz hinzufügen, die heruntergeladen wurde, um die ETS App zu aktivieren.

Eine Übersicht der verfügbaren und lizenzierten Apps erhält man über die untere Statuszeile. Durch Anklicken des Auswahlfeldes „Aktive Apps“ öffnet sich ein Fenster, in dem alle installierten und lizenzierten Apps gelistet sind (**Bild 6.7**).

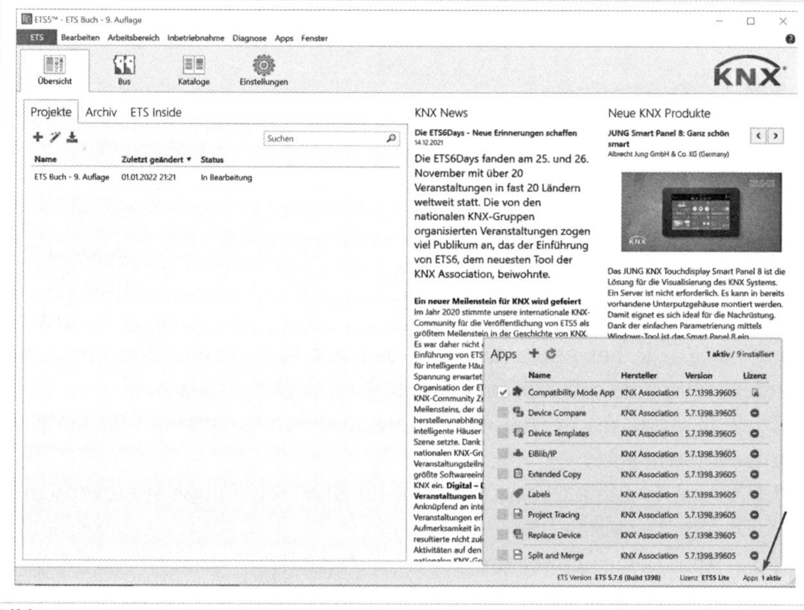

Bild 6.7 Fenster „Aktive Apps“

7 Eigenschaften

7.1 „Suchen und Ersetzen"

Auf der rechten Seite aller Ansichten befindet sich die Eigenschaftenleiste (**Bild 7.1**). Darin befindet sich auch das Werkzeug „Suchen und Ersetzen", das hier noch näher beschrieben wird.

Es wird entweder in der linken Baumansicht oder in der rechten Listenansicht des aktiven Arbeitsfensters gesucht. Die aktive Auswahl einer der beiden Ansichten entscheidet, in welchem Teil gesucht wird.

Die Suche wird immer im aktuell fokussierten Element (oder in einer Auswahl) in absteigender Richtung begonnen. Wenn sich das aktuell fokussierte Element z. B. in der Mitte der Listenansicht befindet, beginnt die Suche mit dieser Zeile und ignoriert darüber liegende Zeilen. Wird in dieser Teilbereich-Suche nichts im unteren Teil gefunden, fragt die ETS nach, ob die Suche im oberen Teil der Liste weiter fortgesetzt werden soll (also immer dann, wenn die Suche nicht von der ersten Zeile aus stattfindet). Wird diese bejaht, startet automatisch die nächste Suche vom obersten Element an.

Folgende Suchoptionen sind auswählbar:

- ☑ Nur ganze Wörter und Zahlen,
- ☑ Groß- und Kleinschreibung.

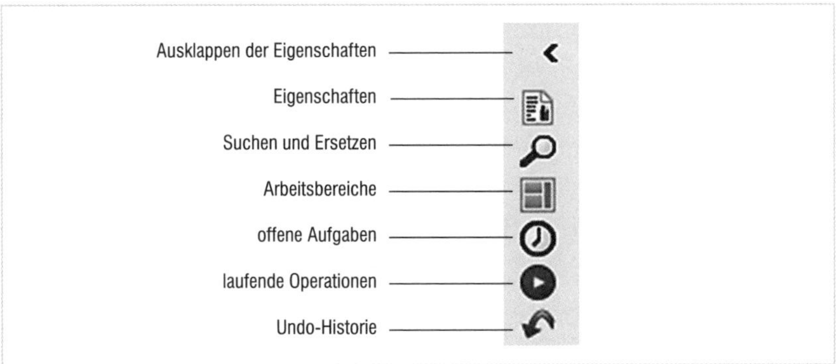

Bild 7.1 Symbole der Eigenschaftenleiste

Wird in der Listenansicht gesucht, so berücksichtigt die Suche standardmäßig alle Spalten.

Eine Ersetzung kann grundsätzlich nur in der Listenansicht durchgeführt werden, außerdem sind die Schaltflächen zum Ersetzen von Inhalten („Ersetzen", „Alle Ersetzen") nur dann aktiv, falls etwas ersetzt werden kann.

Ersetzt werden können alle Treffer nach den Suchkriterien.

Im **Bild 7.2** wurde das Wort „Temperatur" gesucht und soll überall durch „Temp" ersetzt werden. Mit dem Button „Alle ersetzen" wird dies ausgelöst.

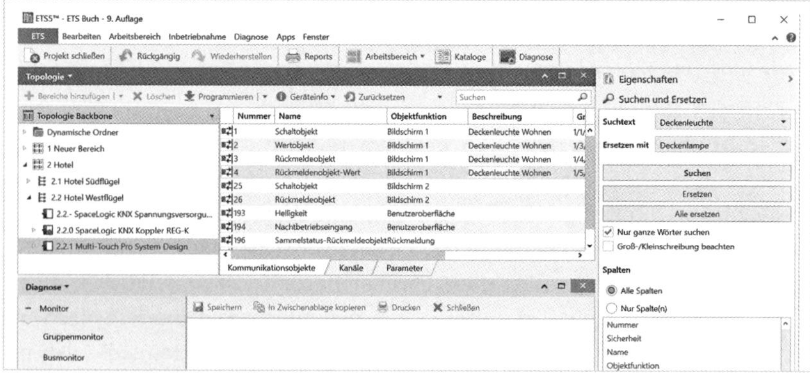

Bild 7.2 „Suchen und Ersetzen"

7.2 Offene Aufgaben

Während einer Projektierung bleiben zwangsläufig immer wieder Dinge vorläufig unberücksichtigt. Damit man diese nicht vergisst, besteht die Möglichkeit eine To-do-Liste anzufertigen (**Bild 7.3**).

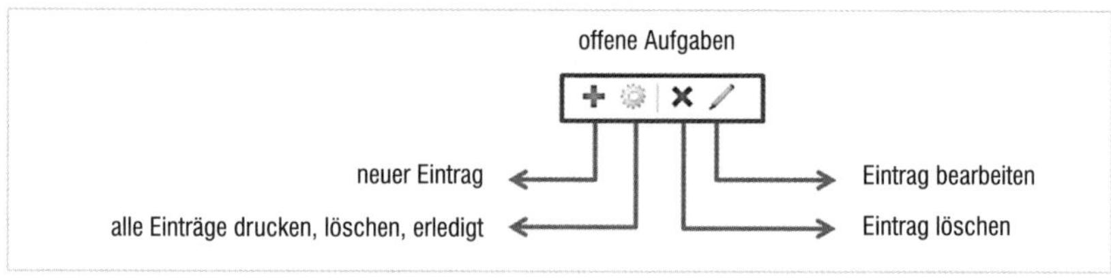

Bild 7.3 Offene Aufgaben

7.3 Undo-Historie

Die Undo-Historie ist eine Liste, in der kürzlich ausgeführte Aktionen angezeigt werden, welche ausgewählt und rückgängig gemacht werden können. Weiterhin kann eine zuvor rückgängig gemachte Aktion wiederhergestellt werden. Alle Eingaben und Änderungen werden von der ETS unmittelbar und dauerhaft gespeichert. Parallel dazu werden die Eingaben und Änderungen in einem Verlaufs-Speicher protokolliert, sodass diese jederzeit rückgängig oder wiederhergestellt werden können. Jede abgeschlossene Aktion wird der Verlaufs-Liste hinzugefügt.

Die Funktionen „Rückgängig" und „Wiederherstellen" (**Bild 7.4**) stehen auch in der Werkzeugleiste zur Verfügung. Dort ist allerdings keine Textbeschreibung der einzelnen Schritte verfügbar. In den Einstellungen kann die Anzahl der gespeicherten Aktionen bestimmt werden, welche rückgängig gemacht werden können.

> **Achtung!** Bus-Operationen können nicht mehr rückgängig gemacht werden.

Nach dem Schließen der ETS werden alle Einträge im Verlaufs-Speicher gelöscht.

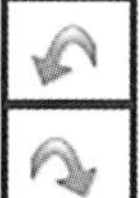

Die ausgewählte Aktion rückgängig machen

Die ausgewählte, rückgängige Aktion rückgängig machen

Bild 7.4 Undo-Funktionen

8 Hilfe

Was tun, wenn der Dongle nicht mehr arbeitet?

Unter https://support.knx.org/hc/de gelangen Sie ins Support-Center (**Bild 8.1**) und erhalten professionelle Unterstützung. Zuvor muss man sich allerdings anmelden.

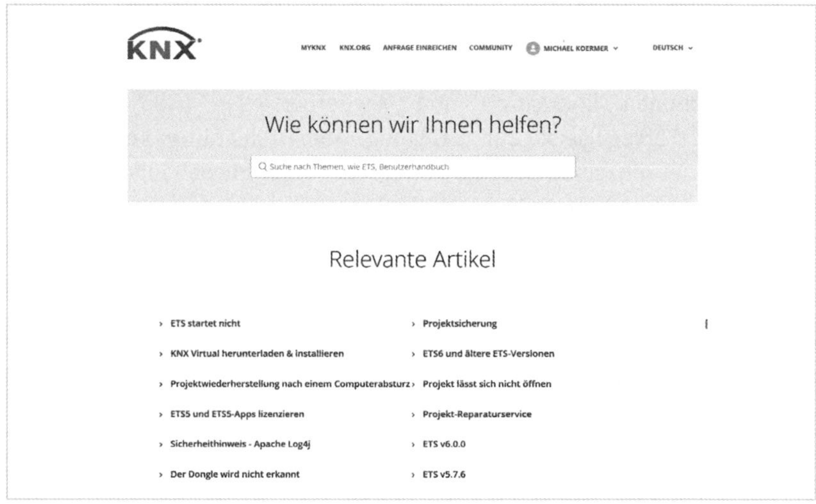

Bild 8.1 Support-Center

D ETS6 Professional

1 Die ETS6 stellt sich vor

1.1 Die neue Oberfläche

Gegenüber der ETS5 wurde in der neuen ETS6 kleinere Änderungen vorgenommen. Die Übersicht beinhaltet nach wie vor das komplette Projektmanagement. Die Funktionen, die ETS5 zu einem großartigen Konfigurationswerkzeug gemacht haben, sind in der aktuellen ETS6 erhalten geblieben. Es gibt aber einige Unterschiede, die ETS6 zu einem noch besseren Werkzeug für die Nutzer machen sollen.

Eine wichtige Neuerung ist, dass die Verbindungen zum Bus jetzt immer projektbezogen sind und nicht mehr generell für mehrere Projekte eingestellt werden können. Das gilt ebenso für den Bus- und Gruppenmonitor.

In der Katalog-Ansicht gab es nur geringfügige Änderungen. Wichtig ist auch hier bei der Erstinstallation der ETS, dass zuerst im Online-Katalog das richtige Land ausgewählt und anschließend der Katalog aktualisiert wird.

In den Einstellungspunkten können noch Feineinstellungen, wie Sprache, Ansichtseinstellungen und auch die Datenablage vorgenommen werden. Ebenso befinden sich die ETS-Apps und die Lizenzierung jetzt auch in den Einstellungsdialog.

Die Übersicht der ETS6-Oberfläche (**Bild 1.1**) zeigt alle Funktionalitäten in ihrem Zusammenhang. In der oberen Zeile sieht man die KNX-News zu neuen Produkten bzw. die Infos der Konnex. In der mittleren Zeile stehen die eigenen Projekte. Haben die Projekte oben rechts ein „Synchronisierungszeichen“, bedeutet dies, dass das Projekt in einer Datenablage abgelegt wurde. Der grüne Haken zeigt an, dass es aktuell ist. In der unteren Zeile sieht man noch das „Archiv“; hier werden die Projekte angezeigt, die in einer Datenablage (Netzlaufwerk etc.) abgelegt wurden.

Oben rechts befindet sich der Dialog „Einstellungen“, in dem benutzerdefinierte Einstellungen vorgenommen werden können (**Bild 1.2**).

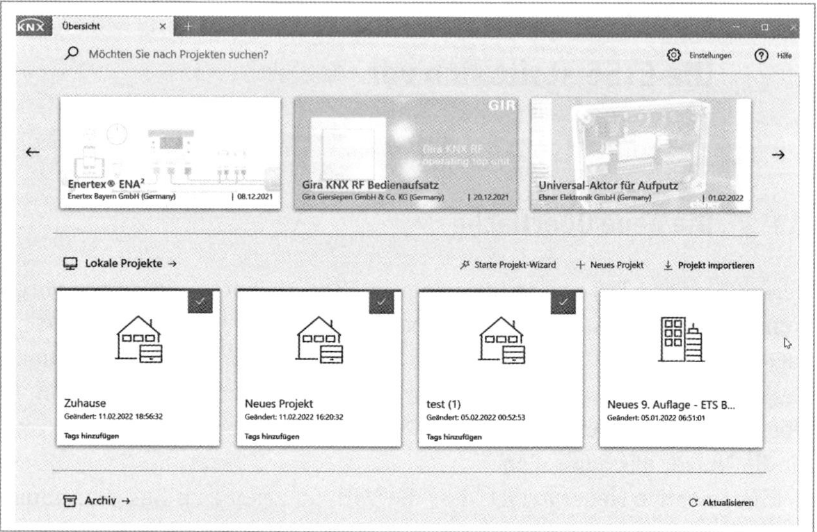

Bild 1.1 ETS6-Oberfläche

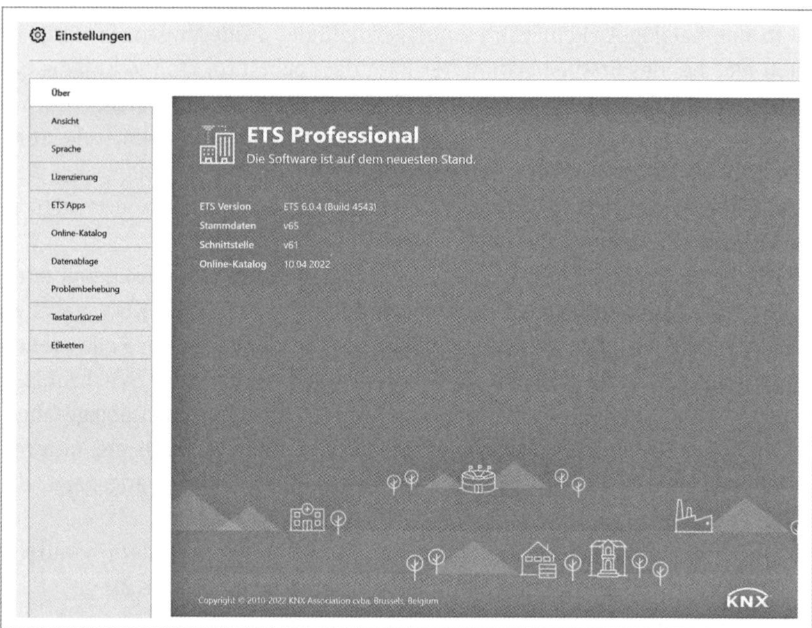

Bild 1.2 „Einstellungen"-Übersicht

1.2 Projekte anlegen, verwalten, importieren und exportieren

In der Übersicht können gängigen Projektaktionen mithilfe von Symbolen angewählt werden (**Bild 1.3**).

Fährt man über die Kachel eines Projektes, werden erweiterte Einstellungen sichtbar (**Bild 1.4**).

Außerdem ist es möglich, dass man Projekten verschiedene „Tags" hinzufügt. So kann man sich später eine bessere Übersicht über diese erstellen.

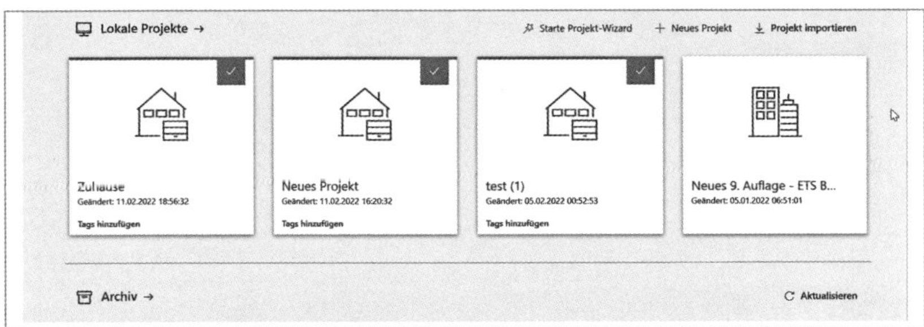

Bild 1.3 Projekte anlegen, verwalten

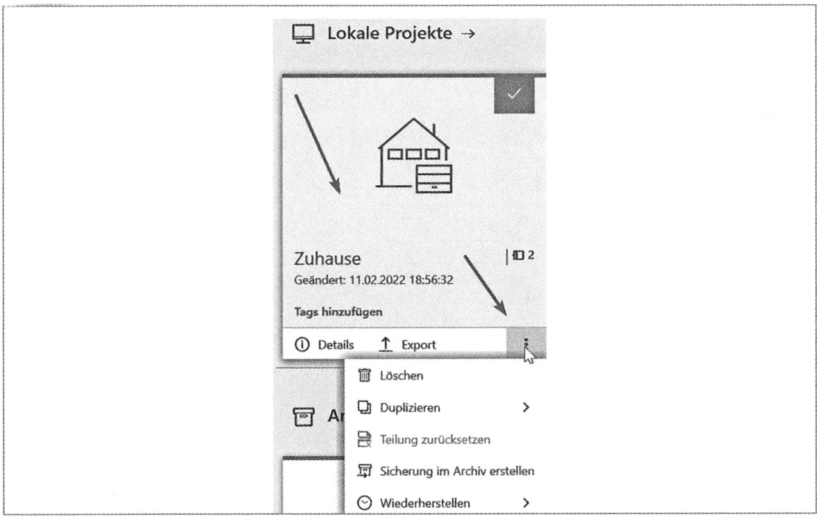

Bild 1.4 „Projekt"- erweiterte Möglichkeiten

1.2.1 Projektdetails

Mit einem Klick auf „Details“ kann man sich auch die Infos zum Projekt anzeigen lassen (**Bild 1.5**).

Hier können auch alle Projektdetails eingegeben werden. Außerdem kann in der ETS6 jetzt zusätzlich ein Projektbild eingepflegt werden, um das jeweilige Projekt zukünftig schneller zu finden (**Bild 1.6**).

Klickt man auf die nach rechts weisenden Überschriften-Pfeile (z. B. bei „Details“) erscheint der Dialog in dem die Projekteigenschaften, also wie Gruppenadressenstruktur etc. abgelegt sind (**Bild 1.7**).

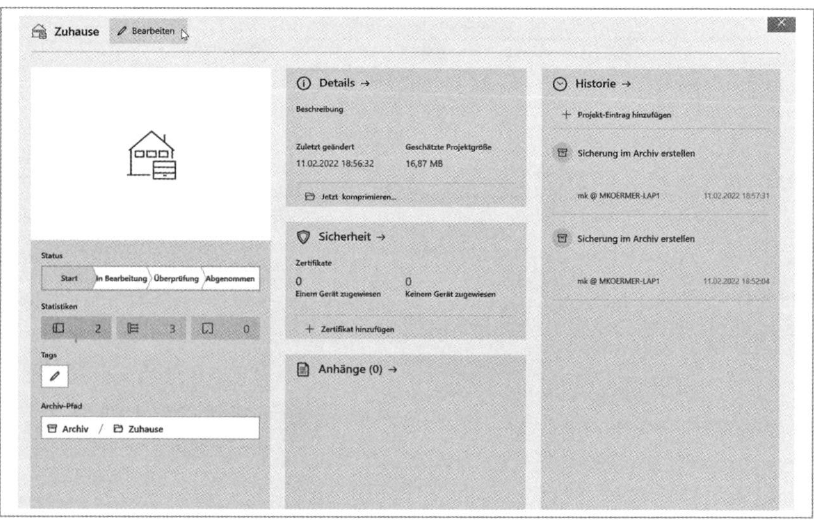

Bild 1.5 Projektdetails

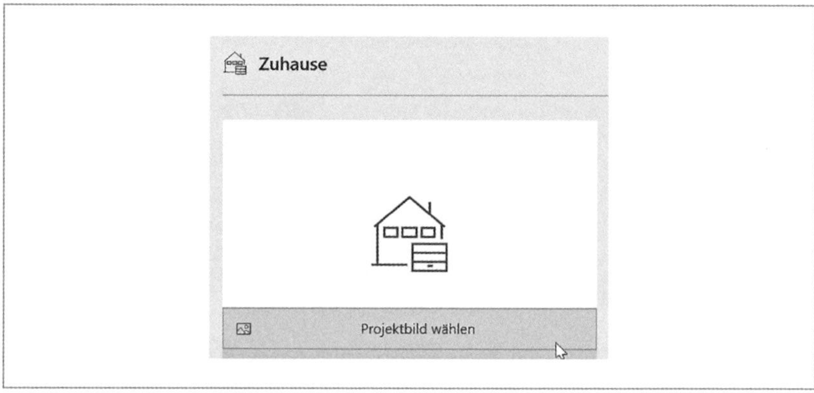

Bild 1.6 Projektbild-Auswahl

Entsprechend kann man den nach rechts weisenden Pfeil bei „Sicherheit“ klicken, um nachträglich KNX Secure-Geräte ins Projekt einzubinden (**Bild 1.8**).

Hat man Schaltpläne oder Grundrisse, können diese unter „Anhänge“ über den Pfeil nach rechts abgelegt werden (**Bild 1.9**).

Möchte man einen zeitlichen Projektablauf darstellen, kann dieser auf gleiche Art unter „Historie“ abgelegt werden (**Bild 1.10**).

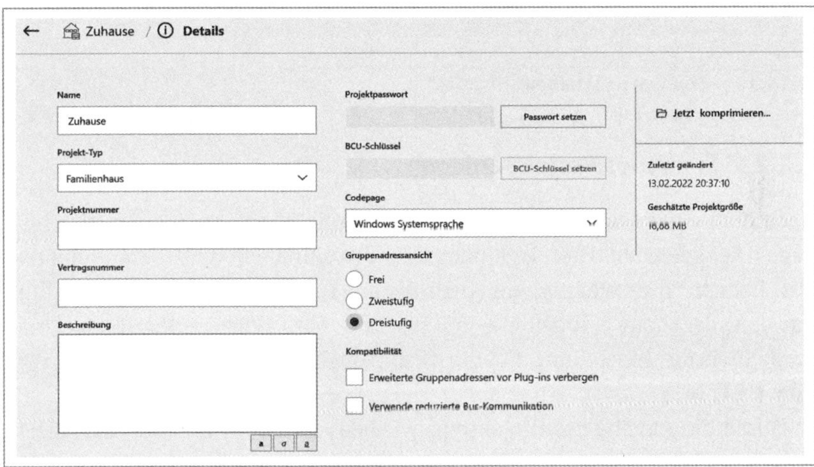

Bild 1.7 Projekteigenschaften „Details“

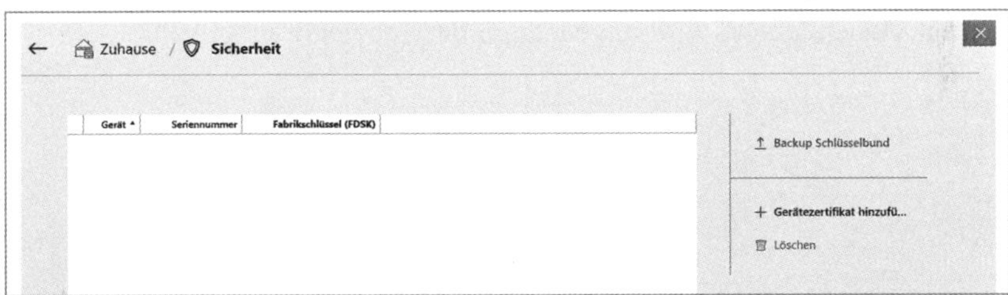

Bild 1.8 Projekteigenschaften „Sicherheit“

Bild 1.9 Projekteigenschaften „Anhänge“

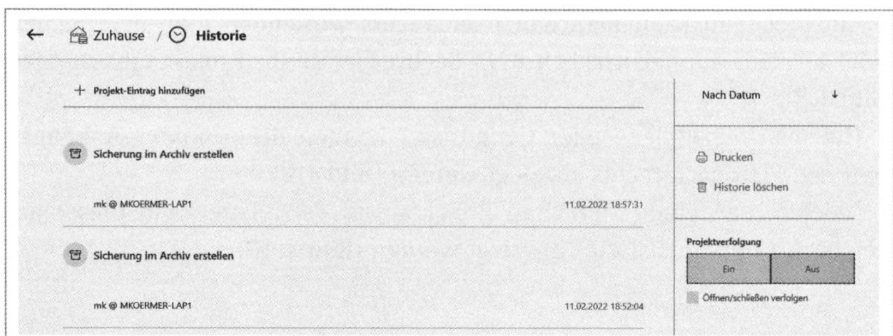

Bild 1.10 Projekteigenschaften „Historie"

1.2.2 Ein neues Projekt anlegen

Nach dem Anklicken des Buttons „Neues Projekt" öffnet sich das gleichnamige Dialogfenster. Hier legt man den Projektnamen und den Projekttyp fest. Ebenso ist es wichtig, gleich zu Beginn zu definieren, wie das Medium für den Backbone (Topologie) auszusehen hat. Ganz unten findet man schließlich die Einstellung für die Gruppenadressenansicht (-struktur), vgl. **Bild 1.11**.

Durch die Angabe des Projekttyps wird das Kachel-Symbol für das Projekt bestimmt. Wird unter „Topologie" der Haken bei „Linie 1.1 erzeugen" belassen, wird diese Linie im neuen Projekt bereits mit passendem Backbone erzeugt. Anschließend wird das Medium der Topologie ausgewählt.

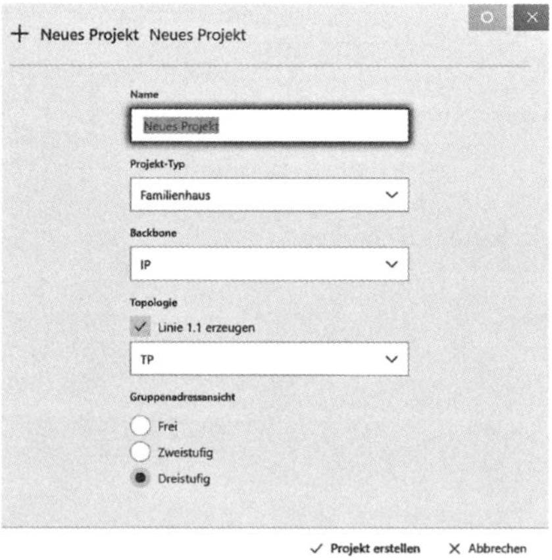

Bild 1.11 ETS6 Professional

Es kann dabei zwischen folgenden Varianten gewählt werden:

- Busleitung (TP)
- Netzleitung (PL – wenn vorhanden)
- Funk (RF)
- Netzwerk (IP)

Die Gruppenadressen können dreistufig (Standard), zweistufig (ältere Installationen) oder frei (bei großen Projekten sinnvoll) gewählt werden.

Nach dieser Auswahl wird das Projekt über den Button „Projekt erstellen" angelegt. Anschließend springt die ETS6 sofort in die Ansicht „Gebäude". In der Regel wird dort der erste Schritt der Projektierung ausgeführt: das Anlegen der Gebäudeteile. Anders verhält es sich allerdings, wenn über den Projekt-Wizard gearbeitet wird.

1.2.3 Projekt-Wizard

Der Projektassistent ist eine gute Hilfe, um Zeit zu sparen sowie alle Möglichkeiten checklistenartig abzuarbeiten. Dazu wird aus den Standardvorlagen „Einfamilienhaus", „Büro" oder „Wohnung" ausgewählt (**Bild 1.12**). Darüber hinaus können auch eigene Vorlagen mit Sonderlösungen angelegt werden.

Mit dem „Weiter"-Button am unteren rechten Rand gelangt man zur nächsten Seite mit den verschiedenen Geschossen und Räumen. In „Erdgeschoss", „Obergeschoss" und „Außenbereich" sind bereits Räume mit Funktionen abgelegt (**Bild 1.13**). Diese können abgewählt oder durch zusätzliche Funktionen/Räume ergänzt werden.

> **Tipp:** Alle Textfelder sind frei zu benennen. Damit es schneller geht, sind bereits Standardfunktionen belegt.

Sind alle Geschosse und Räume bearbeitet, kann man in der Zusammenfassung nochmals sämtliche Positionen überprüfen. Diese Zusammenstellung

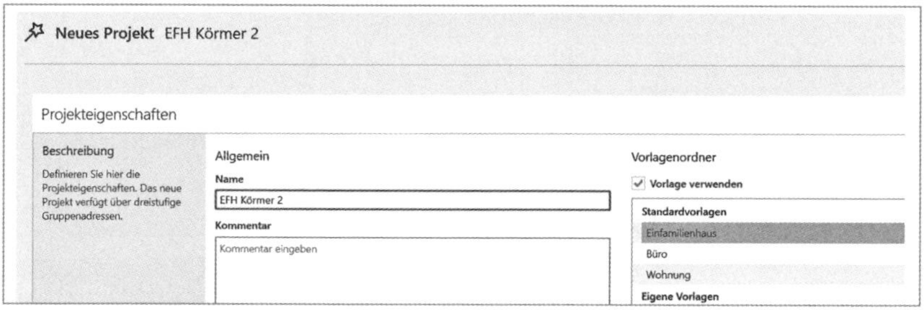

Bild 1.12 Projekt-Wizard-Vorlagen

lässt sich bei Bedarf als eigene Vorlage abspeichern, um sie bei ähnlichen Projekten wieder verwenden zu können (**Bild 1.14**).

Außerdem kann man mit dem Haken „Zentrale Gruppenadressen“ auch ebensolche Gruppenadressen erzeugen lassen.

Mit dem Button „Ausführen“ werden alle Angaben zur Ausgestaltung der Gebäudeansicht und der Gruppenadressen verwendet. Das Ergebnis sind dann angelegte Gruppenadressen und eine komplette Gebäudestruktur mit allen Funktionen (**Bild 1.15**).

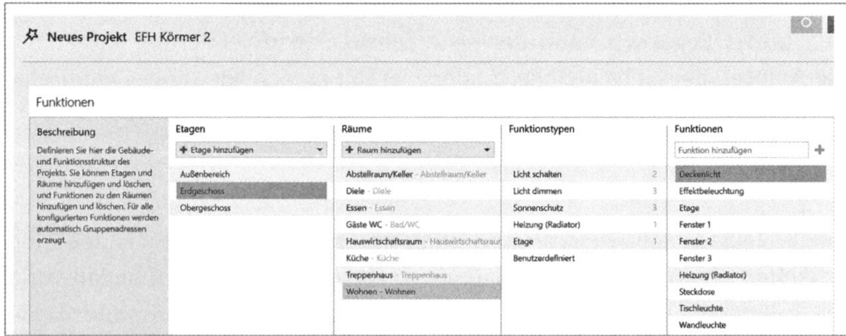

Bild 1.13 Projekt-Wizard – Arbeiten

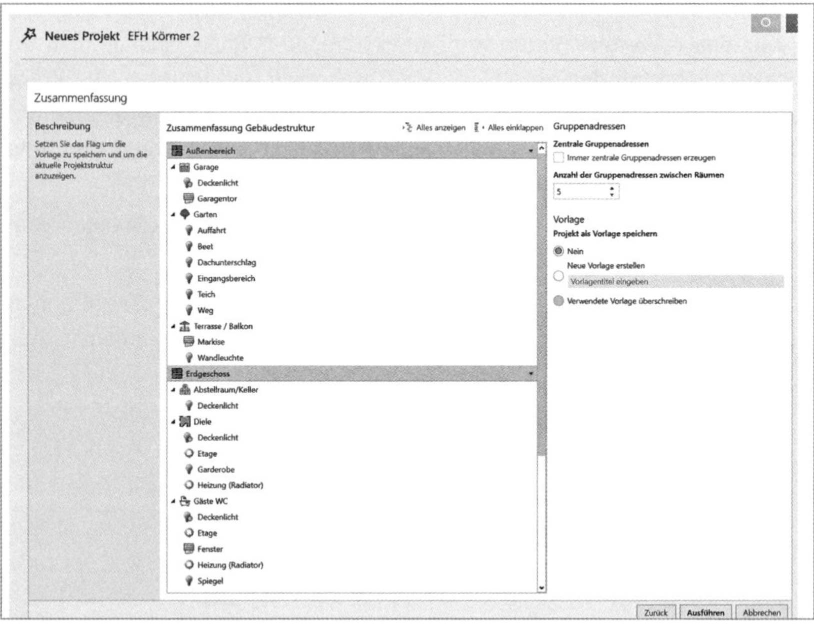

Bild 1.14 Projekt-Wizard – Zusammenfassung

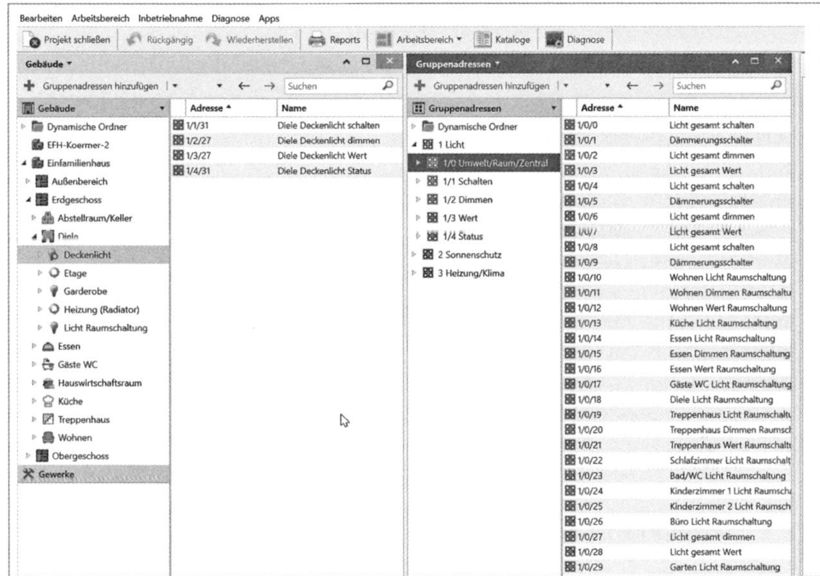

Bild 1.15 Projekt-Wizard-Projekt – Ansicht

1.2.4 Projekt importieren

Die ETS6 kann grundsätzlich alle *.knxproj-Dateien und alle *.prx-, *.pr1-, *.pr2-, *.pr3-, *.pr4- und *.pr5-Dateien importieren (**Bild 1.16**).

Backups aus Datenbanken der ETS4 müssen dagegen zuerst in der ETS4 als Projekt exportiert werden, um mit der ETS6 aufgerufen werden zu können (natürlich nur möglich, wenn die ETS4 noch vorhanden ist). Alternativ kann man sich auf den Seiten von www.knx.org den ETS Projekt-Assistent runterladen, mit dem man auch eine Projektdatei aus einer Datenbank erzeugen lassen kann.

Bild 1.16 Projekte importieren

1.2.5 Projekt exportieren

Zum Exportieren eines Projektes auf einen separaten Datenspeicher wird das betreffende Projekt selektiert und das Symbol „Export“ angeklickt (**Bild 1.17**). Es entsteht eine *.knxproj-Datei.

Bild 1.17 Projekte exportieren

1.2.6 Projekt öffnen

Geöffnet wird ein angelegtes Projekt durch das Anklicken der jeweiligen „Projektkachel“.

Sobald der Mauszeiger die Kachel berührt, erscheinen drei Punkte. Über dieses Menü kann das Projekt gelöscht, kopiert oder gesichert werden.

1.3 Statusleiste in der Übersicht

Unter „Einstellungen“ in der Übersicht können die ETS6-Version abgefragt sowie Updates durchgeführt werden (**Bild 1.18**). Des Weiteren werden dort die Lizenzen der ETS6 verwaltet und die aktiven Apps angezeigt.

Mit dem Button „Update installieren“ wird der Installationsprozess gestartet. Während die Installation läuft, wird deren Fortschrift über ein Kreisdiagramm angezeigt. Nach Abschluss des Updates erhält man eine Meldung und man kann die ETS6 mit dem neuen Update-Stand starten.

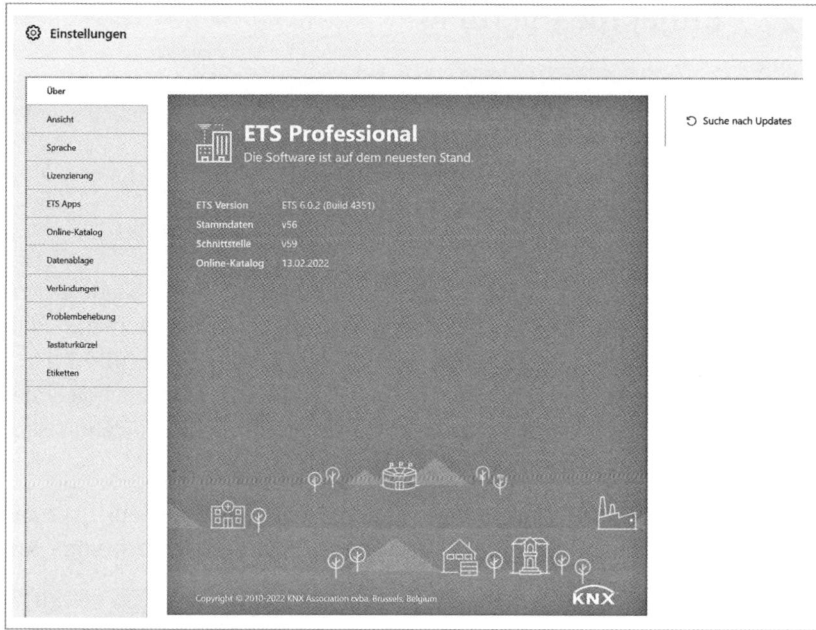

Bild 1.18 Einstellungen/Updates

2 Projektbearbeitung

2.1 Die Ansichten der Projektbearbeitung

Nach dem Öffnen eines Projektes wird normalerweise die Gebäudeansicht angezeigt. Wird das Symbol „Gebäude“ angeklickt, öffnet sich das Pull-down-Menü und lässt den Zugriff zu den anderen Ansichten zu (**Bild 2.1**).

Dieses Pull-down-Menü zum Wechseln der Ansichten kann auch geöffnet werden, indem man auf das Symbol „Arbeitsbereich“ klickt und dann „Neues Panel öffnen“ auswählt (**Bild 2.2**).

> **Tipp:** Sollten alle Ansichten abgewählt worden sein, kann nur über das Symbol „Arbeitsbereich“ und „Neues Panel öffnen“ wieder in eine Ansicht verlinkt werden.

Die Gebäudeansicht ist die ideale Oberfläche für den Projektstart. Nach der Erstellung des Gebäudebaumes können von dort aus gleich die Geräte eingefügt und bearbeitet werden.

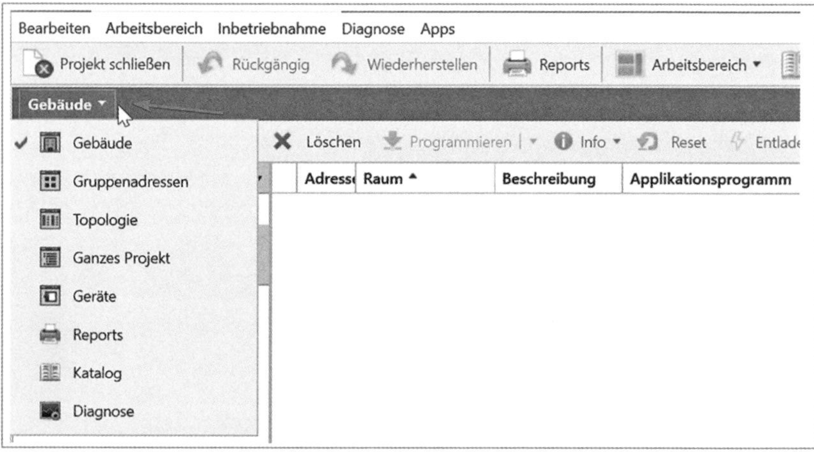

Bild 2.1 Pull-down-Menü „Gebäude“

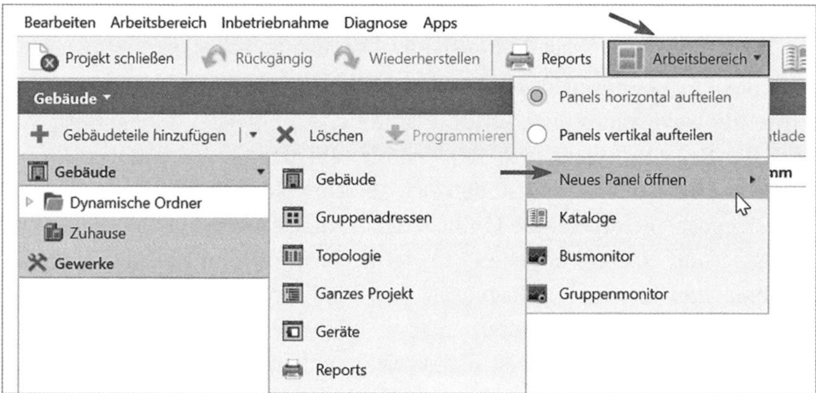

Bild 2.2 Arbeitsbereich – Neues Panel öffnen

2.2 Die Gebäudeansicht – Menüleisten und Aufbau

Im **Bild 2.3** ist die komplette Gebäudeansicht zu sehen. Es gibt drei Menüleisten in dieser Ansicht. Je nach selektiertem Bereich im linken Auswahlfenster werden in den Menüleisten entsprechende Befehle angezeigt.

Die oberste Menüleiste besitzt die globalen Bearbeitungsanweisungen. Diese Menüleiste ist in allen Ansichten gleich.

In der ETS5 gab es oben links den Punkt „ETS“ – über diesem kam man immer wieder zurück in die Übersicht. Diese Möglichkeit sucht man in der ETS6 vergebens. Hier gelangt man durch zwei Methoden in die Startübersicht:

- Das Projekt wird geschlossen – über den Button „Projekt schließen“.
- Man klickt oben rechts neben dem geöffneten Projekt auf das „+“.

Bild 2.3 Gebäudeansicht

Unter „Bearbeiten“ befinden sich viele unterschiedliche Bearbeitungsbefehle, die sich nach der Selektion des linken Auswahlfeldes richten.

Unter „Arbeitsbereich“ kann in die verschiedenen Ansichten gewechselt sowie die Navigationsleiste (dritte Ebene der Menüleiste) konfiguriert werden. Der Befehl „Projekt schließen“ ist hier ebenfalls anwählbar.

Unter „Inbetriebnahme“ finden sich alle Downloadfunktionen.

„Diagnose“ beinhaltet die Onlinediagnosen „Geräte-Info“, „Physikalische Adresse“ und „Geräte entladen“ sowie die Projektprüfungen und die Onlinefehler- und Installationsdiagnosen. Bus- und Gruppenmonitor sind ebenfalls unter „Diagnose“ zu finden.

Die mittlere Menüleiste ist für „Projekt schließen“, die Undo-Steuerung (rückgängig und Wiederherstellen) sowie die Navigation zwischen den Ansichten da.

Unter „Arbeitsbereich“ kann man die Fenster auch vertikal anordnen – je nach Belieben.

Klickt man sie mit der rechten Maustaste (**Bild 2.4** – Punkt 1), an, kann man sie individualisieren (**Bild 2.4** – Punkt 2), indem man zwischen der Anzeige „Icons und Text“ oder „nur Icon“ wählt oder die Menüleiste mit den Symbolen der Ansichten nach eigenen Wünschen konfiguriert (2). Mit „Zurücksetzen“ lässt sich der Originalzustand wiederherstellen.

Die Menüleiste unter dem Punkt „Gebäude“ (**Bild 2.5**) bezieht sich hauptsächlich auf die Bearbeitung der Geräte.

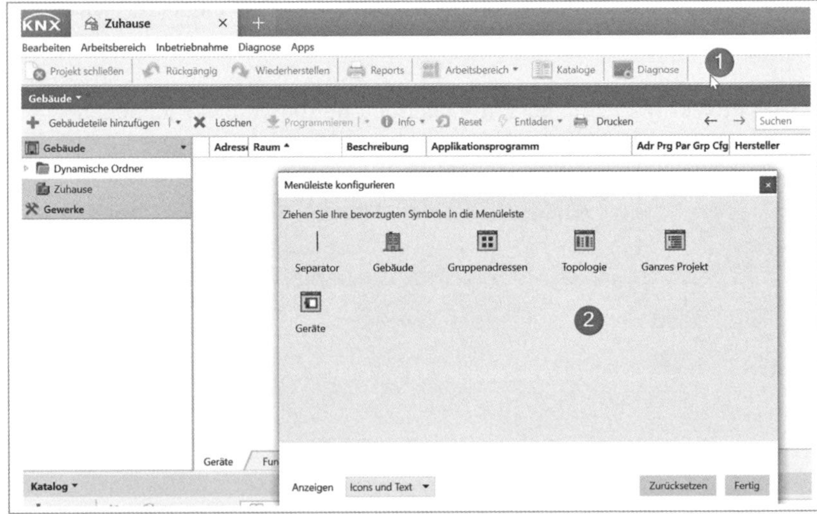

Bild 2.4 Menüzeile anpassen

Unter „Gebäude hinzufügen" können je nach Selektion Teile der Gebäudestruktur, Funktionen und Geräte eingefügt werden. Was sich in der jeweiligen Selektion einfügen lässt, sieht man, wenn das Auswahlicon bei „Hinzufügen" gedrückt wird.

„Löschen" bezieht sich ebenfalls auf selektierte Elemente.

„Programmieren" entspricht in vollem Umfang den „Inbetriebnahme"-Funktionen aus der globalen Menüleiste. Hier werden alle Onlinefunktionen auf den Bus getätigt (**Bild 2.6**).

„Geräteinfo", „Zurücksetzen" und „Entladen" sind ebenfalls typische Onlinefunktionen und werden im Kapitel D 5 noch eingehender behandelt.

Bild 2.5 Menüzeile „Gebäude"

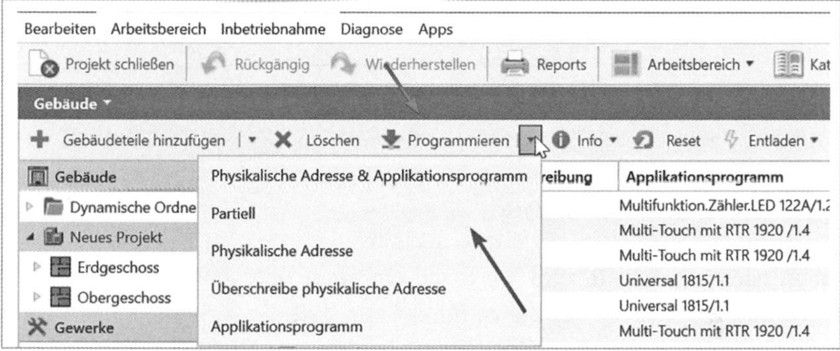

Bild 2.6 Programmieren „Gebäude"

2.2.1 Gebäudeansicht bearbeiten

Im folgenden Beispiel soll in einer leeren Gebäudeansicht (Projektierung ohne Projekt-Wizard) der eingeschossige Süd- und Westflügel eines Hotels entstehen.

Im Südflügel werden der Empfangsraum, der Wintergarten, die Flure, der Speisesaal, die Küche, die Lounge und der Sanitärbereich einfügt.

Ein Hauptverteiler befindet sich ebenfalls im Südflügel. Gestartet wird mit „Hinzufügen" – „Gebäude" und der Beschriftung „Hotel" (**Bild 2.7**).

Im Eingabefenster können Anzahl der Gebäude und Parallelobjekte vorgegeben werden. Nachdem das Gebäude „Hotel" angelegt ist, werden die Gebäudeteile „Süd- und Westflügel" eingefügt (**Bild 2.8**).

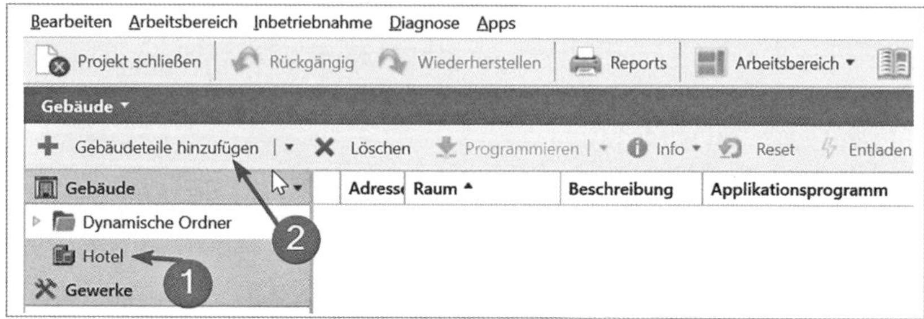

Bild 2.7 „Hotel"-Gebäudeteile hinzufügen

Gebäudeteile hinzufügen
nach "Hotel"

Anzahl Name Reihen
1 Hotel Südflügel - +
1 Hotel Westflügel - +

OK Abbrechen

Bild 2.8 Gebäudeteile hinzufügen

Im nächsten Schritt wird die Etage eingefügt (**Bild 2.9**). Die Vorgehensweise ist die gleiche – wichtig ist immer nur, dass die vorhergehende Ebene selektiert wird, bevor die „Hinzufügen“-Funktion gewählt wird.

In der Etage „Erdgeschoss“ werden nun alle Flure und Räume eingefügt (**Bild 2.10**). In der Küche soll der Hauptverteiler des gesamten Südflügels untergebracht werden. Dazu wird die Küche selektiert und mit „Hinzufügen“ das nun eingegrenzte Auswahlmenü geöffnet (**Bild 2.11**).

Eine Alternative dieser Struktur ist eine Ordnung nach Gewerken. Dazu wird) zunächst die Rubrik „Gewerke“ selektiert (**Bild 2.12**). Mit der „Hinzufügen“-Auswahl werden weitere Gewerke eingesetzt, unter die dann die Geräte eingefügt werden.

> **Tipp:** Die übliche Darstellungsform ist die „Gebäude“-Darstellung. Bei der „Gewerke“-Darstellung verliert man leicht den Überblick, was die lokalen Gegebenheiten betrifft.

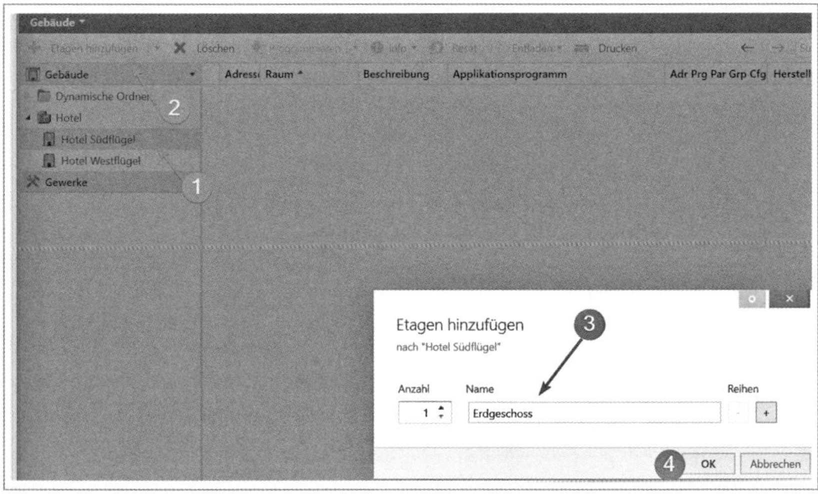

Bild 2.9 Etagen hinzufügen

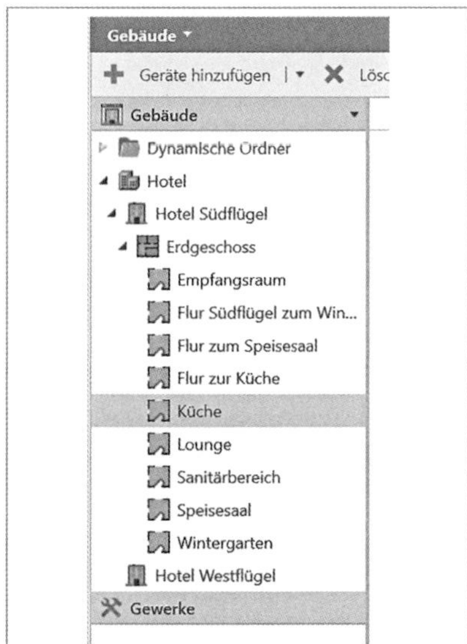

Bild 2.10 Räume einfügen

Bild 2.11 Räume einfügen

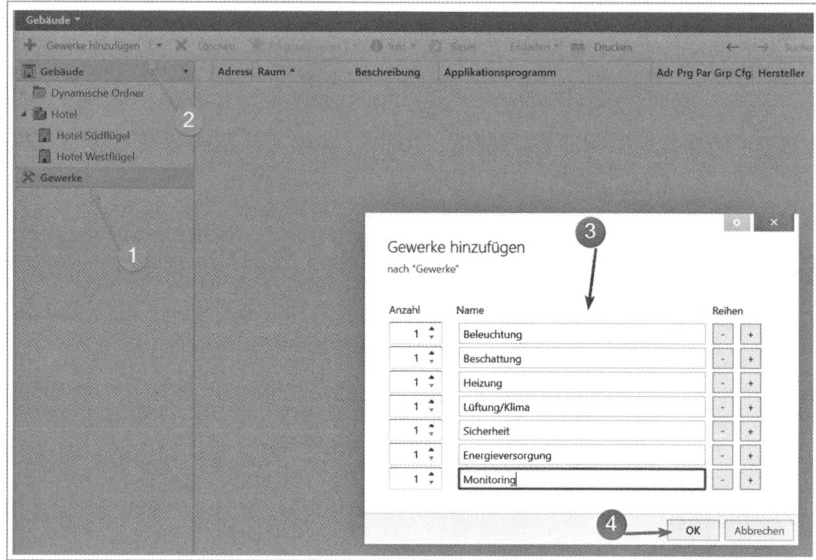

Bild 2.12 Gewerke anlegen

2.2.2 Geräte einfügen in der Gebäudeansicht

Im **Bild 2.13** wird die Vorgehensweise am Beispiel des Empfangsraums gezeigt, in den das erste Gerät eingefügt werden soll. Bei selektiertem Raum wird über „Hinzufügen" die begrenzte Auswahltabelle mit „Schaltschränke", „Geräte" und „Funktionen" angezeigt. Durch die Auswahl „Geräte" öffnet sich direkt die Kataloganaicht.

> **Hinweis:** Die Kataloganaicht wird noch ausführlich unter Abschnitt D 2.8 besprochen, hier wird nur die weitere Vorgehensweise zum Einfügen von Geräten erörtert.

An der Wand des Empfangsraums soll ein Multi-Touch Pro eingebaut werden. Dazu gibt man im Suchfeld der Kataloganaicht die Bezeichnung oder Teile der Bezeichnung ein. Aus den ausgefilterten Ergebnissen (**Bild 2.14**) wird das betreffende Gerät ausgewählt und mit dem Button „Hinzufügen" in die Statusleiste eingefügt.

In der Gebäudeansicht (**Bild 2.15**) ist nun das eingefügte Gerät im Empfangsraum zu sehen und kann individuell beschrieben werden. Besonders bei Geräten wie Displays ist eine ausführliche Dokumentation der Funktionen sehr wichtig.

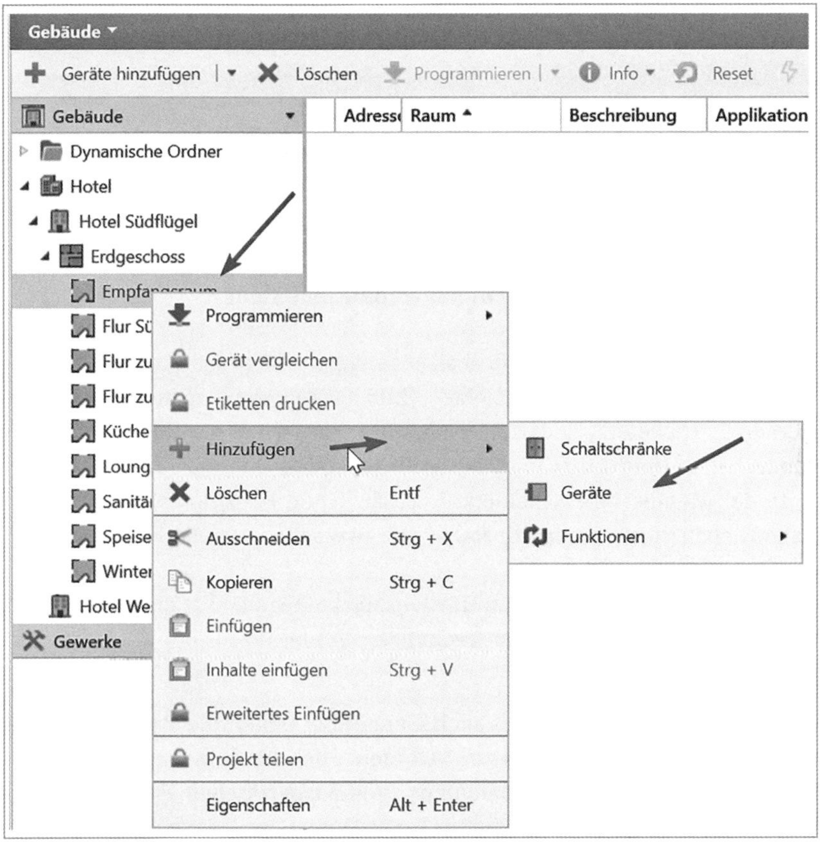

Bild 2.13 Gerät einfügen

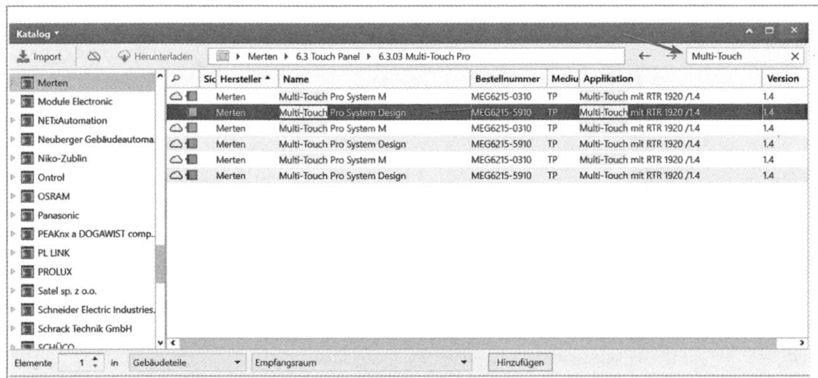

Bild 2.14 Multi-Touch Pro einfügen – Empfangsraum

Bild 2.15 Multi-Touch Pro Empfangsraum – Gebäudeansicht

2.2.3 Geräte bearbeiten in der Gebäudeansicht

Wird ein Gerät in der Gebäudeansicht selektiert, sieht man rechts die Registerkarte „Kommunikationsobjekte" (**Bild 2.16**). Klickt man auf das Registerfeld „Parameter", ändern sich die Menüleiste und die Register der Gebäudeansicht (**Bild 2.17**).

In der Menüleiste erscheinen die zusätzlichen Funktionen „Änderungen hervorheben" und „Standardparameter", was sehr sinnvolle Funktionen bei der Parametrierung sind.

Über die Register „Kommunikationsobjekte" und „Parameter" können im Bearbeitungsfeld die entsprechenden Änderungen und Ergänzungen durchgeführt werden.

> **Hinweis:** Es gibt allerdings auch Geräte, bei denen die Parameter in einen separaten Plug-In angezeigt werden. Hier erscheint im Register „Parameter" die (klickbare) Meldung „Produktspezifischen Parameterdialog öffnen". Die ETS hat in derartige Parameterdialoge keinen Zugriff.

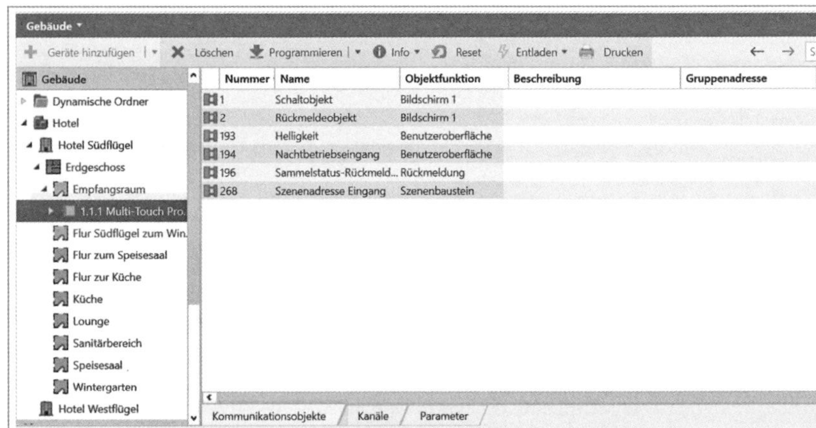

Bild 2.16 Kommunikationsobjekte – Geräteauswahl

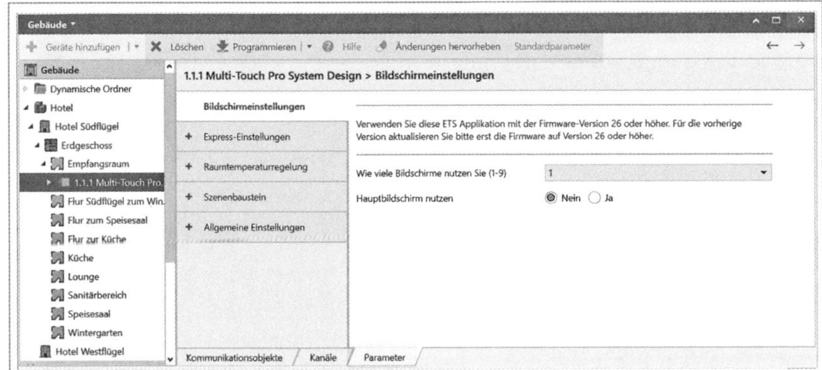

Bild 2.17 Parameter – Geräteauswahl

Das Parametrieren der Geräte ist das Kernstück der Anpassung an die Aufgaben, die die Geräte erfüllen sollen. In der ETS6 werden die Parameter der neuen Geräte wieder in der ETS selbst verwendet. Frühere Geräte verwenden noch Plug-Ins, die in einen separaten Parameterdialog geöffnet wurden/werden. Hier werden die Einstellungen anhand von herstellerspezifischen Verfahren getroffen.

Das Wissen über diese Parametrierung ist von absoluter Bedeutung für die erfolgreiche Projektierung des KNX-Profis und wird am Besten in Produktschulungen der Hersteller vermittelt.

> **Tipp:** Legen Sie Parameterbeschreibungen der Geräte immer als Dokument mit in die Projektdateien ab, sodass sie immer griffbereit sind (siehe D 1.2.1).

Die Dokumentation aller Arbeitsschritte ist wichtig. Dafür gibt es auf der rechten Seite der Gebäudeansicht die Möglichkeit der Kommentierung (**Bild 2.18**). Die „Eigenschaften“ teilen sich in drei Register auf. Unter „Einstellungen“ erscheinen Gerätebezeichnung, die manuelle Beschreibung des Gerätes (diese kann hier auch geändert werden), die Physikalische Adresse des Gerätes (diese wurde aus der Projekteröffnung mit Bereich 1 und Linie 1 übernommen) sowie ein Änderungseintrag. Unter „Kommentar“ kann man weitere Angaben machen. Sinnvoll bei großen Projekten ist es immer, einen Hinweis zum lokalen Standort des Gerätes zu hinterlegen. Im Feld „Information“ werden Angaben der Hersteller zur Applikation des Gerätes gelistet. Natürlich können auch Gebäudeteile, Räume oder Verteiler selektiert und kommentiert werden.

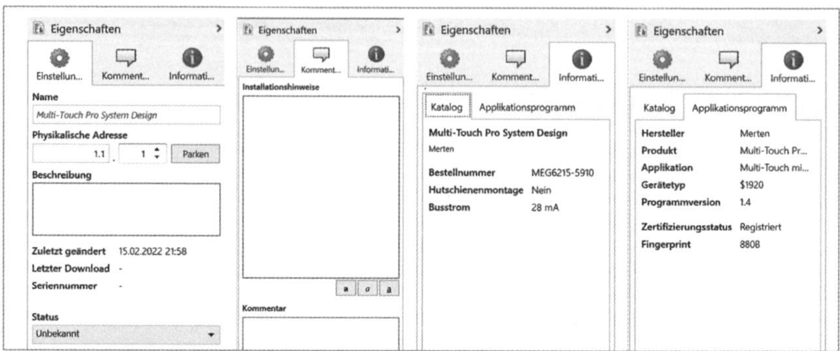

Bild 2.18 Eigenschaften-Feld

Im Feld der gelisteten Kommunikationsobjekte des selektierten Gerätes ist es besonders wichtig, nach der Parametrierung die richtigen Gruppenadressen der jeweiligen Kommunikationsobjekte zuzuweisen. Die Beschriftung wird automatisch durch die Gruppenadresse aufgefüllt. Dabei sollte darauf geachtet werden, dass eine gewisse „Durchgängigkeit" zu Bezeichnung der dazugehörenden Gruppenadressen entsteht (**Bild 2.19**).

Bei diesem Beispiel sieht man, dass die Mittelgruppe 1 ⇒ 1/1/1 ⇒ eine „Schalten"-Adresse ist und die Mittelgruppe 5 für „Rückmeldung" steht ⇒ 1/5/1. Alternativ könnte man auch in der Beschreibung der Gruppenadresse den Zusatz „schalten" schreiben bzw. „Rückmeldung schalten".

Den in der KNX-Spezifikation genormten DPTs (Datenpunkt-Typen – siehe A 2.4) kommt eine immer wichtigere Aufgabe in der ETS zu. Sie erfüllen wesentliche Eigenschaften, z. B. die „Typ"-Validierung von GA(Gruppenadress)-Werten zur Laufzeit (Anzeige im Monitor) oder die Prüfung von möglichen Zuordnungen.

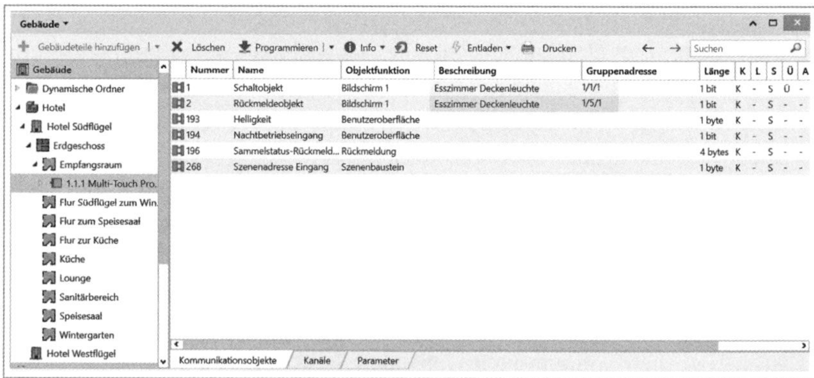

Bild 2.19 Kommunikationsobjekte – Gruppenadressen

Wenn eine GA (zum Lesen oder Schreiben eines Werts) ausgewählt wird, so ist der erste im Projekt gespeicherte DPT automatisch vorausgewählt (solange ein Kommunikationsobjekt mit einem dedizierten DPT verknüpft ist). Falls keinem Kommunikationsobjekt ein DPT zugeordnet ist, wird der DPT-Haupttyp angezeigt.

Es werden nur GAs angeboten, die in der Bit-Breite kompatibel für eine Zuordnung sind. Alle nicht kompatiblen GAs werden ausgefiltert bzw. im Dialog nicht angezeigt. Es gibt dabei zwei grundsätzliche Fallvarianten:

- Die gewünschte GA hat explizit eine DPT-Zuweisung, aber keine GO(Gruppen- oder Kommunikationsobjekt)-Zuordnung (ist also „leer“).
- Die gewünschte GA hat eine/mehrere GO-Zuordnungen und demzufolge implizit eine Bit-Breite (eine eventuelle DPT-Zuordnung am GO ist dann nicht mehr relevant).

> **Fazit:** Konkrete Angaben verhindern eine Fehlinterpretation. Zur eindeutigen Zuordnung kann man bei selektiertem Kommunikationsobjekt in der Ansicht „Eigenschaften“ die Auswahl des zutreffenden DPT-Typen tätigen. In der Auswahltabelle unter „Datentyp“ (**Bild 2.20**) werden nur die möglichen DPTs angezeigt.

Darüber hinaus wird in den „Eigenschaften“ die Priorität angezeigt. Sie ist per Auswahltabelle auf „Alarm“, „Hoch“ oder „Niedrig“ (Normalzustand) veränderbar. Dadurch kann für den Fall einer Telegrammkollision der „Vorrang“ eines bestimmten Telegramms sichergestellt werden.

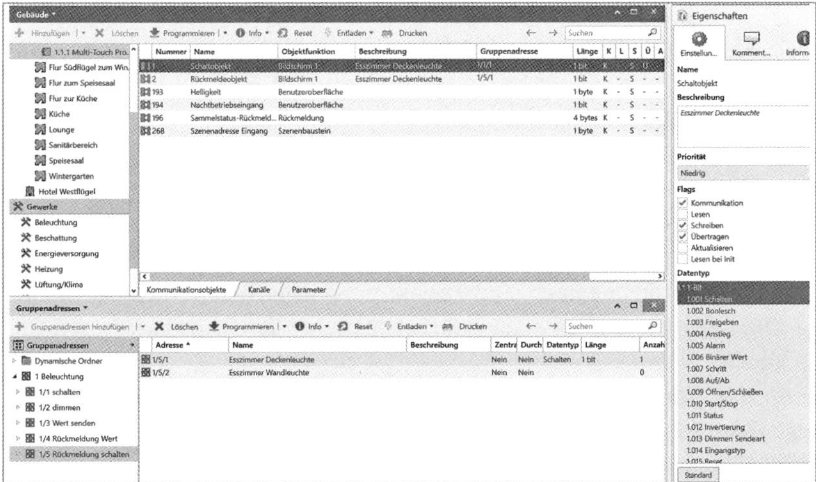

Bild 2.20 Eigenschaften – Gruppenadressen – Datenpunkte

Darunter werden die vom Hersteller der Applikation empfohlenen Flag-Einstellungen angezeigt. Bis auf wenige Ausnahmen müssen diese Einstellungen nicht verändert werden. Routinierte Nutzer verwenden die Flags auch für Inbetriebnahme und Fehlersuche.

Die Möglichkeit, geänderte Parametereinstellungen sichtbar zu machen, ist spätestens bei der Inbetriebnahme eine große Hilfe. Im **Bild 2.21** wird dies anhand der geänderten Helligkeitsbedingung dargestellt.

> **Achtung!** Mit „Standardparameter" werden alle Parameter wieder zurückgesetzt!

Als nächstes werden nun die Funktionen über die Ansicht „Gruppenadressen" realisiert. Deshalb widmet sich Abschnitt 2.3 der Gruppenadressansicht.

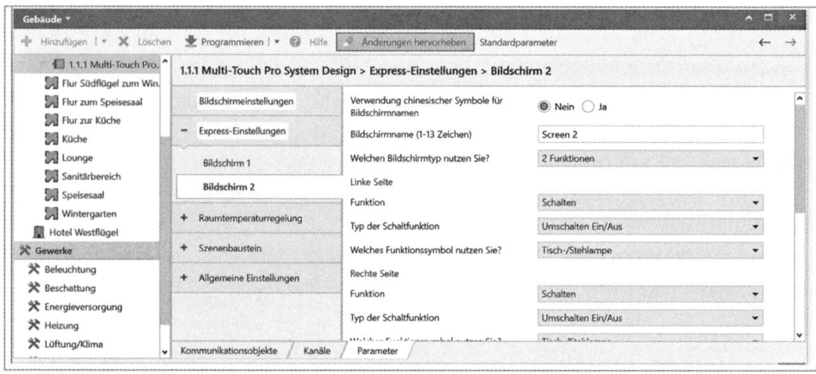

Bild 2.21 Parameteränderungen hervorheben

2.3 Gruppenadressansicht

Die Gruppenadressansicht wird in der ETS6 in den Projekteinstellungen für jedes Projekt einzeln justiert. Wird die Ansicht geändert, so wird das ausgewählte (und möglicherweise geöffnete) Projekt geschlossen, um die nötigen Änderungen vorzunehmen. Das Projekt muss danach vom Benutzer wieder geöffnet werden. Die unterschiedlichen Formate der Gruppenadressen sind in **Tabelle 2.1** zu sehen.

In der Gruppenadressansicht werden zunächst die Hauptgruppen angelegt (**Bild 2.22**). Dazu wird nach der Selektierung des Gruppenadresssymbols „Hinzufügen" angeklickt und die Hauptgruppen nach der beschriebenen Philosophie eingegeben.

Nr.	Name	Gliederung	Bit-Bereich	Beispiel	Bemerkung
1	dreistufig	Haupt-/Mittel-/Untergruppe	5/3/8	1/1/11	Seit ETS2 32 Hauptgruppen (0…31) 8 Mittelgruppen (0…7) 256 Untergruppen (0…255) 0/0/0 nicht möglich
2	zweistufig	Haupt-/Untergruppe	5/1/1	1/111	Seit ETS3 32 Hauptgruppen (0…31) 2048 Untergruppen (0…2047) 0/0 nicht möglich
3	frei	Untergruppe	16	1111	Seit ETS4 65535 Untergruppen (0…65535) 0 nicht möglich

Tabelle 2.1 Gruppenadressformate

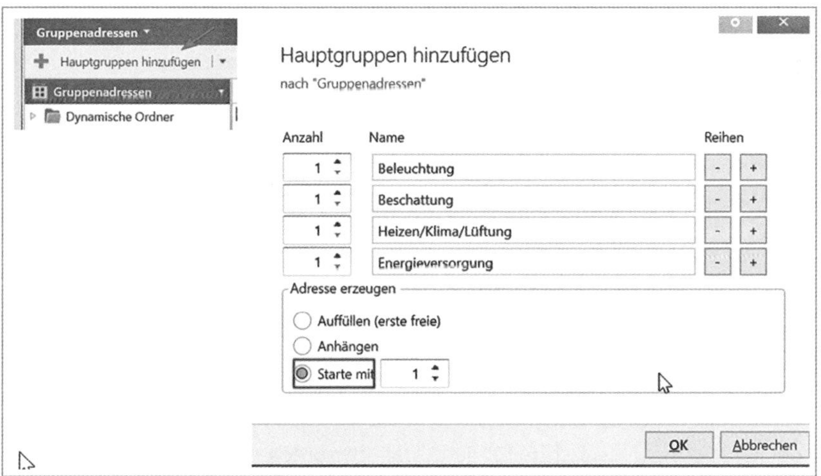

Bild 2.22 Gruppenadressen Hauptgruppe

Hier wurde im Beispiel mit der Zahl „1“ begonnen. Sie können aber auch „Auffüllen“ oder „Anhängen“, wenn Erweiterungen durchzuführen sind. Damit schließen Sie Lücken.

Bei größeren Projekten ist es sinnvoll, die Gewerke noch weiter zu untergliedern. Bei 31 Hauptgruppen lassen sich hilfreiche Kombinationen aus Gewerk und Location erstellen, wie z. B. „Beleuchtung Südflügel Erdgeschoss“. Die Dokumentation der GA-Bestandteile zeigt **Tabelle 2.2.**

Nach den Hauptgruppen werden die Mittelgruppen angelegt. Meistens sind diese von der Beschreibung gleich oder ähnlich. Deshalb können sie, wie in **Bild 2.23** dargestellt, kopiert werden. Hierzu wird eine Mittelgruppe sowie eine Gruppenadresse angelegt und beschriftet. Mittels Kontextmenü

Gruppe	Information	Textinfo Name	Textinfo Beschreibung
Hauptgruppe	Gewerk	Hinweis auf Gewerk im Bereich	Ergänze Informationen
Mittelgruppe	Location	Hinweis auf Einbauort	Ergänze Informationen
Untergruppe	Funktion	identisch mit Kommunikationsobjekt	Ergänze Informationen

Tabelle 2.2 Gruppenadressdokumentation

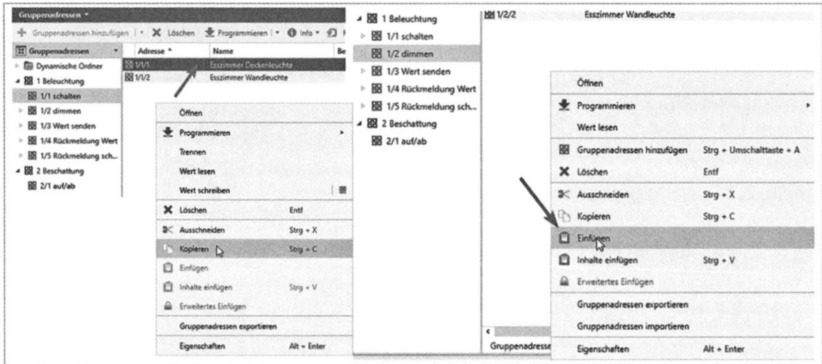

Bild 2.23 Gruppenadressen kopieren und einfügen

wird sie in den Zwischenspeicher gelegt und in gleicher Weise wieder in der nächsten Hauptgruppe/Mittelgruppe eingefügt.

Das Anlegen der Untergruppen funktioniert nach dem gleichen Prinzip. Untergruppen werden logischerweise am meisten benötigt. Sie brauchen den größten „Erkennungswert". Deshalb hat sich in der Praxis folgende Vorgehensweise bewährt:

Zunächst wird die entsprechende Mittelgruppe selektiert (**Bild 2.24**) und mit „Gruppenadressen hinzufügen" das entsprechende Editionsfenster geöffnet. Dann wird der Start der Untergruppen definiert und die Anzahl festgelegt. Mit „OK" werden diese dann mit der Bezeichnung „Neue Gruppenadresse" aufgelistet. Es können aber auch gleich die Beschriftungen im Dialogfeld „Gruppenadressen hinzufügen" eingegeben werden.

> **Tipp:** In der Liste werden nun die Namen der Untergruppen vergeben (**Bild 2.25**). Dazu empfiehlt es sich, die Liste mit den Namen der Kommunikationsobjekte zusätzlich anzuzeigen, sodass die Beschriftungen eindeutig zueinander passen.

Die Beschriftungen der Gruppenadressen können im Nachhinein noch abgeändert werden: Unter „Eigenschaften" (rechts in der ETS) können unter „Name" noch Änderungen vorgenommen werden.

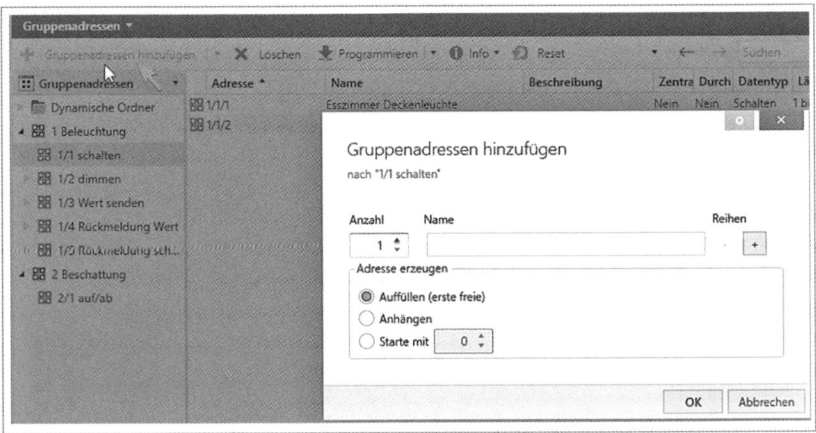

Bild 2.24 Gruppenadresse – Untergruppe anlegen

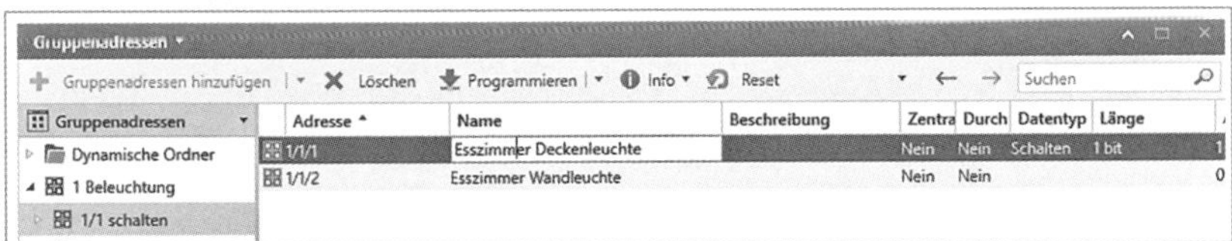

Bild 2.25 Gruppenadressen beschriften

Gruppenadressen zuweisen

Die angelegten fertigen Gruppenadressen werden im nächsten Schritt den Kommunikationsobjekten zugeordnet. Die klassische Form dieser Zuordnung erfolgt im Drag-and-drop-Verfahren. Dazu ist es notwendig, zwei Ansichten aufzurufen: die Gruppenadressansicht und die Gebäudeansicht (**Bild 2.26**). Natürlich lassen sich die Gruppenadressen auch in die Ansicht „Topologie“ oder „Ganzes Projekt“ ziehen. Die Ansichten werden hierzu beide geöffnet und über die globale Menüzeile „Fenster“ und „Fenster vertikal aufteilen“ übereinandergestellt.

Der DPT-Typ aus dem Kommunikationsobjekt wird bei der Zuweisung auf die Gruppenadresse übertragen. Damit ist diese festgelegt und kann nicht mehr fälschlicherweise auf ein ungeeignetes Kommunikationsobjekt gezogen werden. Sollte es trotzdem versucht werden, erscheint die Anzeige „Validierung fehlgeschlagen“ (**Bild 2.27**).

> **Wichtig!** Bei der ersten Zuweisung einer Gruppenadresse auf ein Kommunikationsobjekt wird diese vom DPT festgelegt. War diese erste Zuweisung falsch, muss sie wieder getrennt werden.

Eine Gruppenadresszuweisung wird gelöscht, indem mit der rechten Maustaste auf die GA im Kommunikationsobjekt (**Bild 2.28**) und dann „Trennen" geklickt wird.

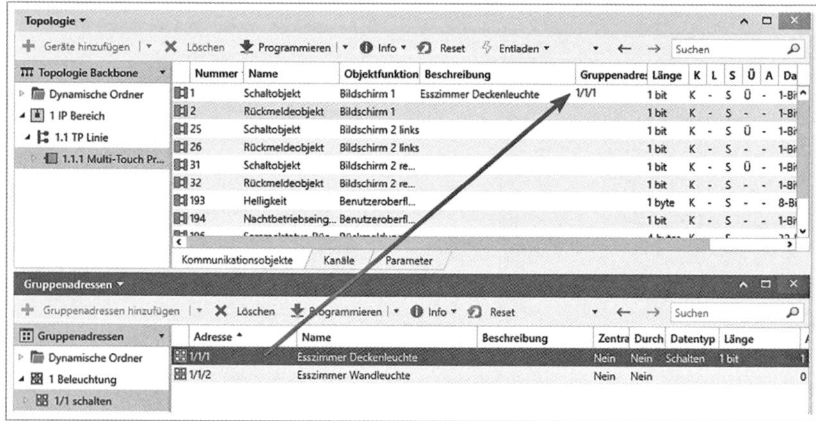

Bild 2.26 Gruppenadressen verziehen

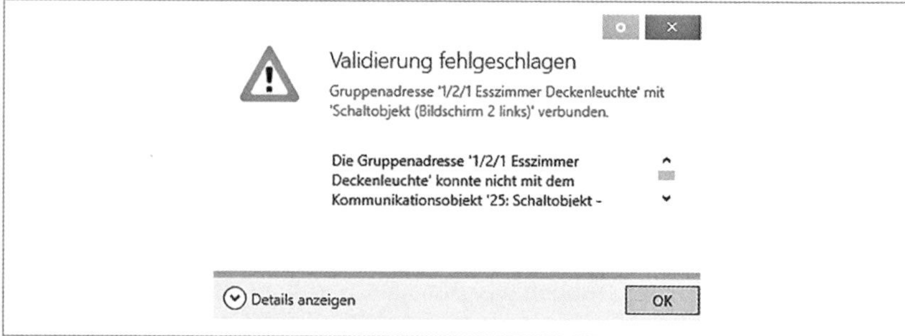

Bild 2.27 „Validierung fehlgeschlagen"

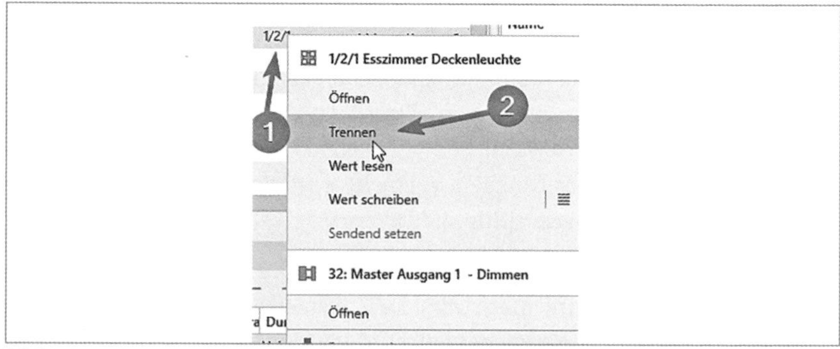

Bild 2.28 Gruppenadressen trennen

Weitere Funktionen im Kontextmenü sind:

- „Öffnen" – damit wird die Quelle in der Gruppenadressansicht angewählt – man kann alle Verbindungen dieser GA einsehen.
- „Wert lesen/Wert schreiben" – es öffnet sich der Gruppenmonitor – es kann ein Telegramm mit der GA gesendet oder der Wert der GA ausgelesen werden.

Achtung! Beachten Sie, dass geschriebene Werte die gleichen Resultate bewirken wie Werte, die von einem Gerät aus der Installation (z. B. einem Sensor) kommen. Das Senden unerwarteter Werte oder das Senden von Werten an bisher noch nicht konfigurierte Geräte kann möglicherweise unvorhersehbare Situationen auslösen: Beispielsweise, dass bei einem einzelnen Befehl zwar das Licht ausgeschaltet wird, aber durch die Rückmeldung auch andere Kanäle ausgeschaltet werden, die man nicht im einzelnen Befehl haben wollte.

- „Sendend setzen" – die Funktion bewirkt, dass diese GA in die erste Reihe vorrückt, also zur sendenden GA wird. Grundsätzlich wird immer nur die erste GA in einem Kommunikationsobjekt gesendet. Jede weitere wird lediglich gehört (**Bild 2.29**).

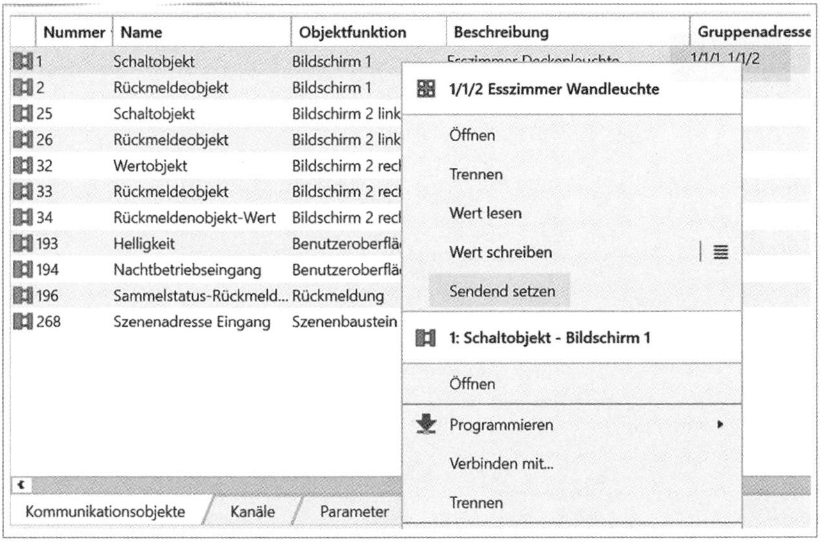

Bild 2.29 Gruppenadressen „Sendend setzen"

Hinweis: „Ermittle Objektbeschreibung durch“ ist in der ETS6 nicht mehr enthalten, da in der ETS6 die Beschreibung der Gruppenadresse als Beschreibung hergenommen wird.

Eine weitere Methode, Gruppenadressen zuzuweisen, läuft bei selektiertem Kommunikationsobjekt über das Kontextmenü (**Bild 2.30**). Mit dem Menüpunkt „Verbinden mit“ öffnet sich die Auswahl der angelegten GAs und es kann die gewünschte GA ausgewählt werden.

Voraussetzung ist, dass diese GA bereits besteht. Die Plausibilitätsprüfung bezüglich des GA-Formats läuft in diesem Modus in gleicher Weise ab wie bei der Drag-and-drop-Methode.

Um alle Assoziationen einer Gruppenadresse anzuzeigen, kann in der Gruppenadressansicht eine GA im Baumdiagramm angeklickt werden. In der Listenansicht rechts daneben werden dann alle Kommunikationsobjekte aller verbundenen Geräte angezeigt (**Bild 2.31**).

Auch alle weiteren mit den Kommunikationsobjekten verbundenen GAs werden gelistet – ein wichtiges Hilfsmittel, um Zusammenhänge schnell aufnehmen zu können.

Bild 2.30 Gruppenadressen „Verbinden mit“

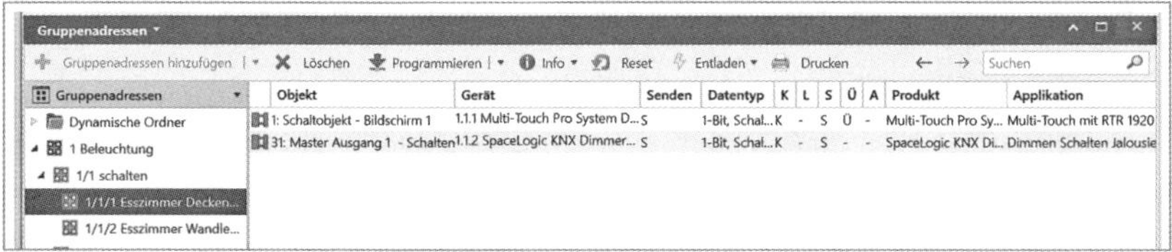

Bild 2.31 Gruppenadressen-Assoziation

2.4 Dynamische Ordner

Die Funktion „Dynamische Ordner“ gibt es

- in der Gebäudeansicht,
- der Gruppenadressansicht,
- der Topologie,
- der Ganzes-Projekt-Ansicht und
- der Geräteansicht.

In jeder dieser Ansichten sind bereits dynamische Ordner vorhanden, in der Ganzes-Projekt-Ansicht ist es die Zusammenfassung aller Ansichten (**Bild 2.32**).

Gebäudeansicht: Hier werden „Geänderte Geräte“ angezeigt, damit man den Download nicht vergisst. „Initial-Geräte“ weisen darauf hin, dass sie noch nicht mit einer PA (Physikalischen Adresse) angelegt wurden. „Keinem Raum zugewiesen“ bedeutet, dass Geräte nicht in der Gebäudeansicht auftauchen.

Gruppenadressenansicht: „Adressen mit Kommentar versehen“ weist auf Gruppenadressen mit zusätzlichem, benutzerspezifischem Kommentar hin. „Adressen nicht zugewiesen“ erinnert an GAs ohne Kommunikationszuweisung.

Bild 2.32 Dynamische Ordner

Topologieansicht: In der Topologieansicht sind die Ordner „Geänderte Geräte“ und „Initial-Geräte“ vorhanden.

Geräteansicht: Hier findet man die Ordner „Geänderte Geräte“, „Initial-Geräte“, „Keinem Raum zugewiesen“ und „Keiner Linie zugewiesen“, was bedeutet, dass das Gerät keine PA besitzt.

Es können beliebig viele dynamische Ordner erzeugt werden. Dazu wird das Kontext-Menü über „Dynamische Ordner“ geöffnet und „Neuer dynamischer Ordner“ angewählt (**Bild 2.33**).

Bild 2.33 Dynamischen Ordner anlegen

Der neue dynamische Ordner erhält einen Namen und es wird das erste Element, der Inhalt des Ordners, angegeben. Ein solcher neuer Ordner kann

- Geräte,
- Kommunikationsobjekte,
- Gruppenadressen,
- Gebäudeteile,
- Gewerke oder
- Linien

enthalten.

Anschließend werden die Filterkriterien definiert und eventuell mit weiteren logisch verknüpft (und/oder). In **Tabelle 2.3** sind unter den möglichen sechs Inhalten des dynamischen Ordners alle Auswahlkriterien aufgelistet, die zur Wahl stehen.

Diese Kriterien können dann mit logischen Bedingungen versehen werden, wie in **Tabelle 2.4** aufgelistet.

Im dynamischen Ordner unseres Beispiels werden Kommunikationsobjekte mit mehr als zwei Verknüpfungen gesucht, die mit „Beleuchtung“ oder „Licht“ beschrieben wurden (**Bild 2.34**).

Ordner beinhaltet		
Geräte	**Kommunikationsobjekte**	**Gruppenadressen**
Applikationsprogramm	Anzahl Verknüpfungen	Anzahl Verknüpfungen
Applikationsprogramm geladen	Beschreibung	Beschreibung
Beschreibung	Gerätebestellnummer	Datentyp
Bestellnummer	Gerätegewerk	Durch Linienkoppler lassen
Fertigstellungsstatus	Gerätename	Gruppenadressen
Gruppenadresse	Geräteraum	Länge (bit)
Gewerk	Kommunikations-Flag	Name
hat Kommunikationsobjekte	Länge	Zentral
Hersteller	Lese-Flag	
ist Powerline-Repeater	Name	
Kommunikation geladen	Objektfunktion	
Linienadresse	Physikalische Adresse	
Mediumkonfiguration geladen	Read-on-init-Flag	
Name	Schreiben-Flag	
Parameter geladen	Übertratungs-Flag	
Physikalische Adresse	Update-Flag	
Physikalische Adresse geladen		
Produkt		
Raum		
zuletzt geändert		
Ordner beinhaltet		
Gebäudeteile	**Gewerke**	**Linien**
Beschreibung	Beschreibung	Adresse
Fertigstellungsstatus	Fertigstellungsstatus	Bereichsadresse
Name	Name	Beschreibung
Nummer	Nummer	Domänenadresse
		Fertigstellungsstatus
		Medium
		Name

Tabelle 2.3 Auswahlkriterien eines dynamischen Ordners

Enthält	Endet	Ist
Enthält	Endet mit	Ist
Enthält nicht	Beginnt mit	Ist leer
		Ist nicht

Tabelle 2.4 Logische Bedingungen für dynamische Ordner

Neuer dynamischer Ordner

Ordnereigenschaften

Ordnername: Beleuchtung

Ordner enthält: Gruppenadressen

Ordner-Kriterien

Anzahl Verknüpfungen | Größer als | 2

UND Beschreibung | Enthält | Beleuchtung

ODER | Enthält | Licht

Bild 2.34 Dynamischer Ordner „Beleuchtung“

2.5 Topologieansicht

In der Ansicht „Topologie“ kann man wie in der Ansicht „Gebäude“ Geräte einfügen und bearbeiten, Kommunikationsobjekte beschriften, Parameter-Einstellungen vornehmen und Kommunikationsobjekte mit Gruppenadressen verknüpfen.

2.5.1 Linien- und Bereichskoppler

Die Topologie-Ansicht wird unbedingt gebraucht, wenn weitere Bereiche oder Linien angelegt werden sollen. In **Bild 2.35** wird in der Topologie eine neue Linie eingefügt, beschriftet und mit Kopplern bestückt.

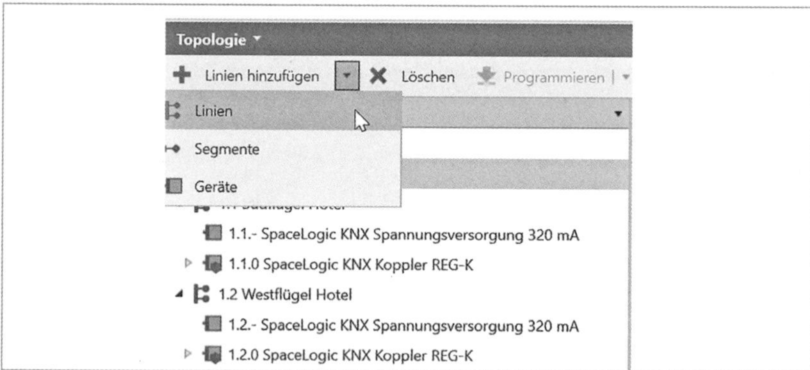

Bild 2.35 Topologiekoppler – SV anlegen

2.5.2 Filtertabellen

Linienkoppler haben unter anderem die Aufgabe, Telegramme zu filtern, damit das Telegrammaufkommen in den Linien begrenzt bleibt. Dazu erstellt die ETS automatisch Filtertabellen. Um diese Filtertabelle sichtbar zu machen, wird das Kontextmenü über den Bereichs- oder Linienkoppler geöffnet (**Bild 2.36**) und „Vorschau Filtertabelle" gewählt. In der Filtertabelle werden die Gruppenadressbereiche angezeigt, die gefiltert durch den Linienkoppler 1.1.0 übertragen werden. Alle anderen werden gesperrt.

Achtung! Nach jeder Änderung von Gruppenadresszuweisungen über Bereiche und Linien hinweg muss die Applikation des Linienkopplers geladen werden, damit die Filtertabelle aktualisiert wird.

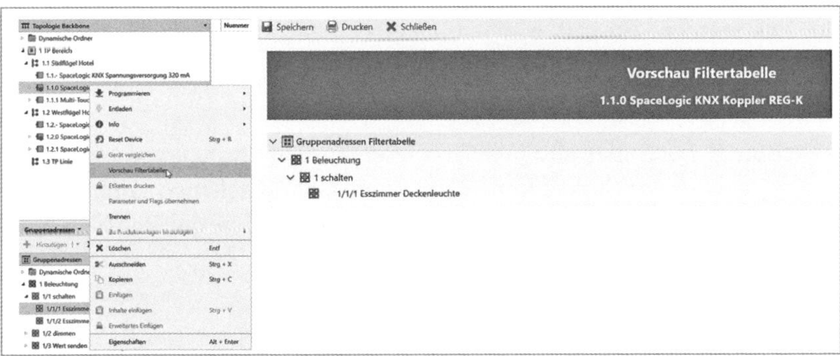

Bild 2.36 Topologiekoppler-Filtertabelle

2.6 Ansicht „Geräte"

In der Topologie werden die Geräte gemäß ihren Physikalischen Adressen in den Bereichen und Linien angezeigt. In der Ansicht „Geräte" werden alle Geräte ohne Unterordnung aufgelistet. Wie in der Gebäudeansicht oder der Topologie können die Geräte bearbeitet werden (**Bild 2.37**).

Achtung! Wenn in dieser Ansicht ein neues Gerät hinzugefügt wird, wird das Gerät automatisch einem Gebäudeelement und/oder einer Bus-Linie zugeordnet. Die Zuordnung hängt von den Einstellungen für die aktuelle Linie ab.

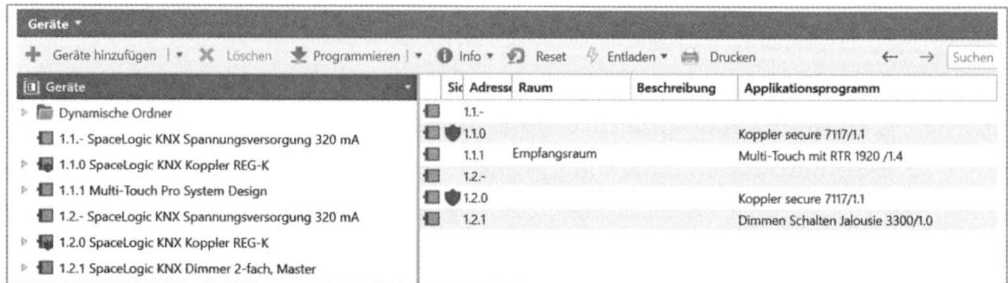

Bild 2.37 Ansicht „Geräte"

2.7 Ansicht „Ganzes Projekt"

Diese Ansicht ist die Zusammenfassung aller Ansichten auf einen Blick. Aus ihr heraus könnten alle Arbeiten der ETS ohne Wechsel und ohne Mehrfachansichten erledigt werden. Bei größeren Projekten kann das aber unübersichtlich werden. Deshalb machen die einzelnen Ansichten durchaus Sinn. In **Bild 2.38** ist die Struktur aus Gebäude, Gewerke, Topologie, Gruppenadressen und Geräten zu erkennen.

> **Achtung!** Auch hier gilt: Wird in dieser Ansicht ein neues Gerät hinzufügt, so wird das Gerät automatisch einem Gebäudeelement und/oder einer Bus-Linie zugeordnet. Die Zuordnung hängt von den Einstellungen für die aktuelle Linie ab.

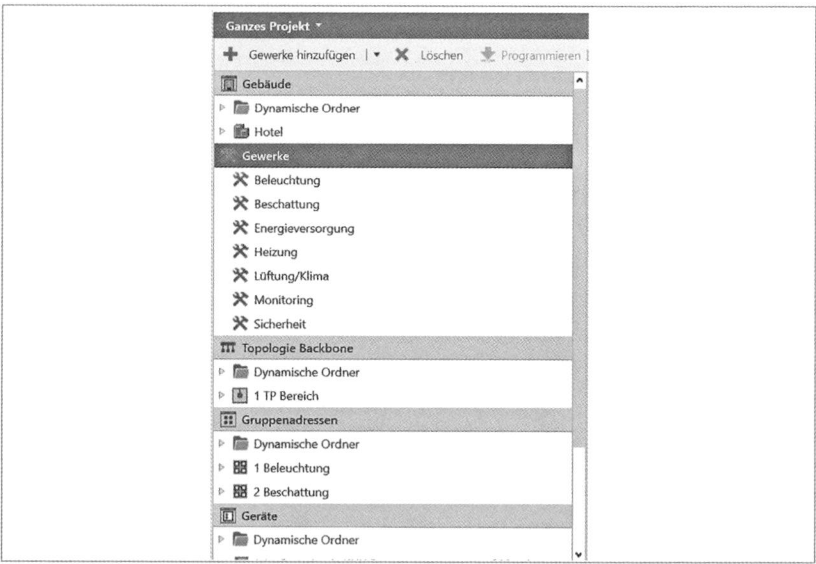

Bild 2.38 „Ganzes Projekt"-Ansicht

Idealerweise sollten Geräte in der Ansicht „Ganzes Projekt“ nur in der Topologie eingefügt werden.

2.8 Arbeitsbereich „Katalog“

In den Katalog gelangt man über die Symbolleiste und das „Katalog“-Icon oder über „Arbeitsbereich“ – „Kataloge“ (**Bild 2.39**).

Wenn ein Gerät im Arbeitsprozess eingefügt werden soll, springt die ETS automatisch aus den verschiedenen Ansichten heraus in die Katalogansicht. Bevor dies möglich ist, müssen jedoch erst Geräteapplikationen importiert werden.

Mit dem Icon „Import“ wird dazu ein Browser geöffnet (**Bild 2.40**), mit dem man auf die Suche nach Dateien mit der Endung *.knxprod; *.vdx; *.vd1; *.vd2; *.vd3; *.vd4 und *.vd5 gehen kann.

Nachdem eine passende Datei angewählt wurde, wird diese analysiert und geöffnet (**Bild 2.41**).

Eine Liste aller zertifizierten Produkte erhält man unter https://www.knx.org/knx-de/fuer-fachleute/erste-schritte/neue-knx-produkte/

Im nächsten Fenster erscheinen alle Produkte der Datenbank zur Suche. Man kann einzelne Geräte zum Import auswählen oder aber alle Produkte importieren (**Bild 2.42**).

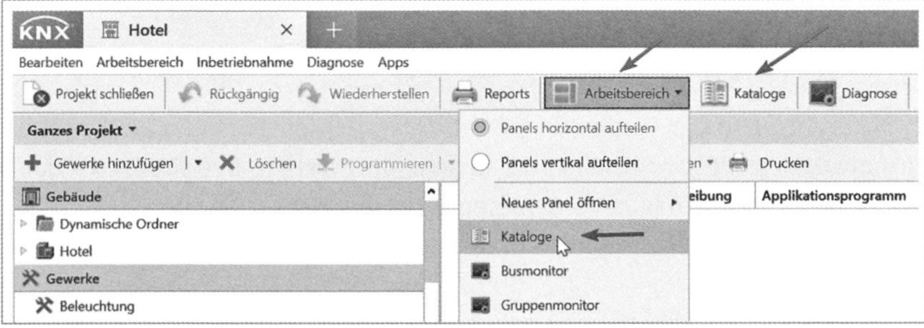

Bild 2.39 Aufruf „Katalog“-Arbeitsbereich

Bild 2.40 Katalogimport

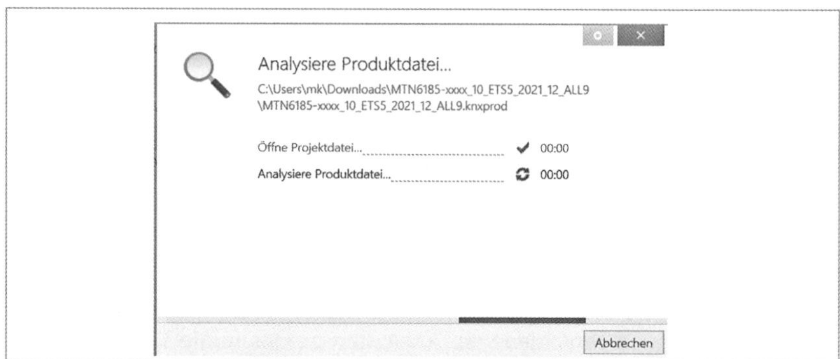

Bild 2.41 Produkt analysieren

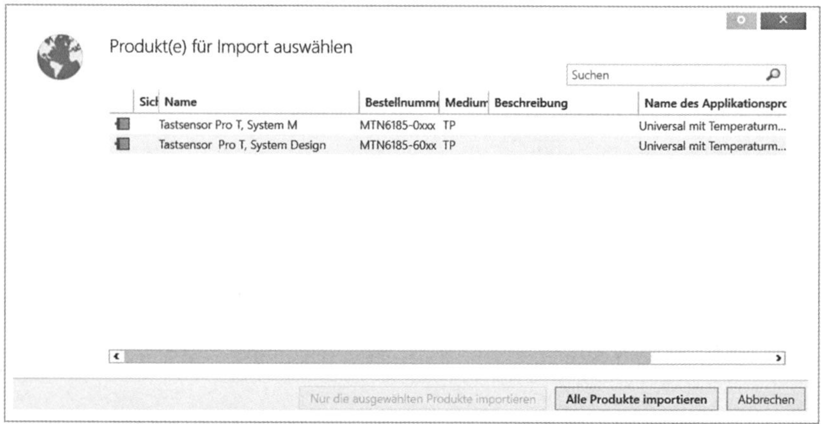

Bild 2.42 Produktauswahl im Katalogimport

Nach Auswahl der Geräte werden die Daten importiert und eine eventuell notwendige Plug-In-Installation angemeldet. Gerade bei älteren Geräten kann das noch sehr häufig vorkommen – bei den neuen Geräten ist es meist nicht erforderlich. Derartige Installationen sollten immer sofort durchgeführt werden.

Nach Abschluss des Imports sollte eine Erfolgsmeldung erscheinen. Nur dann können Sie davon ausgehen, dass alle Applikationen einsatzbereit sind. Werden fehlerhafte oder unvollständige Geräteimporte angezeigt, können diese Geräte im Katalog gefunden werden.

Verschiedene Zeichen geben dabei Aufschluss über den Zustand: Wird im Katalog ein rot umrandetes Ausrufezeichen angezeigt, ist das Gerät nicht verwendbar. Bei einem gelb umrandeten Ausrufezeichen ist das Gerät unvollständig.

Um Geräte und Gerätegruppen zu finden, gibt man (soweit bekannt) Bezeichnungen oder Teile von Bezeichnungen ein (**Bild 2.43**). Immer wenn diese Bezeichnung auftaucht, wird das entsprechende Gerät im Katalog angezeigt.

> **Achtung!** Entfernen Sie nach Gebrauch unbedingt die Angabe im Suchfenster, sonst werden plötzlich alle anderen Geräte nicht mehr angezeigt.

Wurde das richtige Gerät gefunden, kann es direkt aus dem Katalog in jeden beliebigen Gebäudeteil oder jede beliebige Linie eingefügt werden (**Bild 2.44**).

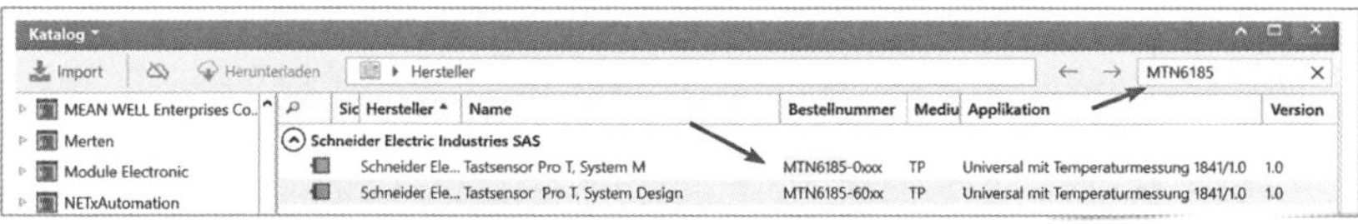

Bild 2.43 Produktsuche im Katalog

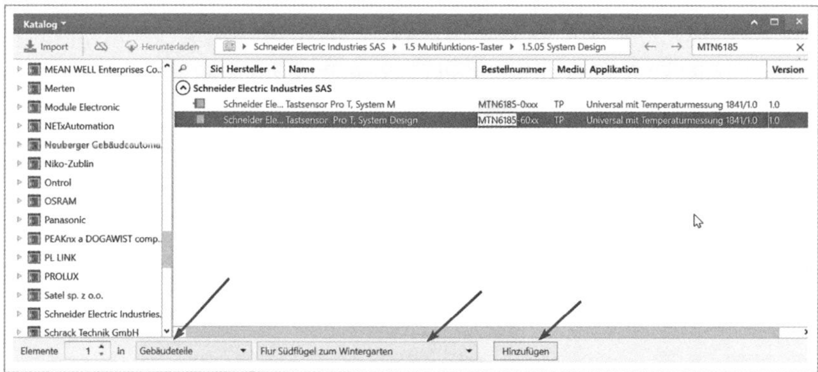

Bild 2.44 Produkt in Gebäudeteil/Linie einfügen

2.9 Ansicht „Reports"

Die Dokumentation spielt bei der erfolgreichen Projektierung eine entscheidende Rolle. Mit dem Report ist der Projektant in der Lage, alle wesentlichen Bestandteile der vorgeschriebenen Unterlagen zu erstellen und darüber hinaus auch nach längerer Zeit noch optimalen Support zu leisten.

Die Symbolleiste in der Ansicht „Reports" (**Bild 2.45**) baut sich von links nach rechts wie folgt auf:

- „Aktualisieren" – Mittels des „Aktualisieren"-Buttons kann ein Report erneuert werden, wenn sich z. B. ein Element im Projekt geändert hat oder ein anderes Gerät gewählt wurde. Eine automatische Aktualisierung bei Änderungen im Projekt erfolgt nicht.
- „Drucken" – Ausgabe auf Papier (aus Umweltschutzgründen sollte eine PDF-Dokumentation bevorzugt werden)
- „Export" – Ausgabe auf die Formate *.pdf, *.csv, *.html
- „Einstellungen" – Papierformat (hoch/quer + Größe)
- „Inhalt" – Hier können die „Objekte" und/oder „Parameter" mit angeklickt werden, damit bei den Geräten alle Informationen vorliegen.

Einzelne Geräte-, Gebäude- und Gewerke-Reports können mit und ohne Inhalt von Objekten und Parametern erzeugt werden. Gruppenadressen können mit und ohne Objekte erzeugt werden.

Der Projektstatus kennt hingegen keine Inhalte. Die Topologie kann wieder mit oder ohne Objekte und Parameter erzeugt werden. Projekthistorie, Projektstatistik und Stücklisten sind ohne weitere Inhalte (**Bild 2.46**).

Bild 2.45 „Reports"-Menüzeile

Bild 2.46 Übersicht der „Reports"-Möglichkeiten

3 Bus-Verbindung zum KNX

In der ETS6 zeigt die Ansicht „Bus“ im Projektfenster (**Bild 3.1**) nur noch die KNX-Schnittstellen an, die gerade gefunden werden. Anders als in der ETS5 gibt es in der Übersicht keinen Button mehr, über dem man direkt zu den Schnittstellen etc. gelangt. Dies ist in der ETS6 immer an das jeweilige Projekt gekoppelt.

Unter den Button „Automatisch“ sieht man die derzeit verfügbaren Schnittstellen im Netzwerk bzw. via USB (**Bild 3.2**). Hier wird der Onlinezugang zum Bus verwaltet.

Unter „Konfigurierte Verbindungen verwalten“ kann man die Verbindungen einsehen bzw. bearbeiten. Alternativ geht man direkt auf die Schnittstelle und klickt auf das „Zahnrad“ (**Bild 3.3**).

Unter den Button „Diagnose“ (**Bild 3.4**) finden sich der Gruppen- und der Busmonitor. Diese können aber auch in jeder anderen Ansicht aufgeru-

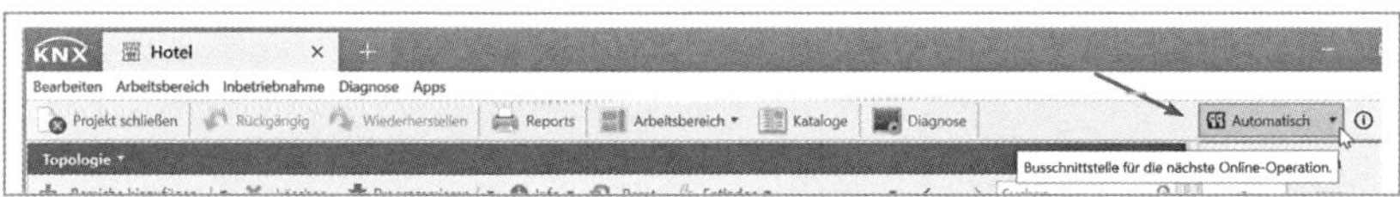

Bild 3.1 Schnittstellen-Projekt

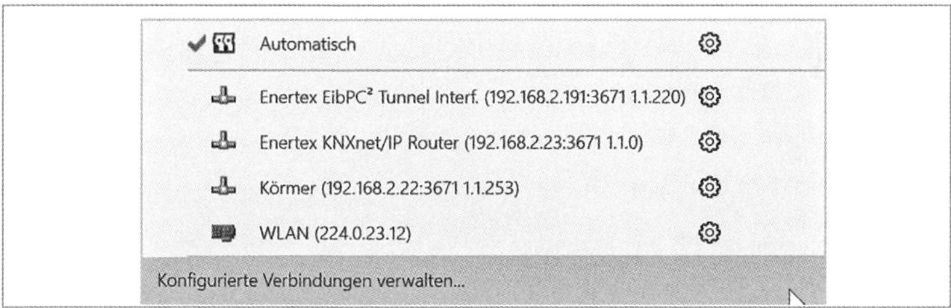

Bild 3.2 Schnitstellenkonfiguration

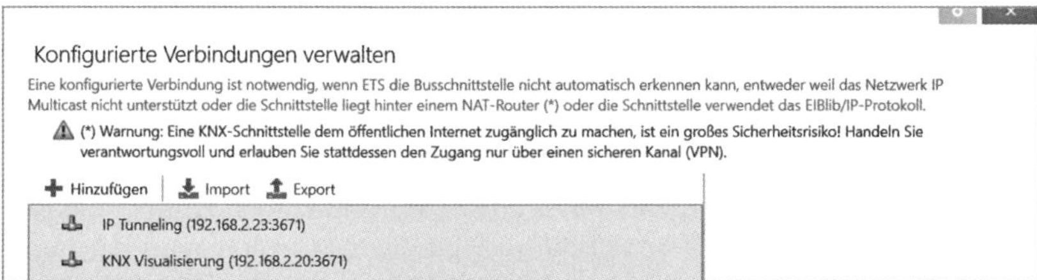

Bild 3.3 Alternativer Weg zur Schnittstellenverwaltung

fen werden. Der Gruppenmonitor macht nur Sinn, wenn bereits ein Projekt geöffnet wurde, so dass die Daten des Projektes genutzt werden können.

Im Register „Monitor“ findet man neben dem Gruppenmonitor und Busmonitor auch die „ETS Bus-Aktivität“ (**Bild 3.5**). Der Monitor für ETS Bus-Aktivität öffnet keine eigene Verbindung zur Installation, sondern "hört immer mit", wenn die ETS (irgend-)eine Verbindung zur Installation aufbaut. Wenn eine solche Verbindung hergestellt ist, dann ist dieser Monitor "angehängt" und zeigt den Datenverkehr dieser Verbindung an. Wird eine solche Verbindung geschlossen, trennt sich auch der Monitor für ETS Bus-Aktivität.

In diesem Fall wurde der Gruppenmonitor aktiviert; über die ETS Bus-Aktivität sieht man unter „Aktivität“ die Auslastung des Buses als Balken.

Bild 3.4 Gruppenmonitor

Bild 3.5 Monitor der ETS Bus-Aktivität

3.1 Schnittstelle finden und auswählen

Sofern die ETS auf einem Rechner mit Netzwerkverbindung arbeitet und zum Netzwerk ein KNX-IP-Koppler läuft, wird dieser automatisch gefunden und kann ausgewählt werden (**Bild 3.6**).

Unter „Automatisch“ rechts oben wird dann die aktive Schnittstelle angezeigt. Damit die direkte IP-Verbindung immer verwendet wird, ist unter „Automatisch - Einstellungen“ die Einstellung wie im **Bild 3.7** zu belassen.

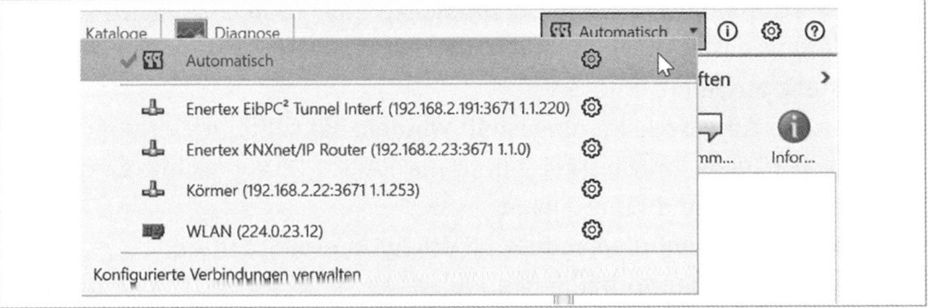

Bild 3.6 Automatische Schnittstellenauswahl

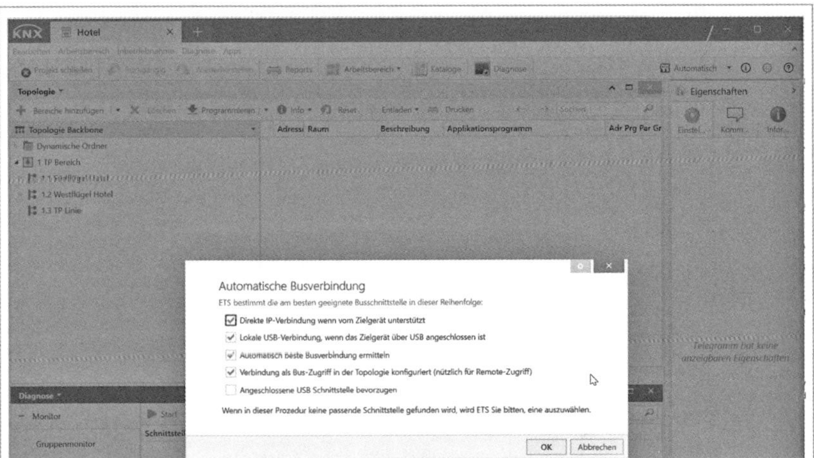

Bild 3.7 Einstellungen zur Automatischen Schnittstellenwahl

Wichtig ist hierbei zu wissen, dass die Schnittstellen nur angezeigt werden, wenn ein Projekt geöffnet wurde. Das unterscheidet die ETS6 von der ETS5.

Folgende KNX-Kommunikationstypen werden von der ETS6 unterstützt:

- KNXnet/IP (Tunneling)
- KNXnet/IP (Routing)
- IP (EibLib/IP)
- USB

3.2 USB-Schnittstelle einbinden

Eine USB-Schnittstelle, die eine Verbindung zum Bus hat, wird an den ETS-Rechner angeschlossen. Die ETS erkennt die Schnittstelle automatisch und führt diese unter „Gefundene Schnittstellen“ auf (**Bild 3.8**). Wird die Programmierung gestartet, wird ein Dialogfeld eingeblendet, in dem man die Schnittstelle auswählt (**Bild 3.9**).

Die lokale Adresse kann umgestellt werden, sie sollte immer zum aktuellen Projekt passen. Im Beispiel wurde die PA 1.1.254 gewählt, da das Projekt auf Bereich 1 und Linie 1 läuft.

Die Umstellung auf eine andere PA erfolgt in drei Schritten:

1. Überschreiben der vorhandenen PA
2. „Adresse frei?“ – Button klicken
3. Wenn die Meldung erscheint, dass die Adresse nicht benutzt wird, „OK“ anklicken.

> **Achtung!** Koppler können nur konfiguriert werden, wenn die Schnittstellen dazugehörende Physikalische Adressen besitzen. Passen Sie deshalb immer zuerst die Schnittstellen an die aktuelle Topologie an.

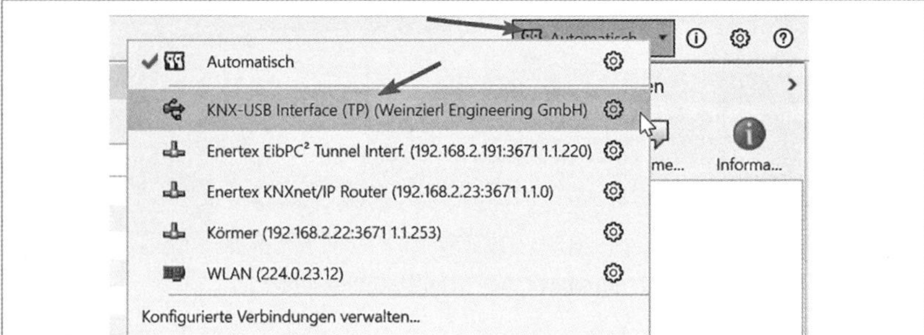

Bild 3.8 Schnittstelle gefunden

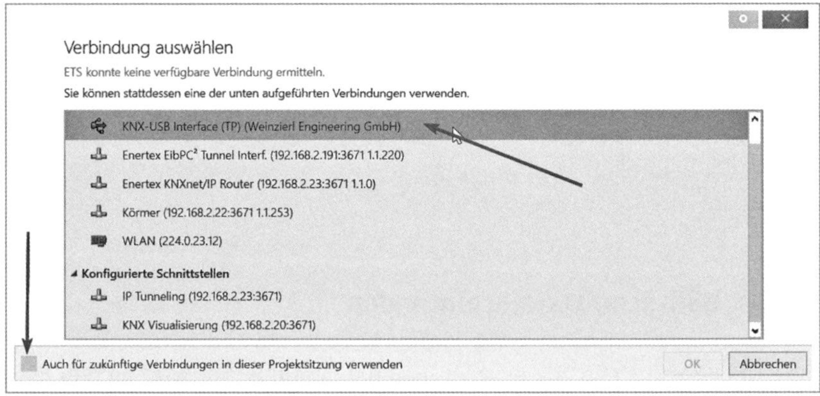

Bild 3.9 Schnittstelle auswählen

Tipp: Versehen Sie Schnittstellen immer mit einer Endteilnehmernummer (254, 255), um Konflikte zu vermeiden und um diese schnell auffinden zu können.

Über das „Zahnrad“ (Einstellungen) kann noch die Physikalische Adresse definiert werden. Eine USB-Schnittstelle wird nicht per Programmierknopf programmiert, sondern nur über die Einstellungen.

Wird der Haken unten links gesetzt (siehe Bild 3.9), wird diese Schnittstelle für dieses Projekt fest genutzt.

3.3 Gruppen- und Busmonitor

Gruppen- und Busmonitor sind im Prinzip gleich. Ihr Unterschied besteht darin, dass der Gruppenmonitor in der Lage ist, Telegramme zu schreiben und zu lesen sowie einen Projektzusammenhang herzustellen. Deshalb ist der Gruppenmonitor auch weitaus häufiger im Einsatz.

Die Menüleiste des Gruppenmonitors (**Bild 3.10**) beginnt von links mit den „Start“- und „Stop“-Icons. Wird „Start“ geklickt, so wird beim ersten Mal im Projekt die Schnittstelle ausgewählt (**Bild 3.11**), die Aufzeichnung gestartet (**Bild 3.12**) und der Beginn protokolliert. In der unteren Status-

Bild 3.10 Gruppenmonitor-Menü

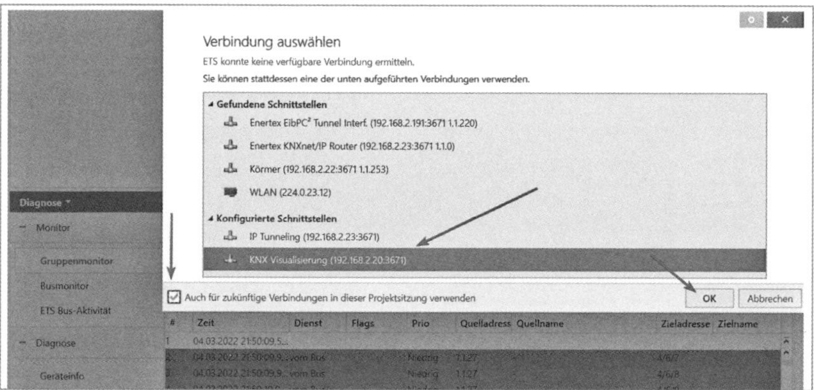

Bild 3.11 Start Auswahl-Schnittstelle

Bild 3.12 Start der Aufzeichnung

zeile muss eine aktive Schnittstelle angegeben sein. Im Gruppenmonitor ist ebenfalls ein aktuelles Projekt notwendig.

Wurden Telegramme aufgezeichnet, können diese nachträglich ausgewertet werden. Dies wird durch Selektion eines aufgezeichneten Telegramms und Aufruf der Eigenschaften gestartet (**Bild 3.13**).

In diesem Beispiel fällt auf, dass die Telegramme im grauen Hintergrund angezeigt werden, weil das Projekt nicht zu den Gruppenadressen passt. Dies ist eine normale Ansicht, wenn man z. B. in einem fremden Projekt den Gruppenmonitor nur mitlaufen lässt, um einen Einblick in das KNX-Projekt zu bekommen.

Aufgezeichnete Telegramme können komplett oder teilweise abgespeichert und wieder abgespielt werden. Dazu wird nach einer Aufzeichnung in der Menüleiste „Speichern" gedrückt: Eine *.xml-Datei wird erstellt. Mit dem Icon „Öffnen" kann diese Datei wieder geladen werden. Mit „Telegramme wiedergeben" starten die Telegramme in der Reihenfolge ihrer Aufzeichnung. Hierzu muss der Rechner aber mit dem Bus verbunden sein

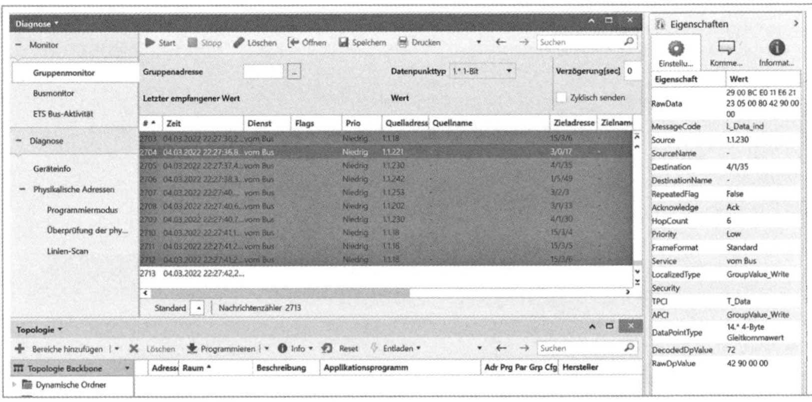

Bild 3.13 Gruppenmonitor-Auswertung

– dann können die Gruppenadressen nacheinander abgespielt werden, um so einen Fehler zu finden.

Zu Testzwecken können vom Gruppenmonitor aus Telegramme gesendet werden. Dazu kann der Gruppenmonitor direkt auf die Gruppenadressen des Projektes zugreifen (**Bild 3.14**).

Unter „Optionen“ lassen sich weitere Eigenschaften der Telegrammaufzeichnung bestimmen (**Bild 3.15**).

Im Bereich „Allgemein“ werden grundsätzliche Vorgaben über Volumen und Filterung gemacht. Die Standard-Einstellung ist so angelegt, dass einer sofortigen Aufzeichnung nichts im Wege steht.

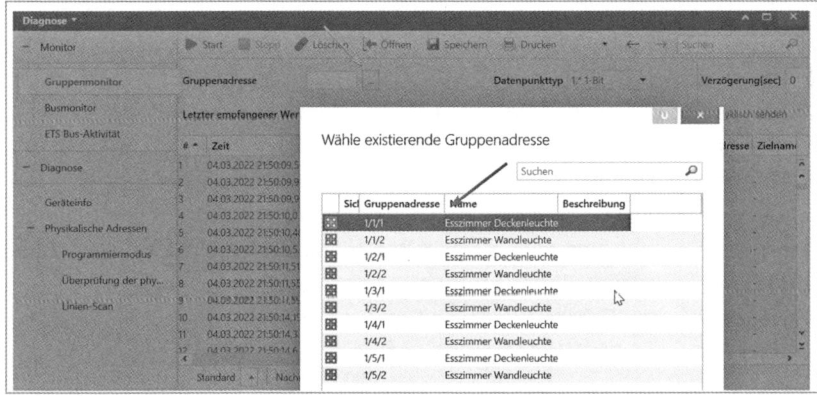

Bild 3.14 Gruppenmonitor – Auswahl Adressen

Monitoroptionen

Allgemein
Aufnahme
Einfärbung
Bedingungen
Dekodierung

Zeitstempelformat – Datum und Zeit
Warnung, wenn Telegramm-Monitor mit ungespeicherten Telegr... ✓
Capture Filter Bedingung – Keine
Filter-Bedingung verwenden beim Laden aus Datei
Capture Trigger Bedingung – Keine
Anzahl der anzuzeigenden Telegramme vor dem Triggerpunkt – 0
Begrenze Anzahl der aufzuzeichnenden Pakete nach dem Trigge...
Anzahl der anzuzeigenden Telegramme nach dem Triggerpunkt – 100
Trigger-Bedingung verwenden beim Laden aus Datei

Bild 3.15 Einstellen Telegrammaufzeichnung

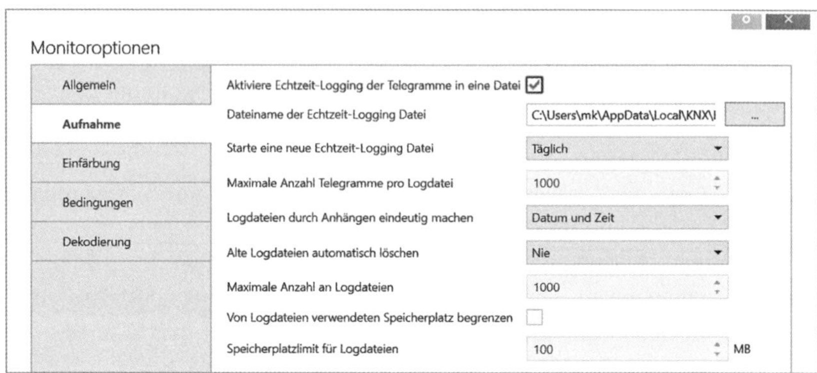

Bild 3.16 Gruppenmonitor – Optionen – Aufnahme

Im „Recording"-Feld (**Bild 3.16**) werden wesentliche Einstellungen bezüglich des Aufnehmens und der Aufnahmedateien getätigt:

- **Aktiviere Echtzeit-Logging der Telegramme in eine Datei**
  Diese Option legt fest, ob die vom Monitor aufgezeichneten Telegramme direkt gespeichert werden. Alle weiteren Optionen auf dieser Seite sind deaktiviert, solange diese Option nicht aktiviert ist.
- **Dateiname der Echtzeit-Logging-Datei**
  Hier kann man Pfad und Dateiname auswählen. Als Option im Auswahldialog kann festgelegt werden, in welchem Format die Logdatei erstellt wird (XML, CSV). Der Speicherinhalt der Datei (unabhängig vom Speicherformat) besteht hier immer aus dem ETS5/6-Format.
- **Starte eine neue Echtzeit-Logging-Datei**
  Diese Option legt fest, wann eine neue Logdatei erstellt wird. Einige der nach dieser Option beschriebenen Optionen sind nur plausibel und aktiviert, falls als Einstellung eine „Anzahl" ausgewählt ist.
- **Von Logdateien verwendeten Speicherplatz begrenzen**
  Mit dieser Option können Sie den maximal verwendeten Speicherplatz für Logdateien festlegen. Wird das Limit überschritten, wird die älteste Logdatei als erstes gelöscht.

Eine weitere Option ist die individuelle Einfärbung der aufgezeichneten Telegramme nach ihrem Status (**Bild 3.17**). Der voreingestellte Standard der Einfärbung ist in **Tabelle 3.1** zu sehen.

Um gezielt nach speziellen Telegrammen zu suchen, kann man „Bedingungen" setzen (**Bild 3.18**). Diese Bedingungen sind standardmäßig auf die wichtigsten Attribute festgelegt.

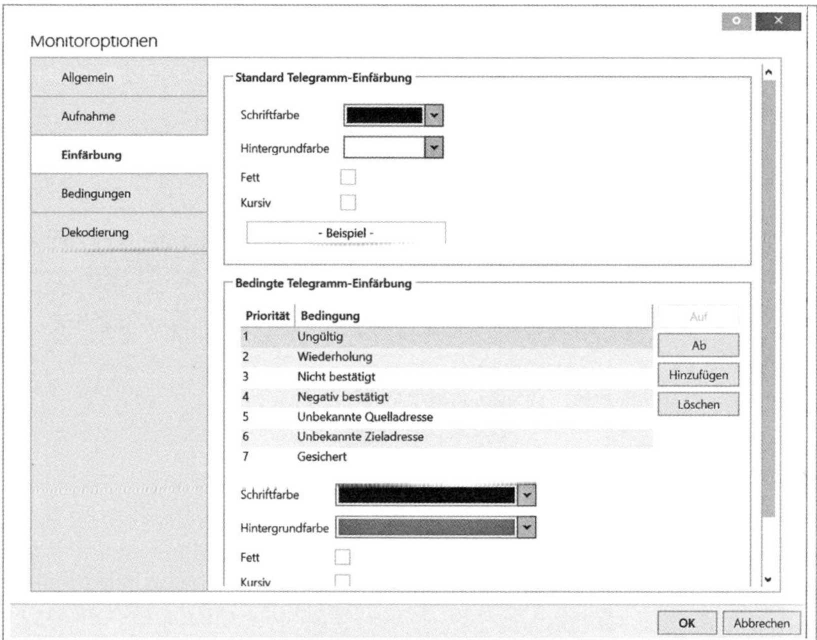

Bild 3.17 Farbeinstellung aufgezeichneter Telegramme

Bedingung	Schriftfarbe	Hintergrund
ungültig	schwarz	rot
Wiederholung	schwarz	gelb
nicht bestätigt	schwarz	grün
negativ bestätigt	schwarz	grün
unbekannte Quelladresse	schwarz	grau
unbekannte Zieladresse	schwarz	grau
gesichert	weiß	blau

Tabelle 3.1 Einfärbung der Telegrammaufzeichnung

Um eine neue Bedingung zu erstellen, muss man mit dem grünen „Plus-Zeichen“ eine neue Zeile einfügen. Die neue Bedingung erhält anschließend einen aussagefähigen Namen. Im „Ausdruck“-Feld wird über „Eigenschaft“ – „Operator“ – „Wert“ die Bedingung formuliert. Es können mehrere Bedingungen logisch (und/oder) verknüpft werden. Im Beispiel wurde „Routingzähler < 4“ als Bedingung formuliert. Alle Möglichkeiten der Kombination sind in der **Tabelle 3.2** aufgelistet.

Im letzten Bereich der Monitoroptionen können die Bedingungen für die Dekodierung der Inhalte im Monitor bestimmt werden.

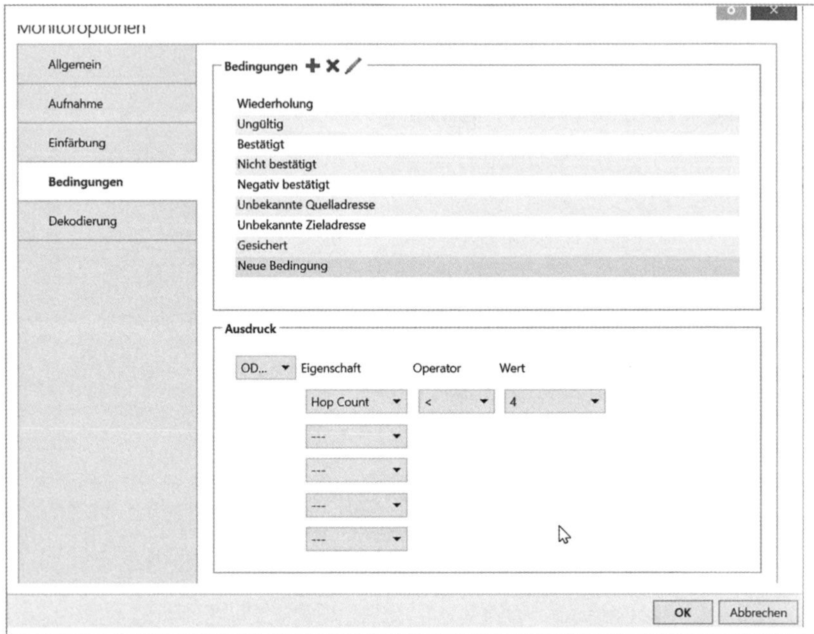

Bild 3.18 Gruppenmonitor – Bedingungen

Eigenschaft	**Operator**	**Wert**
Quelladresse	==, !=, >, <, >=, <=, zwischen	Zahlenwert
Zieladresse	==, !=, >, <, >=, <=, zwischen	Zahlenwert
ungültig	kein Operator	ja/nein
Bestätigung	==, =!	None, ACK, NACK, Busy
Wiederholt	kein Operator	ja/nein
Priorität	==, =!	System, Normal, Urgent, Low
HopCount (Routingzähler)	==, !=, >, <, >=, <=, zwischen	0...7
Telegrammtyp	==, =!	T_Connect; T_Disconnect; Lesen; Antwort; Schreiben; IndividualAdressRead; IndividualAdressResponse; Individual; ADC Read; ADC Responce; MemoryRead; MemoryResponse; MemoryWrite; DeviceDescriptionRead; DeviceDescriptionResponse; Restart; MemoryResponse

Tabelle 3.2 Eigenschaften – Operator – Werte für Bedingungen der Telegrammaufzeichnung (Teil 1/2)

Eigenschaft	Operator	Wert
Quelle unbekannt	kein Operator	ja/nein
Ziel unbekannt	kein Operator	ja/nein
Datenverbindungs-Modus	kein Operator	Connection oriented; Connection less
numerischer Datenpunkttyp	==, !=, >, <, >=, <=, zwischen	Zahlenwert
textueller Datenpunktwert	==, !=, >, <, >=, <=, zwischen	Text
ist gesichert	kein Operator	ja/nein

Tabelle 3.2 Eigenschaften – Operator – Werte für Bedingungen der Telegrammaufzeichnung (Teil 2/2)

Die Aufgaben der genormten DTPs können im Abschnitt D 2.2.3 nachgelesen werden.

Höhere Priorität bei der Dekodierung haben mögliche DPTs, welche „über" dem GO, z. B. direkt der zu lesenden/schreibenden GA zugeordnet sind. Hier gewinnt der DPT mit der niedrigsten Nummer (bei Mehrfachzuordnung von DPTs an der GA).

ETS App für Dekodierung

Ist eine oder sind mehrere „Decoder"-ETS App(s) von KNX-Herstellern installiert, wird hier jeweils der aktuell aktive Decoder gewählt. Mehrfachauswahl bzw. Kaskadierung (gleichzeitige Ausführung, z. B. hintereinander) von Decodern ist nicht möglich.

4 Inbetriebnahme

Damit eine Inbetriebnahme gestartet werden kann, müssen Geräte projektiert und eine Schnittstelle definiert werden. Wichtig ist, dass jedes Gerät, das in Betrieb genommen wird, auch sofort mit seiner Physikalischen Adresse beschriftet wird.

Inbetriebnahmen lassen sich aus allen Ansichten, in denen Geräte dargestellt werden, vornehmen. Idealweise sollte man die „Gebäude“- oder „Ganzes Projekt“-Ansicht wählen. Unabhängig von der Ansicht gibt es zwei Möglichkeiten, ein Gerät zu programmieren. Man beginnt damit, ein oder mehrere Geräte zu selektieren. Danach kann entweder mit dem „Programmieren“-Symbol in der Menüleiste oder per Kontextmenü (rechte Maustaste) der Menüpunkt „Programmieren“ angewählt werden (**Bild 4.1**).

Unter „Programmieren“ teilt sich die Struktur weiter auf. Mit welcher Prozedur gearbeitet wird, hängt von der Situation ab.

- **„Programmieren (Physikalische Adresse und Applikation)“** ist der Standard, wenn es darum geht, ein Gerät komplett auszustaffieren.
- Manchmal ist man aber noch nicht mit dem Gerät fertig, und es soll trotzdem schon eingebaut werden. Dann empfiehlt sich auf jeden Fall, vor dem Einbau mindestens die PA zu vergeben und das Gerät zu beschriften. Dazu verwendet man **„Physikalische Adresse“**.
- Ist nach einer Änderungen eines Gerätes lediglich die Aktualisierung zu übertragen, eignet sich **„Programmieren (Partiell)“**.

Generell empfehlenswert ist, dass die Geräte vor dem Einbau die PA bekommen, ebenso auch gleich beschriftet und dann im Objekt eingebaut werden. Nach Fertigstellung der Parametrierung in der ETS kann dies dann mittels „Applikationsprogramm“ übertragen werden. Hierfür können auch mehrere Geräte selektiert werden.

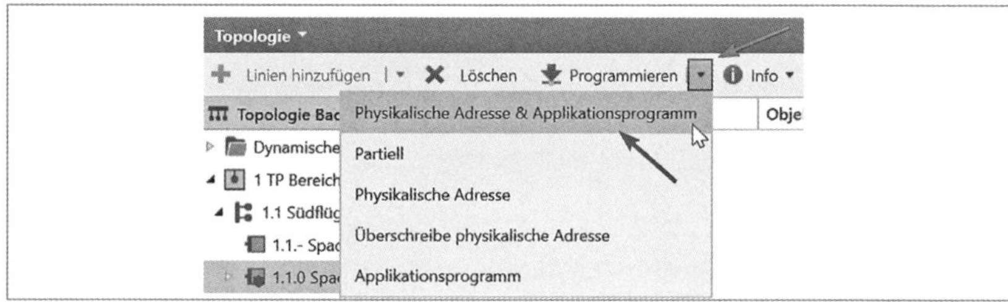

Bild 4.1 Programmieren-Menüzeile

Achtung! Läuft ein Gerät nach partieller Übertragung nicht selbstständig an, muss dies zurückgesetzt werden.

Die Funktion „Überschreibe Physikalische Adresse“ wird benutzt, um bei fehlerhafter Adressvergabe die PA richtigzustellen.

Tipp: Wenn in einem bereits funktionierenden Projekt eine Programmierung mit Vorgabe der Physikalischen Adresse geplant ist, sollte zuvor getestet werden, dass sich keine weiteren Geräte im Programmiermodus befinden (**Bild 4.2**).

Ist dies sichergestellt, kann das gewünschte Gerät ausgewählt werden und im ersten Schritt mit einer Physikalischen Adresse versehen werden.

Im folgenden Beispiel wird die Taster-Schnittstelle 1.1.1 neu angelegt. Im ersten Schritt soll sie mit der Physikalischen Adresse versehen werden (**Bild 4.3**). Zuerst wird das Gerät selektiert (1). Am Status von „Adr“ (Physikalische Adresse), „Prg“ (Programm), „Par“ (Parameter), „Grp“ (Gruppenadressen) und „Cfg“ (Konfiguration) kann man erkennen, dass das Gerät noch nicht angelegt ist (2). Mit dem „Download“-Symbol wird der Vorgang eingeleitet (3).

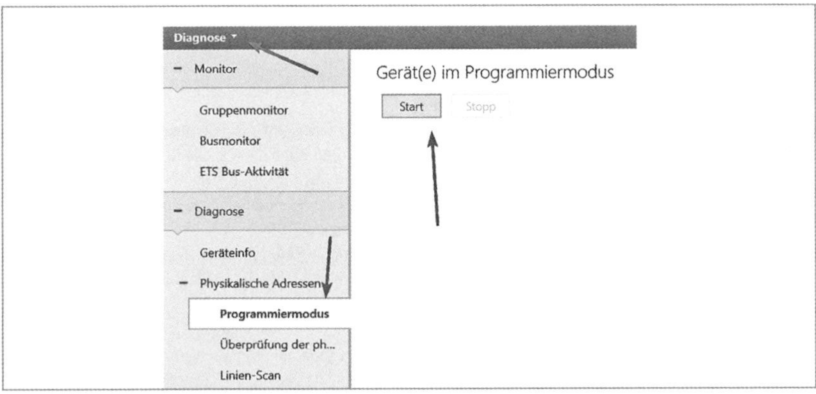

Bild 4.2 Programmiermodus

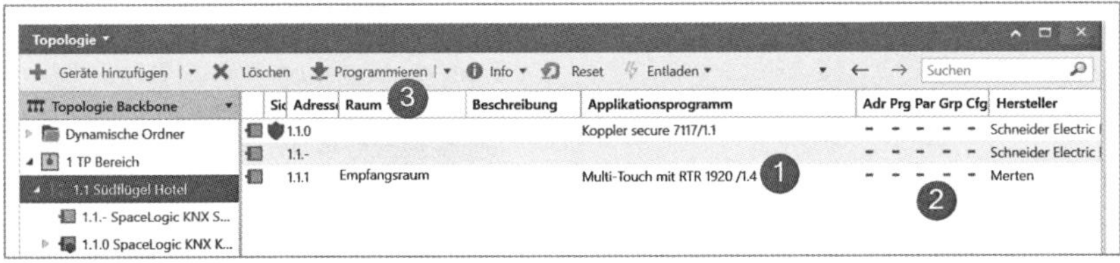

Bild 4.3 Start der Programmierung

Physikalische Adresse anlegen

Mit Klick auf „Physikalische Adresse“ wird der Start gegeben. In der Eigenschaften-Anzeige öffnet sich automatisch die „Laufende Operation“ mit der Aufforderung „Bitte Programmierknopf drücken“. Wird das getan, startet die Übertragung der PA und das Gerät wird konfiguriert. Es zeigt nun den Status der Adresse und der Konfiguration an.

Im nächsten Schritt wird die Applikation übertragen. Nach erfolgreicher Programmierung erscheint unter „Laufende Operationen“ die Meldung „Programmieren (Appl.): Abgeschlossen“. Damit ist das Gerät nun auch mit dem Programm, den Parametern und den Gruppenadressen ausstaffiert. Dies kann man an den fünf Haken sehen, die jetzt als Status angezeigt werden. In **Tabelle 4.1** sind die Zusammenhänge der fünf Statusanzeigen mit Inbetriebnahme-Schaltflächen zusammengefasst.

Werden in der Folge Änderungen vorgenommen, kann man dies am Status gut erkennen, oder man nutzt die Dynamischen Ordner „Geänderte Geräte“.

Wichtig! Während des Downloads darf die Verbindung zum Bus nicht unterbrochen werden. Stellen Sie immer sicher, dass auch falsche Downloads erst einmal vollständig übertragen werden. Damit bleiben Geräte „ansprechbar“.

Schaltfläche (Variante)	Aktion	involvierte Flags	Kommentar
Physikalische Adresse und Applikations-programm	Alle in der ETS vorhandenen Projektdaten werden in entsprechende Geräte programmiert. Um die PA/IA der Geräte zu setzen, müssen Sie die Programmiertaste am Gerät drücken.	Adr; Prg; Par; Grp	In dieser Kombination programmiert die ETS zuerst die PA/IA und danach das Applikationsprogramm. Wird mehr als ein Gerät programmiert, ist die „innere“ Programmierreihenfolge (anders als früher bei der ETS3): Gerät 1 (PA/IA: Applikationsprogramm > Gerät 2 (PA/IA; Applikationsprogramm) > usw.
partiell	Die ETS wird nur die Teile programmieren, die in der ETS geändert und noch nicht zuvor programmiert worden sind. Die ETS unterscheidet zwischen zwei Teilen: – Parameter/Adressen (GAs und GOs) – Applikationsprogramme	Par; Grp	Das separate Programmieren von Par und Grp ist – anders als in der ETS3 – nicht mehr möglich, um inkonsistente Daten im Gerät zu vermeiden. Die folgende Sequenz kann diese verursachen: 1. Geräteparameter programmieren 2. Geräteparameter ändern (in der ETS) 3. Gruppenadressen programmieren Geräteparameter passen so evtl. nicht zu den GAs.

Tabelle 4.1 Download-Zusammenfassung (Teil 1/2)

Schaltfläche (Variante)	Aktion	involvierte Flags	Kommentar
Physikalische Adresse	Weist einem KNX-Gerät die PA/IA zu. Die Programmiertaste an dem betroffenen Gerät/ den betroffenen Geräten muss gedrückt werden.	Adr	Im Container „Laufende Operationen“ erscheint die Aufforderung, die Programmiertaste zu drücken, falls Sie dies nicht bereits getan haben.
überschreibe Physikalische Adresse	Weist einem KNX-Gerät die PA/IA zu, indem die vorher bekannte Adresse überschrieben wird. Damit kann ein Drücken der Programmiertaste vermieden werden.	Adr	Diese Option ist nur verfügbar, wenn ein einzelnes Gerät ausgewählt ist. 1. Abfrage, ob die vorherige Adresse des Geräts überschrieben werden soll (Achtung! ETS speichert überschriebene PA/IAs nicht in einer Historie). 2. Die neue Adresse entspricht der aktuell im PA/IA-Feld des ausgewählten Gerätes eingegebenen PA/IA.
Applikations-programm	Programmiert das Applikationsprogramm in das Gerät.	Prg	komplette Übertragung

Tabelle 4.1 Download-Zusammenfassung (Teil 2/2)

Sollte ein Gerät nicht mehr „ansprechbar“ sein, kann man das Gerät mechanisch auf Werkseinstellung zurücksetzen.

1. Busklemme abziehen
2. Programmierknopf drücken und gedrückt halten
3. Busklemme aufstecken
4. Programmierknopf noch ca. 15 Sekunden drücken und loslassen.

Danach ist das Gerät auf „Werkseinstellung“ zurückgesetzt => PA = 15.15.255.

5 Diagnosefunktionen

Nicht immer verläuft alles reibungslos. In solchen Fällen müssen Diagnosefunktionen helfen, die Ursache für die Fehlfunktionen zu finden. Die ETS besitzt die in **Bild 5.1** abgebildeten Diagnosefunktionen.

Über „Geräteinfo" wird das selektierte Gerät online ausgelesen. Unter „Laufende Operationen" wird im Gegensatz zur ETS5 nichts mehr angezeigt – die Informationen werden direkt in „Geräteinfo" angezeigt (**Bild 5.2**).

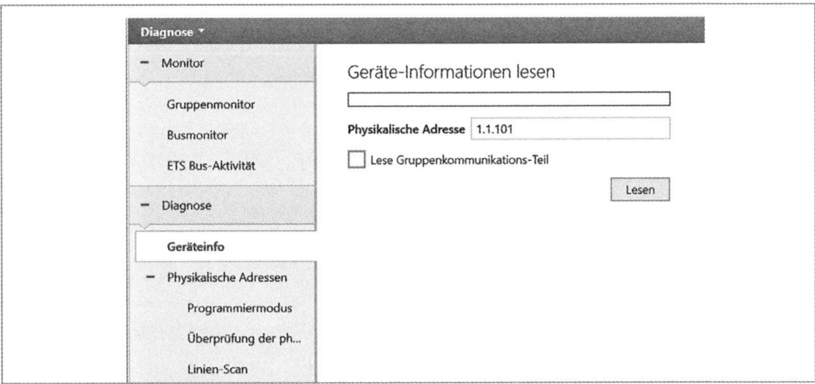

Bild 5.1 Geräteinfo

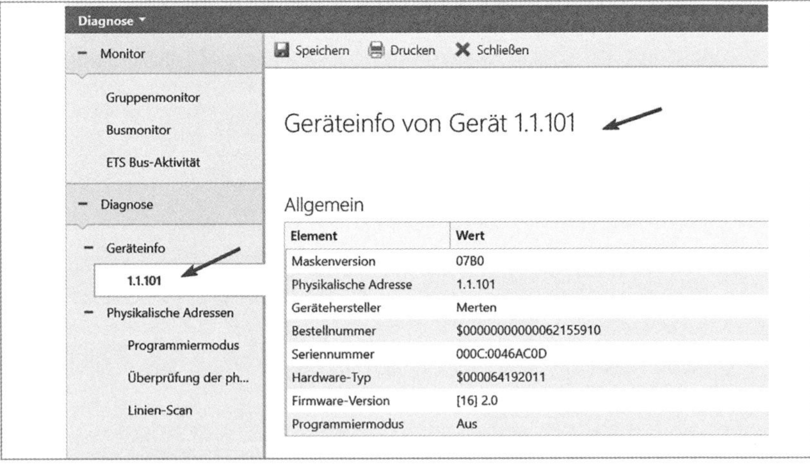

Element	Wert
Maskenversion	07B0
Physikalische Adresse	1.1.101
Gerätehersteller	Merten
Bestellnummer	$0000000000062155910
Seriennummer	000C:0046AC0D
Hardware-Typ	$000064192011
Firmware-Version	[16] 2.0
Programmiermodus	Aus

Bild 5.2 Geräteinfo – direkte Anzeige

Folgende Informationen stehen unter „Geräteinfo“ bereit:

allgemein	
Maskenversion	aktuelle Maskenversion des Busankopplers
Physikalische Adresse	PA/IA des ausgelesenen Busankopplers
Gerätehersteller	Name des Herstellers des ausgelesenen Gerätes
Bestellnummer	Bestellnummer vom jeweiligen Hersteller
Seriennummer	Seriennummer des Gerätes
Hardware-Typ	Typ der Hardware – Herstellerangaben
Firmware-Version	Firmware-Version des Gerätes
Programmiermodus	ein/aus
Element	**Wert**
Applikationsprogramm	Version des Applikationsprogrammes
Ladezustand	Gerät ent- oder geladen
Ausführungszustand	aktive/false (Bereit oder nicht)

Mit der Diagnosefunktion „Physikalische Adressen“ – „Prüfen, ob eine Adresse erreichbar ist, und ein Gerät lokalisieren“ ist man in der Lage, „versenkte“ Geräte wiederzufinden. Dazu wird die PA des betreffenden Gerätes eingegeben und der Button „Prüfen, ob vorhanden“ geklickt. Erscheint ein grünes Busgerät-Symbol, ist es vorhanden – ist das Busgerät-Symbol rot, ist es nicht vorhanden (**Bild 5.3**). Um nun auch noch das Gerät zu erkennen, kann man die Programmier-LED blinken lassen.

Normalerweise kann man Busgeräte beliebig oft mit einem neuen oder geänderten Programm überspielen. Lässt sich das Gerät aber aus einem nicht näher zu analysierenden Grund nicht mehr ansprechen, hilft eventu-

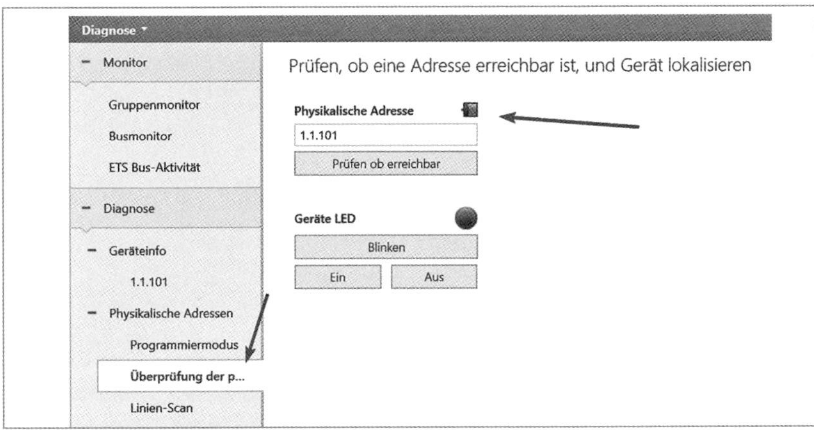

Bild 5.3 Überprüfung PA

ell das „Entladen“ (**Bild 5.4**). Nachdem im Diagnose-Menü bei selektiertem Gerät „Entladen“ angeklickt wurde, erscheint die Aufforderung, die Programmiertaste des betreffenden Gerätes zu drücken.

Danach wird der Vorgang durchgeführt. Zum Scannen einer gesamte Linie gibt es die Funktion „Physikalische Adresse“ – „Linienscan“ (**Bild 5.5**). Dazu müssen lediglich Bereich und Linie eingegeben werden. Die ETS „ruft“ die PAs in den Bus hinaus und weist entsprechend der Antworten die Geräte zu. Mit dem Gruppenmonitor kann die Aktion verfolgt werden.

Das ganze Projekt kann über die Diagnosefunktion „Projektprüfung“ durchgeführt werden. Dazu müssen zu den Themen „Geräte überprüfen“ (**Bilder 5.6** und **5.7**), „Gruppenadressen überprüfen“ (**Bild 5.8**), „Topologie

Nummer	Name	Objektfunktion	Beschreibung
1	Schaltobjekt	Bildschirm 1	Esszimmer Deckenleuchte
2	Rückmeldeobjekt	Bildschirm 1	
25	Schaltobjekt	Bildschirm 2 links	
26	Rückmeldeobjekt	Bildschirm 2 links	
32	Stoppobjekt	Bildschirm 2 rechts	
33	Jalousieposition	Bildschirm 2 rechts	
35	Rückmeldung Jalousie	Bildschirm 2 rechts	
193	Helligkeit	Benutzeroberfläche	
194	Nachtbetriebseingang	Benutzeroberfläche	
196	Sammelstatus-Rückmeld...	Rückmeldung	

Bild 5.4 Entladen

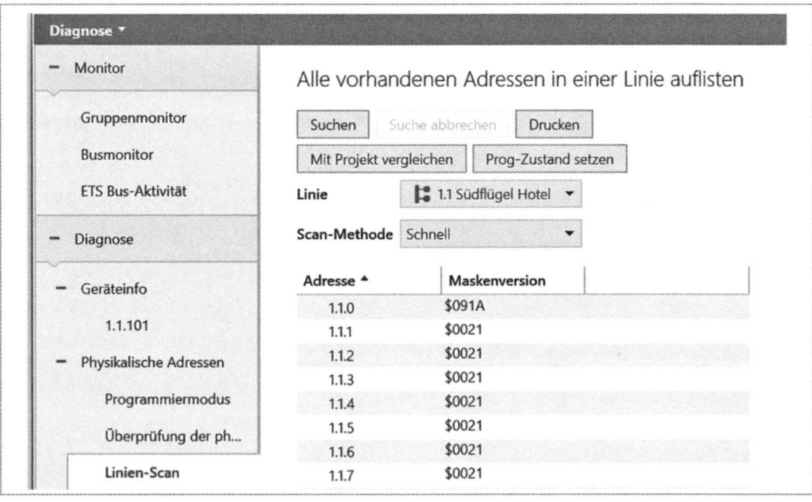

Bild 5.5 Linienscan

überprüfen“ (**Bild 5.9**) und „Produktinformationen überprüfen“ (**Bild 5.10**) und nach Projekten, die aus früheren ETS-Version importiert wurden (**Bild 5.11**), Angaben gemacht werden.

Das Ergebnis der Projektprüfung kann dann direkt im Fenster der Diagnose angesehen und auch gespeichert bzw. gedruckt werden.

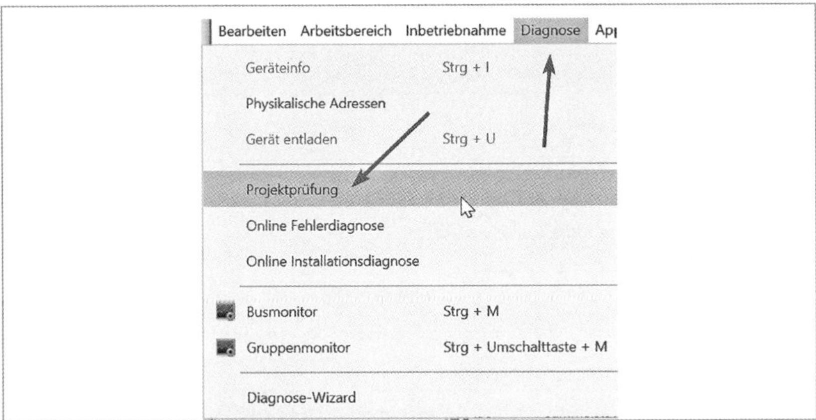

Bild 5.6 Start Projektprüfung

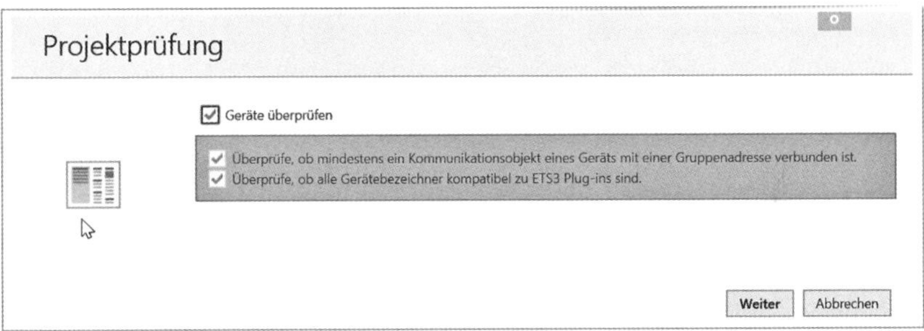

Bild 5.7 Geräte überprüfen

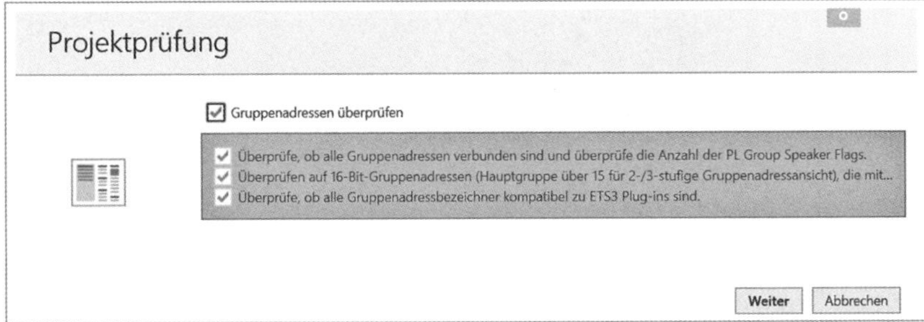

Bild 5.8 Prüfung Gruppenadressen

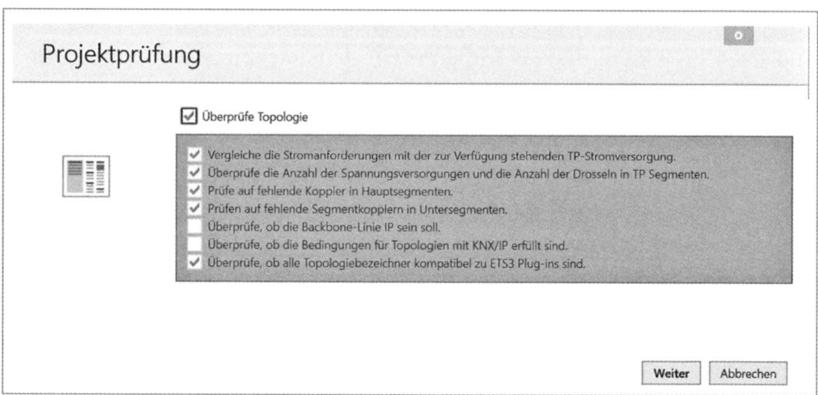

Bild 5.9 Prüfung Topologie

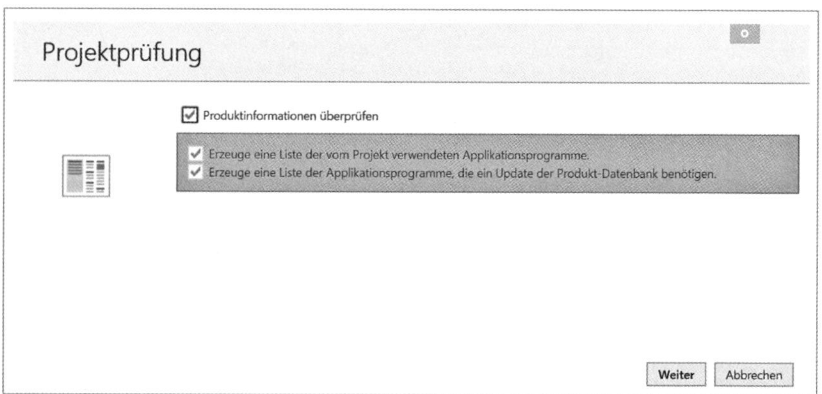

Bild 5.10 Prüfung Produktinformationen

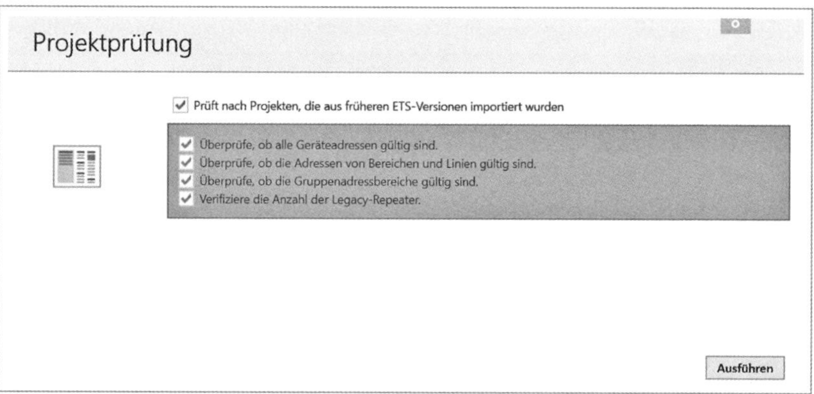

Bild 5.11 Prüfung des Projekt-Imports

6 Einstellungen

6.1 Einstellungen „Über“

In dieser Übersicht erfährt man, welche Version gerade installiert ist und ob Updates verfügbar sind (**Bild 6.1**).

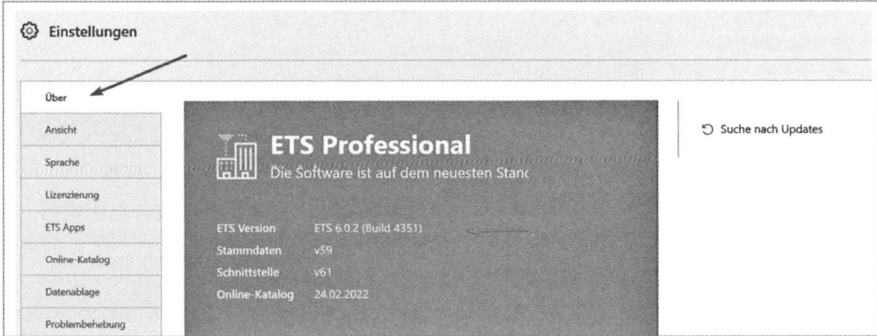

Bild 6.1 Einstellungen „Über“

6.2 Einstellungen „Ansicht“

Die Voreinstellungen unter „Ansicht“ sind nach der Installation so gewählt, dass dem sofortigen Arbeiten mit der ETS nichts im Weg steht (**Bild 6.2**). In **Tabelle 6.1** sind zusammenfassend alle Einstellungen mit ihren Auswirkungen beschrieben.

> **Tipp:** Verändern Sie Einstellungen nur, wenn Sie sich über deren Auswirkung im Vorfeld im Klaren sind. Hinterlegen Sie geänderte Einstellungen in der Projekthistorie.

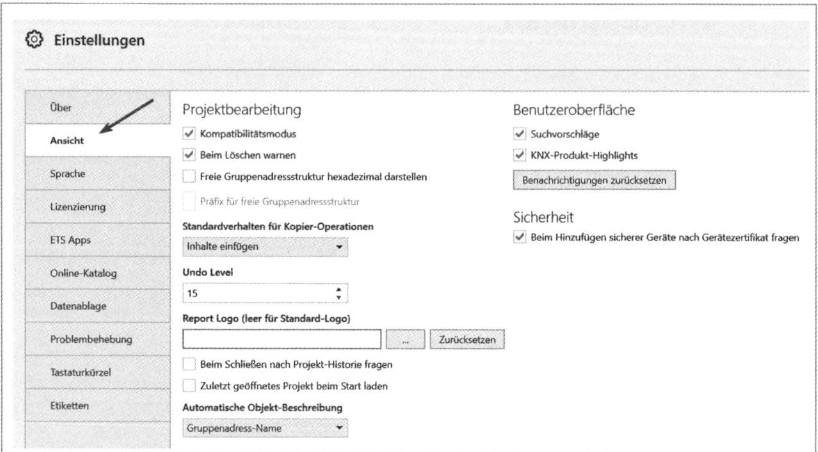

Bild 6.2 Einstellungen „Ansicht"

Einstellung (Bezeichnung)	Auswirkung
Kompatibilitätsmodus	Wenn aktiviert, läuft die ETS als x86-Anwendung. Mehr Infos dazu findet man hier: https://support.knx.org/hc/de/articles/360020681340
beim Löschen warnen	Wenn aktiviert, gibt es eine Eingabeaufforderung, bevor Elemente gelöscht werden. Dies gilt jedoch nicht, wenn Projekte gelöscht werden sollen. Aus Sicherheitsgründen gibt es hierbei immer eine Warnung, die auch nicht deaktiviert werden kann.
freie Gruppenadressstruktur hexadezimal darstellen	Wenn aktiviert, werden die Gruppenadressen im Freie-Gruppen-Adressstil hexadezimal statt dezimal nummeriert.
Präfix für freie Gruppenadressstruktur	Wenn aktiviert, kann in dieses Feld ein Zeichen eingegeben werden, das hexadezimale Gruppenadressen identifiziert.
Standardverhalten für Kopier-Operationen	• Wählen Sie „Einfügen" – „Inhalte einfügen" (Standard) und „Erweitertes Einfügen". • Die Option „Erweitertes Einfügen" kann nur aktiviert werden, wenn die entsprechende App aktiviert ist.
Undo Level	Maximale Anzahl von Benutzeraktionen für die Undo- und Redo-Funktionen (mögliche Werte: 1 ... 200).
Report Logo	Alle Ausdrucke haben standardmäßig das ETS-Logo auf dem Deckblatt. Sie können das Logo hier durch Ihr eigenes Logo ersetzen. Das Logoformat soll eines der folgenden sein: *.bmp, *.tif, *.tiff, *.jpg oder *.jpeg; für optimale Ergebnisse sollte es die folgenden Abmessungen haben: 6,33 cm x 6,33 cm (Quadrat). Andere Dimensionen werden dahingehend skaliert.
beim Schließen nach Projekthistorie fragen	Wenn aktiviert, fordert die ETS beim Schließen der ETS einen Log-Eintrag für jedes offene Projekt. Jede dieser Anfragen kann durch Drücken der ESC-Taste übersprungen werden.
zuletzt geöffnetes Projekt beim Start laden	Wenn aktiviert, öffnet die ETS beim Start automatisch das zuletzt geänderte Projekt. Wenn mehrere Projekte zum Zeitpunkt des Schließens geöffnet waren, ist das letzte abgeschlossene Projekt das in der Projektleiste am weitesten rechts angezeigte.
automatische Objektbeschreibung	Zeigt automatisch das von der sendenden Gruppenadresse angegebene Element mittels einer Option im Beschreibungsfeld eines Kommunikationsobjekts an (nichts, Gruppeadressname, Beschreibung der Gruppenadresse).

Tabelle 6.1 Einstellungsmöglichkeiten „Ansicht" (Teil 1/2)

Einstellung (Bezeichnung)	Auswirkung
Benutzeroberfläche	
Suchvorschläge	Wenn aktiviert, gibt es keine Textvorschläge in den Suchfeldern.
KNX-Produkt-Highlights	Wenn aktiviert, wird der RSS-Feed für die KNX-Produktinformationen angezeigt. Hierfür ist eine Internetverbindung nötig.
Sicherheit	
Beim Hinzufügen sicherer Geräte nach Gerätezertifikat fragen.	Wenn aktiviert, erfolgt eine Abfrage, ob es eine Frage für Gerätezertifikate geben soll, wenn KNX-Secure-Geräte in ein Projekt eingefügt werden sollen.

Tabelle 6.1 Einstellungsmöglichkeiten „Ansicht“ (Teil 2/2)

6.3 Einstellung „Sprache“

Diese Einstellung legt die Sprache der ETS-Benutzeroberfläche fest. Wird diese Einstellung geändert, fragt die ETS automatisch, ob auch die „bevorzugte Produktsprache“ geändert werden soll. Dies kann akzeptiert oder abgelehnt werden. Die Einstellung wird wirksam, wenn die ETS geschlossen und neu gestartet wird.

Die Einstellung „Bevorzugte Produktsprache“ legt die verwendete Sprache zur Anzeige von KNX-Produktdatenbankeinträgen (Geräteparameter, Katalogeinträge ...) fest. Die gewählte Spracheinstellung kann sich von der eingestellten Sprache der ETS-Benutzeroberfläche unterscheiden, um beispielsweise KNX-Produktdatenbankeinträge nicht in der gleichen Sprache wie in der ETS anzuzeigen. Die Einstellung wird wirksam, wenn die ETS geschlossen und wieder neu geöffnet wird.

6.4 Einstellung „Lizenzierung“

In der Einstellung „Lizenzierung“ werden die verfügbaren Lizenzen angezeigt. In erster Linie wird hier die ETS-Lizenz angezeigt. Diese kann entweder „ETS6 Lite“, „ETS6 Home“ oder „ETS6 Professional“ sein.

Klickt man die jeweilige Lizenz an, werden rechts die genauen Angaben der Lizenz angezeigt. Ebenso ist es rechts möglich, Lizenzen hinzufügen, wenn man diese im ETS App Store gekauft hat.

So ist es auch möglich, die Dongle ID über den Button „Dongle ID kopieren“ die ID in die Zwischenablage zu kopieren, damit diese dann unter my.knx.org hinzugefügt werden kann.

6.5 Einstellung „ETS Apps"

In den Einstellungen „ETS Apps" werden die verfügbaren KNX-ETS-Apps von der Konnex angezeigt. Diese können unter my.knx.org erworben werden. Über den Button „App installieren" kann dann die App installiert und lizenziert werden.

Mit der Version 6 ist es jetzt auch möglich, automatisch nach Updates der ETS Apps suchen zu lassen; hierfür ist eine Internetverbindung erforderlich.

Die ETS Apps haben die Dateierweiterung *.etsapp.

6.6 Einstellung „Online-Katalog"

Im Bereich „Online-Katalog" kann als Grundeinstellung festgelegt werden, welcher Markt bzw. welche Hersteller im Katalog angezeigt werden sollen.

Die beiden wichtigsten Punkte sind das Auswahlfeld „Automatisch Katalogaktualisierungen herunterladen" und der Button „Jetzt aktualisieren" im Bereich „Katalogaktualisierung".

Auch hier ist eine Internetverbindung erforderlich.

Das manuelle Einlesen der Produktdatenbanken entfällt in der Version ETS6 immer mehr. Als Standard zeigt sich hier, dass als Markt „Deutschland" ausgewählt wird.

Zusätzlich kann man noch folgende Filter auswählen:

- Nur Produkte anzeigen, die die ausgewählte Produktsprache enthalten.
- Nur Produkte der ausgewählten Hersteller anzeigen.

Wählt man den zweiten Punkt an, kann man im Feld darunter die Hersteller auswählen, die man verwenden möchte.

> **Tipp:** In der Regel werden die Haken bei den zwei Punkten nicht gesetzt und man kann sich im Projekt dann die Geräte auswählen, die man benötigt.

6.7 Einstellung „Datenablage"

Die Datenablage richtet sich in erster Linie an jene Spezialisten, die ihre Projekte auf externen Datenträgern (z. B. Server- oder Cloudlaufwerken) sichern bzw. ablegen, damit auch andere Kollegen an diesem Projekt arbeiten können.

Im Projektspeicher gibt es die Möglichkeit, dass Wiederherstellungspunkte angelegt werden (**Bild 6.3**). Maximal sind acht Wiederherstellungspunkte als Standard definiert, diese können nach Belieben (Speicherplatz) verändert werden.

Im Reiter „Projektarchiv“ wird der Pfad zum Speicherplatz der Projekte hinterlegt. In diesem Beispiel ist es ein Serverlaufwerk ⇒ O:\KNX-Projekte-Archiv (**Bild 6.4**).

> **Achtung!** Maximal sind hier zehn automatische gespeicherte Projektversionen als Standard definiert. Diese ist aber maximum und kann nicht erhöht werden!

„Kollaborations-Modus“ kann angeklickt werden, wenn mit anderen Personen auf das Projektarchiv zugegriffen werden soll, um miteinander an einem Projekt zu arbeiten.

Hat man den Projektspeicher aktiviert, sieht man dies auf der Übersichtsseite der ETS6 (**Bild 6.5**).

Im Bereich „Lokal“ sieht man einen grünen Haken bzw. ein blaues Feld mit einem „Aktualisierungskreis“ (**Bild 6.6**). Ein grüner Haken besagt, dass das Projekt auf diesen PC aktuell ist.

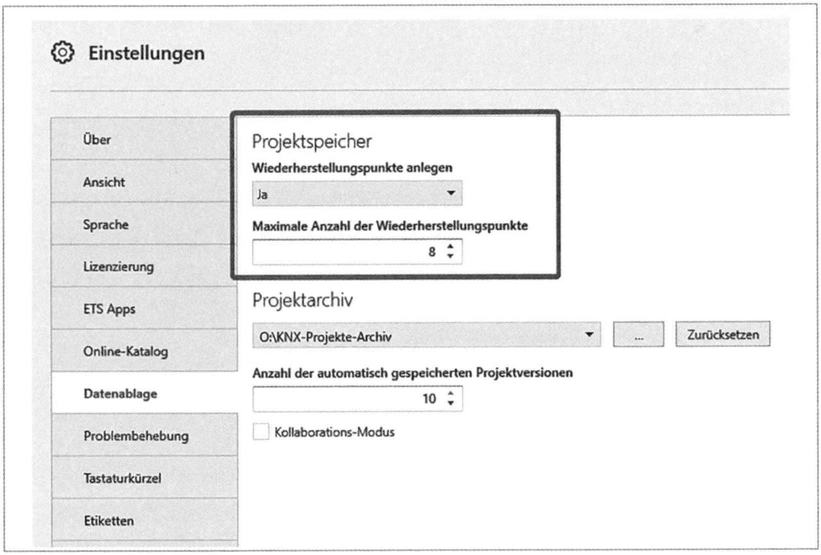

Bild 6.3 Datenablage – Projektspeicher

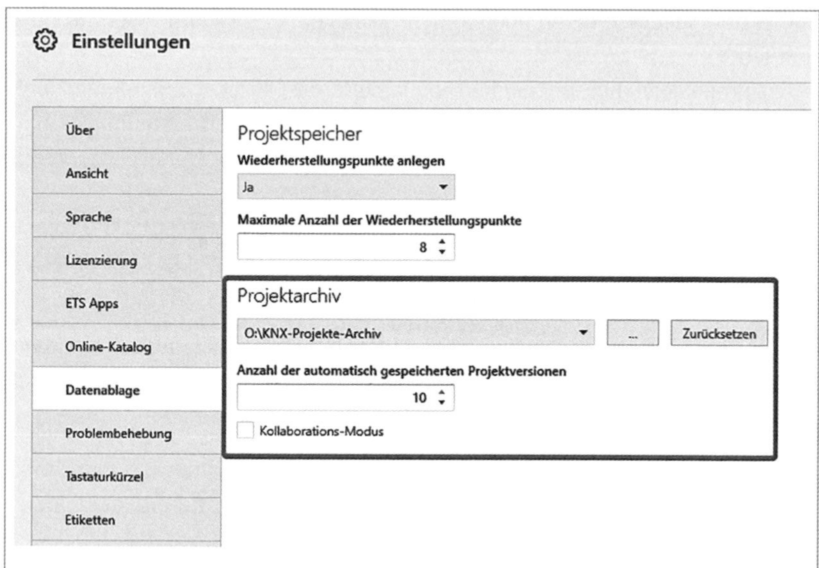

Bild 6.4 Datenablage – Projektarchiv

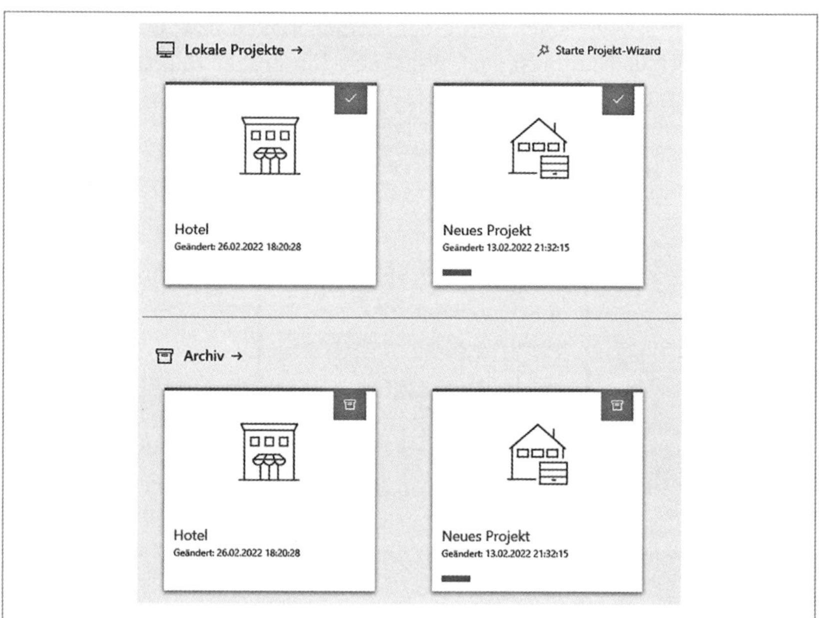

Bild 6.5 Datenablage – Übersicht Projekte

Klickt man auf den blauen „Aktualisierungskreis“, wird die aktuelle Version aus dem Archiv geladen. Danach erscheint der grüne Haken – die Version ist jetzt aktuell.

Ebenso kann man ein Projekt, das sich derzeit in Arbeit befindet, auch direkt ins Archiv speichern. Hierfür muss der Mauszeiger auf die Kachel geführt werden und rechts die drei Punkte (Dreipunktmenü) angeklickt werden (**Bild 6.7**).

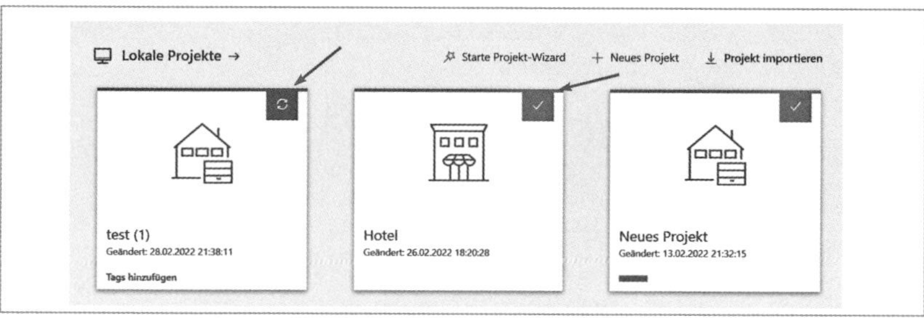

Bild 6.6 Datenablage – Übersicht Haken

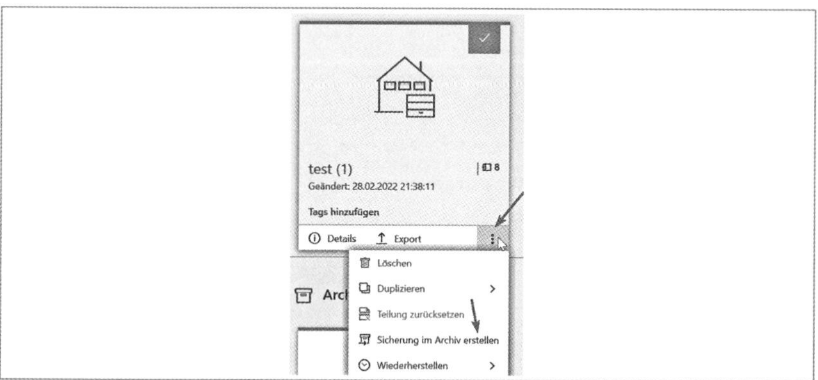

Bild 6.7 Datenablage – Speichern im Archiv

6.8 Problembehebung

Unter „Problembehebung“ kann man den sog. „Diagnose-Wizard“ starten. Er ist meist für den Support der Konnex wichtig, wenn Fehler/Bugs gesucht werden. Der Protokollumfang ist auf „Standard“ voreingestellt; er kann bei Bedarf angepasst werden auf „Erweitert“. Die ZIP-Datei, die daraufhin erstellt wird, muss dem Support dann mitgeteilt werden.

Unter den „Aufräumarbeiten“ kann ausgewählt werden welche Informationen gelöscht werden können (**Bild 6.8**).

Ebenso kann man – wenn gewünscht – mit einem Haken bei „Software-Verbesserungen“ die Erlaubnis zum anonymen Sammeln und Übermitteln von ETS-Nutzungsdaten durch die KNX Association einräumen.

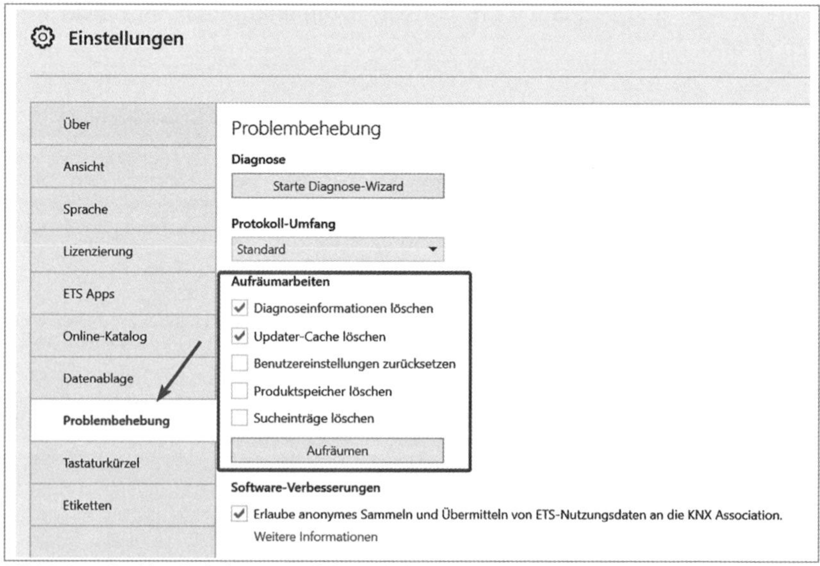

Bild 6.8 Problembehebung – Aufräumarbeiten

6.9 Tastaturkürzel

Unter den Menüpunkt „Tastaturkürzel“ findet man die Möglichkeiten, das Programm an seine persönlichen Bedürfnisse und Vorgehensweise anzupassen (**Bild 6.9**).

6.10 Etiketten

Unter den Menüpunkt „Etiketten“ kann man den Vorlageordner definieren und ebenso das Logo für den Ausdruck.

Allerdings sind bei beiden Einstellungen jeweils eine ETS App notwendig (**Bild 6.10**).

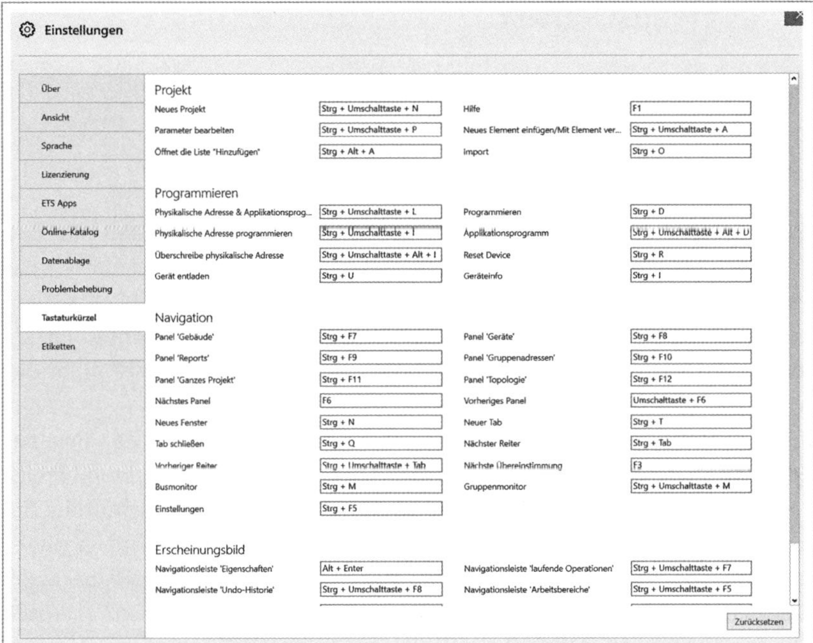

Bild 6.9 Anpassung Tastaturkürzel

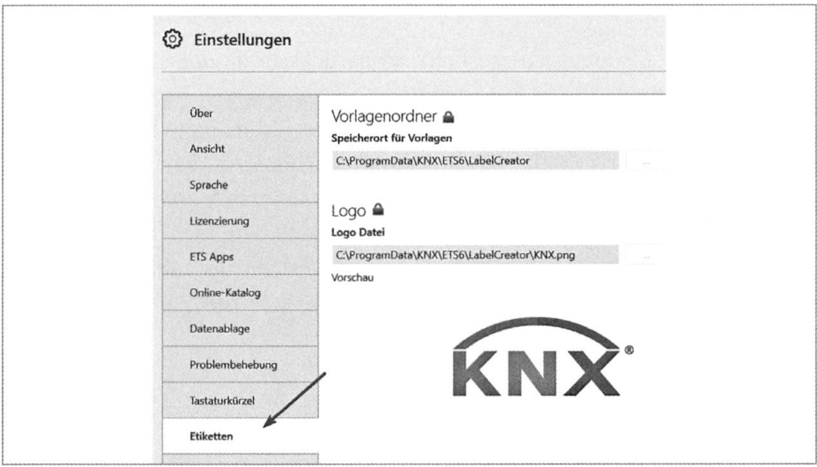

Bild 6.10 Etiketten

7 Eigenschaften

7.1 Suchen und Ersetzen

Auf der rechten Seite aller Ansichten sehen Sie die Eigenschaftenleiste (**Bild 7.1**). Darin befindet sich auch das Werkzeug „Suchen und Ersetzen", das hier noch näher beschrieben wird.

Es wird entweder in der linken Baumansicht oder in der rechten Listenansicht des aktiven Arbeitsfensters gesucht. Die aktive Auswahl einer der beiden Ansichten entscheidet, in welchem Teil gesucht wird.

Die Suche wird immer im aktuell fokussierten Element (oder in einer Auswahl) in absteigender Richtung begonnen. Wenn sich das aktuell fokussierte Element z. B. in der Mitte der Listenansicht befindet, beginnt die Suche mit dieser Zeile und ignoriert darüber liegende Zeilen. Wird in dieser Teilbereichsuche nichts im unteren Teil gefunden, fragt die ETS nach, ob die Suche im oberen Teil der Liste weiter fortgesetzt werden soll (faktisch immer dann, wenn die Suche nicht von der ersten Zeile aus stattfindet). Wird dies bejaht, startet automatisch die nächste Suche vom obersten Element an.

Wird in der Listenansicht gesucht, so berücksichtigt die Suche standardmäßig alle Spalten.

Ein Ersetzen kann grundsätzlich nur in der Listenansicht durchgeführt werden. Außerdem sind die Schaltflächen zum Ersetzen von Inhalten („Ersetzen", „Alle ersetzen") nur dann aktiv, falls tatsächlich etwas ersetzt werden kann. Ersetzt werden können alle Treffer nach den Suchkriterien.

In **Bild 7.2** wurde das Wort „Esszimmer" gesucht; es soll überall durch „Essen" ersetzt werden. Mit dem Button „Alle ersetzen" wird dies ausgelöst.

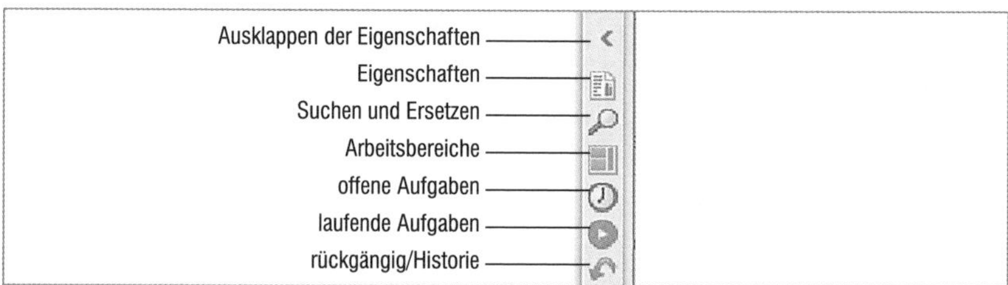

Bild 7.1 Etiketten

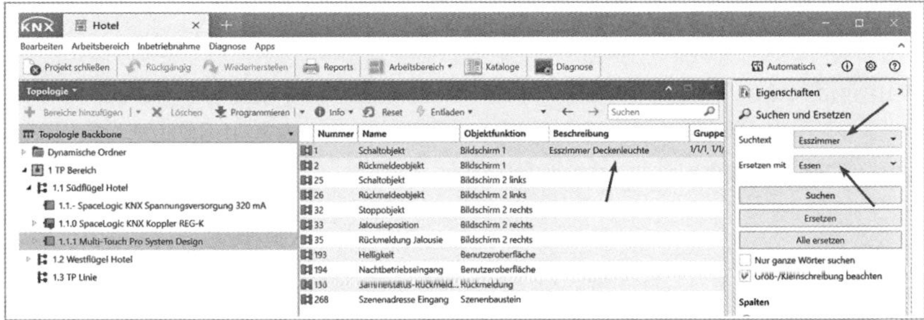

Bild 7.2 Etiketten

7.2 Arbeitsbereiche

Im Abschnitt „Arbeitsbereiche“ kann man eigene Ansichten der Arbeitsbereiche definieren.

Es ist hier z. B. sinnvoll, für den Laptop einen Arbeitsbereich zu definieren, der für die Inbetriebnahme auf der Baustelle optimal ist – z. B. „Topologie“- und „Gruppenadressen“-Ansicht (**Bild 7.3**). Genauso gut kann aber auch, wenn man im Büro programmiert und einen zweiten Bildschirm angeschlossen hat, seinen Arbeitsbereich genau dafür definieren.

So könnte neben der „Topologie“- die „Gruppenadressen“- und „Gebäude“-Ansicht dargestellt werden.

Als Standard ist hier „default“ gewählt. Über das grüne „Plus“-Zeichen kann eine neue Auswahl von Arbeitsbereichen abgespeichert werden.

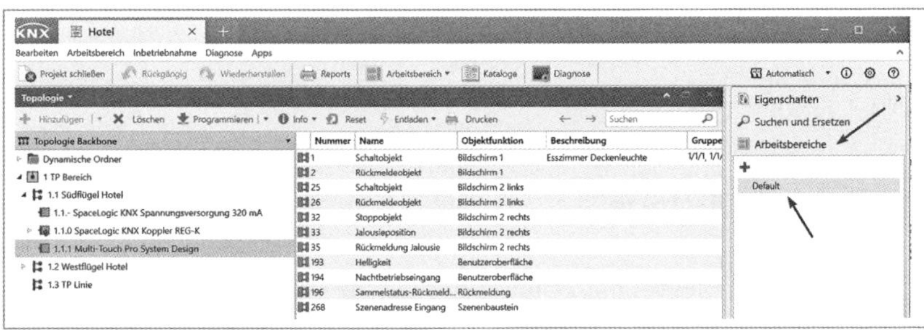

Bild 7.3 Arbeitsbereiche

7.3 Offene Aufgaben

Während einer Projektierung bleiben zwangsläufig immer wieder Dinge vorläufig unberücksichtigt. Damit man diese nicht vergisst, besteht die Möglichkeit, eine To-do-Liste anzulegen (**Bild 7.4**).

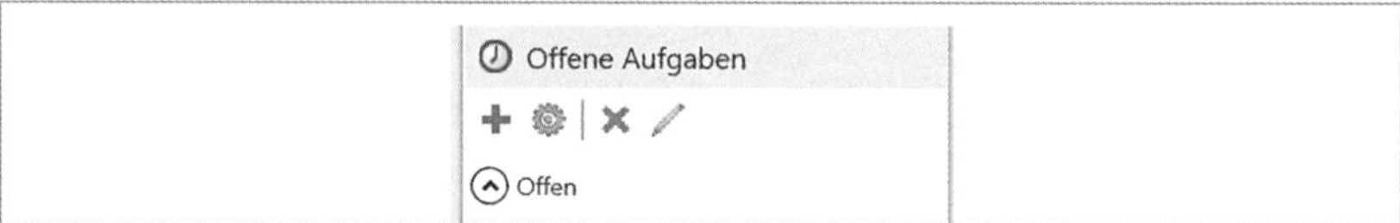

Bild 7.4 Offene Aufgaben

7.4 Laufende Operationen

Dieser Sidebar-Container gibt Ihnen einen Überblick über die Online-Operationen (z. B. „Download“, „Lese Geräteinformationen“ usw.), die von der ETS auf Geräten der KNX-Installation durchgeführt werden (**Bild 7.5**).

Wird ein Gerät programmiert bzw. der Download gestartet, wird hier ein Balken sichtbar, der zunehmend grün gefüllt wird. Nach erfolgreichem Ende des Downloads wird hier ein Haken angezeigt. Gibt es dagegen Probleme beim Download, werden hier auch die Fehlermeldungen angezeigt. Über diese bekommt man auch die Info, wo das Problem genau liegt.

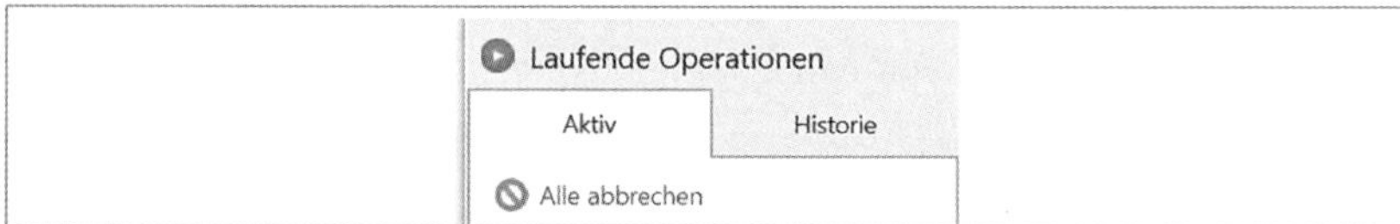

Bild 7.5 Laufende Operationen

7.5 Undo Historie

„Undo Historie“ bietet eine Liste, in der kürzlich ausgeführte Aktionen angezeigt werden, welche ausgewählt und rückgängig gemacht werden können.

Weiterhin kann eine zuvor rückgängig gemachte Aktion wiederhergestellt werden. Alle Eingaben und Änderungen werden von der ETS unmittelbar und dauerhaft gespeichert. Parallel dazu werden die Eingaben und Änderungen in einem Verlaufsspeicher protokolliert, sodass diese jederzeit rückgängig oder wiederhergestellt werden können. Jede abgeschlossene Aktion wird der Verlaufsliste hinzugefügt.

Die Funktionen „Rückgängig" und „Wiederherstellen" (**Bild 7.6** unten links) stehen auch in der Werkzeugleiste zur Verfügung. Dort ist allerdings keine Textbeschreibung der einzelnen Schritte verfügbar. In den Einstellungen kann die Anzahl der gespeicherten Aktionen bestimmt werden, welche rückgängig gemacht werden können.

> **Achtung!** Bus-Operationen können nicht mehr rückgängig gemacht werden.

Nach dem Schließen der ETS werden alle Einträge im Verlaufsspeicher gelöscht.

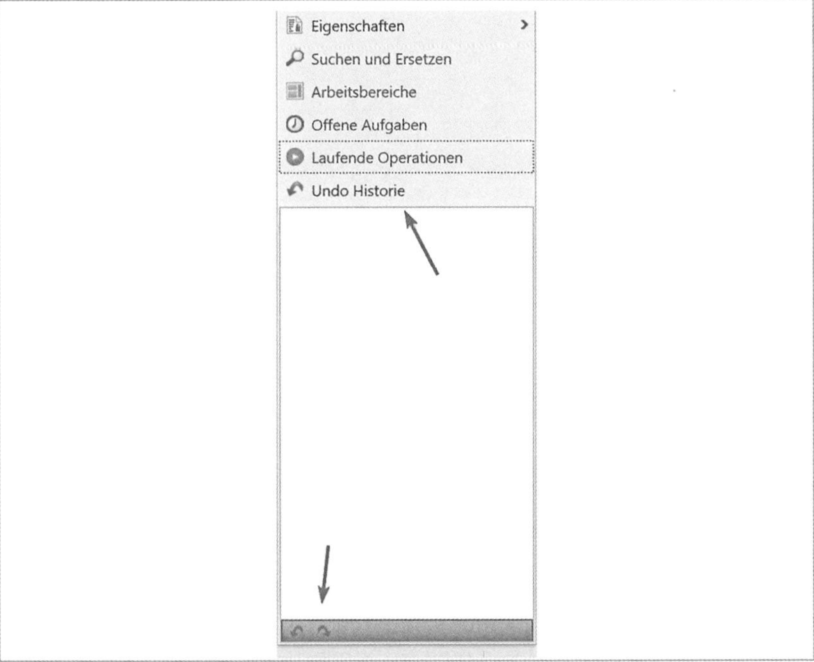

Bild 7.6 Undo Historie

8 Hilfe

Gibt es Probleme mit der ETS bzw. sind Fehlermeldungen vorhanden, kann man dies über die Online-Hilfe der ETS recherchieren, bzw. Lösungen herführen. Unter https://support.knx.org/hc/de/sections/4404423716242-ETS6-Professional findet man die Hilfeseiten der ETS6 (**Bild 8.1**).

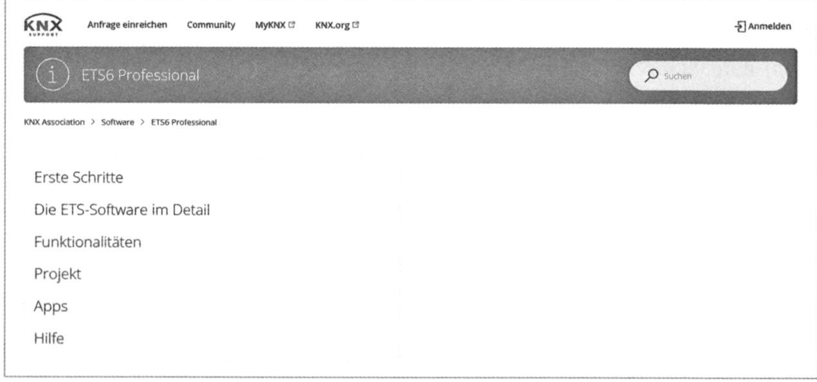

Bild 8.1 Hilfeseiten der ETS6

9 KNX Secure

KNX Secure ist schon während der ETS5 eingeführt worden, da man zunehmend die Gefahr durch Dritte in der KNX-Installation sah. KNX Secure ist für KNX RF, KNX TP und KNX IP verfügbar.

Es wird zwischen zwei Varianten von KNX Secure unterschieden:

- KNX IP Secure
- KNX Data Secure

KNX IP Secure bedeutet, dass von KNX-Geräten ausgesendete Meldungen/ Telegramme in IP-Netzwerken authentifiziert und verschlüsselt sind.

KNX Data Secure sichert die Kommunikation, so dass (unabhängig vom ausgewählten KNX-Medium) durch KNX-Geräte ausgesendete Meldungen authentifiziert und/oder verschlüsselt werden.

KNX Data Secure und KNX IP Secure ermöglichen, dass Geräte einen gesicherten Kommunikationskanal aufbauen können, bei dem dann auch folgendes sichergestellt wird:

- **Datenintegrität**
  Es wird verhindert, dass ein Dritter manipulierte Meldungen verschicken und somit die Anlage manipulieren kann. Dies wird erreicht, indem jeder Meldung/Telegramm ein Authentifikationscode angehängt wird, der die Sendung authentifiziert.
- **Freshness**
  Verhindert wird, dass Meldungen/Telegramme aufgezeichnet und zu einen späteren Zeitpunkt abgespielt werden. Bei KNX Data Secure wird dies über eine Sequenznummer, bei KNX IP Secure über eine Sequenzidentifikation erreicht.
- **Vertraulichkeit**
  Der Traffic auf dem Bus wird verschlüsselt, so dass ein Angreifer den geringstmöglichen Einblick in die versendeten Daten erhält. Hier wird ein AES-128 CCM-Algorithmus verwendet.
- **Symmetrischer Schlüssel**
  Dies bedeutet, dass der gleiche Schlüssel sowohl durch den Sender für die Verschlüsselung ausgehender Meldungen als auch durch den/die Empfänger zur Verifikation und Entschlüsselung der empfangenen Meldungen verwendet wird.

- **KNX-Data-Secure-Geräte**
  Diese verwenden für die Übertragung der authentifizierten und verschlüsselten Daten ein längeres KNX-Telegrammformat. Dies hat jedoch keine Auswirkung auf die Reaktionsgeschwindigkeit der Geräte.

Bei KNX Data Secure werden die Geräte auf folgender Art und Weise geschützt:

- Ein Gerät wird mit einer gerätespezifischen „Factory Device Setup Key (FDSK)“ ausgeliefert (**Bild 9.1** zeigt den FDSK eines Gerätes).
- Der Installateur gibt diesen Schlüssel in das Konfigurationswerkzeug (ETS) ein – dies erfolgt getrennt vom KNX-Bus.
- Das Konfigurationswerkzeug erzeugt einen gerätespezifischen Werkzeugschlüssel.
- Über den Bus sendet die ETS den Werkzeugschlüssel zum Gerät, das konfiguriert werden soll. Die Übertragung wird mit dem ursprünglichen und vorher eingegebenen FDSK-Schlüssel verschlüsselt und authentifiziert. Weder der Werkzeugschlüssel noch der FDSK-Schlüssel werden im Klartext über den Bus gesendet.
- Das Gerät akzeptiert nach der vorherigen Aktion nur noch den Werkzeugschlüssel für weitere Kommunikation mit der ETS. Der FDSK-Schlüssel wird für die weitere Kommunikation nicht mehr verwendet – es sei denn, das Gerät wird in den Auslieferzustand zurückgesetzt. Dabei werden alle eingestellten sicherheitsrelevanten Daten gelöscht.
- Die ETS erzeugt so viele Laufzeitschlüssel, wie für die zu schützende Gruppenkommunikation benötigt werden.

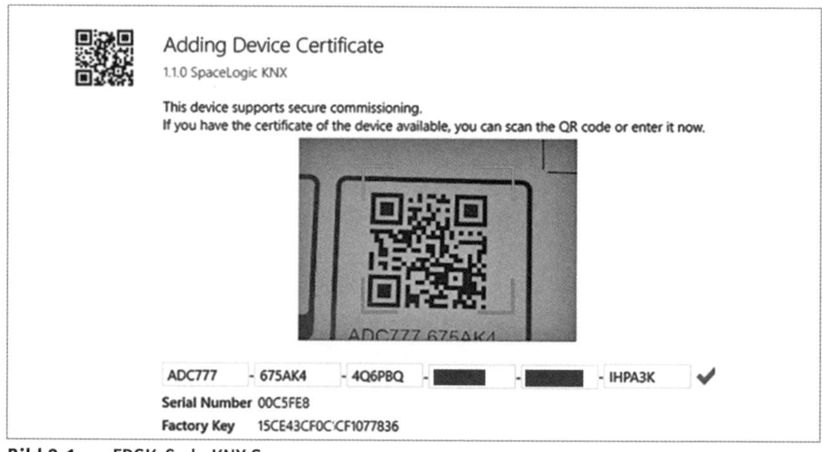

Bild 9.1 FDSK-Code KNX Secure

- Über den Bus sendet die ETS die Laufzeitschlüssel zum Gerät, das konfiguriert werden soll. Die Übertragung erfolgt, indem sie über den Werkzeugschlüssel verschlüsselt und authentifiziert wird. Die Laufzeitschlüssel werden nie im Klartext über den Bus gesendet.

Bei KNX IP Secure wird eine gesicherte Verbindung (Tunneling oder Gerätemanagement) auf folgende Art und Weise aufgebaut:

- Sowohl Client als auch Server erzeugen eine Kombination eines individuellen öffentlichen/privaten Schlüssels. Dies wird als „asymmetrische Verschlüsselung" bezeichnet.
- Der Client sendet dem Server seinen öffentlichen Schlüssel im Klartext.
- Der Server antwortet mit seinem öffentlichen Schlüssel im Klartext und hängt das Ergebnis der folgenden Berechnung an: Er berechnet den XOR-Wert seines öffentlichen Schlüssels, verschlüsselt diesen mit dem Gerätecode (um sich gegenüber dem Client zu authentifizieren) und verschlüsselt dies ein zweites Mal mit dem berechneten Session-Schlüssel.
- Der Geräte-Authentifikationsschlüssel wird entweder durch die ETS während der Konfiguration zugewiesen oder ist der Werkzeugschlüssel. Möchte eine Visualisierung eine gesicherte Verbindung mit dem jeweiligen Server herstellen, so muss ihr der Geräte-Authentifikationsschlüssel zur Verfügung gestellt werden.
- Der Client führt die gleiche XOR-Operation durch, aber autorisiert sich, indem er erstens mit dem Passwort des Servers und zweitens mit dem Session-Schlüssel verschlüsselt.
- Bei dem Vorgang ist zu beachten, dass der verwendete Verschlüsselungsalgorithmus (Diffie Hellman) sicherstellt, dass der Session-Schlüssel des Clients und des Servers identisch sind.
- Möchte eine Visualisierung eine gesicherte Verbindung mit dem jeweiligen Server herstellen, so müssen ihr die Passwörter des Servers zur Verfügung gestellt werden.

In Zusammenhang mit den oben beschriebenen Maßnahmen zum Schutz der Laufzeitkommunikation ist zu beachten, dass:

- KNX Data Secure Geräte problemlos in einer Anlage neben üblichen Geräten eingesetzt werden können. Das bedeutet konkret, dass KNX Data- und KNX IP Secure als zusätzliche Maßnahme ergriffen werden können.
- Wenn jedoch der Installateur in einem IP-Backbone ein KNX-IP-Secure-Gerät einsetzt, alle anderen eingesetzten IP-Koppler und KNX-IP-Geräte ebenfalls IP-Secure-Geräte sein müssen.

Die **Bilder 9.2**, **9.3** und **9.4** zeigen grafisch den Ablauf bzw. den Mechanismus von KNX Data Secure.

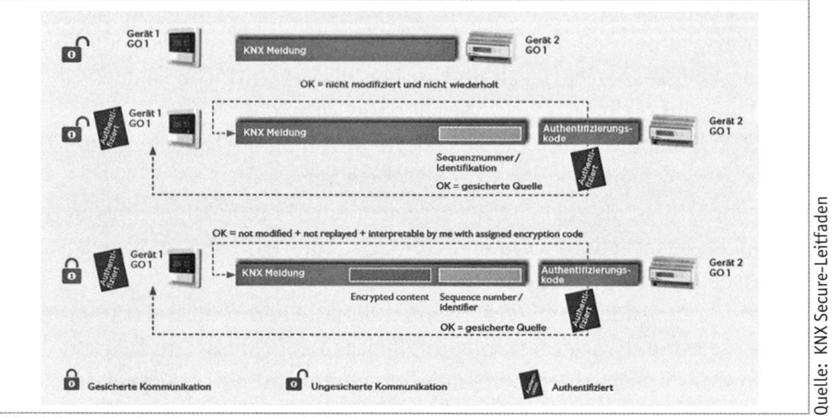

Quelle: KNX Secure-Leitfaden

Bild 9.2 Mechanismen von KNX Data Secure

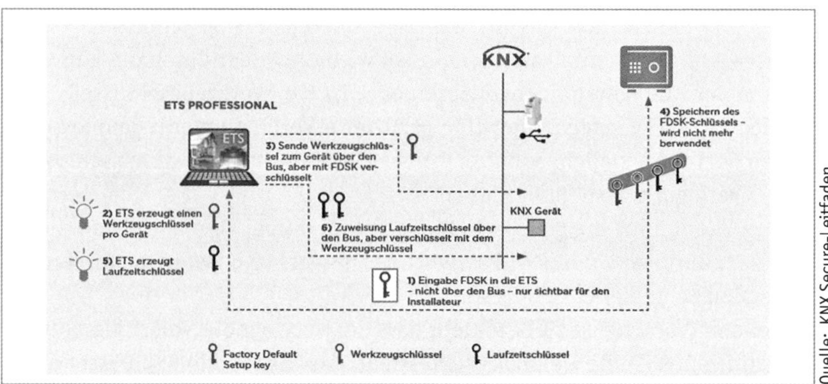

Quelle: KNX Secure-Leitfaden

Bild 9.3 Verfahren zu Verschlüsselung von KNX-Geräten

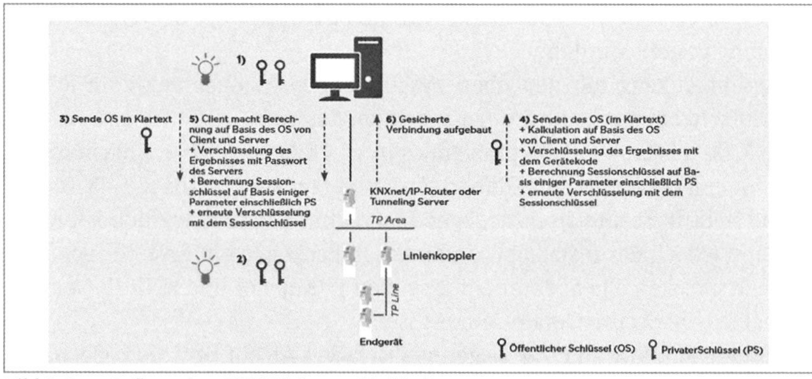

Quelle: KNX Secure-Leitfaden

Bild 9.4 Aufbau einer KNX-IP-Secure-Verbindung

Achtung! Wenn jedoch der Installateur (auf Wunsch des Kunden) für eine Funktion eines KNX-Secure-Gerätes die Laufzeitkommunikation geschützt hat, muss jeder Kommunikationspartner dieses Gerätes für die verknüpfte Funktion ebenfalls KNX Secure unterstützen. Mit anderen Worten: Ein Kommunikationsobjekt eines KNX-Secure-Gerätes kann nicht einmal mit einer geschützten KNX-Gruppenadresse und einmal mit einer nichtgeschützten KNX-Gruppenadresse verbunden sein.

Geräte, die KNX Data und IP Secure unterstützen, sind daran zu erkennen, dass auf dem Produktetikett ein ‚X‘ angebracht ist. KNX IP Secure sowie KNX Data Secure werden ab ETS5.5 unterstützt. Die ETS lässt nicht nur zu, neue KNX-Secure-Geräte zu konfigurieren, sondern auch, defekte Geräte auszutauschen.

Hat man diese Möglichkeiten befolgt, ist eine Ausspähung der KNX Kommunikation nicht mehr möglich, ansonsten kann es schematisch aussehen wie auf **Bild 9.5**.

Auf den folgenden beiden Abbildungen und sehen Sie, wie eine KNX Data Secure Kommunikation in der ETS6 aussieht (**Bild 9.6**), und die gleiche Kommunikation aufgezeichnet im Gruppenmonitor der ETS 5 (**Bild 9.7**).

Mit der KNX-Secure-Technik wird der KNX noch sicherer und kann vielseitiger angewendet werden.

Weitere Informationen zum Thema KNX Secure finden Sie unter folgendem Link: https://www.knx.org/knx-de/fuer-fachleute/knx-vorteile/knx-secure/

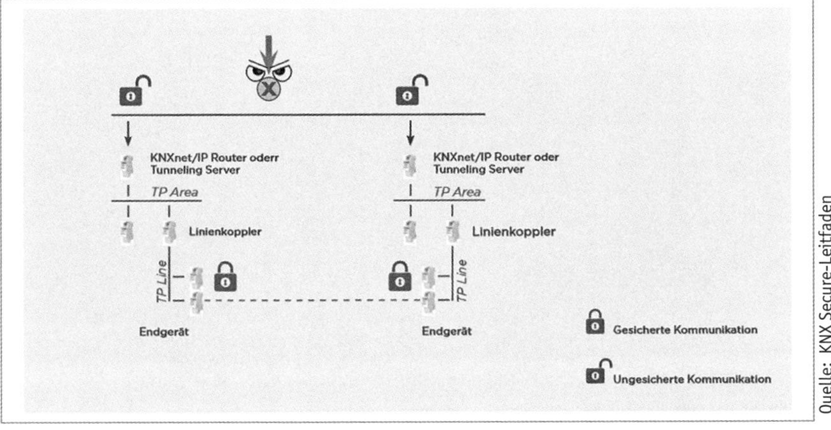

Bild 9.5 Schützen von KNX Laufzeitkommunikation in einem IP-Netzwerk

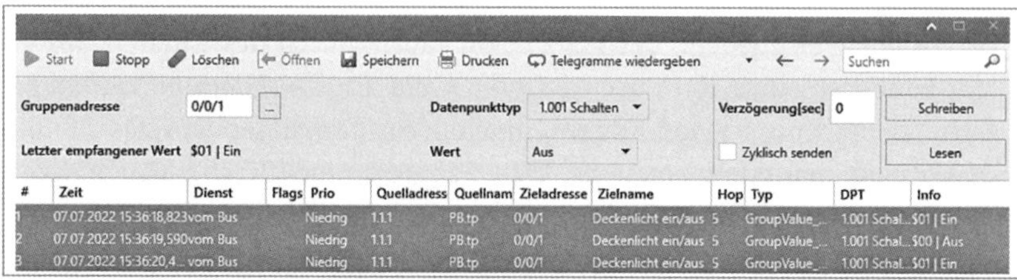

Bild 9.6 GA-verschlüsseltes Telegramm (ETS6)

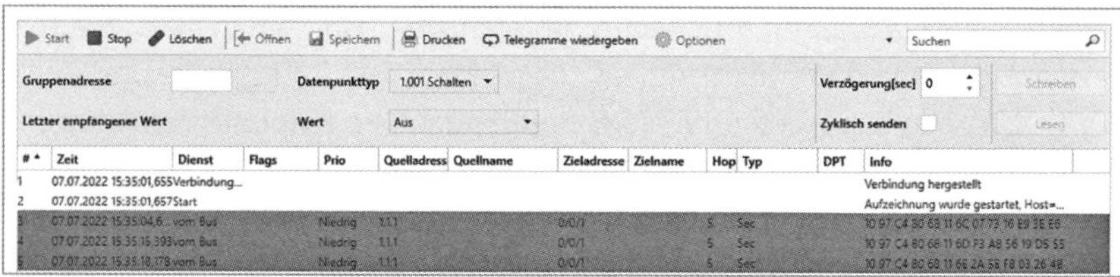

Bild 9.7 ETS5-Mitschnitt Gruppenmonitor

E Ein Projekt von A bis Z

Das folgende Beispiel soll in zusammenhängender Form die Arbeitsschritte verdeutlichen, die notwendig sind, um ein Projekt mit der ETSx Professional zu bearbeiten. Dabei wurde darauf geachtet, die Komplexität durch das Teilen der Gesamtaufgabe in einzelne Teilaufgaben, niedrig zu halten, um die Übersicht nicht zu verlieren. Somit können Teilaufgaben auch geübt werden, indem von der Aufgabenstellung ausgehend, Lösungen selbst erarbeitet werden.

Natürlich muss der Profi in der Wirklichkeit schneller arbeiten und kann es sich somit nicht erlauben, viele kleine Teillösungen zu betrachten. Vielmehr wird er versuchen, Arbeitsgänge zusammenzufassen, wie z.B. Anlegen aller Gruppenadressen, Einfügen der Geräte, Kopieren ähnlicher und gleicher Geräte usw. Um ein Angebot zu erstellen, muss natürlich auch im Vorfeld eine Stückliste, eine sogenannte „Bieterliste", erstellt werden. Das setzt Erfahrung und Übersicht voraus, wie man sie am Anfang sicher noch nicht hat.

An die „Beginner" richtet sich auch das Beispielprojekt, deshalb auch die „zerstückelte" Sichtweise.

Die einzelnen Schritte werden am Anfang sehr detailliert dargestellt. Routinearbeiten werden in der Folge dann nur noch beschrieben und in zusammengefasster Form dargestellt. Am Ende werden nur noch die Lösungen dargestellt.

Das Beispielprojekt kann kein Ersatz für notwendige Produktschulungen sein. Es erklärt in erster Linie den Gebrauch der ETSx und geht nur soweit auf „Geräte-Features" ein, wie es für die Lösung der Aufgabe notwendig ist.

Die Aufgabenstellungen sind sehr einfach gehalten und viele Lösungen wiederholen sich.

Übersicht

1 Beschreibung des Beispielprojektes
  1.1 Etagen des Gebäudes
  1.2 Funktionen im Gebäude
2 Projektierung im EG
  2.1 Anlegen des Projekts
  2.2 Geräte einfügen und parametrieren
  2.3 Geräte parametrieren und Gruppenadressen verziehen

3 Projektierung im OG
   3.1 Geräte parametrieren und Gruppenadressen verziehen
4 Inbetriebnahme und Tests
5 Dokumentation
6 Blitzstart

1 Beschreibung des Beispielprojektes

1.1 Etagen des Gebäudes

Für das Beispielprojekt ein Einfamilienhaus gewählt (**Bilder 1.1** und **1.2**).

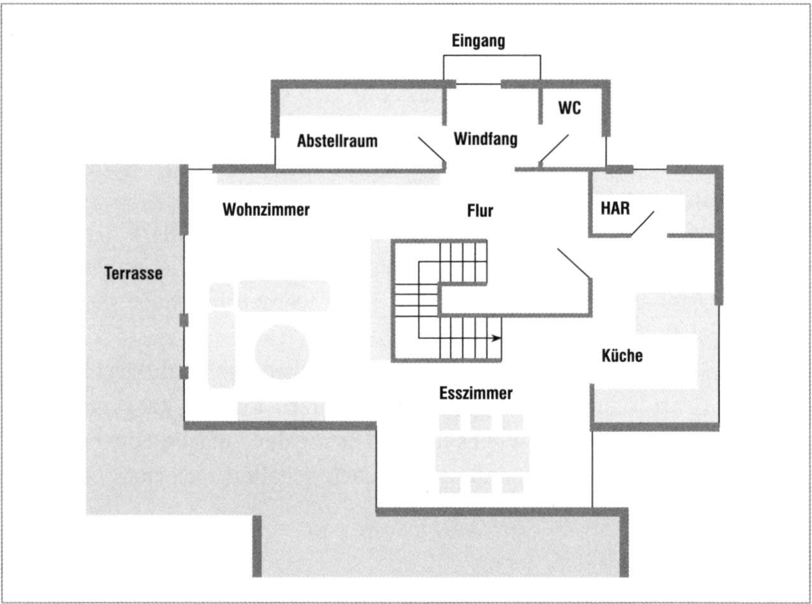

Bild 1.1 Beispielhaus EG

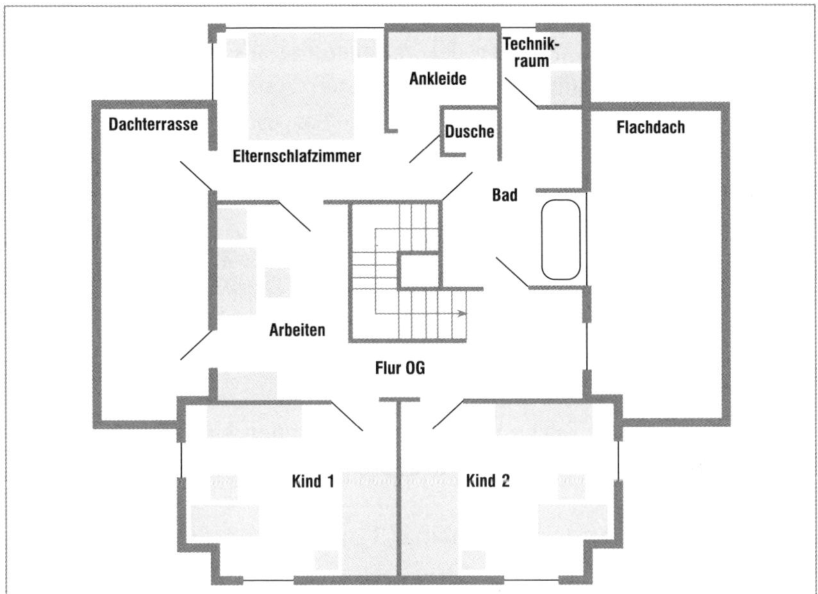

Bild 1.2 Beispielhaus OG

1.2 Funktionen im Gebäude

Für die Umsetzung der lokalen Bedienfunktionen muss natürlich im Vorfeld mit dem Kunden die Frage geklärt werden, „WAS wird WO" manuell oder automatisch veranlasst.

Das könnte wieder in einer Tabelle (**Tabelle 1.1**) erfasst werden. Im Beispielprojekt stellen die Funktionstabellen die Vorlage für den Projekt-Assistenten der ETSx.

Location	**Funktion**	**Gerät**	**Kanal**
Außenseite Hauseingang	Licht Eingang bei Bewegung E1	PIR 1	A
Außenseite Hauseingang	Taste Türglocke	Tasterschnittstelle vierfach	A
Hauseingang Tür	Abfragung auf/zu		B
Innenseite Hauseingang	Taste „Haus ist alleine"		C
Fenster WC	Abfragung auf/zu		D
Windfang	Licht ein bei Bewegung E2	PIR2	A
WC	Licht ein/aus E4	Sensortaster LED rot/grün zweifach	Wippe o
WC	Lüfter ein		Wippe o
Garderobe	Licht ein/aus E3		Wippe u

Tabelle 1.1 Bedienung Eingang, Windfang, WC Erdgeschoss

Für die Erfassung der Einzelfunktionen wurde aus Kostengründen eine Tasterschnittstelle gewählt. Von der Verteilerdose aus werden die Magnetkontakte der Eingangstür und des WC-Fensters verdrahtet, sowie die Taste für die Glocke und die Taste „Haus ist alleine“ angeschlossen.

Ein Bewegungswächter im Außenbereich der Hauseingangstüre, sowie ein Bewegungswächter im Windfang (**Bild 1.3**) steuern helligkeitsabhängig die Beleuchtung (E1 und E2).

Für die Beleuchtung im WC wurde ein Sensortaster mit LED gewählt, der mit roter LED „besetzt“ anzeigen soll. Die zweite Wippe wird für die Garderobenbeleuchtung benutzt.

Wieder wird eine Tasterschnittstelle eingesetzt, die Fensterabfragung und Beleuchtung steuert.

Die Jalousie in der Küche (**Bild 1.4**) wird von der vorgesehenen Wetterstation geregelt, kann aber auch manuell über die Sensortaster ST2 und ST3 bedient werden.

ST2 ist ein Standard-Sensortaster, ST3 ein Multifunktions- oder Universal-Typ.

Ein Raumtemperaturregler übernimmt die Heizen/Kühlen-Funktion.

In der **Tabelle 1.2** sind die Funktionen wieder zusammengefasst.

Der nächste Projektierungsabschnitt ist das Esszimmer (**Bild 1.5**).

Eine Tasterschnittstelle übernimmt die Fensterabfragungen (A, B) über zwei Taster kann das Durchgangslicht Küche – Esszimmer (D) und Durchgangslicht Wohn – Esszimmer (C) geschaltet werden. Durch Zweifachbetätigung der Taster C und D das jeweilige andere Durchgangslicht.

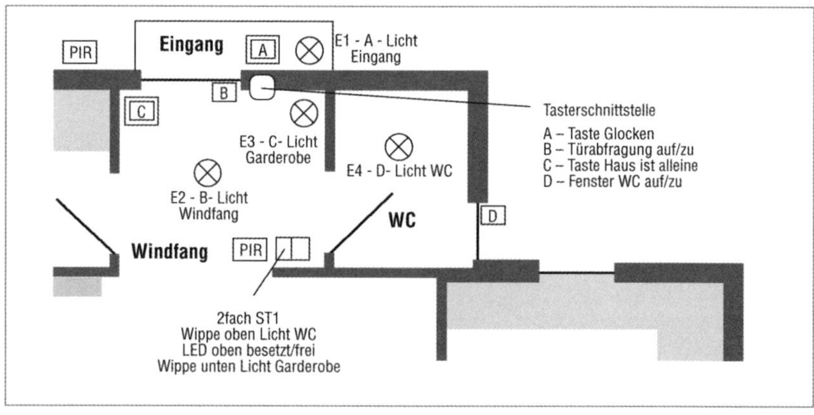

Bild 1.3 Eingang, Windfang, WC

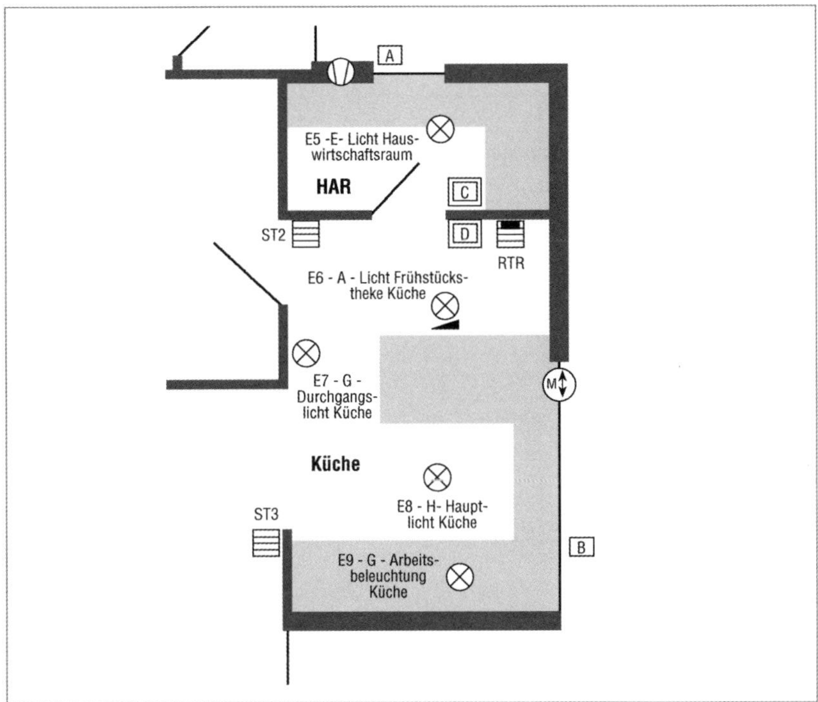

Bild 1.4 Küche und Hauswirtschaftsraum

Location	Funktion	Gerät	Kanal
Fenster HAR	Abfragung auf/zu	Tasterschnittstelle vierfach	A
Fenster Küche	Abfragung auf/zu		B
Hauswirtschaftsraum	Licht HAR E5		C
Tür zu HAR	Durchgangslicht Küche E7		D
Tür zu Flur	Dimmen Frühstückstheke E6	ST2	Wippe 1
	Hauptlicht Küche E8		Wippe 2
	Arbeitslicht Küche E9		Wippe 3
	Jalousie von Hand		Wippe 4
Durchgang Esszimmer	Durchgangslicht Küche E7	ST3	Wippe 1
	Arbeitslicht Küche um E9		Wippe 2l
	Hauptlicht um E8		Wippe 2r
	Früstückstheke um E6		Wippe 3l
	Alles aus Küche		Wippe 3r
	Jalousie von Hand		Wippe 4
Tür zu HAR	Heizen ein/aus	RTR	A
	Kühlen		A

Tabelle 1.2 Bedienung von Küche und Hauswirtschaftsraum (HAR)

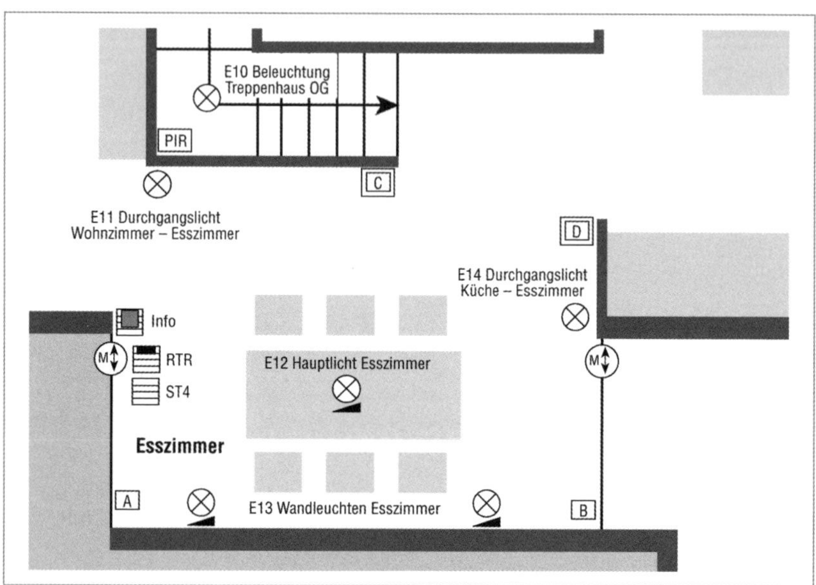

Bild 1.5 Esszimmer

Ein Info-Display soll den Status der Türen und Fenster sowie die Raumtemperaturen der einzelnen Räume anzeigen (**Tabelle 1.3**).

Im Flur (**Tabelle 1.4**) werden mit einer Tasterschnittstelle die Befehlsstellen A, B, C und D erfasst. Der Eingang C wird von zwei Tastern beaufschlagt. Das Flurlicht soll nie länger als fünf Minuten eingeschaltet bleiben. Alle Funktionen sind in der **Tabelle 1.5** zusammengefasst.

<table>
<tr><th>Location</th><th>Funktion</th><th>Gerät</th><th>Kanal</th></tr>
<tr><td>Fenster Esszimmer West</td><td>Abfragung auf/zu</td><td rowspan="4">Tasterschnitt-
stelle vierfach</td><td>A</td></tr>
<tr><td>Fenster Esszimmer Ost</td><td>Abfragung auf/zu</td><td>B</td></tr>
<tr><td>Durchgang Wohnzimmer – Esszimmer</td><td>Licht 1x E11 – langer Tastendruck E14</td><td>C</td></tr>
<tr><td>Druchgang Küche – Esszimmer</td><td>Licht 1x E14 – langer Tastendruck E11</td><td>D</td></tr>
<tr><td rowspan="4">Durchgang Wohnzimmer</td><td>Hauptlicht E12 dimmen</td><td rowspan="4">ST4</td><td>Wippe 1</td></tr>
<tr><td>Wandleuchten E13 dimmen</td><td>Wippe 2</td></tr>
<tr><td>Jalousie von Hand West</td><td>Wippe 3</td></tr>
<tr><td>Jalousie von Hand Ost</td><td>Wippe 4</td></tr>
<tr><td rowspan="4">Esszimmer</td><td>Heizen ein/aus</td><td rowspan="4">RTR2</td><td>Bildschirm 1</td></tr>
<tr><td>Kühlen</td><td>Bildschirm 1</td></tr>
<tr><td>Fenster Esszimmer West</td><td>Mitteilungen</td></tr>
<tr><td>Fenster Esszimmer Ost</td><td>Mitteilungen</td></tr>
</table>

Tabelle 1.3 Bedienung Esszimmer

Location	Funktion	Gerät	Kanal
Eingang Flur	Licht 1x E17 und E15 – langer Tastendruck E16	Tasterschnittstelle vierfach	A
Flur – Tür Küche	Licht 1x E15 – langer Tastendruck E17		B
Flur – Treppe	langer Tastendruck E16		C
Flur – Wohnzimmer	Licht 1x E16 – langer Tastendruck E17		D
Treppe EG	Licht E22 Treppe	PIR 3	A

Tabelle 1.4 Bedienung Flur – Treppe

Location	Funktion	Gerät	Kanal
Wohnzimmer Ostseite	Fenster 1 offen/zu	Tasterschnittstelle vierfach	A
	Terassentür offen/zu		B
	großes Fenster offen/zu		C
	Fenster Nord offen/zu		D
Esszimmer – Wohnzimmer	Masterdimmwert 1 E18, E21, E24	ST5	Wippe 1 l
	Masterdimmwert 2 E18, E21, E24		Wippe 1 r
	Dimmen E24		Wippe 2 r
	Dimmen E21		Wippe 3
	Jalousie Wohnzimmer West		Wippe 4
Wohnzimmer Westseite	Licht E19	ST6	Wippe 1 l
	Licht E20		Wippe 1 r
	Std. E23		Wippe 2 l
	Licht E18, E21		Wippe 2 r
	Dimmen E18		Wippe 3
	Jalousie Wohnzimmer West		Wippe 4
Wohnzimmer Westseite	E19 um	RTR3	Bildschirm 1 l
	E20 um		Bildschirm 1 r
	E23 um		Bildschirm 2 l
	E16 Licht Flur aus		Bildschirm 2 r
	Dimmen E18, E21, E24		Bildschirm 3
	Dimmen E21 individuell		Bildschirm 4
	Jalousie Wohnzimmer gesamt		Bildschirm 5
	Szene 1 – 3; TV, Party, Relax		Bildschirm 6

Tabelle 1.5 Bedienung Wohnzimmer

Im Wohnzimmer (**Bild 1.6**) wird über zwei Sensortaster und eine IR-Fernbedienung gesteuert. Der Sensortaster ST5 soll mit der Wippe 1 zwei verschiedene Dimmszenarien für die Leuchtengruppen E18, E21 und E24 vorgeben. E21 und E24 können über die Wippen 2 und 3 individuell eingestellt werden. Mit der Wippe 4 werden alle Jalousien der Westseite manuell bedient.

Der ST6 steuert mit der ersten Wippe E19 und E20. Mit der zweiten Wippe können die Steckdose E23 und die Wandleuchten E18 und E21 ge-

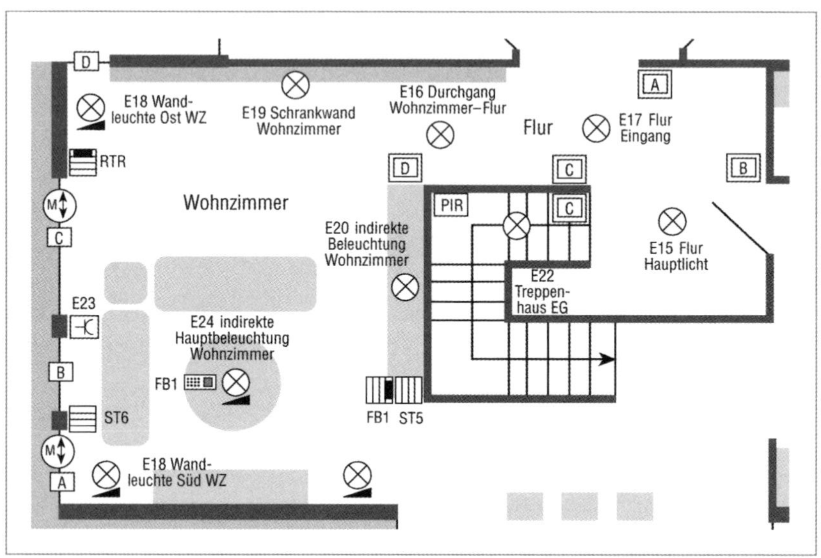

Bild 1.6 Wohnzimmer, Flur, Treppe

schaltet werden. Die Wippe 3 dimmt E 18 und die Wippe 4 steuert die Jalousie des Wohnzimmers.

Über die Fernbedienung (FB1) sollen E19, E20, E23 einzeln zu schalten sein, das Flurlicht soll komplett ausgeschaltet werden, Masterdimmen von E18, E21, E24 soll möglich sein, E21 soll individuell dimmbar sein. Drei Szenen sollen „TV-Mode“, „Party“, und „Relaxe“ realisieren.

Über eine Tasterschnittstelle werden die Fenster der West- und Nordseite erfasst, sowie die Terassentür. Sie sollen auf der Seite 3 des Infodisplays im Esszimmer angezeigt werden.

Im letzten Abschnitt des Erdgeschosses werden der Abstellraum und die Terasse sowie der Außenbereich behandelt. Für den Abstellraum wurde lediglich eine Tasterschnittstelle vorgesehen. Auf der Terasse befinden sich auf der West- und der Südseite je ein helligkeitsabhängiger Bewegungswächter, ebenso auf der Nord- und Ostseite des Gebäudes (**Bild 1.7** und **Tabelle 1.6**). Die folgenden **Bilder 1.8** bis **1.11** und die **Tabellen 1.7** bis **1.14** sind zum besseren Verständnis angefügt, damit eine Zuordnung der Geräte zu den Räumen bzw. Funktionen/Belegung möglich ist.

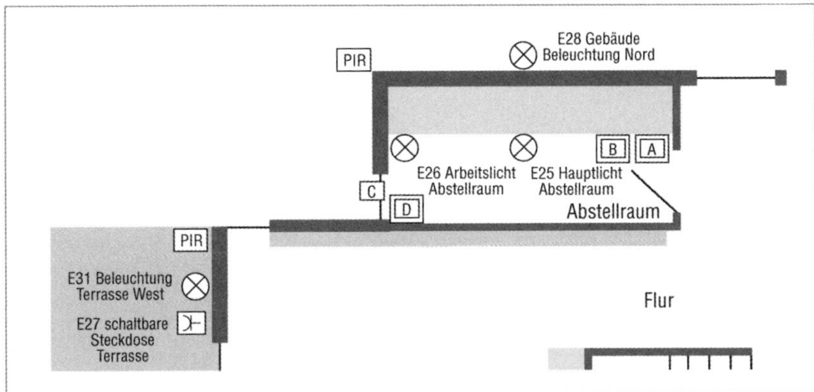

Bild 1.7 Abstellraum und Terrasse

Location	Funktion	Gerät	Kanal
Abstellraum	E25 Abstellraum Hauptlicht	Tasterschnittstelle vierfach	A
	E26 Arbeitslicht Abstellraum		B
	Fenster Abstellraum offen/zu		C
	E27 Steckdose Terrasse		D
Nordseite Gebäude	E28 Beleuchtung Gebäude Nord	PIR5	A
Ostseite Gebäude	E29 Beleuchtung Gebäude Ost	PIR6	A
Südseite Terrasse	E30 Beleuchtung Terrasse Süd	PIR7	A
Westseite Terrasse	E31 Beleuchtung Terrasse West	PIR8	A

Tabelle 1.6 Bedienung Abstellraum, Terrasse, Außenbereich

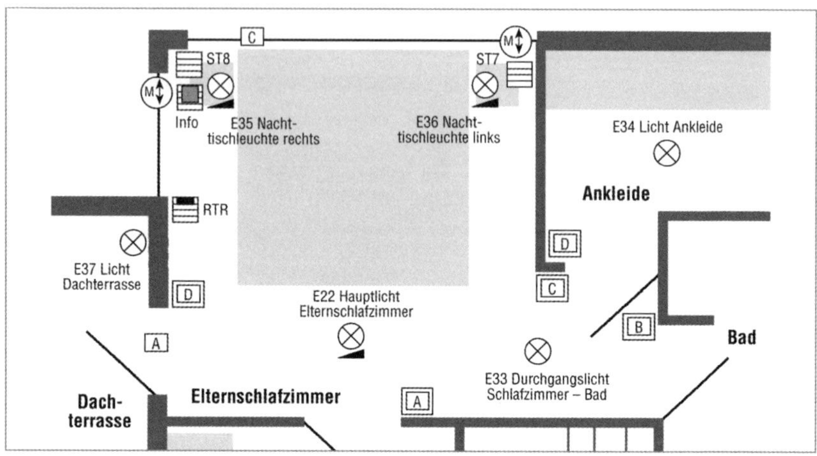

Bild 1.8 Elternschlafzimmer, Ankleideraum, Dachterrasse

Location	Funktion	Gerät	Kanal
Elternschlafzimmer	Tür Dachterrasse offen/zu	Tasterschnittstelle vierfach	A
	Fenster West offen/zu		B
	Fenster Nord offen/zu		C
	1x E37; lang Panik		D
Elternschlafzimmer, Durchgang Badezimmer, Ankleide	1x E32; lang E33	Tasterschnittstelle vierfach	A
	1x E33; lang E32		B
	1x E33; lang E34		C
	1x E34; lang E33		D
Schlafzimmer rechts	E35 dimmen	ST8	Wippe 1
	E36 dimmen		Wippe 2
	E33 Durchgangslicht		Wippe 3 l
	alles aus Schlafzimmer		Wippe 3 r
	Jalousie Schlafzimmer		Wippe 4
Schlafzimmer links	E36 dimmen	ST7	Wippe 1
	E35 dimmen		Wippe 2
	E33 Durchgangslicht		Wippe 3 l
	alles aus Schlafzimmer		Wippe 3 r
	Jalousie Schlafzimmer		Wippe 4
Info Schlafzimmer rechts	Heizen/Kühlen	RTR4	Bildschirm 1
	Haus alleine Funktion		Bildschirm 2
	Zentralljalousie		Bildschirm 3
	Licht Kinderzimmer 1		Bildschirm 4
	Licht Kinderzimmer 2		Bildschirm 5
	Fenster/Türen OG		Bildschirm 6
	Fenster/Türen OG		Bildschirm 7

Tabelle 1.7 Elternschlafzimmer, Ankleide, Dachterasse

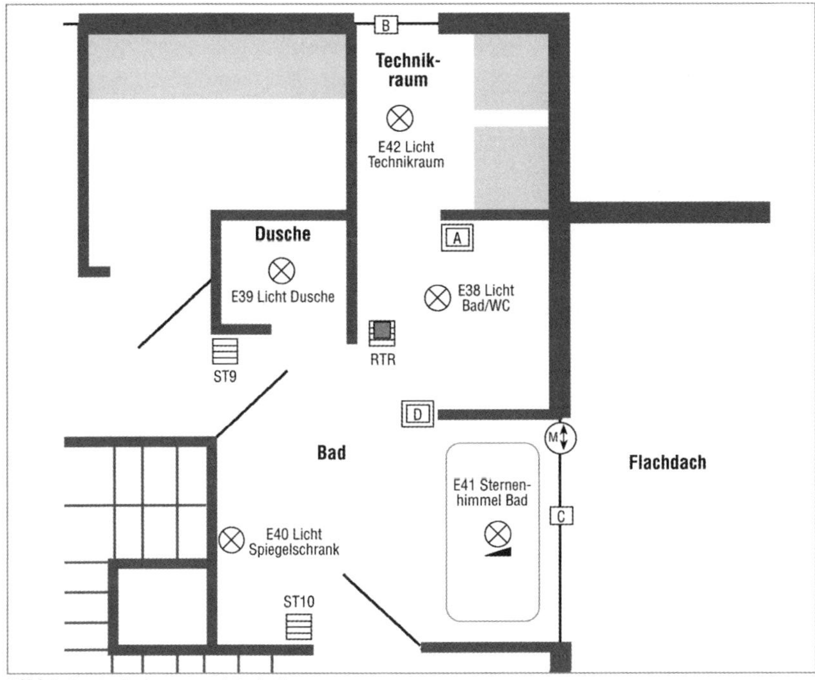

Bild 1.9 Badezimmer und Technikraum

Location	Funktion	Gerät	Kanal
Technikraum	1x E42; lang E38	Tasterschnittstelle vierfach	A
	Fenster Technikraum offen / zu		B
	Fenster Badezimmer offen / zu		C
	1x Licht, lang Panik		D
Badezimmer	E38 Licht Bad / WC	ST9	Wippe 1 l
	E39 Licht Dusche		Wippe 1 r
	E40 Licht Spiegelschrank		Wippe 2 l
	alles aus Bad		Wippe 2 r
	E41 dimmen Sternenhimmel		Wippe 3
	Jalousie Bad		Wippe 4
Badezimmer	E38 Licht Bad / WC	ST10	Wippe 1 l
	E39 Licht Dusche		Wippe 1 r
	E40 Licht Spiegelschrank		Wippe 2 l
	alles aus Bad		Wippe 2 r
	E41 dimmen Sternenhimmel		Wippe 3
	Jalousie Bad		Wippe 4
Badezimmer	Heizen/Kühlen	RTR5	Bildschirm 1

Tabelle 1.8 Bedienung Badezimmer und Technikraum

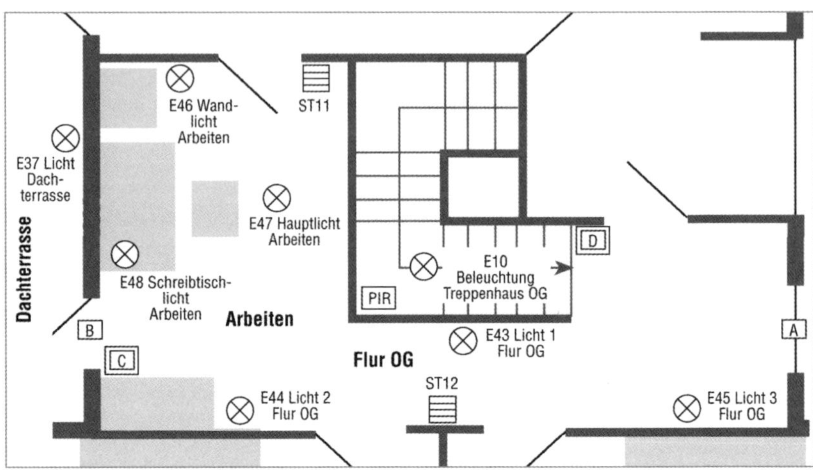

Bild 1.10 Arbeitszimmer und Flur

Location	Funktion	Gerät	Kanal
Flur OG	Fenster Flur Ost offen/zu	Tasterschnittstelle vierfach	A
	Tür Terrasse OG offen/zu		B
	1x E37; lang E44		C
	1x E45; lang E47		D
Arbeiten	E47 Hauptlicht Arbeiten	ST10	Bildschirm 1
	E46 Wandlicht Arbeiten		Bildschirm 2
	E48 Schreibtischlicht		Bildschirm 3
	E44 Licht 2 Flur		Bildschirm 4
	Arbeiten alles aus		Bildschirm 5 l
	Flur alles aus		Bildschirm 5 r
	Elternschlafzimmer alles aus		Bildschirm 6 l
	Dachterrasse alles aus		Bildschirm 6 r
	Heizen Kühlen		Bildschirm 7
Flur Süd	E43 Licht Flur 1	ST12	Wippe 1 l
	E44 Licht Flur 2		Wippe 1 r
	E45 Licht Flur 3		Wippe 2 l
	Kind 1 alles aus		Wippe 2 r
	Kind 2 alles aus		Wippe 3 l
	Arbeiten alles aus		Wippe 3 r
	E47 Hauptlicht Arbeiten		Wippe 4

Tabelle 1.9 Bedienung Arbeitszimmer und Flur

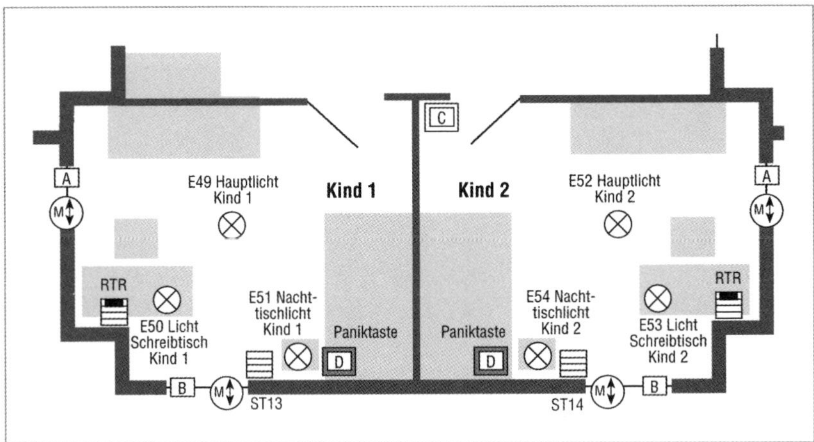

Bild 1.11 Kinderzimmer

Location	Funktion	Gerät	Kanal
Kind 1	Fenster West offen/zu	Tasterschnittstelle vierfach	A
	Fenster Süd offen/zu		B
	Panik Taster		C
	frei		D
Kind 1 Südseite	E51 Nachttischlicht	ST13	Wippe 1 l
	E50 Schreibtischlicht		Wippe 1 r
	E49 Hauptlicht		Wippe 2
	Kind 1 alles aus		Wippe 3
	Kind 1 Jalousie		Wippe 4
Kind 1 Tür	Heizen/Kühlen	RTR6	Bildschirm 1
	E51 Nachttischlicht		Bildschirm 2
	E50 Schreibtischlicht		Bildschirm 3
	E49 Hauptlicht		Bildschirm 4
	Kind 1 alles aus		Bildschirm 5
	Kind 1 Jalousie		Bildschirm 6

Tabelle 1.10 Bedienung Kind 1

Location	Funktion	Gerät	Kanal
Kind 2	Fenster Ost offen/zu	Tasterschnittstelle vierfach	A
	Fenster Süd offen/zu		B
	Panik-Taster		C
	frei		D
Kind 2 Südseite	E54 Nachttischlicht	ST14	Wippe 1 l
	E53 Schreibtischlicht		Wippe 1 r
	E2 Hauptlicht		Wippe 2
	Kind 2 alles aus		Wippe 3
	Kind 2 Jalousie		Wippe 4
Kind 2 Tür	Heizen/Kühlen	RTR6	Bildschirm 1
	E54 Nachttischlicht		Bildschirm 2
	E53 Schreibtischlicht		Bildschirm 3
	E52 Hauptlicht		Bildschirm 4
	Kind 2 alles aus		Bildschirm 5
	Kind 2 Jalousie		Bildschirm 6

Tabelle 1.11 Bedienung Kind 2

Tabelle 1.12 und **Tabelle 1.13** dienen zur Veranschaulichung, wie eine Raumliste bzgl. der Funktionen pro Raum dargestellt werden kann. Auf diese Weise wird es auch für einen Endkunden einfach nachzuvollziehen, wo welche Funktionen geplant sind.

Tabelle 1.14 ist eine Zusammenfassung, die zeigt, wie viele Kanäle für dieses Projekt benötigt werden. Mit ihr kann eine Stückliste für die Aktoren erstellt werden.

Tabelle 1.15 ist eine Übersicht, welche Geräte in welche Räume verbaut/verplant worden sind.

Tabelle 1.16 zeigt die Gruppenandressen in einer Übersicht.

Funktionsübersicht	Räume Erdgeschoss														
	Windfang Garderobe	Flur EG	Küche	Hauswirtschaftsraum	Abstellraum	Wohnzimmer	Esszimmer	Terrasse	Treppenhaus	WC	Hauseingang	Fußwege	Garten	Garage / Carport	gesamt
Beleuchtung geschaltet	3	3	3	1	2	2	2	4	1	1	1		1		23
Beleuchtung gedimmt			1			3	2								6
Beleuchtung geregelt															
Beleuchtungsszenen						X									1
Bewegungserfassung	X							X	X		X	X		X	6
Beschattung geschaltet			1			1	1								3
Beschattung geregelt															
Heizung-Vorlaufventil			1			1	1								3
Einzelraumregelung			X			X	X								3
Raumtemperaturerfassung			X			X	X								3
Komforttemperatur			X			X	X								3
Fußbodenheizung						1	1								2
Lüftung/Absaugung				1						1					3
Kühlen			1			1	1								3
Fenster/Türen Abfragung			X	X	X	X	X	X		X	X				8
Notbeleuchtung/Panik	X	X	X			X	X	X	X		X	X	X	X	11
Steckdosen geschaltet						1		1					1	1	4
Schließzylinder/Verriegelung															
Feuer-/Rauchalarm			X	X	X	X	X								5
TV-Manager/Homeserver															
Funktelefonbedienung			X			X									2
Beschallung															
Innen-/Außenkommunikation			X			X									2
Haus-ist-alleine-Taste	X														1
Zentral-Aus-Taste															
Panik-Taste															
Wetterstation			X			X	X								3
Info-Display			X												1

Tabelle 1.12 Funktionsliste Erdgeschoss

	Räume Obergeschoss														
Funktionsübersicht	Elternschlafzimmer	Ankleide	Badezimmer	Flur OG	Arbeitszimmer	Kind 1	Kind 2	Technikraum	Dachterrasse	Treppenhaus					gesamt
Beleuchtung geschaltet	1	1	3	3	3	3	3	1	1	1					20
Beleuchtung gedimmt	3		1												4
Beleuchtung geregelt															
Beleuchtungsszenen															
Bewegungserfassung										X					1
Beschattung geschaltet	1		1		1	1	1								5
Beschattung geregelt															
Heizung-Vorlaufventil	1		1												2
Einzelraumregelung	X		X			X	X								4
Raumtemperaturerfassung	X		X			X	X								4
Komforttemperatur			X			X	X								3
Fußbodenheizung			1												1
Lüftung Absaugung	1					1	1								3
Kühlen	1					1	1								3
Fenster/Türen Abfragung	X		X		X	X	X	X	X						7
Notbeleuchtung/Panik	X		X	X	X	X	X		X						7
Steckdosen geschaltet															
Schließzylinder/Verriegelung															
Feuer-/Rauchalarm				X				X	X						3
TV-Manager/Homeserver															
Funktelefonbedienung															
Beschallung															
Innen-/Außenkommunikation					X										1
Haus-ist-alleine-Taste															
Zentral-aus-Taste	X			X											2
Panik-Taste	X		X		X	X	X								5
Wetterstation															
Info-Display	X														

Tabelle 1.13 Funktionsliste Obergeschoss

Aktortyp	Kanäle gesamt	Bauart	gewählt	Stück
Schaltkanäle	47	REG	achtfach	6
Jalousiekanäle	8	REG	vierfach	2
Dimmaktor	10	REG	zweifach	5
Heiz-/Kühlaktor	7	REG	sechsfach	2

Tabelle 1.14 Zusammenfassung Aktorkanäle

1.3 Geräte

Beiblatt 070-4 (071-1) Hardware Automatisierungseinrichtung

Projekt: Einfamilienhaus	Projekt-Nr.:	____-____-_____-HW-ISP-		
Anbieter:	Vergabe-Nr.:	Gebäude Nr. (von Plansteller) oder Raum/Zonentyp		ISP-Nr.
		Ausgabedatum:	Name:	Seite: 1 von: 1

Hardwarekomponenten Bieterangaben			Automationsstationen									
			Windfang, WC	Eingang, Flure, Treppe	Küche, HAR, Abstellraum	Technikraum, Verteiler	Ess-, Wohnzimmer	Terrasse, Außenbereich	Arbeiten	Kinderzimmer 1 und 2	Schlafzimmer, Ankleide	Badezimmer, WC
Bezeichnung der Komponenten	Typ	ges.	St.	St.	St.	St.	St.	St.	St.	St.	St.	St.
Tasterschnittstelle vierfach	670804	12	1	2	2		2			2	2	1
Bewegungsmelder UP	631725	9	1	3				5				
Multi-Touch Pro	MEG6215-5910	5					1		1	2	1	
Tastsensor zweifach	617225	1	1									
Tastsensor vierfach	617425	13			2		3		2	2	2	2
Schaltaktor achtfach Master	MTN6705-0008	2				2						
Schaltaktor achtfach Erweiterung	MTN6805-0008	4				4						
Jalousieaktor achtfach Master	MTN6705-0008	1				1						
Jalousieaktor achtfach Erweiterung	MTN6805-0008	1				1						
Dimmaktor zweifach Master	MTN6710-0008	1				1						
Dimmaktor zweifach Erweiterung	MTN6810-0008	2				2						
Heizungsaktor sechsfach	MTN6730-0002	2				2						
Wetterstation	MTN6705-0001	1						1				
Rauchmelder		12	1	1	3	1	2		1	1	1	1
KNX Spannungs-versorgung 1.280 mA	MTN6513-1201	1				1						
USB-Schnittstelle (o. IP)	MTN6502-0101	1				1						
Binäreingang	MTN644492	1				1						
Gesamtzahl Geräte		69										
Gesamtzahl Geräte Bus		56										

Tabelle 1.15 Zuordnung Geräte zu Räumen

1.4 Geplante Gruppenadressstruktur

HG	Beschreibung HG	MG	Beschreibung MG
1	Beleuchtung Innenräume	0	Beleuchtung Erdgeschoss
		1	Beleuchtung Obergeschoss
2	Beleuchtung Außenbereich	5	Beleuchtung Wege, Terrasse, Gebäudehülle
		6	Beleuchtung Carport
3	Heizen / Klima / Kühlen	0	Heizen / Kühlen Erdgeschoss
		1	Heizen / Kühlen Oberschoss
4	Lüften / Absaugung	0	Lüften / Absaugung Erdgeschoss
		1	Lüften / Absaugung Obergeschoss
5	Beschattung, Jalousie / Behang	0	Beschattung Erdgeschoss
		1	Beschattung Obergeschoss
6	Türen, Tore, Fenster	0	Türen, Tore, Fenster Erdgeschoss
		1	Türen, Tore, Fenster Obergeschoss
7	Sicherheit / Präsenz / Überwachung	0	Sicherheit Erdgeschoss
		1	Sicherheit Obergeschoss
8	Zentralfunktionen	0	Zentralfunktionen Erdgeschoss
		1	Zentralfunktionen Obergeschoss
		2	Zentralfunktionen Gebäude
9	Kommunikation	0	Kommunikation Erdgeschoss
		1	Kommunikation Obergeschoss
10	Lastmanagement/Netzfreischaltung/	0	LM, NFS, StromÜ Erdgeschoss
	Strommodule Überwachung	1	LM, NFS, StromÜ Obergeschoss
11	Steckdosen, Betriebsmittel	0	Steckdosen, Betriebsmittel Erdgeschoss
		1	Steckdosen, Betriebsmittel Obergeschoss
12	Wetter, Umwelt, Betriebsdaten,	0	W, U, BDE, EV, Erdgeschoss
	Energieverbrauch	1	W, U, BDE, EV, Obergeschoss
		2	W, U, BDE, EV, Gebäude
13	Reserve	0	Erdgeschoss
		1	Obergeschoss
14	stille Alarme	0	Alarm Erdgeschoss
		1	Alarm Obergeschoss
		2	Alarm gesamt
15	Feuer, Rauch, laute Alarme	0	Alarm Erdgeschoss
		1	Alarm Obergeschoss
		2	Alarm gesamt

Tabelle 1.16 Übersicht Gruppenadressen

2 Projektierung

2.1 Anlegen des Projekts mit der ETS6

Sind derartige Vorprojektierungen durchgeführt, kann mit der Eingabe in der ETS6 Professional begonnen werden. Wir setzen dazu voraus, dass die ETS6 und der Online-Katalog fertig eingerichtet sind.

Nach dem Start der ETS6 Professional wird der Projekt-Assistent aus dem Schnellzugriff gewählt und gestartet (**Bild 2.1**). Mit der Standardvorlage „Einfamilienhaus“ wird weitergeschaltet.

Im zweiten Schritt (**Bild 2.2**) werden die Projekteigenschaften bestimmt. Mit dem dritten Schritt, der Funktionsbearbeitung, startet dann die Übernahme der Tabellen 1.1 bis 1.13 in die ETS6 über den Projekt-Assistenten (**Bild 2.3**). Mit diesem Schritt werden Gruppenadressen und die Gebäudestruktur realisiert.

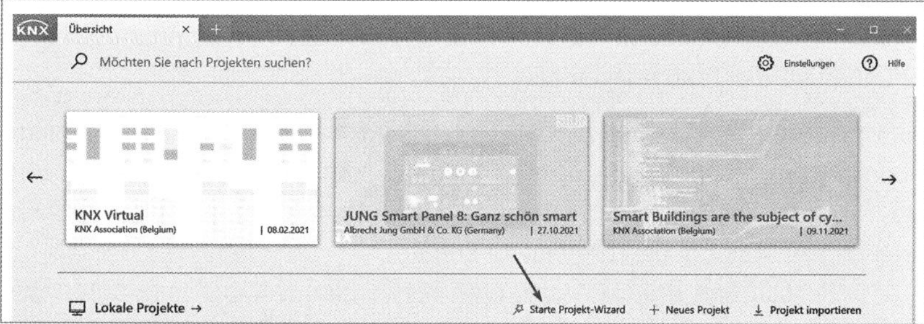

Bild 2.1 Projektassistent

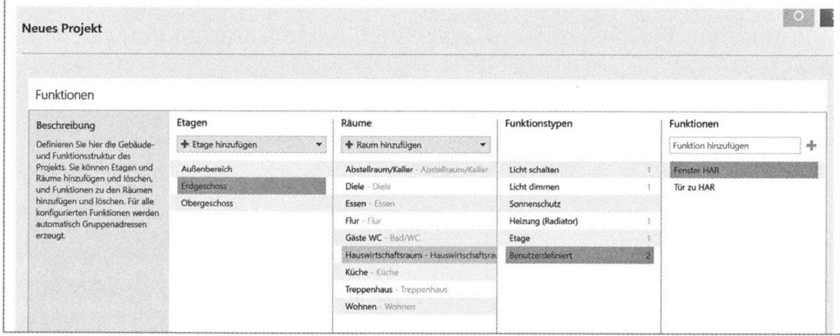

Bild 2.2 Projektassistent – Eingabe

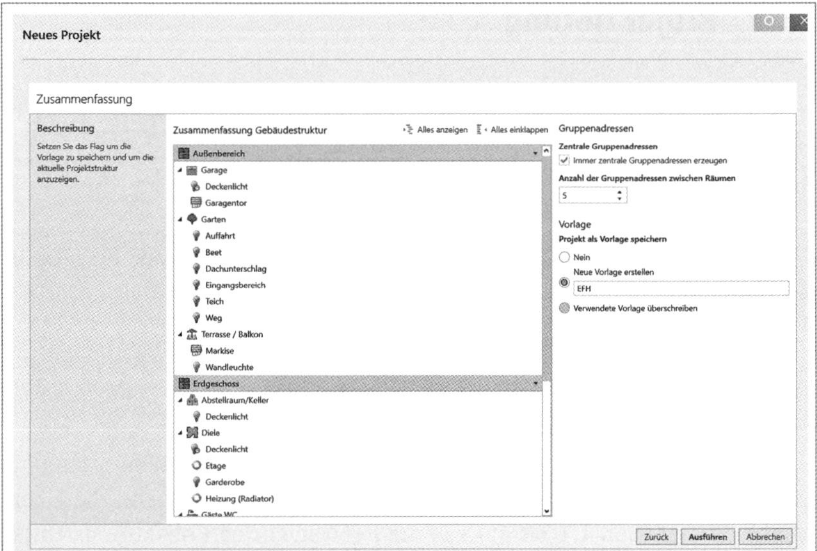

Bild 2.3 Projektassistent – Zusammenfassung

Wichtig! Entscheidend ist, dass man sich bei der Bearbeitung der Funktionen an die Textvorlagen hält.

Zum besseren Verständnis der folgenden Schritte finden Sie die komplette Übersicht der Gruppenadressen in **Tabelle 2.1**. Im weiteren Ablauf wird das Projekt aber „normal“ (ohne dem Projekt-Assistenten) angelegt, um auch diesen Vorgang beschreiben zu können.

Würde man den Projekt-Assistenten verwenden, müsste man unter Umständen noch die Gruppenadressen anpassen bzw. umorganisieren (verzogen und umbenennen). Als Vorlage dient Tabelle 1.4.

In unserem Beispielprojekt wurden die Gruppenadressen von Hand eingegeben.

Bezeichnung	**HG**	**MG**	**UG**
Beleuchtung Innenräume	**1**		
Erdgeschoss	1	0	
E2 Licht Windfang	1	0	1
E3 Licht Garderobe	1	0	2
E4 Licht WC	1	0	3
E5 Licht Hauswirtschaftsraum	1	0	4
E6 Licht Dimmen Frühstückstheke	1	0	5
E6 Licht ein/aus Frühstückstheke	1	0	6
E7 Durchgangslicht Küche	1	0	7
E8 Hauptlicht Küche	1	0	8
E9 Arbeitslicht Küche	1	0	9
E11 Durchgangslicht Wohn-Esszimmer	1	0	10
E12 Hauptlicht Esszimmer dimmen	1	0	11
E12 Hauptlicht Esszimmer ein/aus	1	0	12
E13 Wandleuchten Esszimmer dimmen	1	0	13
E13 Wandleuchten Esszimmer ein/aus	1	0	14
E14 Durchgangslicht Küche - Esszimmer	1	0	15
E17 / E15 Lichtgruppe Eingang Flur	1	0	16
E16 Licht Durchgang Flur – Wohnzimmer	1	0	17
E15 Licht Eingang Flur	1	0	18
E17 Licht Eingang Flur	1	0	19
E20 indirekte Beleuchtung Wohnzimmer	1	0	20
E22 Treppe Licht EG	1	0	21
E18, E21, E24 Dimmwert 1	1	0	22
E24 Hauptlicht Wohnzimmer ein/aus	1	0	23
E24 Hauptlicht Wohnzimmer dimmen	1	0	24
E21 Wandleuchten Süd WZ ein/aus	1	0	25
E21 Wandleuchten Süd WZ dimmen	1	0	26
E18 Wandleuchte Ost WZ ein/aus	1	0	27
E18 Wandleuchte Ost WZ dimmen	1	0	28
E19 Schrankwand Wohnzimmer	1	0	29
E23 Steckdose	1	0	30
E18, E21 Lampengruppe Wohnzimmer	1	0	31
E18, E21, E24 Lichtgruppe WZ dimmen	1	0	32
E18, E21, E24 Lichtgruppe WZ ein/aus	1	0	33
Szene 1/2/3 Wohnzimmer – Typ Schalten	1	0	34
Szene 1/2/3 Wohnzimmer – Typ Wer	1	0	35
Szene 1/2/3 Wohnzimmer – Typ Fahren	1	0	36
E25 Hauptlicht Abstellraum	1	0	37
E26 Arbeitslicht Abstellraum	1	0	38

Tabelle 2.1 Übersicht der Gruppenadressen (Teil 1/5)

Bezeichnung	**HG**	**MG**	**UG**
Obergeschoss	1	1	
E32 Hauptlicht Elternschlafzimmer ein/aus	1	1	1
E32 Hauptlicht Elternschlafzimmer dimmen	1	1	2
E33 Durchgangslicht SZ - Badezimmer	1	1	3
E34 Licht Ankleide	1	1	4
E35 Nachttischlampe rechts ein/aus	1	1	5
E35 Nachttischlampe rechts dimmen	1	1	6
E36 Nachttischlampe links ein/aus	1	1	7
E36 Nachttischlampe links dimmen	1	1	8
E37 Licht Dachterasse	1	1	9
E38 Licht Bad/WC	1	1	10
E39 Licht Dusche	1	1	11
E40 Licht Spiegelschrank	1	1	12
E41 Sternenhimmel Bad ein/aus	1	1	13
E41 Sternenhimmel Bad dimmen	1	1	14
E42 Licht Technikraum	1	1	15
E43 Licht 1 Flur OG	1	1	16
E44 Licht 2 Flur OG	1	1	17
E45 Licht 3 Flur OG	1	1	18
E46 Wandleuchte Arbeiten	1	1	19
E47 Hauptlicht Arbeiten	1	1	20
E48 Schreibtischlicht Arbeiten	1	1	21
E10 Treppe OG	1	1	22
E49 Hauptlicht Kind 1	1	1	23
E50 Licht Schreibtisch Kind 1	1	1	24
E51 Nachttischlampe Kind 1	1	1	25
E52 Hauptlicht Kind 2	1	1	26
E53 Licht Schreibtisch Kind 2	1	1	27
E54 Nachtischlampe Kind 2	1	1	28
Beleuchtung Außenbereich	2		
Wege, Terrasse, Gebäudehülle	2	5	
E1 Beleuchtung Hauseingang	2	5	1
E28 Beleuchtung Gebäude Nord	2	5	3
E29 Beleuchtung Gebäude Ost	2	5	4
E30 Beleuchtung Terasse Süd	2	5	5
E31 Beleuchtung Terrasse West	2	5	6
Heizen/Klima/Kühlen	3		
Erdgeschoss	3	0	
Heizen Küche	3	0	1
Kühlen Küche	3	0	2

Tabelle 2.1 Übersicht der Gruppenadressen (Teil 2/5)

Bezeichnung	**HG**	**MG**	**UG**
Heizen Esszimmer	3	0	3
Kühlen Esszimmer	3	0	4
Ist-Temperatur Esszimmer	3	0	5
Heizen Wohnzimmer	3	0	6
Kühlen Wohnzimmer	3	0	7
Ist-Temperatur Wohnzimmer	3	0	8
Obergeschoss	3	1	
Heizen Elternschlafzimmer	3	1	1
Kühlen Elternschlafzimmer	3	1	2
Temperaturanzeige Elternschlafzimmer	3	1	3
Heizen Badezimmer	3	1	4
Kühlen Badezimmer	3	1	5
Temperaturanzeige Badezimmer	3	1	6
Heizen Kind 1	3	1	7
Kühlen Kind 1	3	1	8
Heizen Kind 2	3	1	9
Kühlen Kind 2	3	1	10
Temperaturanzeige Kind 1	3	1	11
Temperaturanzeige Kind 2	3	1	12
Lüften/Absaugung	4		
Erdgeschoss	4	0	
Obergeschoss	4	1	
Beschattung/Jalousie/Behang	5		
Ergeschoss	5	0	
Jalousie auf/ab Küche	5	0	1
Jalousie Lamelle Küche	5	0	2
Jalousie auf/ab Esszimmer Ost	5	0	3
Jalousie Lamelle Esszimmer Ost	5	0	4
Jalousie auf/ab Esszimmer West	5	0	5
Jalousie Lamelle Esszimmer West	5	0	6
Jalousie auf/ab Wohnzimmer	5	0	7
Jalousie Lamellen Wohnzimmer	5	0	8
Obergeschoss	5	1	
Jalousie auf/ab Elternschlafzimmer	5	1	1
Jalousie Lamelle Elternschlafzimmer	5	1	2
Jalousie auf/ab Badezimmer	5	1	3
Jalousie Lamellen Badezimmer	5	1	4
Jalousie auf/ab Kind 1	5	1	5
Jalousie Lamelle Kind 1	5	1	6

Tabelle 2.1 Übersicht der Gruppenadressen (Teil 3/5)

Bezeichnung	**HG**	**MG**	**UG**
Jalousie uf/ab Kind 2	5	1	7
Jalousie Lamelle Kind 2	5	1	8
Türen/Tore/Fenster	6		
Erdgeschoss	6	0	
Haustür offen/zu	6	0	1
Fenster WC offen/zu	6	0	2
Fenster Hauswirtschaftsraum offen/zu	6	0	3
Fenster Küche offen/zu	6	0	4
Fenster Esszimmer West offen/zu	6	0	5
Fenster Esszimmer Ost offen/zu	6	0	6
Fenster 1 Wohnzimmer West offen/zu	6	0	7
Terassentür Wohnzimmer offen/zu	6	0	8
großes Fenster Wohnzimmer West offen/zu	6	0	9
Fenster Wohnzimmer Nord offen/zu	6	0	10
Fenster Abstellraum	6	0	11
Obergeschoss	6	1	
Tür zur Dachterrasse offen/zu	6	1	1
Fenster Elternschlafzimmer West offen/zu	6	1	2
Fenster Elternschlafzimmer Nord offen/zu	6	1	3
Fenster Technikraum offen/zu	6	1	4
Fenster Badezimmer offen/zu	6	1	5
Tür Arbeiten zur Dachterrasse offen/zu	6	1	6
Fenster Flur OG Osteseite offen/zu	6	1	7
Fenster West Kind 1 offen/zu	6	1	8
Fenster Süd Kind 1 offen/zu	6	1	9
Fenster Ost Kind 2 offen/zu	6	1	10
Fenster Süd Kind 2 offen/zu	6	1	11
Sicherheit/Präsenz/Überwachung	7		
Erdgeschoss	7	0	
Obergeschoss	7	1	
Panik-Taste	7	1	1
Zentralfunktionen	8		
Erdgeschoss	8	0	
Licht zentral aus Küche	8	0	1
Licht zentral aus Flur	8	0	2
Obergeschoss	8	1	
Elternschlafzimmer Licht zentral aus	8	1	1
Badezimmer zentral aus	8	1	2
Arbeiten alles aus	8	1	3

Tabelle 2.1 Übersicht der Gruppenadressen (Teil 4/5)

Bezeichnung	**HG**	**MG**	**UG**
Flur OG alles aus	8	1	4
Kind 1 alles aus	8	1	5
Kind 2 alles aus	8	1	6
Gesamtgebäude	8	2	
Haus ist alleine	8	2	1
Jalousien zentral fahren	8	2	2
Kommunikation	9		
Obergeschoss	9	0	
Glocke	9	0	1

Tabelle 2.1 Übersicht der Gruppenadressen (Teil 5/5)

Durch Klick auf „+ neues Projekt" wird das Projekt gestartet. Im nächsten Dialogfeld (**Bild 2.4**) kann man die notwendigen Einstellungen bzw. die Benennung des Projektes anlegen.

Danach können im Arbeitsbereich „Gruppenadressen" die Gruppenadressen für das Projekt angelegt werden (**Bild 2.5**).

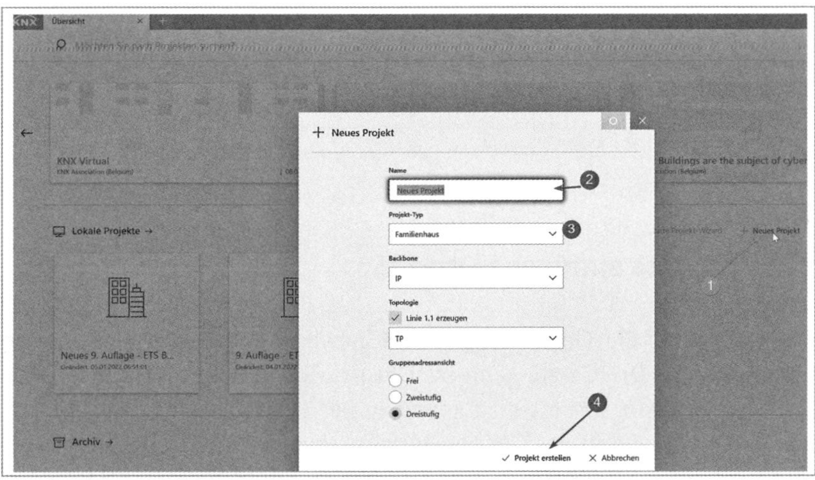

Bild 2.4 Projekt anlegen

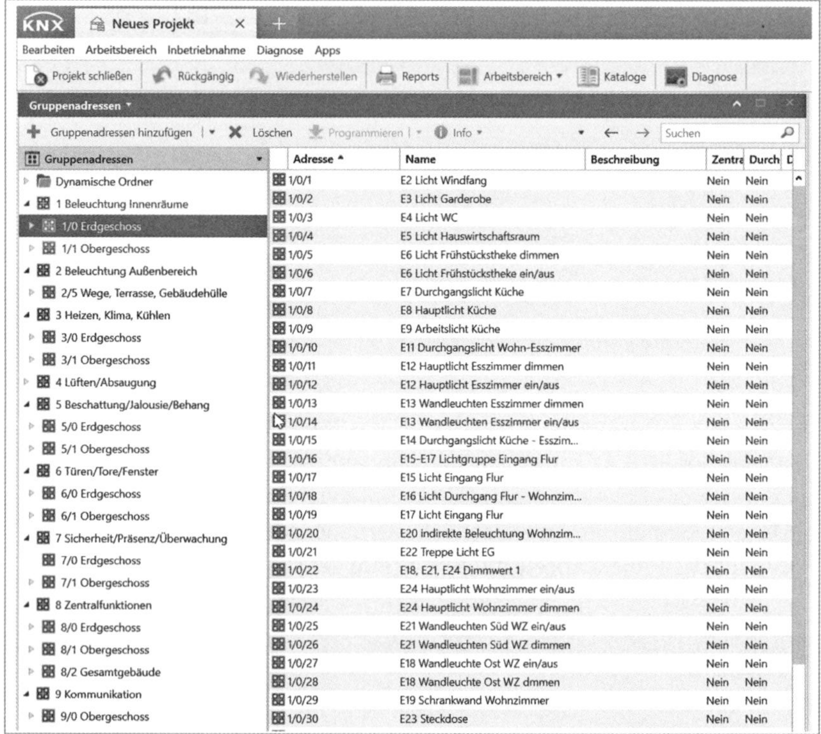

Bild 2.5 Gruppenadressen angelegt

2.2 Geräte einfügen in die ETS6

Als Vorlage für die Geräte fungiert die Tabelle 1.3 mit den aufgelisteten Komponenten. Die Geräte kann man in der Topologie einfügen oder, falls man den Standort schon genau kennt, in der Gebäudeansicht. Im Beispiel werden die Geräte in der Gebäudeansicht eingefügt. Das Einfügen der Geräte kann über die Symbolleiste oder über das Kontextmenü erfolgen. In beiden Fällen wird „+Geräte hinzufügen“ dafür benutzt (**Bild 2.6**).

Im **Bild 2.7** wird im Katalog die „Tasterschnittstelle 4-fach“ gesucht und mit dem Button „Hinzufügen“ in die Gebäudeansicht eingefügt.

Nach dem Einfügen eines oder mehrerer Geräte ist die Beschriftung des Gerätes wichtig, um Verwechslungen zu vermeiden. Neben der Gerätebeschriftung ist natürlich auch die Beschriftung der Kommunikations-Ports

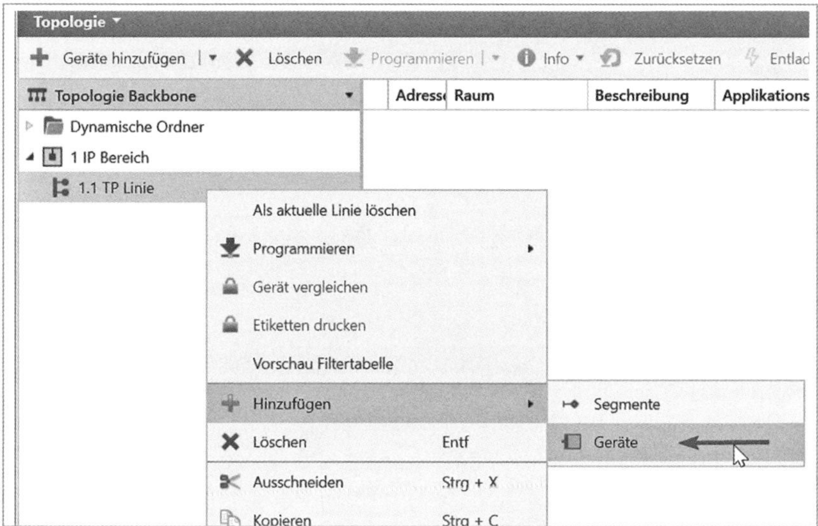

Bild 2.6 Geräte hinzufügen

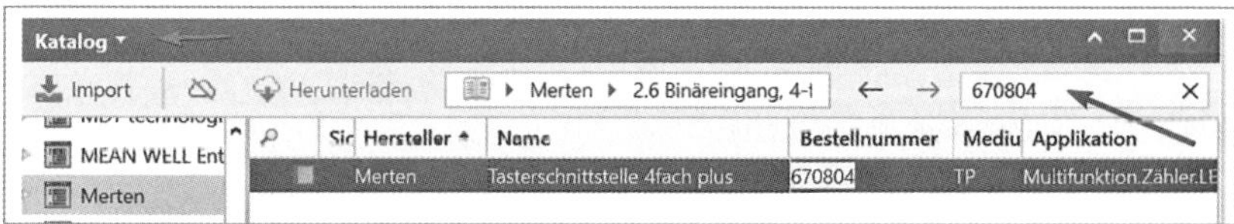

Bild 2.7 Suche Tasterschnittstelle

sehr wichtig. Schließlich sind sie die „Ziele“ der angelegten Gruppenadressen.

Noch vor der Beschriftung der Kommunikations-Ports müssen allerdings die Parameter eingestellt werden. „Einstellung der Parameter“ bedeutet: Alle Kommunikations-Ports ideal auf die gewünschte Funktion einzustellen oder zu aktivieren. Deshalb sind hier Kenntnisse aus den Produktbeschreibungen und Erfahrungen über die Funktionalität notwendig.

Der Kanal 1 der Tasterschnittstelle (Türglocke) soll beim Drücken ein EIN-Telegramm und beim Loslassen ein AUS-Telegramm senden. Dazu werden die Einstellungen wie in den **Bildern 2.8** und **2.9** ausgewählt.

Der Kanal 2 der Tasterschnittstelle ist für die Haustürabfragung zuständig. Der Magnetkontakt der Haustür ist ein Öffner, was bedeutet: Beim Öffnen der Tür wird der Kontakt geschlossen und sendet ein EIN-Signal. Damit wird die Anzeige „Tür offen“ im Display beaufschlagt. Im **Bild 2.10** ist die passende Parameter-Einstellung dargestellt.

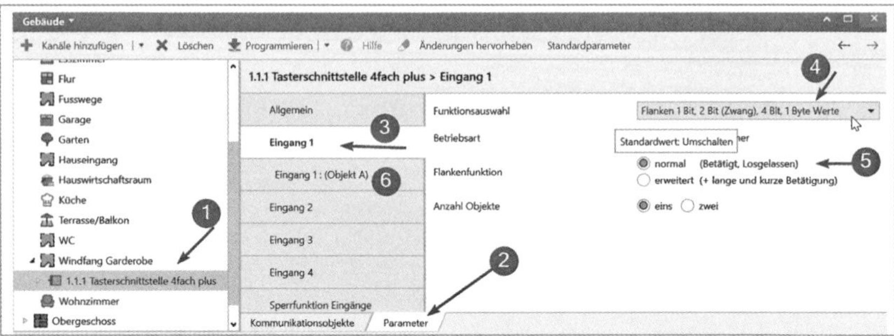

Bild 2.8 Einstellungen Kanal 1 (I)

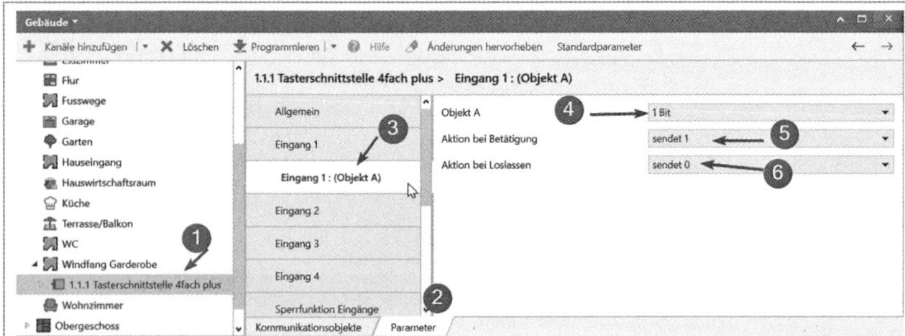

Bild 2.9 Einstellungen Kanal 1 (II)

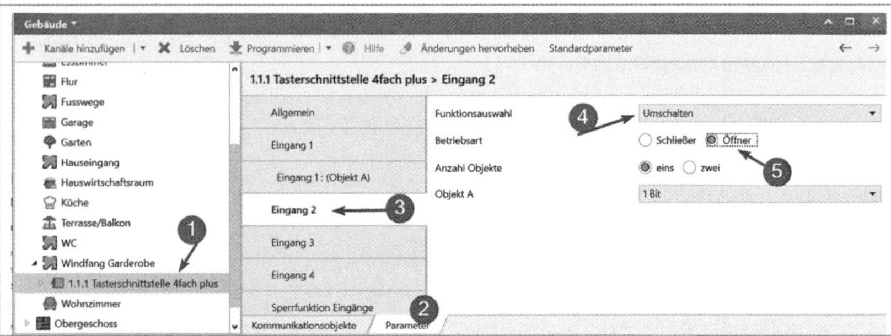

Bild 2.10 Parameter-Einstellung Kanal 2

Der Kanal 3 der Tasterschnittstelle übernimmt die Funktion für den Taster „Haus ist alleine“ und hat somit nur AUS-Funktion (**Bild 2.11**).

Der Kanal 4 der Tasterschnittstelle überwacht das Fenster im WC. Es sind die gleichen Magnetkontakte wie bei der Haustürabfragung. Die Einstellung von Kanal 4 ist in den **Bildern 2.12** und **2.13** dargestellt.

Nach der Parametrierung werden die Kommunikations-Ports sichtbar und können beschriftet werden (**Bild 2.14**). Eine Tasterschnittstelle hat auch Ausgänge, über die man LEDs zum Beispiel ansteuern könnte.

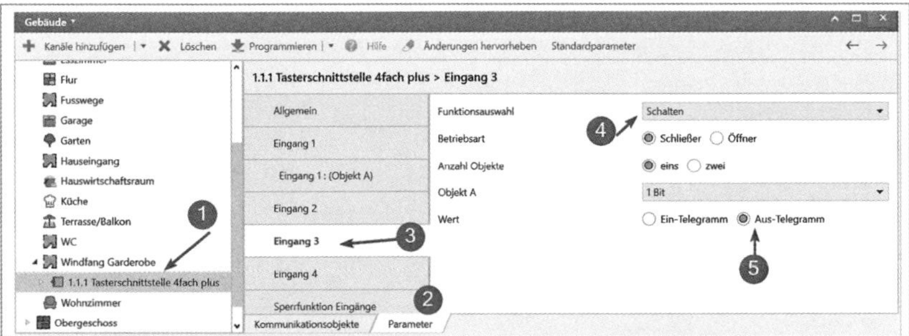

Bild 2.11 Parameter-Einstellung Kanal 3

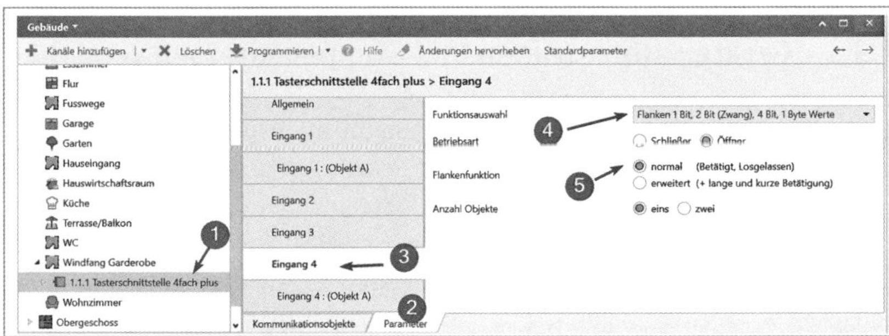

Bild 2.12 Parameter-Einstellung Kanal 4 (I)

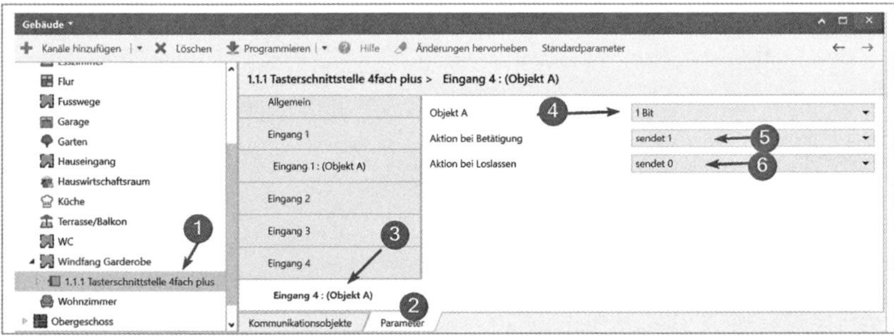

Bild 2.13 Parameter-Einstellung Kanal 4 (II)

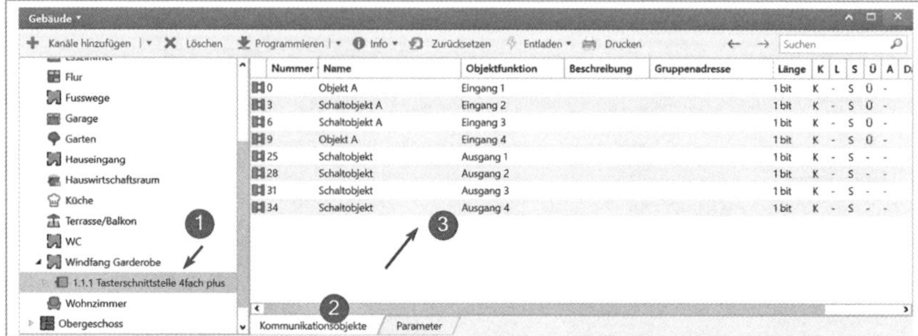

Bild 2.14 Beschriftung der Kommunikations-Ports

2.3 Geräte parametrieren und Gruppenadressen verziehen

Jetzt können Gruppenadressen und Kommunikationsports zusammenkommen. Dazu stellt man sich am besten die beiden Ansichten „Topologie“ und „Gruppenadressen“ nebeneinander oder übereinander dar. Nun werden per Drag & Drop (linke Maustaste anklicken, gedrückt halten, verziehen und über Zielobjekt loslassen) die Gruppenadressen zugewiesen. Bei diesem Arbeitsgang wird jeder „belohnt“, der ausführlich Gruppenadressen und Kommunikationsports beschriftet hat (**Bild 2.15**).

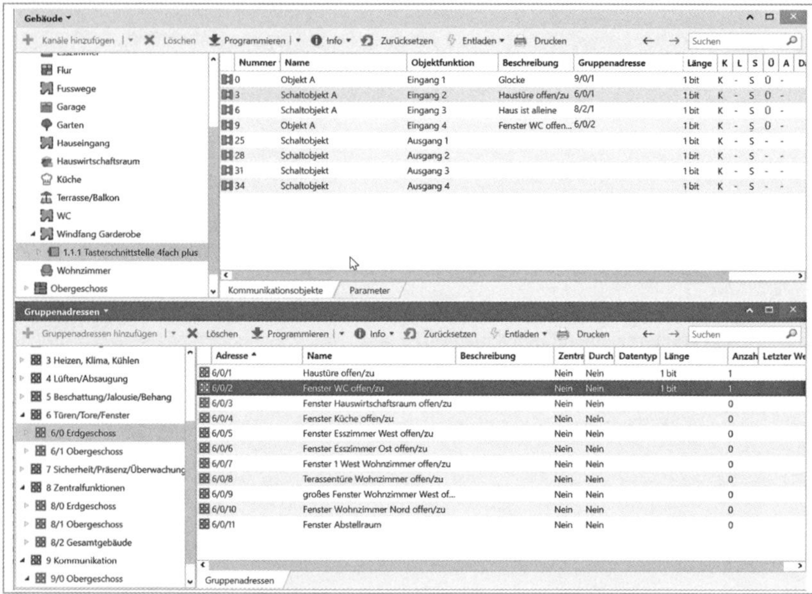

Bild 2.15 WC – Beschriftung Gruppenadressen und Kommunikationsports

Als nächstes Gerät wird der Zweifach-Sensortaster (ST) an der Tür zum WC eingefügt. Es kann für diese Aufgabe die Standard-Parametereinstellungen verwendet werden. Danach werden (wie bei der Tasterschnittstelle) die Gruppenadressen verzogen (**Bild 2.16**).

Die beiden Bewegungswächter sind die nächsten Geräte aus dem Beispiel, die eingefügt werden.

Man findet sie im Katalog (**Bild 2.17**).

Durch Angabe der Anzahl, z. B. „2“, werden die Geräte in den Raum „Windfang Garderobe“ kopiert.

Die ersten vier Geräte sind fertig projektiert und in der Gebäudeansicht den jeweiligen Lokalitäten zugeordnet (**Bilder 2.18** und **2.19**).

Nun geht es mit der Tasterschnittstelle im Hauswirtschaftsraum weiter (**Bild 2.20**). Da der Kanal C und D der Tasterschnittstelle die Funktion „UM“ realisiert, müssen die Gruppenadressen 8/0/1 („Licht zentral aus Küche“) und 8/2/1 („Haus ist alleine“) „mitgehört“ werden.

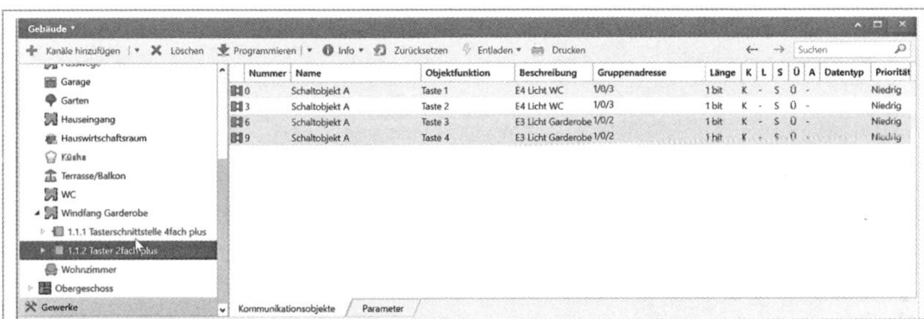

Bild 2.16 WC – Verziehen der Gruppenadressen

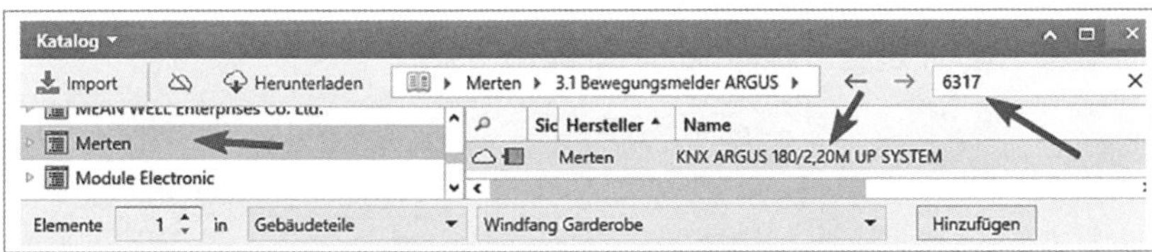

Bild 2.17 WC – Verziehen der Gruppenadressen

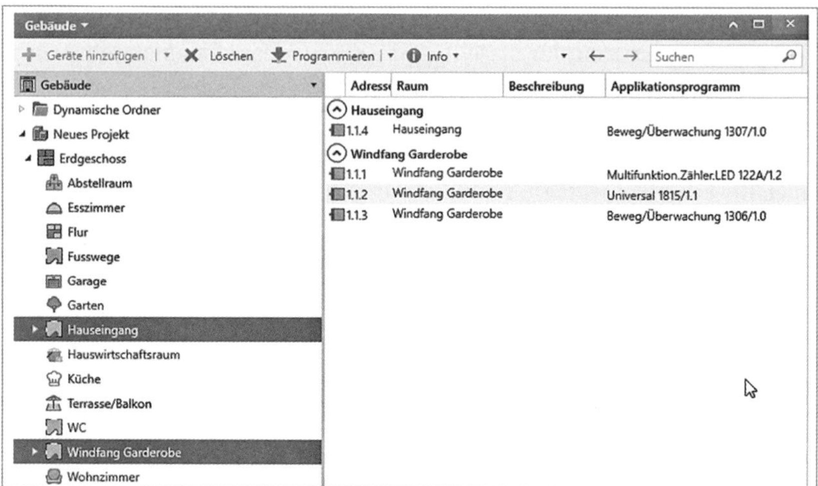

Bild 2.18 Hauseingang – Zuordnung der Geräte (I)

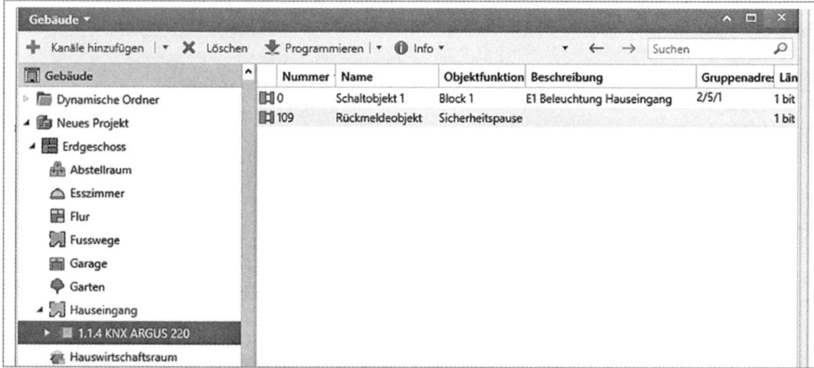

Bild 2.19 Hauseingang – Zuordnung der Geräte (II)

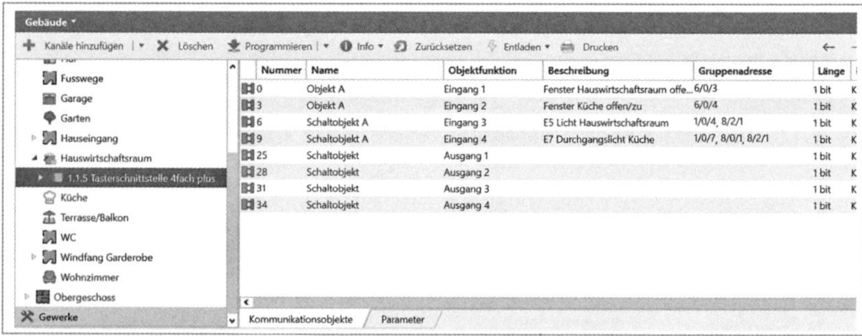

Bild 2.20 Hauswirtschaftsraum – Tastenschnittstelle

> **Hinweis:** Da der UM-Befehl eine starre 0-1-0-1...-Vorgehensweise initiiert, wird bei einem Zentralbefehl der Status geändert. Damit erspart man sich lästiges Mehrfachdrücken.

Auch beim ST2 stellt sich die Notwendigkeit des „Mithörens" ein. Der Grund ist die LED-Anzeige auf der Wippe. Wird der Zentralbefehl gegeben, muss die LED „mitgehen". Somit stellt sich bei der Bearbeitung des ST2 die Konstellation wie in **Bild 2.21** dargestellt ein.

Beim ST3 wurden die Wippen 2 und 3 auf vier Funktionen aufgeteilt. Dadurch entsteht wieder die UM-Funktion, die ein „Mithören" der Zentralfunktion notwendig macht. Bei der Wippe 1 ist es die LED-Anzeige. Der ST3 stellt sich dann wie in **Bild 2.22** dar.

Beim Raumtemperaturregler (RTR) in der Küche wird eine Temperaturanpassung bei „Haus ist alleine" durchgeführt. Das heißt – 4 °K als Komforttemperaturabsenkung bei „Fenster auf" oder „Haus ist alleine". Der RTR1 stellt sich dann wie in **Bild 2.23** dar.

Beim nächsten Schritt werden nun ein Schalt-Jalousieaktor und ein Dimmaktor in den Verteiler der Gebäudeansicht eingefügt (**Bild 2.24**).

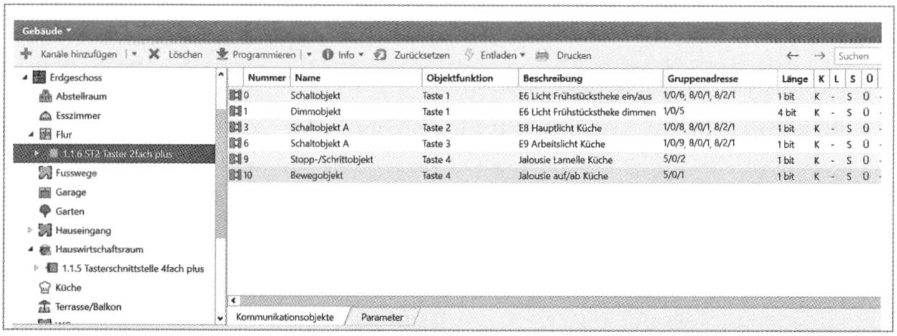
Gebäude
Kanäle hinzufügen
Löschen
Programmieren
Info
Zurücksetzen
Entladen
Drucken
Suchen
Erdgeschoss
Abstellraum
Esszimmer
Flur
1.1.6 ST2 Taster 2fach plus
Fusswege
Garage
Garten
Hauseingang
Hauswirtschaftsraum
1.1.5 Tasterschnittstelle 4fach plus
Küche
Terrasse/Balkon
Nummer | Name | Objektfunktion | Beschreibung | Gruppenadresse | Länge | K | L | S | Ü
0 | Schaltobjekt | Taste 1 | E6 Licht Frühstückstheke ein/aus | 1/0/6, 8/0/1, 8/2/1 | 1 bit | K | - | S | Ü
1 | Dimmobjekt | Taste 1 | E6 Licht Frühstückstheke dimmen | 1/0/5 | 4 bit | K | - | S | Ü
3 | Schaltobjekt A | Taste 2 | E8 Hauptlicht Küche | 1/0/8, 8/0/1, 8/2/1 | 1 bit | K | - | S | Ü
6 | Schaltobjekt A | Taste 3 | E9 Arbeitslicht Küche | 1/0/9, 8/0/1, 8/2/1 | 1 bit | K | - | S | Ü
9 | Stopp-/Schrittobjekt | Taste 4 | Jalousie Lamelle Küche | 5/0/2 | 1 bit | K | - | S | Ü
10 | Bewegobjekt | Taste 4 | Jalousie auf/ab Küche | 5/0/1 | 1 bit | K | - | S | Ü
Kommunikationsobjekte
Parameter

Bild 2.21 Bearbeitung Flur – Sensortaster 2

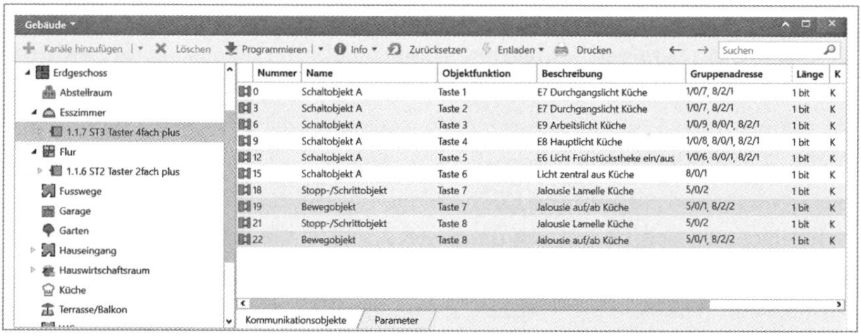
Gebäude
Kanäle hinzufügen
Löschen
Programmieren
Info
Zurücksetzen
Entladen
Drucken
Suchen
Erdgeschoss
Abstellraum
Esszimmer
1.1.7 ST3 Taster 4fach plus
Flur
1.1.6 ST2 Taster 2fach plus
Fusswege
Garage
Garten
Hauseingang
Hauswirtschaftsraum
Küche
Terrasse/Balkon
Nummer | Name | Objektfunktion | Beschreibung | Gruppenadresse | Länge | K
0 | Schaltobjekt A | Taste 1 | E7 Durchgangslicht Küche | 1/0/7, 8/2/1 | 1 bit | K
3 | Schaltobjekt A | Taste 2 | E7 Durchgangslicht Küche | 1/0/7, 8/2/1 | 1 bit | K
6 | Schaltobjekt A | Taste 3 | E9 Arbeitslicht Küche | 1/0/9, 8/0/1, 8/2/1 | 1 bit | K
9 | Schaltobjekt A | Taste 4 | E8 Hauptlicht Küche | 1/0/8, 8/0/1, 8/2/1 | 1 bit | K
12 | Schaltobjekt A | Taste 5 | E6 Licht Frühstückstheke ein/aus | 1/0/6, 8/0/1, 8/2/1 | 1 bit | K
15 | Schaltobjekt A | Taste 6 | Licht zentral aus Küche | 8/0/1 | 1 bit | K
18 | Stopp-/Schrittobjekt | Taste 7 | Jalousie Lamelle Küche | 5/0/2 | 1 bit | K
19 | Bewegobjekt | Taste 7 | Jalousie auf/ab Küche | 5/0/1, 8/2/2 | 1 bit | K
21 | Stopp-/Schrittobjekt | Taste 8 | Jalousie Lamelle Küche | 5/0/2 | 1 bit | K
22 | Bewegobjekt | Taste 8 | Jalousie auf/ab Küche | 5/0/1, 8/2/2 | 1 bit | K
Kommunikationsobjekte
Parameter

Bild 2.22 Bearbeitung Flur – Sensortaster 3

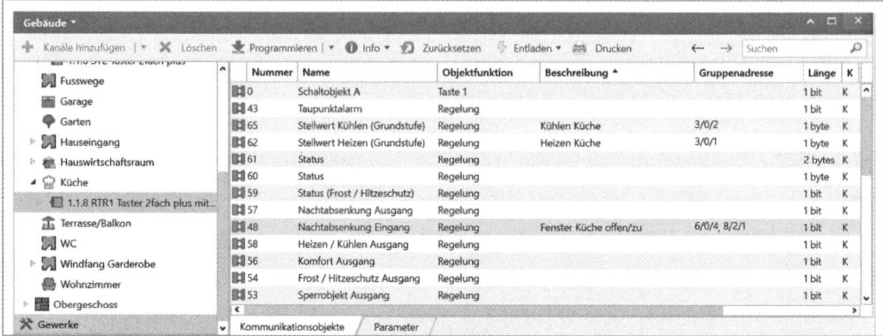

Bild 2.23 Einstellungen Küche – Raumtemperaturegler 1

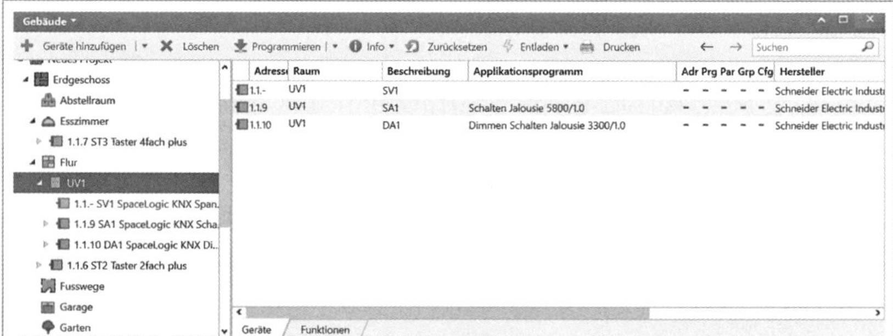

Bild 2.24 Küche – Schalt-Jalousieaktor plus Dimmaktor

Damit können die Gruppenadresszuweisungen der projektierten Sensoren abgeschlossen werden. Die Aktoren werden, wie ebenfalls im Bild 2.24 dargestellt, beschrieben und parametriert.

Als Schaltaktor wurde für die Beleuchtung (E1 bis E9) ein 8-fach-REG-Typ ausgewählt. Nach der Beschriftung der Kommunikationsports werden die Gruppenadressen verzogen. Anhand der klaren Zuweisungen von Haupt- und Mittelgruppen kann man die Belegung gut nachvollziehen (**Bild 2.25**). Auch beim Dimmaktor werden die Zentralfunktionen im Kommunikationsobjekt „Schalten“ integriert (**Bild 2.26**). Der Jalousieaktor wird bereits für die weiteren Aufgaben mitbeschriftet. Später werden auch noch die Gruppenadressen der zentralen Wetterstation dazukommen. Für die manuelle Bedienung (gleichberechtigt zur Automatik) werden die vorhandenen Gruppenadressen für die Küche eingefügt (**Bild 2.27**).

Im nächsten Schritt werden die Tasterschnittstelle parametriert (gem. Tabelle 1.2.3) und die Kommunikationsports beschriftet. Die Objekte C und D wurden auf „Flanke 1Bit – kurze und lange Betätigung“ parametriert, deshalb je zwei Objekte (vgl. **Bild 2.30**).

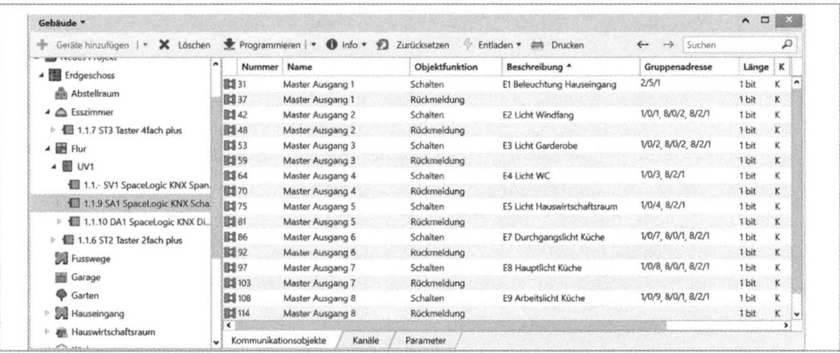

Nummer	Name	Objektfunktion	Beschreibung	Gruppenadresse	Länge	K
31	Master Ausgang 1	Schalten	E1 Beleuchtung Hauseingang	2/5/1	1 bit	K
37	Master Ausgang 1	Rückmeldung			1 bit	K
42	Master Ausgang 2	Schalten	E2 Licht Windfang	1/0/1, 8/0/2, 8/2/1	1 bit	K
48	Master Ausgang 2	Rückmeldung			1 bit	K
53	Master Ausgang 3	Schalten	E3 Licht Garderobe	1/0/2, 8/0/2, 8/2/1	1 bit	K
59	Master Ausgang 3	Rückmeldung			1 bit	K
64	Master Ausgang 4	Schalten	E4 Licht WC	1/0/3, 8/2/1	1 bit	K
70	Master Ausgang 4	Rückmeldung			1 bit	K
75	Master Ausgang 5	Schalten	E5 Licht Hauswirtschaftsraum	1/0/4, 8/2/1	1 bit	K
81	Master Ausgang 5	Rückmeldung			1 bit	K
86	Master Ausgang 6	Schalten	E7 Durchgangslicht Küche	1/0/7, 8/0/1, 8/2/1	1 bit	K
92	Master Ausgang 6	Rückmeldung			1 bit	K
97	Master Ausgang 7	Schalten	E8 Hauptlicht Küche	1/0/8, 8/0/1, 8/2/1	1 bit	K
103	Master Ausgang 7	Rückmeldung			1 bit	K
108	Master Ausgang 8	Schalten	E9 Arbeitslicht Küche	1/0/9, 8/0/1, 8/2/1	1 bit	K
114	Master Ausgang 8	Rückmeldung			1 bit	K

Bild 2.25 Flur – Schaltaktor Beleuchtung

Nummer	Name	Objektfunktion	Beschreibung	Gruppenadresse	Länge	K	L
31	Master Ausgang 1	Schalten	E6 Licht Frühstückstheke ein/aus	1/0/6, 8/0/1, 8/2/1	1 bit	K	-
32	Master Ausgang 1	Dimmen	E6 Licht Frühstückstheke dimmen	1/0/5	4 bit	K	-
33	Master Ausgang 1	Wert			1 byte	K	-
46	Master Ausgang 1	Rückmeldung für Sch...			1 bit	K	L
47	Master Ausgang 1	Rückmeldung für Wert			1 byte	K	L
75	Master Ausgang 2	Schalten			1 bit	K	-
76	Master Ausgang 2	Dimmen			4 bit	K	-
77	Master Ausgang 2	Wert			1 byte	K	-
90	Master Ausgang 2	Rückmeldung für Sch...			1 bit	K	L
91	Master Ausgang 2	Rückmeldung für Wert			1 byte	K	L

Bild 2.26 Flur – Dimmaktor

Nummer	Name	Objektfunktion	Beschreibung	Gruppenadresse	Länge
97	Master Ausgang 7	Schalten	E8 Hauptlicht Küche	1/0/8, 8/0/1, 8/2/1	1 bit
103	Master Ausgang 7	Rückmeldung			1 bit
108	Master Ausgang 8	Schalten	E9 Arbeitslicht Küche	1/0/9, 8/0/1, 8/2/1	1 bit
114	Master Ausgang 8	Rückmeldung			1 bit
119	Erw. 1 Ausgänge 1+2 Küche Jalousie	Bewegung Manuell	Jalousie auf/ab Küche	5/0/1, 8/2/2	1 bit
120	Erw. 1 Ausgänge 1+2 Küche Jalousie	Stopp-/Schritt Manuell	Jalousie Lamelle Küche	5/0/2	1 bit
121	Erw. 1 Ausgänge 1+2 Küche Jalousie	Position Höhe Manuell			1 byte
122	Erw. 1 Ausgänge 1+2 Küche Jalousie	Position Lamelle Man...			1 byte
134	Erw. 1 Ausgänge 1+2 Küche Jalousie	Rückmeldung Höhe			1 byte
135	Erw. 1 Ausgänge 1+2 Küche Jalousie	Rückmeldung für La...			1 byte
139	Erw. 1 Ausgänge 1+2 Küche Jalousie	Rückmeldung für Fahrt			1 bit
140	Erw. 1 Ausgänge 1+2 Küche Jalousie	Rückmeldung der let...			1 bit
141	Erw. 1 Ausgänge 3+4	Bewegung Manuell			1 bit
142	Erw. 1 Ausgänge 3+4	Stopp-/Schritt Manuell			1 bit
143	Erw. 1 Ausgänge 3+4	Position Höhe Manuell			1 byte
144	Erw. 1 Ausgänge 3+4	Position Lamelle Man...			1 byte

Bild 2.27 Flur – Jalousieaktor

Der Jalousieaktor ist ein Teil des Schalt-/Jalousieaktors. In diesem Beispiel ist zu sehen, dass es einen Master-Aktor mit acht Schaltkanälen gibt und eine Erweiterung, die in den Parameter eingestellt werden (**Bild 2.28**). Die Erweiterung hat in diesem Beispiel vier Jalousiekanäle (**Bild 2.29**).

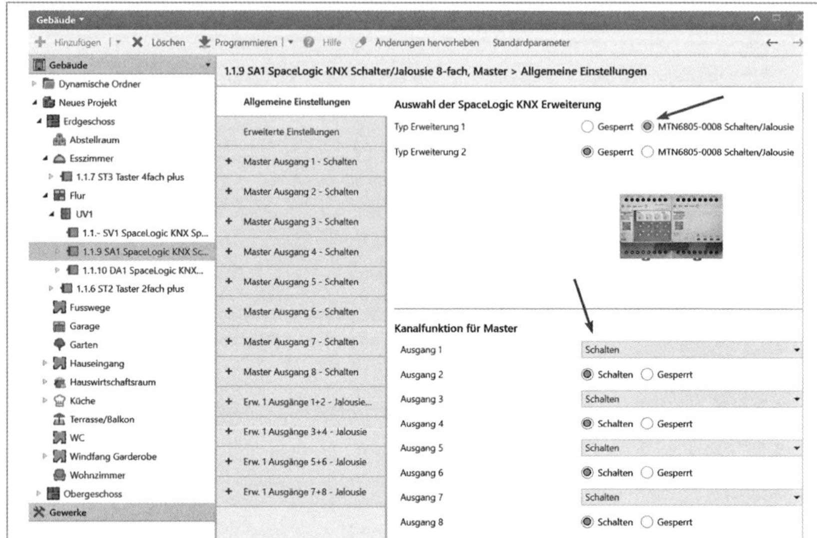

Bild 2.28 Flur – Master-Aktor mit acht Kanälen plus Erweiterung

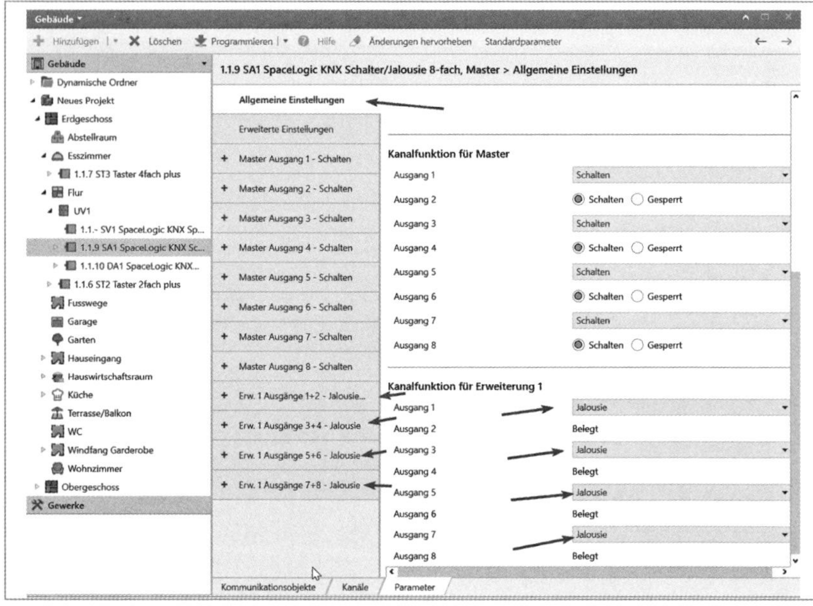

Bild 2.29 Flur – Erweiterung Master-Aktor

Die Tasterschnittstelle wird nach Vorgabe parametriert (**Bild 2.30**).

Jetzt wird die Tasterschnittstelle im Esszimmer parametriert. Kanal A und B (**Bilder 2.31** und **2.32**) erschließen die Fenster, Kanal C und D (**Bild 2.33**) werden für Flanke 1Bit – kurze (**Bild 2.34**) und lange Betätigung (**Bild 2. 35**) eingestellt.

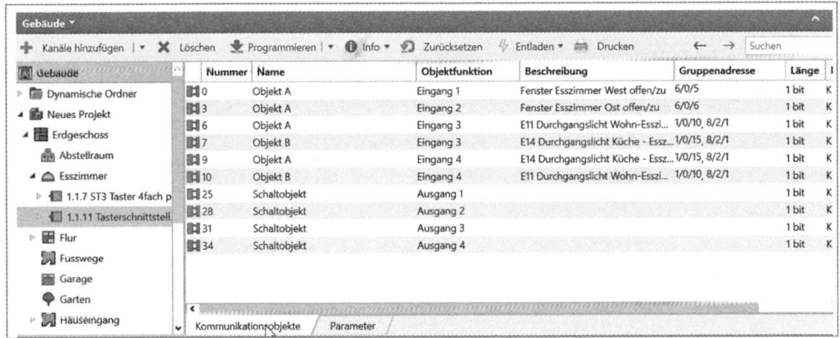

Bild 2.30 Flur – Parametrierung Tastenschnittstelle

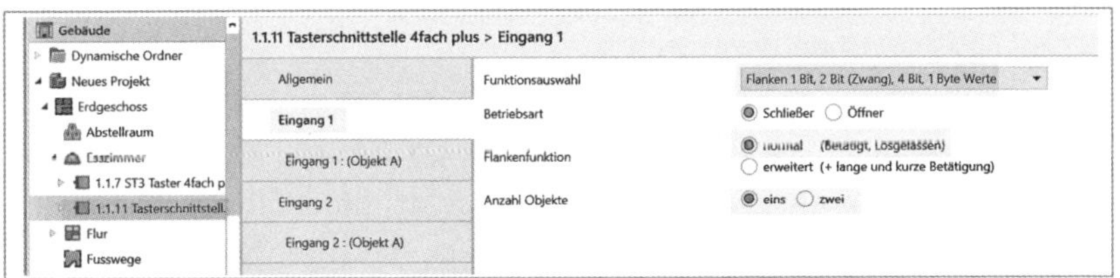

Bild 2.31 Esszimmer – Tasterschnittstelle (I)

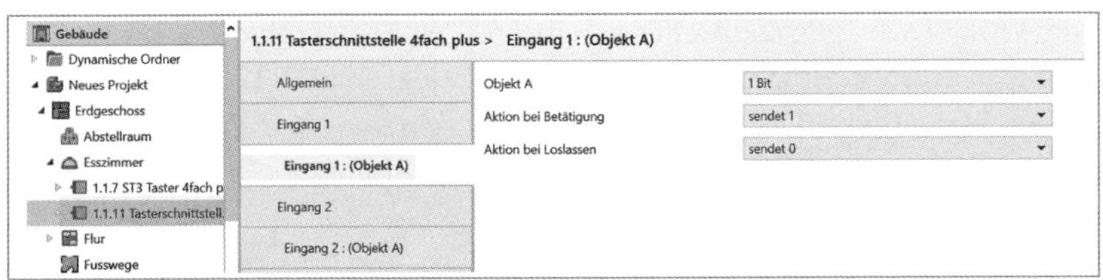

Bild 2.32 Esszimmer – Tasterschnittstelle (II)

Bild 2.33 Esszimmer – Tasterschnittstelle (III)

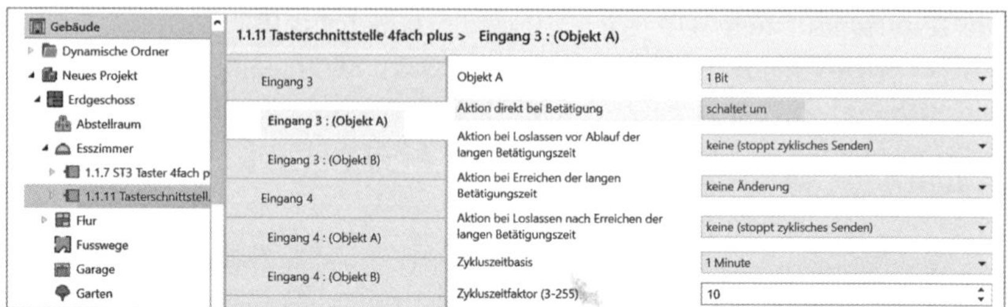

Bild 2.34 Esszimmer – Flanke 1Bit, kurze Betätigung

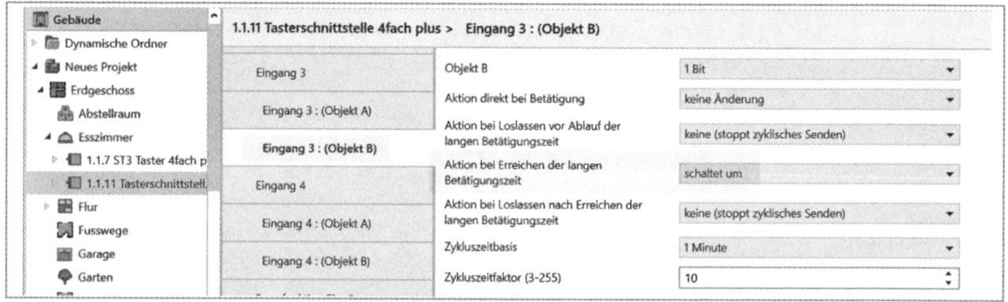

Bild 2.35 Esszimmer – Flanke 1Bit, lange Betätigung

Der Sensortaster ST4 hat die Funktionen „Dimmen“ und „Jalousie“. Bei den Schaltbefehlen des Kurzzeitobjektes wird wieder der Zentralbefehl „mitgehört“, damit die LED der Wippe „mitgeht“ (**Bild 2.36**).

Der Raumtemperaturregler des Esszimmers, integriert in das Infodisplay (hier: Merten Multi-Touch Pro), wird wie bereits in der Küche mit einer Temperaturanpassung beaufschlagt. In diesem Fall sind das die Fenster Ost und West. Laut Aufgabenstellung sollte die Ist-Temperatur am Infodisplay angezeigt werden, deshalb wird das Objekt belegt (**Bild 2.37**).

Der Multi-Touch Pro von Merten ist ein Anzeige- und Bediengerät und kann direkt in der ETS programmiert werden. In diesem Fall sollen gemäß

Nummer	Name	Objektfunktion	Beschreibung	Gruppenadresse	Länge	K	L	S	Ü
0	Schaltobjekt	Taste 1	E12 Hauptlicht Esszimmer ein/aus	1/0/12, 8/2/1	1 bit	K	-	S	Ü
1	Dimmobjekt	Taste 1	E13 Wandleuchten Esszimmer dimmen	1/0/13	4 bit	K	-	S	Ü
3	Schaltobjekt	Taste 2	E12 Hauptlicht Esszimmer ein/aus	1/0/12, 8/2/1	1 bit	K	-	S	Ü
4	Dimmobjekt	Taste 2	E12 Hauptlicht Esszimmer dimmen	1/0/11	4 bit	K	-	S	Ü
6	Schaltobjekt	Taste 3	E13 Wandleuchten Esszimmer ein/aus	1/0/14, 8/2/1	1 bit	K	-	S	Ü
7	Dimmobjekt	Taste 3	E13 Wandleuchten Esszimmer dimmen	1/0/13	4 bit	K	-	S	Ü
9	Schaltobjekt	Taste 4	E13 Wandleuchten Esszimmer ein/aus	1/0/14, 8/2/1	1 bit	K	-	S	Ü
10	Dimmobjekt	Taste 4	E13 Wandleuchten Esszimmer dimmen	1/0/13	4 bit	K	-	S	Ü
12	Stopp-/Schrittobjekt	Taste 5	Jalousie Lamelle Esszimmer West	5/0/6	1 bit	K	-	-	Ü
13	Bewegobjekt	Taste 5	Jalousie auf/ab Esszimmer West	5/0/5	1 bit	K	-	-	Ü
15	Stopp-/Schrittobjekt	Taste 6	Jalousie Lamelle Esszimmer West	5/0/6	1 bit	K	-	-	Ü
16	Bewegobjekt	Taste 6	Jalousie auf/ab Esszimmer West	5/0/5	1 bit	K	-	-	Ü
18	Stopp-/Schrittobjekt	Taste 7	Jalousie Lamelle Esszimmer Ost	5/0/4	1 bit	K	-	-	Ü
19	Bewegobjekt	Taste 7	Jalousie auf/ab Esszimmer Ost	5/0/3	1 bit	K	-	-	Ü
21	Stopp-/Schrittobjekt	Taste 8	Jalousie Lamelle Esszimmer Ost	5/0/4	1 bit	K	-	-	Ü
22	Bewegobjekt	Taste 8	Jalousie auf/ab Esszimmer Ost	5/0/3	1 bit	K	-	-	Ü

Bild 2.36 Flur – Sensortaster ST4

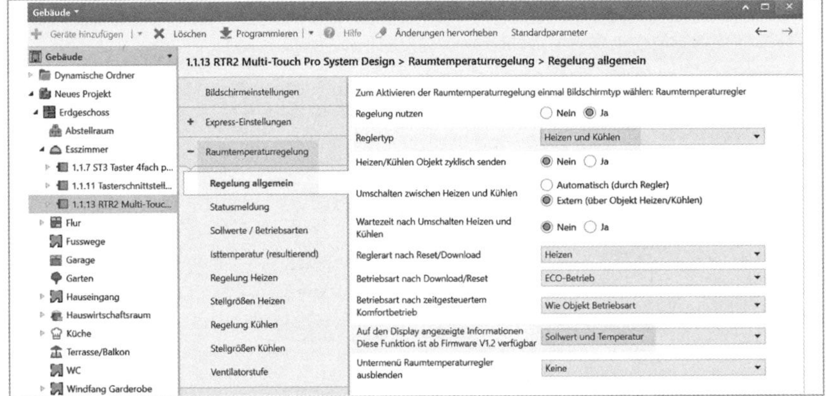

Bild 2.37 Esszimmer – Raumtemperaturregelung

der Aufgabe die Fenster von WC, Küche und Esszimmer angezeigt werden. Wir werden das mit der Option „Mitteilungen“ realisieren, die man unter „Allgemeine Einstellungen“ findet.

Da wir im Esszimmer zwei Fenster haben, benötigen wir vier Mitteilungen (**Bild 2.38**).

In **Bild 2.39** werden die verknüpften Gruppenadressen angezeigt, die man für die Aufgabe des RTR im Esszimmer benötigt. Eine Beschriftung der Kommunikationsobjekte ist dabei in der ETS6 nicht mehr notwendig, da diese direkt aus den Gruppenadressen übernommen werden.

Vom Wohnzimmer aus soll die Beleuchtung auch vor Ablauf der automatischen Abschaltung zentral ausgeschaltet werden können. Deshalb wird eine Zentralfunktion im Erdgeschoss notwendig.

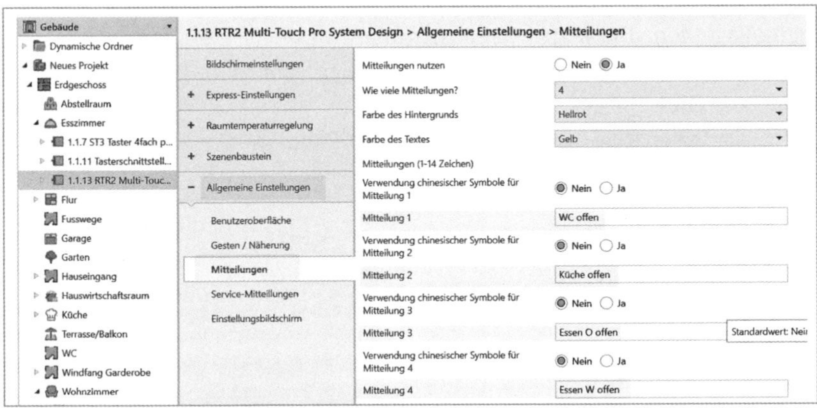

Bild 2.38 Esszimmer – Mitteilungs-Einstellungen

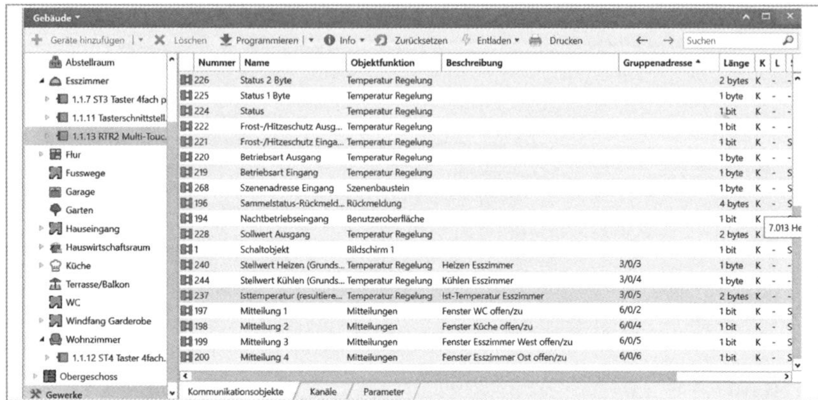

Nummer	Name	Objektfunktion	Beschreibung	Gruppenadresse	Länge	K	L	S
226	Status 2 Byte	Temperatur Regelung			2 bytes	K	-	-
225	Status 1 Byte	Temperatur Regelung			1 byte	K	-	-
224	Status	Temperatur Regelung			1 bit	K	-	-
222	Frost-/Hitzeschutz Ausg...	Temperatur Regelung			1 bit	K	-	-
221	Frost-/Hitzeschutz Einga...	Temperatur Regelung			1 bit	K	-	S
220	Betriebsart Ausgang	Temperatur Regelung			1 byte	K	-	-
219	Betriebsart Eingang	Temperatur Regelung			1 byte	K	-	S
268	Szenenadresse Eingang	Szenenbaustein			1 byte	K	-	S
196	Sammelstatus-Rückmeld...	Rückmeldung			4 bytes	K	-	S
194	Nachtbetriebseingang	Benutzeroberfläche			1 bit	K		
228	Sollwert Ausgang	Temperatur Regelung			2 bytes	K		
1	Schaltobjekt	Bildschirm 1			1 bit	K	-	S
240	Stellwert Heizen (Grunds...	Temperatur Regelung	Heizen Esszimmer	3/0/3	1 byte	K	-	-
244	Stellwert Kühlen (Grunds...	Temperatur Regelung	Kühlen Esszimmer	3/0/4	1 byte	K	-	-
237	Isttemperatur (resultiere...	Temperatur Regelung	Ist-Temperatur Esszimmer	3/0/5	2 bytes	K	-	-
197	Mitteilung 1	Mitteilungen	Fenster WC offen/zu	6/0/2	1 bit	K	-	S
198	Mitteilung 2	Mitteilungen	Fenster Küche offen/zu	6/0/4	1 bit	K	-	S
199	Mitteilung 3	Mitteilungen	Fenster Esszimmer West offen/zu	6/0/5	1 bit	K	-	S
200	Mitteilung 4	Mitteilungen	Fenster Esszimmer Ost offen/zu	6/0/6	1 bit	K	-	S

Bild 2.39 Esszimmer – verknüpfte Gruppenadressen

Die Tasterschnittstelle im Flur (Tabelle 1.4) wird über den Produktsucher eingefügt, beschriftet, parametriert (Mehrfachbetätigung) und die Kommunikationsobjekte mit den Gruppenadressen versehen (**Bild 2.40**). Da die Mehrfachbetätigungen die Funktion „UM" aufweisen, sind wieder „Mithörgruppenadressen" notwendig, die ebenfalls auf die Funktion wirken. In diesem Fall sind das „zentral aus Flur" und „Haus ist alleine".

Für die Ventile der Heiz- und Kühlkreise wird ein elektronischer Schaltaktor verwendet. Diese speziellen Schaltaktoren haben keine Schaltgeräusche und besitzen eine Reihe von Sonderfunktionen, die auf Heiz- und Kühlkreise ausgelegt sind, wie z. B. das Spülen bei längeren Ventilstillstand. Die Objekte werden beschriftet und mit den Gruppenadressen versehen (**Bild 2.41**).

Bei dem Ventilantriebsaktor kann auf die eingebaute Reglerfunktion verzichtet werden. Deswegen kann man diese in den Parametern unter „Anzahl der verwendeten Raumtemperaturregler" auf „keine Regler verwenden" einstellen.

Nummer	Name	Objektfunktion	Beschreibung	Gruppenadresse	Länge	K	L	S
0	Objekt A	Eingang 1	E15-E17 Lichtgruppe Eingang Flur	1/0/16, 8/0/2, 8/2/1	1 bit	K	-	S
1	Objekt B	Eingang 1	E16 Licht Durchgang Flur - Wohnzimmer	1/0/18, 8/0/2, 8/2/1	1 bit	K	-	S
3	Objekt A	Eingang 2	E15 Licht Eingang Flur	1/0/17, 8/0/2, 8/2/1	1 bit	K	-	S
4	Objekt B	Eingang 2	E17 Licht Eingang Flur	1/0/19, 8/0/2, 8/2/1	1 bit	K	-	S
6	Objekt A	Eingang 3	E15 Licht Eingang Flur	1/0/17, 8/0/2, 8/2/1	1 bit	K	-	S
7	Objekt B	Eingang 3	E16 Licht Durchgang Flur - Wohnzimmer	1/0/18, 8/0/2, 8/2/1	1 bit	K	-	S
9	Objekt A	Eingang 4	E16 Licht Durchgang Flur - Wohnzimmer	1/0/18, 8/0/2, 8/2/1	1 bit	K	-	S
10	Objekt B	Eingang 4	E17 Licht Eingang Flur	1/0/19, 8/0/2, 8/2/1	1 bit	K	-	S
25	Schaltobjekt	Ausgang 1			1 bit	K	-	S
28	Schaltobjekt	Ausgang 2			1 bit	K	-	S
31	Schaltobjekt	Ausgang 3			1 bit	K	-	S
34	Schaltobjekt	Ausgang 4			1 bit	K	-	S

Bild 2.40 Flur – Tasterschnitstelle

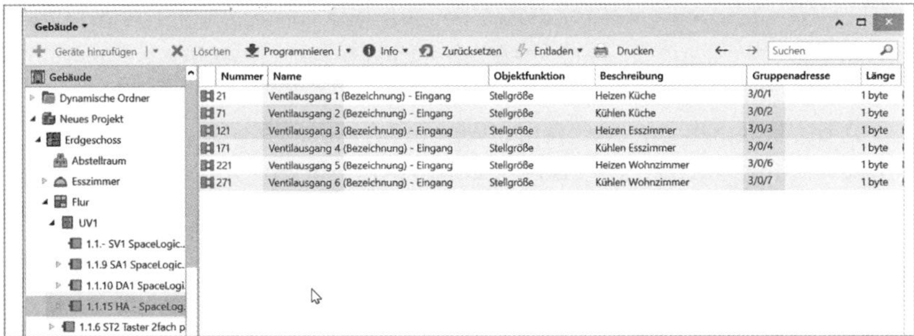

Nummer	Name	Objektfunktion	Beschreibung	Gruppenadresse	Länge
21	Ventilausgang 1 (Bezeichnung) - Eingang	Stellgröße	Heizen Küche	3/0/1	1 byte
71	Ventilausgang 2 (Bezeichnung) - Eingang	Stellgröße	Kühlen Küche	3/0/2	1 byte
121	Ventilausgang 3 (Bezeichnung) - Eingang	Stellgröße	Heizen Esszimmer	3/0/3	1 byte
171	Ventilausgang 4 (Bezeichnung) - Eingang	Stellgröße	Kühlen Esszimmer	3/0/4	1 byte
221	Ventilausgang 5 (Bezeichnung) - Eingang	Stellgröße	Heizen Wohnzimmer	3/0/6	1 byte
271	Ventilausgang 6 (Bezeichnung) - Eingang	Stellgröße	Kühlen Wohnzimmer	3/0/7	1 byte

Bild 2.41 Schaltaktor Heiz-/Kühlkreise

> **Hinweis:** Die Reglerfunktion ist aber wichtig, wenn z. B. in den Räumen nur Sensoren mit Temperaturfühler verwendet werden. Die Einstellungen der Sollwerte erfolgt dann über eine Visualisierung bzw. einen anderen Sensor.

Der Dimmaktor für Esszimmer und Wohnzimmer wird als nächstes parametriert und mit den Gruppenadressen versehen (**Bild 2.42**).

Beim Dimmaktor muss noch freigeschaltet werden, dass weitere Erweiterungen (Kanäle) verfügbar werden. Dies geschieht unter Auswahl der Spacelogic KNX-Erweiterung, Typ Erweiterung 1 und 2 ⇒ „MTN6810-0102 Universal Dimmen". Hier ist zu beachten, dass die Gruppenadresse 1/0/22 „E18, E21, E24 Dimmwert1" auf das jeweilige Wertobjekt von jedem Kanal gelegt wird.

Da gerade Durchgangsbeleuchtungen (E15 Flur) bei manueller Bedienung des Öfteren vergessen werden und dann unnötig Energie verbrauchen, wurde die maximal Zeit auf etwa fünf Minuten veranschlagt Das muss natürlich bei den Parametereinstellungen des vorher aufgezeigten Schaltaktors berücksichtigt werden (**Bild 2.43**). In **Bild 2.44** ist die Gruppenadresszuordnung zu sehen.

Nummer	Name	Objektfunktion	Beschreibung	Gruppenadresse	Länge
135	Erw. 1 Ausgang 1	Rückmeldung für Wert			1 byte
163	Erw. 1 Ausgang 2	Schalten	E24 Hauptlicht Wohnzimmer ein/aus	1/0/23, 1/0/33, 8/2/1	1 bit
164	Erw. 1 Ausgang 2	Dimmen	E24 Hauptlicht Wohnzimmer dimmen	1/0/24, 1/0/32	4 bit
165	Erw. 1 Ausgang 2	Wert	E18, E21, E24 Dimmwert 1	1/0/22	1 byte
178	Erw. 1 Ausgang 2	Rückmeldung für Sch...			1 bit
179	Erw. 1 Ausgang 2	Rückmeldung für Wert			1 byte
207	Erw. 2 Ausgang 1	Schalten	E21 Wandleuchten Süd WZ ein/aus	1/0/25, 1/0/31, 1/0/33, 8/2/1	1 bit
208	Erw. 2 Ausgang 1	Dimmen	E21 Wandleuchten Süd WZ dimmen	1/0/26, 1/0/32	4 bit
209	Erw. 2 Ausgang 1	Wert	E18, E21, E24 Dimmwert 1	1/0/22	1 byte
222	Erw. 2 Ausgang 1	Rückmeldung für Sch...			1 bit
223	Erw. 2 Ausgang 1	Rückmeldung für Wert			1 byte
251	Erw.2 Ausgang 2	Schalten	E18 Wandleuchte Ost WZ ein/aus	1/0/27, 1/0/31, 1/0/33, 8/2/1	1 bit
252	Erw.2 Ausgang 2	Dimmen	E18 Wandleuchte Ost WZ dmmen	1/0/28, 1/0/32	4 bit
253	Erw.2 Ausgang 2	Wert	E18, E21, E24 Dimmwert 1	1/0/22	1 byte
266	Erw.2 Ausgang 2	Rückmeldung für Sch...			1 bit
267	Erw.2 Ausgang 2	Rückmeldung für Wert			1 byte

Bild 2.42 Flur – Dimmaktor Esszimmer/Wohnzimmer

Hier ist zu beachten, dass dieses Fenster nur dann sichtbar wird, wenn auf „Master Ausgang 3 – Schalten“ der Haken bei „Erweiterte Einstellungen für Schalten“ gesetzt wird.

Für die Beleuchtung der Treppe vom Erdgeschoss ins Obergeschoss wird ein Bewegungswächter UP eingesetzt. Dieser wird im Obergeschoss in den Raum „Treppenhaus“ verortet (**Bild 2.45**).

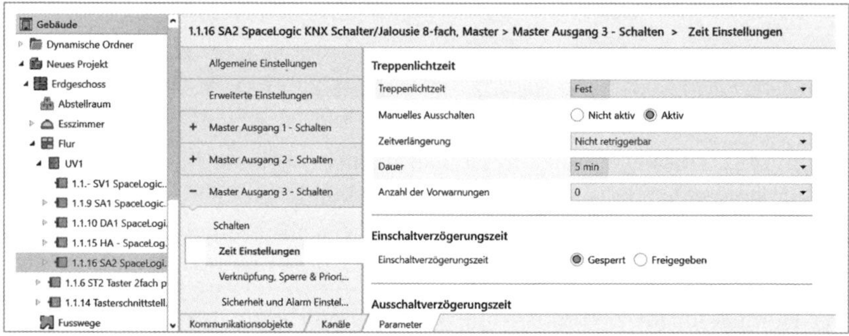

Bild 2.43 Flur – Zeiteinstellung Durchgangsbeleuchtung

Nummer	Name	Objektfunktion	Beschreibung	Gruppenadresse	L
31	Master Ausgang 1	Schalten	E11 Durchgangslicht Wohn-Esszimmer	1/0/10, 8/2/1	1
37	Master Ausgang 1	Rückmeldung			1
42	Master Ausgang 2	Schalten	E14 Durchgangslicht Küche - Esszimmer	1/0/15, 8/2/1	1
48	Master Ausgang 2	Rückmeldung			1
53	Master Ausgang 3	Schalten	E15 Licht Eingang Flur	1/0/17, 1/0/16, 8/2/1	1
57	Master Ausgang 3	Treppenlicht fest			1
59	Master Ausgang 3	Rückmeldung			1
64	Master Ausgang 4	Schalten	E16 Licht Durchgang Flur - Wohnzimmer	1/0/18, 1/0/16, 8/2/1	1
70	Master Ausgang 4	Rückmeldung			1
75	Master Ausgang 5	Schalten	E17 Licht Eingang Flur	1/0/19, 1/0/16, 8/2/1	1
81	Master Ausgang 5	Rückmeldung			1
86	Master Ausgang 6	Schalten	E20 indirekte Beleuchtung Wohnzimmer	1/0/20, 8/2/1	1
92	Master Ausgang 6	Rückmeldung			1
97	Master Ausgang 7	Schalten	E22 Treppe Licht EG	1/0/21, 8/2/1	1
103	Master Ausgang 7	Rückmeldung			1
108	Master Ausgang 8	Schalten	E19 Schrankwand Wohnzimmer	1/0/29, 8/2/1	1

Gebäude
Dynamische Ordner
Neues Projekt
Erdgeschoss
Abstellraum
Esszimmer
Flur
UV1
1.1.- SV1 SpaceLogic..
1.1.9 SA1 SpaceLogic.
1.1.10 DA1 SpaceLogi.
1.1.15 HA - SpaceLog.
1.1.16 SA2 SpaceLogi.
1.1.6 ST2 Taster 2fach p
1.1.14 Tasterschnittstell.
Fusswege
Kommunikationsobjekte Kanäle Parameter

Bild 2.44 Flur – Gruppenadresszuordnung Durchgangsbeleuchtung

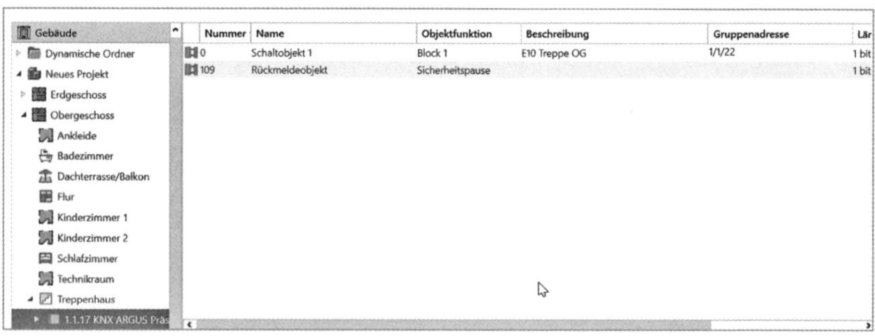

Bild 2.45 Treppenbeleuchtung Erdgeschoss

Die Tasterschnittstelle im Wohnzimmer wird über Katalogansicht eingefügt, beschriftet, parametriert (Schaltsensor) und mit den Gruppenadressen versehen (**Bild 2.46**).

Die Meldungen der Tasterschnittstelle laufen auf die Displayanzeige im Esszimmer. Deshalb muss eine weitere Seite eingerichtet werden (**Bilder 2.47, 2.48, 2.49**).

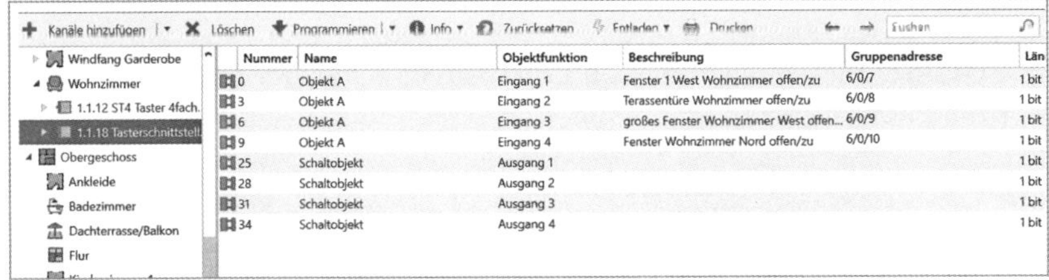

Nummer	Name	Objektfunktion	Beschreibung	Gruppenadresse	Län
0	Objekt A	Eingang 1	Fenster 1 West Wohnzimmer offen/zu	6/0/7	1 bit
3	Objekt A	Eingang 2	Terassentüre Wohnzimmer offen/zu	6/0/8	1 bit
6	Objekt A	Eingang 3	großes Fenster Wohnzimmer West offen...	6/0/9	1 bit
9	Objekt A	Eingang 4	Fenster Wohnzimmer Nord offen/zu	6/0/10	1 bit
25	Schaltobjekt	Ausgang 1			1 bit
28	Schaltobjekt	Ausgang 2			1 bit
31	Schaltobjekt	Ausgang 3			1 bit
34	Schaltobjekt	Ausgang 4			1 bit

Bild 2.46 Wohnzimmer – Tasterschnittstelle

Bild 2.47 Esszimmer – Displayanzeige (I)

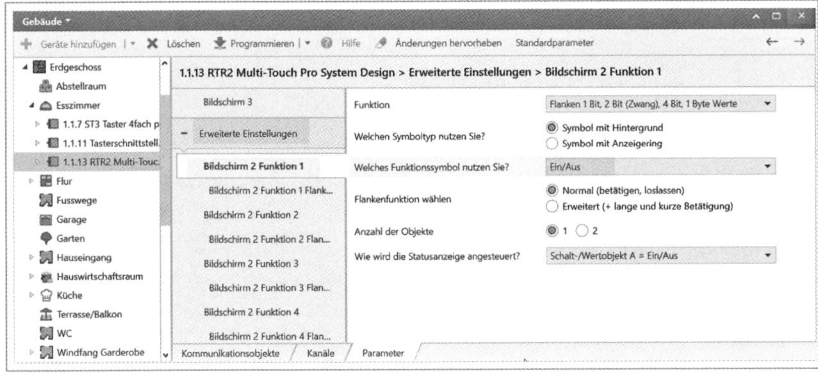

Bild 2.48 Esszimmer – Displayanzeige (II)

Nummer	Name	Objektfunktion	Beschreibung	Gruppenadresse	L
1	Schaltobjekt	Bildschirm 1			1 b
2	Rückmeldeobjekt	Bildschirm 1			1 b
25	Schaltobjekt A	Bildschirm 2 Funktion 1	Fenster 1 West Wohnzimmer offen/zu	6/0/7	1 b
31	Schaltobjekt A	Bildschirm 2 Funktion 2	Terassentüre Wohnzimmer offen/zu	6/0/8	1 b
37	Schaltobjekt A	Bildschirm 2 Funktion 3	großes Fenster Wohnzimmer West offen...	6/0/9	1 b
43	Schaltobjekt A	Bildschirm 2 Funktion 4	Fenster Wohnzimmer Nord offen/zu	6/0/10	1 b
49	Schaltobjekt	Bildschirm 3			1 b
50	Rückmeldeobjekt	Bildschirm 3			1 b

Bild 2.49 Esszimmer – Displayanzeige (III)

Achtung! Hier ist allerdings zu beachten, dass die vier Buttons keine genaue Beschriftung haben!

Für den ST5 im Wohnzimmer wurde ein Sensortaster „Multifunktion“ gewählt, der (wie in **Bild 2.50** dargestellt) beschriftet, parametriert und mit den Gruppenadressen versehen wurde. Bei Taste 1 (links) sollen 70 % gedimmt, bei Taste 2 (rechts) 30% gedimmt werden.

Der Sensortaster ST6 hat auf den Wippen 1 und 2 „UM“-Funktionen – deshalb die „Mithöradressen“ des „Haus ist alleine“-Tasters (**Bild 2.51**).

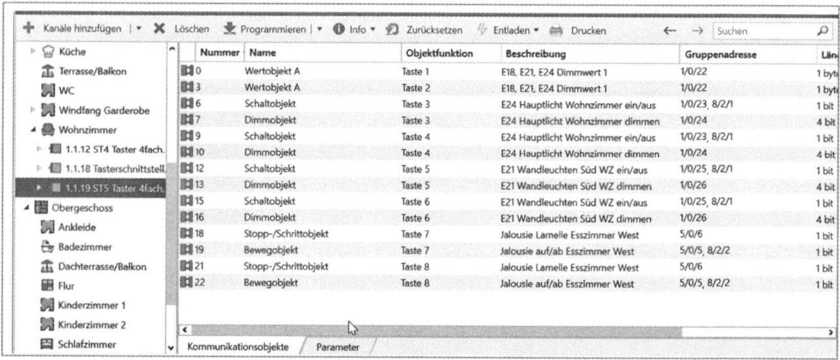

Nummer	Name	Objektfunktion	Beschreibung	Gruppenadresse	Län
0	Wertobjekt A	Taste 1	E18, E21, E24 Dimmwert 1	1/0/22	1 byte
3	Wertobjekt A	Taste 2	E18, E21, E24 Dimmwert 1	1/0/22	1 byte
6	Schaltobjekt	Taste 3	E24 Hauptlicht Wohnzimmer ein/aus	1/0/23, 8/2/1	1 bit
7	Dimmobjekt	Taste 3	E24 Hauptlicht Wohnzimmer dimmen	1/0/24	4 bit
9	Schaltobjekt	Taste 4	E24 Hauptlicht Wohnzimmer ein/aus	1/0/23, 8/2/1	1 bit
10	Dimmobjekt	Taste 4	E24 Hauptlicht Wohnzimmer dimmen	1/0/24	4 bit
12	Schaltobjekt	Taste 5	E21 Wandleuchten Süd WZ ein/aus	1/0/25, 8/2/1	1 bit
13	Dimmobjekt	Taste 5	E21 Wandleuchten Süd WZ dimmen	1/0/26	4 bit
15	Schaltobjekt	Taste 6	E21 Wandleuchten Süd WZ ein/aus	1/0/25, 8/2/1	1 bit
16	Dimmobjekt	Taste 6	E21 Wandleuchten Süd WZ dimmen	1/0/26	4 bit
18	Stopp-/Schrittobjekt	Taste 7	Jalousie Lamelle Esszimmer West	5/0/6	1 bit
19	Bewegobjekt	Taste 7	Jalousie auf/ab Esszimmer West	5/0/5, 8/2/2	1 bit
21	Stopp-/Schrittobjekt	Taste 8	Jalousie Lamelle Esszimmer West	5/0/6	1 bit
22	Bewegobjekt	Taste 8	Jalousie auf/ab Esszimmer West	5/0/5, 8/2/2	1 bit

Bild 2.50 Wohnzimmer – ST5 „Multifunktion“

Nummer	Name	Objektfunktion	Beschreibung	Gruppenadresse	Lä
0	Schaltobjekt A	Taste 1	E19 Schrankwand Wohnzimmer	1/0/29, 8/2/1	1 bit
3	Schaltobjekt A	Taste 2	E20 indirekte Beleuchtung Wohnzimmer	1/0/20, 8/2/1	1 bit
6	Schaltobjekt A	Taste 3	E23 Steckdose	1/0/30, 8/2/1	1 bit
9	Schaltobjekt A	Taste 4	E18, E21 Lampengruppe WZ	1/0/31, 8/2/1	1 bit
12	Schaltobjekt	Taste 5	E18 Wandleuchte Ost WZ ein/aus	1/0/27, 8/2/1	1 bit
13	Dimmobjekt	Taste 5	E18 Wandleuchte Ost WZ dmmen	1/0/28	4 bi
15	Schaltobjekt	Taste 6	E18 Wandleuchte Ost WZ ein/aus	1/0/27, 8/2/1	1 bit
16	Dimmobjekt	Taste 6	E18 Wandleuchte Ost WZ dmmen	1/0/28	4 bi
18	Stopp-/Schrittobjekt	Taste 7	Jalousie Lamelle Wohnzimmer West	5/0/6	1 bit
19	Bewegobjekt	Taste 7	Jalousie auf/ab Wohnzimmer West	5/0/5, 8/2/2	1 bit
21	Stopp-/Schrittobjekt	Taste 8	Jalousie Lamelle Wohnzimmer West	5/0/6	1 bit
22	Bewegobjekt	Taste 8	Jalousie auf/ab Wohnzimmer West	5/0/5, 8/2/2	1 bit

Bild 2.51 Wohnzimmer – Sensortaster ST6

Der Multi-Touch Pro im Wohnzimmer wird ähnlich wie im Esszimmer eingestellt. Jede Funktion wird einen Bildschirm haben, um so eine Übersicht zu gewähren (**Bilder 2.52** und **2.53**).

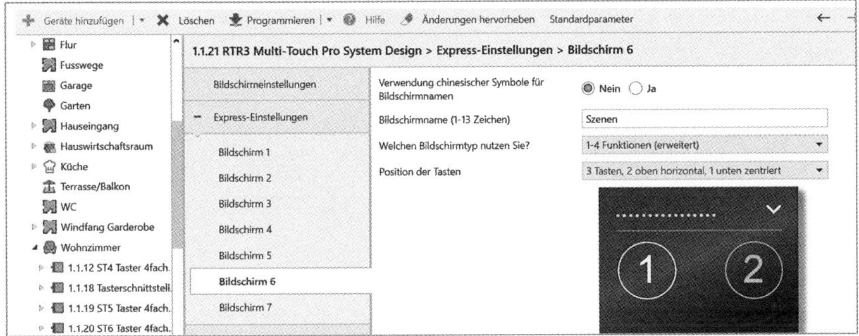

Bild 2.52 Wohnzimmer – Multi-Touch Pro (I)

Nummer	Name	Objektfunktion	Beschreibung	Gruppenadresse	L
1	Schaltobjekt	Bildschirm 1 links	E19 Schrankwand Wohnzimmer	1/0/29, 8/2/1	1 b
2	Rückmeldeobjekt	Bildschirm 1 links			1 b
7	Schaltobjekt	Bildschirm 1 rechts	E20 indirekte Beleuchtung Wohnzimmer	1/0/20, 8/2/1	1 b
8	Rückmeldeobjekt	Bildschirm 1 rechts			1 b
25	Schaltobjekt	Bildschirm 2 links	E23 Steckdose	1/0/30	1 b
26	Rückmeldeobjekt	Bildschirm 2 links			1 b
31	Schaltobjekt	Bildschirm 2 rechts	E16 Licht Durchgang Flur - Wohnzimmer	1/0/18, 8/2/1	1 b
50	Wertobjekt	Bildschirm 3	E18, E21, E24 Dimmwert 1	1/0/22	1 b
52	Rückmeldenobjekt-Wert	Bildschirm 3			1 b
73	Schaltobjekt	Bildschirm 4	E21 Wandleuchten Süd WZ ein/aus	1/0/25, 8/2/1	1 b
74	Wertobjekt	Bildschirm 4	E21 Wandleuchten Süd WZ Wert	1/0/39	1 b
75	Rückmeldeobjekt	Bildschirm 4			1 b
76	Rückmeldenobjekt-Wert	Bildschirm 4			1 b
97	Bewegobjekt	Bildschirm 5	Jalousie auf/ab Wohnzimmer	5/0/7, 8/2/2	1 b
98	Stopp-/Schrittobjekt	Bildschirm 5	Jalousie Lamelle Wohnzimmer	5/0/8	1 b
99	Jalousieposition	Bildschirm 5			1 b

Bild 2.53 Wohnzimmer – Multi-Touch Pro (II)

Für die Leuchte E21 muss noch eine Gruppenadresse für das Wertobjekt angelegt werden ⇒ 1/0/39. Ebenso wurde für die Szenen noch eine Gruppenadresse angelegt ⇒ 8/0/0. Hier können bis zu 64 einzelne Szenen angesteuert werden.

Beim Dimmaktor wird eine Erweiterung hinzugefügt und für den Ausgang 2 auf der Erweiterung 1 bzw. Ausgang 1 auf der Erweiterung 2 für E21 und E24 parametriert und mit Gruppenadressen belegt (**Bild 2.54**).

Im bereits angelegten Schalt-/Jalousieaktor SA1 wird die Erweiterung 1 Kanal 5+6 für die Wohnzimmer Jalousie verwendet (**Bild 2.55**). Auch hier wird eine Szenen-GA vorgesehen.

Ein zweiter Schaltaktor (SA2) wird angelegt und für die noch ausstehende Funktion (E23 geschaltete Steckdose) benutzt (**Bild 2.56**).

163	Erw. 1 Ausgang 2	Schalten	E24 Hauptlicht Wohnzimmer ein/aus	1/0/23, 1/0/33, 8/2/1
164	Erw. 1 Ausgang 2	Dimmen	E24 Hauptlicht Wohnzimmer dimmen	1/0/24, 1/0/32
165	Erw. 1 Ausgang 2	Wert	E18, E21, E24 Dimmwert 1	1/0/22
178	Erw. 1 Ausgang 2	Rückmeldung für Sch...		
179	Erw. 1 Ausgang 2	Rückmeldung für Wert		
207	Erw. 2 Ausgang 1	Schalten	E21 Wandleuchten Süd WZ ein/aus	1/0/25, 1/0/31, 1/0/33, 8/2/1
208	Erw. 2 Ausgang 1	Dimmen	E21 Wandleuchten Süd WZ dimmen	1/0/26, 1/0/32
209	Erw. 2 Ausgang 1	Wert	E18, E21, E24 Dimmwert 1	1/0/22, 1/0/39
222	Erw. 2 Ausgang 1	Rückmeldung für Sch...		

Bild 2.54 Wohnzimmer – Dimmaktor-Erweiterung

Nummer	Name	Objektfunktion	Beschreibung	Gruppenadresse
142	Erw. 1 Ausgänge 3+4	Stopp-/Schritt Manuell	Jalousie Lamelle Esszimmer Ost	5/0/4
143	Erw. 1 Ausgänge 3+4	Position Höhe Manuell		
144	Erw. 1 Ausgänge 3+4	Position Lamelle Man...		
156	Erw. 1 Ausgänge 3+4	Rückmeldung Höhe		
157	Erw. 1 Ausgänge 3+4	Rückmeldung für Lam...		
161	Erw. 1 Ausgänge 3+4	Rückmeldung für Fahrt		
162	Erw. 1 Ausgänge 3+4	Rückmeldung der letz...		
163	Erw. 1 Ausgänge 5+6	Bewegung Manuell	Jalousie auf/ab Wohnzimmer West	5/0/5, 5/0/7, 8/2/2
164	Erw. 1 Ausgänge 5+6	Stopp-/Schritt Manuell	Jalousie Lamelle Wohnzimmer West	5/0/6, 5/0/8
165	Erw. 1 Ausgänge 5+6	Position Höhe Manuell		
166	Erw. 1 Ausgänge 5+6	Position Lamelle Man...		
175	Erw. 1 Ausgänge 5+6	Szene	Szenenaufruf	8/0/0
178	Erw. 1 Ausgänge 5+6	Rückmeldung Höhe		
179	Erw. 1 Ausgänge 5+6	Rückmeldung für Lam...		
183	Erw. 1 Ausgänge 5+6	Rückmeldung für Fahrt		
184	Erw. 1 Ausgänge 5+6	Rückmeldung der letz...		

Bild 2.55 Wohnzimmer – Erweiterung Schalt-/Jalousieaktor

Nummer	Name	Objektfunktion	Beschreibung	Gruppenadresse
70	Master Ausgang 4	Rückmeldung		
75	Master Ausgang 5	Schalten	E17 Licht Eingang Flur	1/0/19, 1/0/16, 8/2/1
81	Master Ausgang 5	Rückmeldung		
86	Master Ausgang 6	Schalten	E20 indirekte Beleuchtung Wohnzimmer	1/0/20, 8/2/1
92	Master Ausgang 6	Rückmeldung		
97	Master Ausgang 7	Schalten	E22 Treppe Licht EG	1/0/21, 8/2/1
103	Master Ausgang 7	Rückmeldung		
108	Master Ausgang 8	Schalten	E19 Schrankwand Wohnzimmer	1/0/29, 8/2/1
114	Master Ausgang 8	Rückmeldung		
119	Erw. 1 Ausgang 1	Schalten	E23 Steckdose	1/0/30
125	Erw. 1 Ausgang 1	Rückmeldung		
130	Erw. 1 Ausgang 2	Schalten	E25 Hauptlicht Abstellraum	1/0/37, 8/2/1
136	Erw. 1 Ausgang 2	Rückmeldung		
141	Erw. 1 Ausgang 3	Schalten	E26 Arbeitslicht Abstellraum	1/0/38, 8/2/1
147	Erw. 1 Ausgang 3	Rückmeldung		
152	Erw. 1 Ausgang 4	Schalten		

Bild 2.56 Wohnzimmer – Anlage des zusätzlichen Schaltaktors SA2

Für die Heizen/Kühlen-Ventilansteuerung des Wohnzimmers ist noch der Kanal 5 und 6 frei, die dafür parametriert, beschriftet und mit den GAs versehen können (**Bild 2.57**).

Die Tasterschnittstelle für den Abstellraum wird eingefügt, beschriftet, parametriert und mit Gruppenadressen versehen (Mithören bei UM-Funktion), so wie im **Bild 2.58** dargestellt.

Die vier Bewegungswächter für den Außenbereich werden eingefügt, beschriftet, parametriert und mit den Gruppenadressen belegt (**Bild 2.59**).

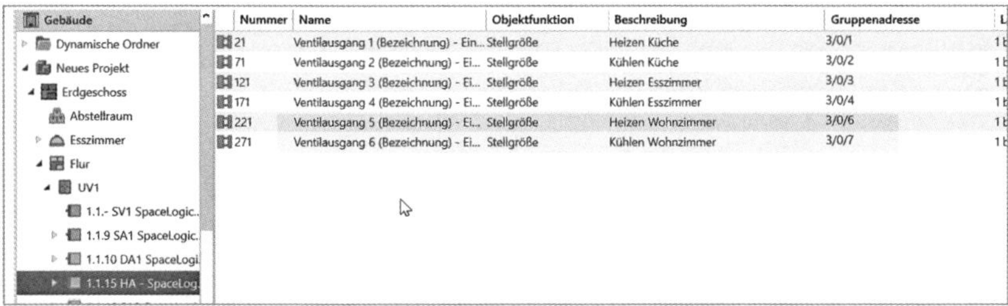

Nummer	Name	Objektfunktion	Beschreibung	Gruppenadresse	L
21	Ventilausgang 1 (Bezeichnung) - Ein...	Stellgröße	Heizen Küche	3/0/1	1 b
71	Ventilausgang 2 (Bezeichnung) - Ei...	Stellgröße	Kühlen Küche	3/0/2	1 b
121	Ventilausgang 3 (Bezeichnung) - Ei...	Stellgröße	Heizen Esszimmer	3/0/3	1 b
171	Ventilausgang 4 (Bezeichnung) - Ei...	Stellgröße	Kühlen Esszimmer	3/0/4	1 b
221	Ventilausgang 5 (Bezeichnung) - Ei...	Stellgröße	Heizen Wohnzimmer	3/0/6	1 b
271	Ventilausgang 6 (Bezeichnung) - Ei...	Stellgröße	Kühlen Wohnzimmer	3/0/7	1 b

Bild 2.57 Wohnzimmer – Anlage des zusätzlichen Schaltaktors SA2

Kanäle hinzufügen | Löschen | Programmieren | Info | Zurücksetzen | Entladen | Drucken | Suchen

Gebäude
Dynamische Ordner
Neues Projekt
Erdgeschoss
Abstellraum
1.1.22 Tasterschnittstell.
Esszimmer
Flur

Nummer	Name	Objektfunktion	Beschreibung	Gruppenadresse	Län
0	Schaltobjekt A	Eingang 1	E25 Hauptlicht Abstellraum	1/0/37, 8/2/1	1 bit
3	Schaltobjekt A	Eingang 2	E26 Arbeitslicht Abstellraum	1/0/38, 8/2/1	1 bit
6	Objekt A	Eingang 3	Fenster Abstellraum	6/0/11	1 bit
9	Schaltobjekt A	Eingang 4	E27 Steckdose Terrasse	1/0/40	1 bit
25	Schaltobjekt	Ausgang 1			1 bit
28	Schaltobjekt	Ausgang 2			1 bit
31	Schaltobjekt	Ausgang 3			1 bit
34	Schaltobjekt	Ausgang 4			1 bit

Bild 2.58 Wohnzimmer – Anlage des zusätzlichen Schaltaktors SA2

Erdgeschoss
Abstellraum
Esszimmer
Flur
Fusswege
1.1.25 Nord PIR5 KNX..
1.1.26 Ost PIR6 KNX AR
Garage
Garten
Hauseingang
Hauswirtschaftsraum
Küche
Terrasse/Balkon
1.1.23 Süd PIR7 KNX A..
1.1.24 West PIR8 KNX..
WC

Nummer	Name	Objektfunktion	Beschreibung	Gruppenadresse	Län
1.1.23 Süd PIR7 KNX ARGUS 220					
0	Schaltobjekt 1	Block 1	E30 Beleuchtung Terrasse Süd	2/5/4	1 bit
109	Rückmeldeobjekt	Sicherheitspause			1 bit
1.1.24 West PIR8 KNX ARGUS 220					
0	Schaltobjekt 1	Block 1	E31 Beleuchtung Terrasse West	2/5/5	1 bit
109	Rückmeldeobjekt	Sicherheitspause			1 bit
1.1.25 Nord PIR5 KNX ARGUS 220					
0	Schaltobjekt 1	Block 1	E28 Beleuchtung Gebäude Nord	2/5/2	1 bit
109	Rückmeldeobjekt	Sicherheitspause			1 bit
1.1.26 Ost PIR6 KNX ARGUS 220					
0	Schaltobjekt 1	Block 1	E29 Beleuchtung Gebäude Ost	2/5/3	1 bit
109	Rückmeldeobjekt	Sicherheitspause			1 bit

Kommunikationsobjekte | Parameter

Bild 2.59 Wohnzimmer – Anlage des zusätzlichen Schaltaktors SA2

Der vorhandene Schaltaktor SA2 wird mit den Beleuchtungskanälen beschriftet, parametriert und mit GAs belegt (**Bild 2.60**).

Im Infodisplay werden die restlichen Fensterabfragungen angelegt und eine Seite für die Bewegungsmeldungen im Außenbereich editiert (**Bild 2.61**).

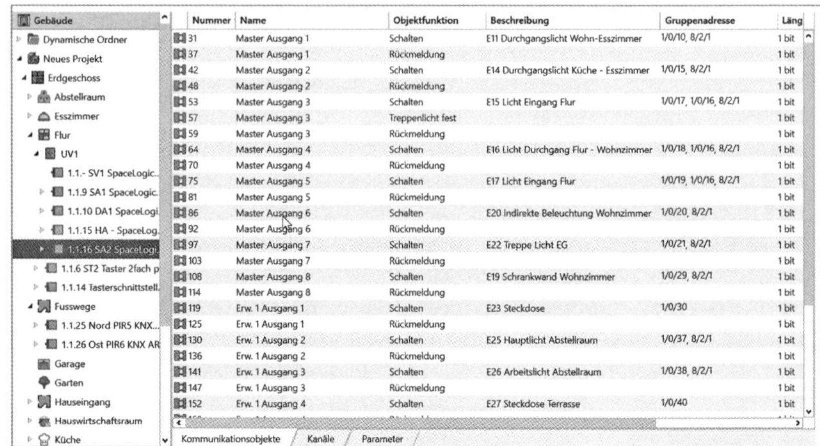

Nummer	Name	Objektfunktion	Beschreibung	Gruppenadresse	Läng
31	Master Ausgang 1	Schalten	E11 Durchgangslicht Wohn-Esszimmer	1/0/10, 8/2/1	1 bit
37	Master Ausgang 1	Rückmeldung			1 bit
42	Master Ausgang 2	Schalten	E14 Durchgangslicht Küche - Esszimmer	1/0/15, 8/2/1	1 bit
48	Master Ausgang 2	Rückmeldung			1 bit
53	Master Ausgang 3	Schalten	E15 Licht Eingang Flur	1/0/17, 1/0/16, 8/2/1	1 bit
57	Master Ausgang 3	Treppenlicht fest			1 bit
59	Master Ausgang 3	Rückmeldung			1 bit
64	Master Ausgang 4	Schalten	E16 Licht Durchgang Flur - Wohnzimmer	1/0/18, 1/0/16, 8/2/1	1 bit
70	Master Ausgang 4	Rückmeldung			1 bit
75	Master Ausgang 5	Schalten	E17 Licht Eingang Flur	1/0/19, 1/0/16, 8/2/1	1 bit
81	Master Ausgang 5	Rückmeldung			1 bit
86	Master Ausgang 6	Schalten	E20 Indirekte Beleuchtung Wohnzimmer	1/0/20, 8/2/1	1 bit
92	Master Ausgang 6	Rückmeldung			1 bit
97	Master Ausgang 7	Schalten	E22 Treppe Licht EG	1/0/21, 8/2/1	1 bit
103	Master Ausgang 7	Rückmeldung			1 bit
108	Master Ausgang 8	Schalten	E19 Schrankwand Wohnzimmer	1/0/29, 8/2/1	1 bit
114	Master Ausgang 8	Rückmeldung			1 bit
119	Erw. 1 Ausgang 1	Schalten	E23 Steckdose	1/0/30	1 bit
125	Erw. 1 Ausgang 1	Rückmeldung			1 bit
130	Erw. 1 Ausgang 2	Schalten	E25 Hauptlicht Abstellraum	1/0/37, 8/2/1	1 bit
136	Erw. 1 Ausgang 2	Rückmeldung			1 bit
141	Erw. 1 Ausgang 3	Schalten	E26 Arbeitslicht Abstellraum	1/0/38, 8/2/1	1 bit
147	Erw. 1 Ausgang 3	Rückmeldung			1 bit
152	Erw. 1 Ausgang 4	Schalten	E27 Steckdose Terrasse	1/0/40	1 bit

Bild 2.60 Flur – Belegung des Schaltaktors SA2

Nummer	Name	Objektfunktion	Beschreibung	Gruppenadresse	Läng
25	Schaltobjekt A	Bildschirm 2 Funktion 1	Fenster 1 West Wohnzimmer offen/zu	6/0/7	1 bit
31	Schaltobjekt A	Bildschirm 2 Funktion 2	Terassentüre Wohnzimmer offen/zu	6/0/8	1 bit
37	Schaltobjekt A	Bildschirm 2 Funktion 3	großes Fenster Wohnzimmer West offen...	6/0/9	1 bit
43	Schaltobjekt A	Bildschirm 2 Funktion 4	Fenster Wohnzimmer Nord offen/zu	6/0/10	1 bit
49	Schaltobjekt A	Bildschirm 3 Funktion 1	Haustüre offen/zu	6/0/1	1 bit
55	Schaltobjekt A	Bildschirm 3 Funktion 2	Fenster Hauswirtschaftsraum offen/zu	6/0/3	1 bit
61	Schaltobjekt A	Bildschirm 3 Funktion 3	Fenster Abstellraum	6/0/11	1 bit
67	Schaltobjekt A	Bildschirm 3 Funktion 4			1 bit
193	Helligkeit	Benutzeroberfläche			1 byte
194	Nachtbetriebseingang	Benutzeroberfläche			1 bit
196	Sammelstatus-Rückmeldeobjekt	Rückmeldung			4 byte
197	Mitteilung 1	Mitteilungen	Fenster WC offen/zu	6/0/2	1 bit
198	Mitteilung 2	Mitteilungen	Fenster Küche offen/zu	6/0/4	1 bit
199	Mitteilung 3	Mitteilungen	Fenster Esszimmer West offen/zu	6/0/5	1 bit
200	Mitteilung 4	Mitteilungen	Fenster Esszimmer Ost offen/zu	6/0/6	1 bit
217	Heizen/Kühlen Eingang	Temperatur Regelung			1 bit

Bild 2.61 Esszimmer – Infodisplay

3 Projektierung, Teil II

Die erste Tasterschnittstelle dient hauptsächlich zur Tür- und Fensterabfragung (**Bild 3.1**). Die zweite Tasterschnittstelle ist für die Bedienung „Durchgang“ und „Ankleide“ zuständig (**Bild 3.2**). Da dies alles UM-Befehle sind, ist „Mithören“ notwendig.

Der ST7 ist ein Multifunktions-Sensortaster, die Wippen sind geteilt. Die Umschaltfunktion benötigt „Mithören“ der Zentralfunktionen (**Bild 3.3**).

Der ST8 ist ebenfalls ein Multifunktions-Sensortaster (**Bild 3.4**). In **Bild 3.5** ist der Raumtemperaturregler abgebildet, wie er im Elternschlafzimmer eingefügt wurde.

Der Multi-Touch Pro im Elternschlafzimmer hat die gleichen Funktionen wie das Display im Esszimmer. Allerdings werden hier (im Gegensatz zum Multi-Touch Pro im Esszimmer) alle Fenster auf drei Bildschirme aufgelegt.

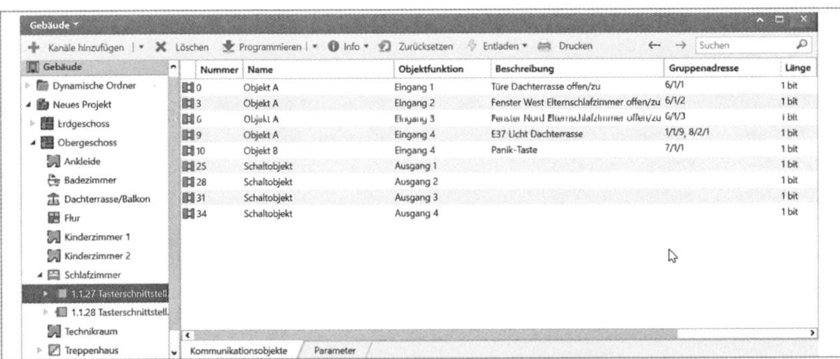

Nummer	Name	Objektfunktion	Beschreibung	Gruppenadresse	Länge
0	Objekt A	Eingang 1	Türe Dachterrasse offen/zu	6/1/1	1 bit
3	Objekt A	Eingang 2	Fenster West Elternschlafzimmer offen/zu	6/1/2	1 bit
6	Objekt A	Eingang 3	Fenster Nord Elternschlafzimmer offen/zu	6/1/3	1 bit
9	Objekt A	Eingang 4	E37 Licht Dachterrasse	1/1/9, 8/2/1	1 bit
10	Objekt B	Eingang 4	Panik-Taste	7/1/1	1 bit
25	Schaltobjekt	Ausgang 1			1 bit
28	Schaltobjekt	Ausgang 2			1 bit
31	Schaltobjekt	Ausgang 3			1 bit
34	Schaltobjekt	Ausgang 4			1 bit

Bild 3.1 Obergeschoss – Tasterschnittstelle Tür-/Fensterabfragung

Nummer	Name	Objektfunktion	Beschreibung	Gruppenadresse	Länge
0	Objekt A	Eingang 1	E32 Hauptlicht Elternschlafzimmer ein/aus	1/1/1, 8/1/1, 8/2/1	1 bit
1	Objekt B	Eingang 1	E33 Durchgangslicht SZ - Badezimmer	1/1/3, 8/1/1, 8/1/2, 8/2/1	1 bit
3	Objekt A	Eingang 2	E33 Durchgangslicht SZ - Badezimmer	1/1/3, 8/1/1, 8/1/2, 8/2/1	1 bit
4	Objekt B	Eingang 2	E32 Hauptlicht Elternschlafzimmer ein/aus	1/1/1, 8/1/1, 8/2/1	1 bit
6	Objekt A	Eingang 3	E33 Durchgangslicht SZ - Badezimmer	1/1/3, 8/1/1, 8/1/2, 8/2/1	1 bit
7	Objekt B	Eingang 3	E34 Licht Ankleide	1/1/4, 8/1/1, 8/2/1	1 bit
9	Objekt A	Eingang 4	E34 Licht Ankleide	1/1/4, 8/1/1, 8/2/1	1 bit
10	Objekt B	Eingang 4	E33 Durchgangslicht SZ - Badezimmer	1/1/3, 8/1/1, 8/1/2, 8/2/1	1 bit
25	Schaltobjekt	Ausgang 1			1 bit
28	Schaltobjekt	Ausgang 2			1 bit
31	Schaltobjekt	Ausgang 3			1 bit
34	Schaltobjekt	Ausgang 4			1 bit

Bild 3.2 Obergeschoss – Tasterschnittstelle Durchgang/Ankleide

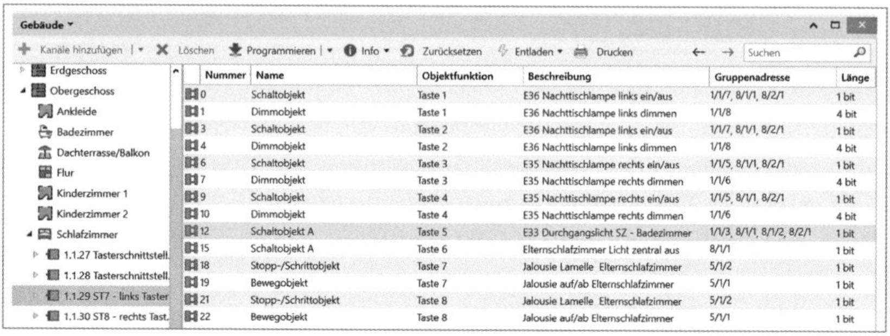

Nummer	Name	Objektfunktion	Beschreibung	Gruppenadresse	Länge
0	Schaltobjekt	Taste 1	E36 Nachttischlampe links ein/aus	1/1/7, 8/1/1, 8/2/1	1 bit
1	Dimmobjekt	Taste 1	E36 Nachttischlampe links dimmen	1/1/8	4 bit
3	Schaltobjekt	Taste 2	E36 Nachttischlampe links ein/aus	1/1/7, 8/1/1, 8/2/1	1 bit
4	Dimmobjekt	Taste 2	E36 Nachttischlampe links dimmen	1/1/8	4 bit
6	Schaltobjekt	Taste 3	E35 Nachttischlampe rechts ein/aus	1/1/5, 8/1/1, 8/2/1	1 bit
7	Dimmobjekt	Taste 3	E35 Nachttischlampe rechts dimmen	1/1/6	4 bit
9	Schaltobjekt	Taste 4	E35 Nachttischlampe rechts ein/aus	1/1/5, 8/1/1, 8/2/1	1 bit
10	Dimmobjekt	Taste 4	E35 Nachttischlampe rechts dimmen	1/1/6	4 bit
12	Schaltobjekt A	Taste 5	E33 Durchgangslicht SZ - Badezimmer	1/1/3, 8/1/1, 8/1/2, 8/2/1	1 bit
15	Schaltobjekt A	Taste 6	Elternschlafzimmer Licht zentral aus	8/1/1	1 bit
18	Stopp-/Schrittobjekt	Taste 7	Jalousie Lamelle Elternschlafzimmer	5/1/2	1 bit
19	Bewegobjekt	Taste 7	Jalousie auf/ab Elternschlafzimmer	5/1/1	1 bit
21	Stopp-/Schrittobjekt	Taste 8	Jalousie Lamelle Elternschlafzimmer	5/1/2	1 bit
22	Bewegobjekt	Taste 8	Jalousie auf/ab Elternschlafzimmer	5/1/1	1 bit

Bild 3.3 Obergeschoss – Multifunktions-Sernsortaster ST7

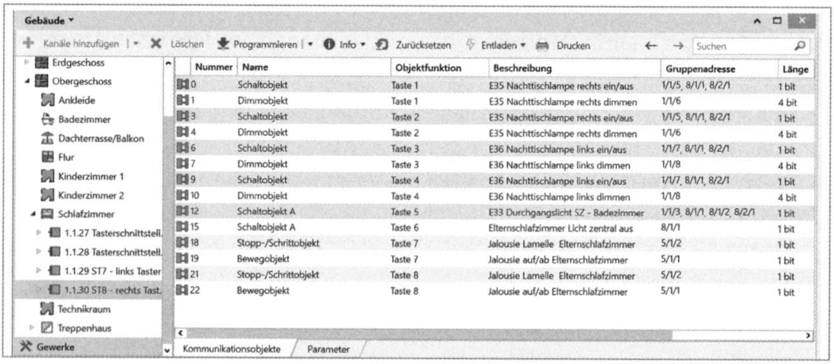

Nummer	Name	Objektfunktion	Beschreibung	Gruppenadresse	Länge
0	Schaltobjekt	Taste 1	E35 Nachttischlampe rechts ein/aus	1/1/5, 8/1/1, 8/2/1	1 bit
1	Dimmobjekt	Taste 1	E35 Nachttischlampe rechts dimmen	1/1/6	4 bit
3	Schaltobjekt	Taste 2	E35 Nachttischlampe rechts ein/aus	1/1/5, 8/1/1, 8/2/1	1 bit
4	Dimmobjekt	Taste 2	E35 Nachttischlampe rechts dimmen	1/1/6	4 bit
6	Schaltobjekt	Taste 3	E36 Nachttischlampe links ein/aus	1/1/7, 8/1/1, 8/2/1	1 bit
7	Dimmobjekt	Taste 3	E36 Nachttischlampe links dimmen	1/1/8	4 bit
9	Schaltobjekt	Taste 4	E36 Nachttischlampe links ein/aus	1/1/7, 8/1/1, 8/2/1	1 bit
10	Dimmobjekt	Taste 4	E36 Nachttischlampe links dimmen	1/1/8	4 bit
12	Schaltobjekt A	Taste 5	E33 Durchgangslicht SZ - Badezimmer	1/1/3, 8/1/1, 8/1/2, 8/2/1	1 bit
15	Schaltobjekt A	Taste 6	Elternschlafzimmer Licht zentral aus	8/1/1	1 bit
18	Stopp-/Schrittobjekt	Taste 7	Jalousie Lamelle Elternschlafzimmer	5/1/2	1 bit
19	Bewegobjekt	Taste 7	Jalousie auf/ab Elternschlafzimmer	5/1/1	1 bit
21	Stopp-/Schrittobjekt	Taste 8	Jalousie Lamelle Elternschlafzimmer	5/1/2	1 bit
22	Bewegobjekt	Taste 8	Jalousie auf/ab Elternschlafzimmer	5/1/1	1 bit

Bild 3.4 Obergeschoss – Multifunktions-Sensortaster ST8

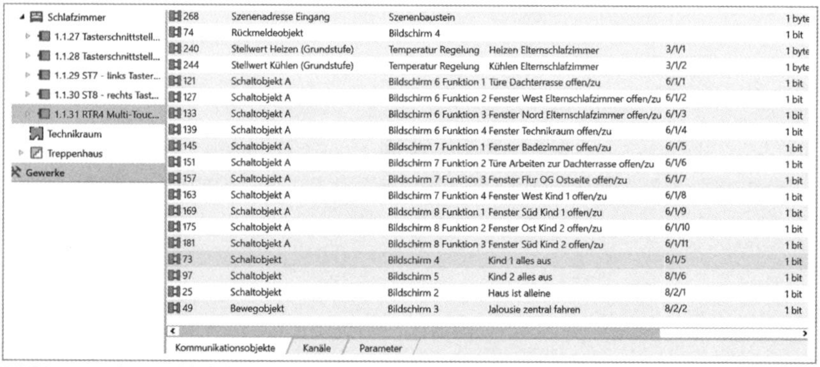

Nummer	Name	Objektfunktion	Beschreibung	Gruppenadresse	Länge
268	Szenenadresse Eingang	Szenenbaustein			1 byte
74	Rückmeldeobjekt	Bildschirm 4			1 bit
240	Stellwert Heizen (Grundstufe)	Temperatur Regelung	Heizen Elternschlafzimmer	3/1/1	1 byte
244	Stellwert Kühlen (Grundstufe)	Temperatur Regelung	Kühlen Elternschlafzimmer	3/1/2	1 byte
121	Schaltobjekt A	Bildschirm 6 Funktion 1	Türe Dachterrasse offen/zu	6/1/1	1 bit
127	Schaltobjekt A	Bildschirm 6 Funktion 2	Fenster West Elternschlafzimmer offen/zu	6/1/2	1 bit
133	Schaltobjekt A	Bildschirm 6 Funktion 3	Fenster Nord Elternschlafzimmer offen/zu	6/1/3	1 bit
139	Schaltobjekt A	Bildschirm 6 Funktion 4	Fenster Technikraum offen/zu	6/1/4	1 bit
145	Schaltobjekt A	Bildschirm 7 Funktion 1	Fenster Badezimmer offen/zu	6/1/5	1 bit
151	Schaltobjekt A	Bildschirm 7 Funktion 2	Türe Arbeiten zur Dachterrasse offen/zu	6/1/6	1 bit
157	Schaltobjekt A	Bildschirm 7 Funktion 3	Fenster Flur OG Ostseite offen/zu	6/1/7	1 bit
163	Schaltobjekt A	Bildschirm 7 Funktion 4	Fenster West Kind 1 offen/zu	6/1/8	1 bit
169	Schaltobjekt A	Bildschirm 8 Funktion 1	Fenster Süd Kind 1 offen/zu	6/1/9	1 bit
175	Schaltobjekt A	Bildschirm 8 Funktion 2	Fenster Ost Kind 2 offen/zu	6/1/10	1 bit
181	Schaltobjekt A	Bildschirm 8 Funktion 3	Fenster Süd Kind 2 offen/zu	6/1/11	1 bit
73	Schaltobjekt	Bildschirm 4	Kind 1 alles aus	8/1/5	1 bit
97	Schaltobjekt	Bildschirm 5	Kind 2 alles aus	8/1/6	1 bit
25	Schaltobjekt	Bildschirm 2	Haus ist alleine	8/2/1	1 bit
49	Bewegobjekt	Bildschirm 3	Jalousie zentral fahren	8/2/2	1 bit

Bild 3.5 Elternschlafzimmer – Raumtemperaturregler

Generell kann man Sensoren, die die gleichen Funktionen aufweisen, auch direkt in der ETS kopieren. Hierfür muss nur per rechter Maustaste auf das Produkt/Sensor gedrückt und dort „Kopieren“ ausgewählt werden.

Per Rechtsklick auf „Inhalte einfügen" werden im gleichen oder einem anderen Raum alle Parametereinstellungen und Gruppenadressen übernommen.

Im Technikraum wird der Verteiler UV2 eingefügt.

In diesem wird wieder ein Schaltaktor (8-fach) eingefügt. Hier werden die Beleuchtungen im Schlafzimmer, Badezimmer und Ankleide aufgelegt (**Bild 3.6**). Ebenso muss noch der Dimmaktor DA2 (**Bild 3.7**) eingefügt werden, da in den Räumen auch viele Dimmkanäle notwendig sind.

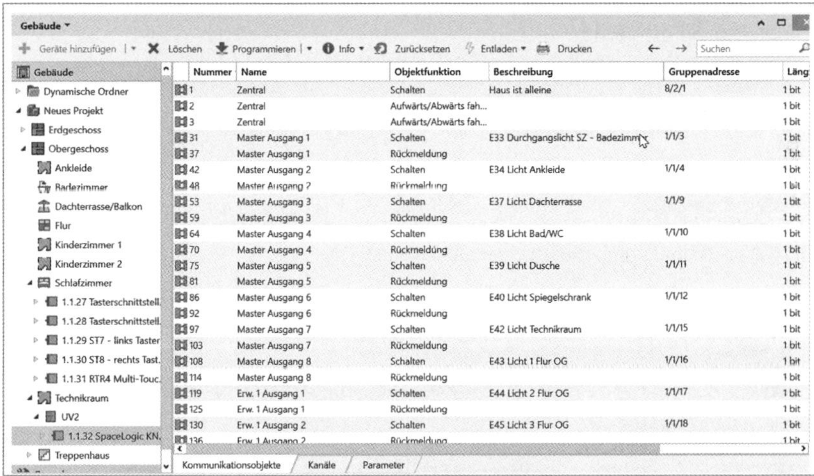

Bild 3.6 Schlafzimmer, Badezimmer, Ankleide – Beleuchtung

Geräte hinzufügen | Löschen | Programmieren | Info | Zurücksetzen | Entladen | Drucken | Suchen

Gebäude: Dynamische Ordner; Neues Projekt; Erdgeschoss; Obergeschoss; Ankleide; Badezimmer; Dachterrasse/Balkon; Flur; Kinderzimmer 1; Kinderzimmer 2; Schlafzimmer; Technikraum; UV2; 1.1.32 SA4 SpaceLogi...; 1.1.33 DA2 SpaceLogi...; Treppenhaus; Gewerke

Nummer	Name	Objektfunktion	Beschreibung	Gruppenadresse	Läng
31	Master Ausgang 1	Schalten	E32 Hauptlicht Elternschlafzimmer ein/aus	1/1/1, 8/1/1, 8/2/1	1 bit
32	Master Ausgang 1	Dimmen	E32 Hauptlicht Elternschlafzimmer dimm...	1/1/2	4 bit
33	Master Ausgang 1	Wert			1 byte
46	Master Ausgang 1	Rückmeldung für Sch...			1 bit
47	Master Ausgang 1	Rückmeldung für Wert			1 byte
75	Master Ausgang 2	Schalten	E35 Nachttischlampe rechts ein/aus	1/1/5, 8/1/1, 8/2/1	1 bit
76	Master Ausgang 2	Dimmen	E35 Nachttischlampe rechts dimmen	1/1/6	4 bit
77	Master Ausgang 2	Wert			1 byte
90	Master Ausgang 2	Rückmeldung für Sch...			1 bit
91	Master Ausgang 2	Rückmeldung für Wert			1 byte
119	Erw. 1 Ausgang 1	Schalten	E36 Nachttischlampe links ein/aus	1/1/7, 8/1/1, 8/2/1	1 bit
120	Erw. 1 Ausgang 1	Dimmen	E36 Nachttischlampe links dimmen	1/1/8	4 bit
121	Erw. 1 Ausgang 1	Wert			1 byte
134	Erw. 1 Ausgang 1	Rückmeldung für Sch...			1 bit
135	Erw. 1 Ausgang 1	Rückmeldung für Wert			1 byte
163	Erw. 1 Ausgang 2	Schalten	E41 Sternenhimmel Bad ein/aus	1/1/13, 8/1/2, 8/2/1	1 bit
164	Erw. 1 Ausgang 2	Dimmen	E41 Sternenhimmel Bad dimmen	1/1/14	4 bit
165	Erw. 1 Ausgang 2	Wert			1 byte
178	Erw. 1 Ausgang 2	Rückmeldung für Sch...			1 bit
179	Erw. 1 Ausgang 2	Rückmeldung für Wert			1 byte
207	Erw. 2 Ausgang 1	Schalten			1 bit
208	Erw. 2 Ausgang 1	Dimmen			4 bit
209	Erw. 2 Ausgang 1	Wert			1 byte

Kommunikationsobjekte | Kanäle | Parameter

Bild 3.7 Technikraum – Dimmaktor DA2 einfügen

Zu beachten ist hier das Objekt 1 ⇒ Zentral ⇒ Schalten. Mit diesem Objekt ist es nicht mehr notwendig, auf alle Ausgänge die jeweilgen GAs zu ziehen!

Standardmäßig ist bei allen Ausgängen die Zentralfunktionen aktiv.

Für das Obergeschoss müssen ebenfalls noch Jalousiekanäle auf Aktoren aufgelegt werden. Mit den Kombiaktoren Schalten-/Jalousie ist das kein Problem. Hierfür wird noch ein weiterer Schalten-/Jalousie-Aktor (SA5) angelegt (**Bild 3.8**).

Für die Heiz- und Kühlfunktion werden in **Bild 3.9** wieder zwei Ventilantriebsaktoren eingefügt.

Bild 3.8 Technikraum – Schaltaktor SA5 anlegen

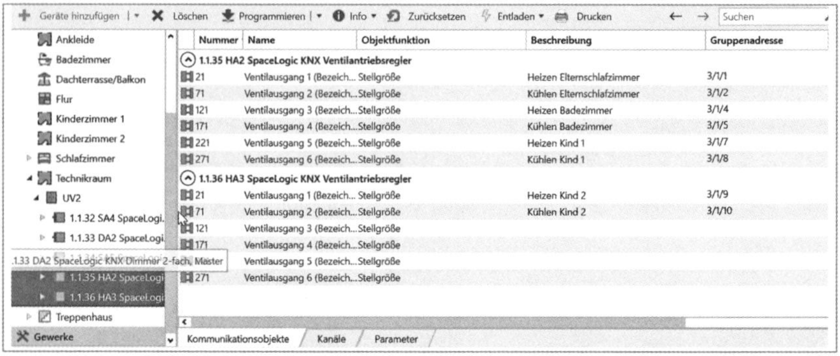

Bild 3.9 Technikraum – Schaltaktor SA5 anlegen

Die Tasterschnittstelle „Badezimmer" wird eingefügt, parametriert, beschriftet und mit den Gruppenadressen der Funktionsvorgabe belegt (**Bild 3.10**).

Der Sensortaster ST9 wird, wie in **Bild 3.11** dargestellt, projektiert.

Da der Sensortaster ST10 die gleichen Funktionen wie ST9 aufweist, kann dieser komplett kopiert werden. Es muss allerdings noch die Gerätebezeichnung geändert werden (**Bild 3.12**).

Der Raumtemperaturregler des Badezimmers wird im **Bild 3.13** dargestellt.

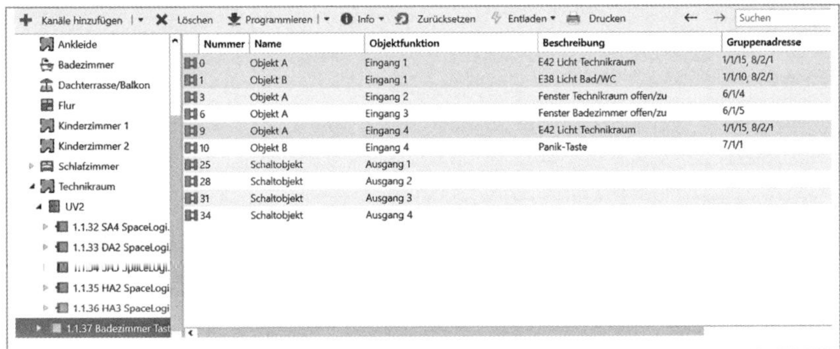

Nummer	Name	Objektfunktion	Beschreibung	Gruppenadresse
0	Objekt A	Eingang 1	E42 Licht Technikraum	1/1/15, 8/2/1
1	Objekt B	Eingang 1	E38 Licht Bad/WC	1/1/10, 8/2/1
3	Objekt A	Eingang 2	Fenster Technikraum offen/zu	6/1/4
6	Objekt A	Eingang 3	Fenster Badezimmer offen/zu	6/1/5
9	Objekt A	Eingang 4	E42 Licht Technikraum	1/1/15, 8/2/1
10	Objekt B	Eingang 4	Panik-Taste	7/1/1
25	Schaltobjekt	Ausgang 1		
28	Schaltobjekt	Ausgang 2		
31	Schaltobjekt	Ausgang 3		
34	Schaltobjekt	Ausgang 4		

Bild 3.10 Technikraum – Tasterschnittstelle „Badezimmer“

Nummer	Name	Objektfunktion	Beschreibung	Gruppenadresse	Länge
0	Schaltobjekt A	Taste 1	E38 Licht Bad/WC	1/1/10, 8/1/2, 8/2/1	1 bit
3	Schaltobjekt A	Taste 2	E39 Licht Dusche	1/1/11, 8/1/2, 8/2/1	1 bit
6	Schaltobjekt A	Taste 3	E40 Licht Spiegelschrank	1/1/12, 8/1/2, 8/2/1	1 bit
9	Schaltobjekt A	Taste 4	Badezimmer zentral aus	8/1/2	1 bit
12	Schaltobjekt	Taste 5	E41 Sternenhimmel Bad ein/aus	1/1/13, 8/1/2, 8/2/1	1 bit
13	Dimmobjekt	Taste 5	E41 Sternenhimmel Bad dimmen	1/1/14	4 bit
15	Schaltobjekt	Taste 6	E41 Sternenhimmel Bad ein/aus	1/1/13, 8/1/2, 8/2/1	1 bit
16	Dimmobjekt	Taste 6	E41 Sternenhimmel Bad dimmen	1/1/14	4 bit
18	Stopp-/Schrittobjekt	Taste 7	Jalousie Lamelle Badezimmer	5/1/4	1 bit
19	Bewegobjekt	Taste 7	Jalousie auf/ab Badezimmer	5/1/3	1 bit
21	Stopp-/Schrittobjekt	Taste 8	Jalousie Lamelle Badezimmer	5/1/4	1 bit
22	Bewegobjekt	Taste 8	Jalousie auf/ab Badezimmer	5/1/3	1 bit

Bild 3.11 Badezimmer – Sensortaster ST 9

Nummer	Name	Objektfunktion	Beschreibung	Gruppenadresse	Länge
0	Schaltobjekt A	Taste 1	E38 Licht Bad/WC	1/1/10, 8/1/2, 8/2/1	1 bit
3	Schaltobjekt A	Taste 2	E39 Licht Dusche	1/1/11, 8/1/2, 8/2/1	1 bit
6	Schaltobjekt A	Taste 3	E40 Licht Spiegelschrank	1/1/12, 8/1/2, 8/2/1	1 bit
9	Schaltobjekt A	Taste 4	Badezimmer zentral aus	8/1/2	1 bit
12	Schaltobjekt	Taste 5	E41 Sternenhimmel Bad ein/aus	1/1/13, 8/1/2, 8/2/1	1 bit
13	Dimmobjekt	Taste 5	E41 Sternenhimmel Bad dimmen	1/1/14	4 bit
15	Schaltobjekt	Taste 6	E41 Sternenhimmel Bad ein/aus	1/1/13, 8/1/2, 8/2/1	1 bit
16	Dimmobjekt	Taste 6	E41 Sternenhimmel Bad dimmen	1/1/14	4 bit
18	Stopp-/Schrittobjekt	Taste 7	Jalousie Lamelle Badezimmer	5/1/4	1 bit
19	Bewegobjekt	Taste 7	Jalousie auf/ab Badezimmer	5/1/3	1 bit
21	Stopp-/Schrittobjekt	Taste 8	Jalousie Lamelle Badezimmer	5/1/4	1 bit
22	Bewegobjekt	Taste 8	Jalousie auf/ab Badezimmer	5/1/3	1 bit

Bild 3.12 Badezimmer – Verwendung ST9 als Vorlage für ST10

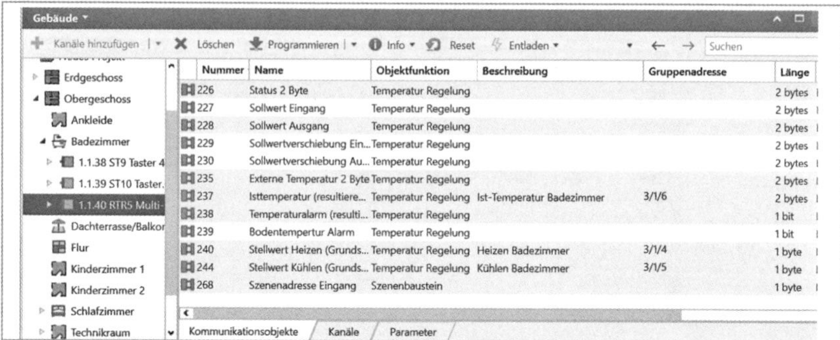

Nummer	Name	Objektfunktion	Beschreibung	Gruppenadresse	Länge
226	Status 2 Byte	Temperatur Regelung			2 bytes
227	Sollwert Eingang	Temperatur Regelung			2 bytes
228	Sollwert Ausgang	Temperatur Regelung			2 bytes
229	Sollwertverschiebung Ein...	Temperatur Regelung			2 bytes
230	Sollwertverschiebung Au...	Temperatur Regelung			2 bytes
235	Externe Temperatur 2 Byte	Temperatur Regelung			2 bytes
237	Isttemperatur (resultiere...	Temperatur Regelung	Ist-Temperatur Badezimmer	3/1/6	2 bytes
238	Temperaturalarm (resulti...	Temperatur Regelung			1 bit
239	Bodentempertur Alarm	Temperatur Regelung			1 bit
240	Stellwert Heizen (Grunds...	Temperatur Regelung	Heizen Badezimmer	3/1/4	1 byte
244	Stellwert Kühlen (Grunds...	Temperatur Regelung	Kühlen Badezimmer	3/1/5	1 byte
268	Szenenadresse Eingang	Szenenbaustein			1 byte

Bild 3.13 Raumtemperaturregler

Die Tasterschnittstelle für „Arbeiten/Flur" wird angelegt, parametriert, beschriftet und mit Gruppenadressen versehen – **Bild 3.14**.

Der ST11, ein Multifunktionssensor, wird eingefügt, parametriert, beschriftet und mit Gruppenadressen versehen – **Bild 3.15**.

Nummer	Name	Objektfunktion	Beschreibung	Gruppenadresse	Länge
0	Objekt A	Eingang 1	Fenster Flur OG Ostseite offen/zu	6/1/7	1 bit
3	Objekt A	Eingang 2	Türe Dachterrasse offen/zu	6/1/1	1 bit
6	Objekt A	Eingang 3	E37 Licht Dachterrasse	1/1/9, 8/2/1	1 bit
7	Objekt B	Eingang 3	E44 Licht 2 Flur OG	1/1/17, 8/1/4, 8/2/1	1 bit
9	Objekt A	Eingang 4	E45 Licht 3 Flur OG	1/1/18, 8/1/4, 8/2/1	1 bit
10	Objekt B	Eingang 4	E47 Hauptlicht Arbeiten	1/1/20, 8/1/3, 8/2/1	1 bit
25	Schaltobjekt	Ausgang 1			1 bit
28	Schaltobjekt	Ausgang 2			1 bit
31	Schaltobjekt	Ausgang 3			1 bit
34	Schaltobjekt	Ausgang 4			1 bit

Bild 3.14 Flur – Tasterschnittstelle „Arbeiten/Flur"

Nummer	Name	Objektfunktion	Beschreibung	Gruppenadresse	Länge	K
226	Status 2 Byte	Temperatur Regelung			2 bytes	K
73	Schaltobjekt	Bildschirm 4	E44 Licht 2 Flur OG	1/1/17, 8/1/4, 8/2/1	1 bit	K
74	Rückmeldeobjekt	Bildschirm 4	E44 Licht 2 Flur OG	1/1/17, 8/1/4, 8/2/1	1 bit	K
26	Rückmeldeobjekt	Bildschirm 2	E46 Wandleuchte Arbeiten	1/1/19, 8/1/3, 8/2/1	1 bit	K
25	Schaltobjekt	Bildschirm 2	E46 Wandleuchte Arbeiten	1/1/19, 8/1/3, 8/2/1	1 bit	K
1	Schaltobjekt	Bildschirm 1	E47 Hauptlicht Arbeiten	1/1/20, 8/1/3, 8/2/1	1 bit	K
2	Rückmeldeobjekt	Bildschirm 1	E47 Hauptlicht Arbeiten	1/1/20, 8/1/3, 8/2/1	1 bit	K
50	Rückmeldeobjekt	Bildschirm 3	E48 Schreibtischlicht Arbeiten	1/1/21, 8/1/3, 8/2/1	1 bit	K
49	Schaltobjekt	Bildschirm 3	E48 Schreibtischlicht Arbeiten	1/1/21, 8/1/3, 8/2/1	1 bit	K
240	Stellwert Heizen (Grunds...	Temperatur Regelung	Heizen Arbeiten	3/1/13	1 byte	K
244	Stellwert Kühlen (Grunds...	Temperatur Regelung	Kühlen Arbeiten	3/1/14	1 byte	K
237	Isttemperatur (resultiere...	Temperatur Regelung	Isttemperatur Arbeiten	3/1/15	2 bytes	K
121	Schaltobjekt	Bildschirm 6 links	Elternschlafzimmer Licht zentral aus	8/1/1	1 bit	K
97	Schaltobjekt	Bildschirm 5 links	Arbeiten alles aus	8/1/3	1 bit	K
103	Schaltobjekt	Bildschirm 5 rechts	Flur OG alles aus	8/1/4	1 bit	K
127	Schaltobjekt	Bildschirm 6 rechts	Dachterrasse alles aus	8/1/7	1 bit	K

Bild 3.15 Arbeitszimmer – Multifunktionssensor ST11

Bild 3.16 zeigt den ST12 nach seiner Fertigstellung.

Der Bewegungsmelder im OG-Teil der Treppe (**Bild 3.17**) schaltet die Beleuchtung E10 im Treppenhaus.

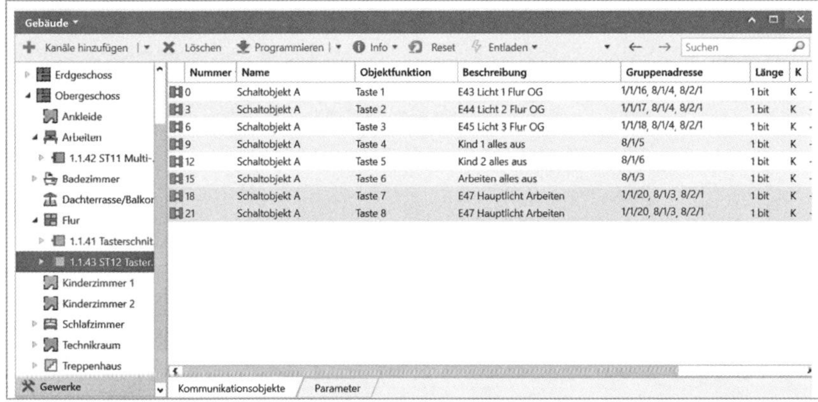

Nummer	Name	Objektfunktion	Beschreibung	Gruppenadresse	Länge	K
0	Schaltobjekt A	Taste 1	E43 Licht 1 Flur OG	1/1/16, 8/1/4, 8/2/1	1 bit	K
3	Schaltobjekt A	Taste 2	E44 Licht 2 Flur OG	1/1/17, 8/1/4, 8/2/1	1 bit	K
6	Schaltobjekt A	Taste 3	E45 Licht 3 Flur OG	1/1/18, 8/1/4, 8/2/1	1 bit	K
9	Schaltobjekt A	Taste 4	Kind 1 alles aus	8/1/5	1 bit	K
12	Schaltobjekt A	Taste 5	Kind 2 alles aus	8/1/6	1 bit	K
15	Schaltobjekt A	Taste 6	Arbeiten alles aus	8/1/3	1 bit	K
18	Schaltobjekt A	Taste 7	E47 Hauptlicht Arbeiten	1/1/20, 8/1/3, 8/2/1	1 bit	K
21	Schaltobjekt A	Taste 8	E47 Hauptlicht Arbeiten	1/1/20, 8/1/3, 8/2/1	1 bit	K

Bild 3.16 Flur – ST12

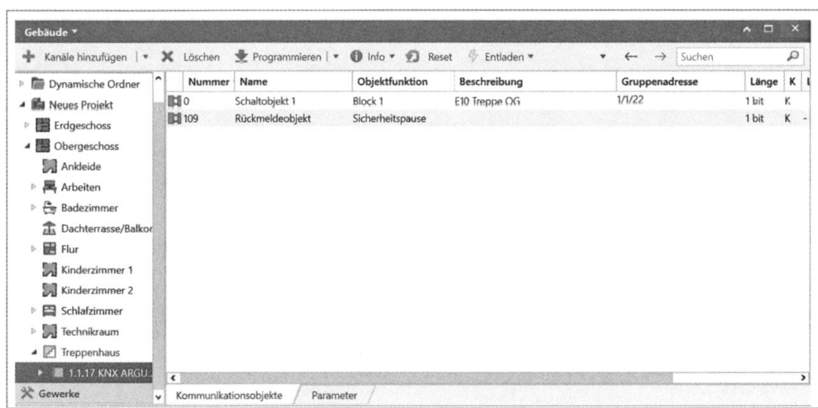

Nummer	Name	Objektfunktion	Beschreibung	Gruppenadresse	Länge	K
0	Schaltobjekt 1	Block 1	E10 Treppe OG	1/1/22	1 bit	K
109	Rückmeldeobjekt	Sicherheitspause			1 bit	K

Bild 3.17 Treppenhaus – Bewegungsmelder Obergeschoss

Bild 3.18 zeigt den Schaltaktor für die Beleuchtung im Flur, im Arbeitsbereich und im Kinderzimmer 1.

Auf dem Objekt Nr. 1 (zentral) ist die Gruppenadresse 8/2/1 gelegt für „Haus ist alleine“. Der Aktor schaltet dann alle Kanäle aus, die dafür eingestellt sind – zu finden unter „Parameter/Schalten/Zentralfunktion/Freigegeben“.

Die Tasterschnittstelle für das Kinderzimmer 1 ist im **Bild 3.19** dargestellt.

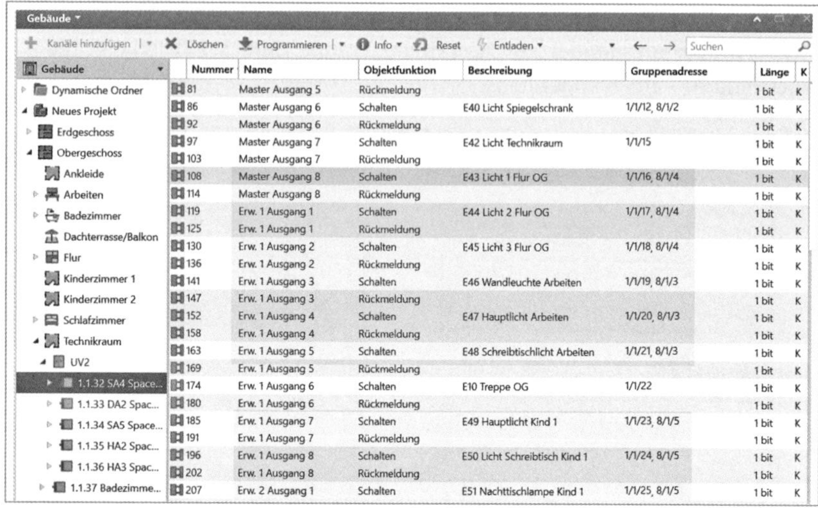

Bild 3.18 Schaltaktor „Beleuchtung"

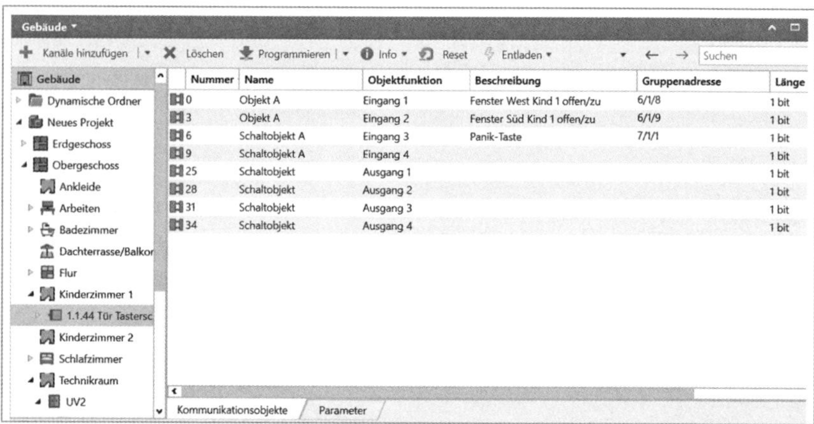

Bild 3.19 Kinderzimmer 1 – Tasterschnittstelle

Den Sensortaster ST13 für das Kinderzimmer 1 zeigt **Bild 3.20**, den Raumtemperaturregler für das Kinderzimmer 1 zeigt **Bild 3.21**.

Die Tasterschnittstelle für das Kinderzimmer 2 ist in **Bild 3.22** dargestellt.

Der Sensortaster für das Kinderzimmer 2 (**Bild 3.23**) wird als Multifunktionstaster eingefügt, parametriert, beschriftet und mit Gruppenadressen verbunden. Der Raumtemperaturregler für das Kinderzimmer 2 wird in **Bild 3.24** gezeigt.

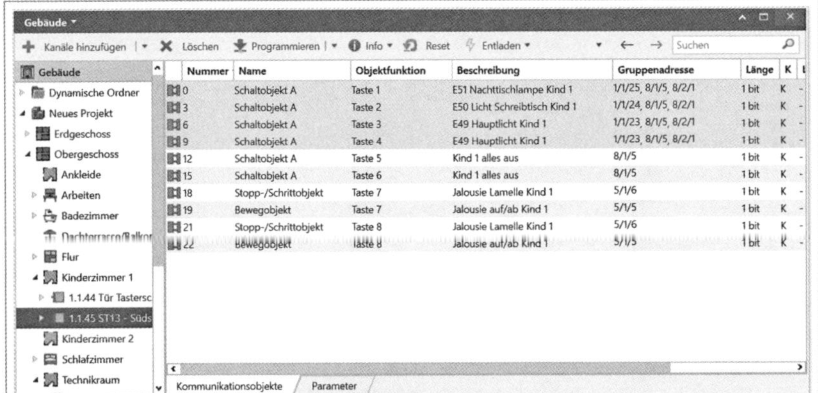

Nummer	Name	Objektfunktion	Beschreibung	Gruppenadresse	Länge	K
0	Schaltobjekt A	Taste 1	E51 Nachttischlampe Kind 1	1/1/25, 8/1/5, 8/2/1	1 bit	K
3	Schaltobjekt A	Taste 2	E50 Licht Schreibtisch Kind 1	1/1/24, 8/1/5, 8/2/1	1 bit	K
6	Schaltobjekt A	Taste 3	E49 Hauptlicht Kind 1	1/1/23, 8/1/5, 8/2/1	1 bit	K
9	Schaltobjekt A	Taste 4	E49 Hauptlicht Kind 1	1/1/23, 8/1/5, 8/2/1	1 bit	K
12	Schaltobjekt A	Taste 5	Kind 1 alles aus	8/1/5	1 bit	K
15	Schaltobjekt A	Taste 6	Kind 1 alles aus	8/1/5	1 bit	K
18	Stopp-/Schrittobjekt	Taste 7	Jalousie Lamelle Kind 1	5/1/6	1 bit	K
19	Bewegobjekt	Taste 7	Jalousie auf/ab Kind 1	5/1/5	1 bit	K
21	Stopp-/Schrittobjekt	Taste 8	Jalousie Lamelle Kind 1	5/1/6	1 bit	K
22	Bewegobjekt	Taste 8	Jalousie auf/ab Kind 1	5/1/5	1 bit	K

Bild 3.20 Kinderzimmer 1 – Sensortaster ST13

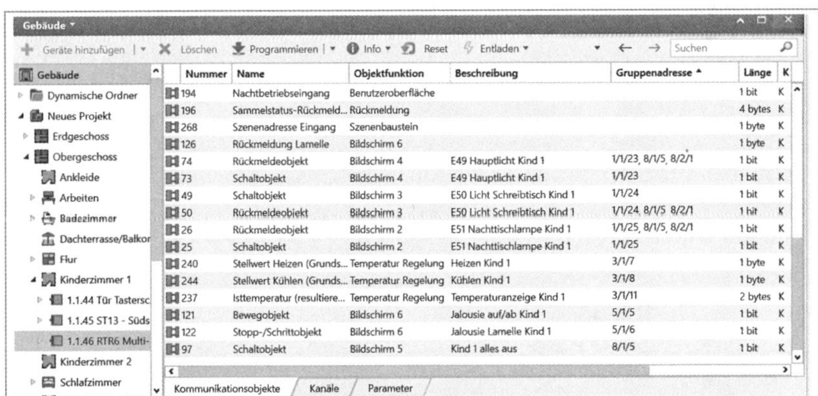

Nummer	Name	Objektfunktion	Beschreibung	Gruppenadresse	Länge	K
194	Nachtbetriebseingang	Benutzeroberfläche			1 bit	K
196	Sammelstatus-Rückmeld...	Rückmeldung			4 bytes	K
268	Szenenadresse Eingang	Szenenbaustein			1 byte	K
126	Rückmeldung Lamelle	Bildschirm 6			1 byte	K
74	Rückmeldeobjekt	Bildschirm 4	E49 Hauptlicht Kind 1	1/1/23, 8/1/5, 8/2/1	1 bit	K
73	Schaltobjekt	Bildschirm 4	E49 Hauptlicht Kind 1	1/1/23	1 bit	K
49	Schaltobjekt	Bildschirm 3	E50 Licht Schreibtisch Kind 1	1/1/24	1 bit	K
50	Rückmeldeobjekt	Bildschirm 3	E50 Licht Schreibtisch Kind 1	1/1/24, 8/1/5, 8/2/1	1 bit	K
26	Rückmeldeobjekt	Bildschirm 2	E51 Nachttischlampe Kind 1	1/1/25, 8/1/5, 8/2/1	1 bit	K
25	Schaltobjekt	Bildschirm 2	E51 Nachttischlampe Kind 1	1/1/25	1 bit	K
240	Stellwert Heizen (Grunds...	Temperatur Regelung	Heizen Kind 1	3/1/7	1 byte	K
244	Stellwert Kühlen (Grunds...	Temperatur Regelung	Kühlen Kind 1	3/1/8	1 byte	K
237	Isttemperatur (resultiere...	Temperatur Regelung	Temperaturanzeige Kind 1	3/1/11	2 bytes	K
121	Bewegobjekt	Bildschirm 6	Jalousie auf/ab Kind 1	5/1/5	1 bit	K
122	Stopp-/Schrittobjekt	Bildschirm 6	Jalousie Lamelle Kind 1	5/1/6	1 bit	K
97	Schaltobjekt	Bildschirm 5	Kind 1 alles aus	8/1/5	1 bit	K

Bild 3.21 Kinderzimmer 1 – Raumtemperaturregler

Nummer	Name	Objektfunktion	Beschreibung	Gruppenadresse	Länge	K
0	Objekt A	Eingang 1	Fenster Ost Kind 2 offen/zu	6/1/10	1 bit	K
3	Objekt A	Eingang 2	Fenster Süd Kind 2 offen/zu	6/1/11	1 bit	K
6	Schaltobjekt A	Eingang 3	Panik-Taste	7/1/1	1 bit	K
9	Schaltobjekt A	Eingang 4			1 bit	K
25	Schaltobjekt	Ausgang 1			1 bit	K
28	Schaltobjekt	Ausgang 2			1 bit	K
31	Schaltobjekt	Ausgang 3			1 bit	K
34	Schaltobjekt	Ausgang 4			1 bit	K

Bild 3.22 Kinderzimmer 1 – Tasterschnittstelle

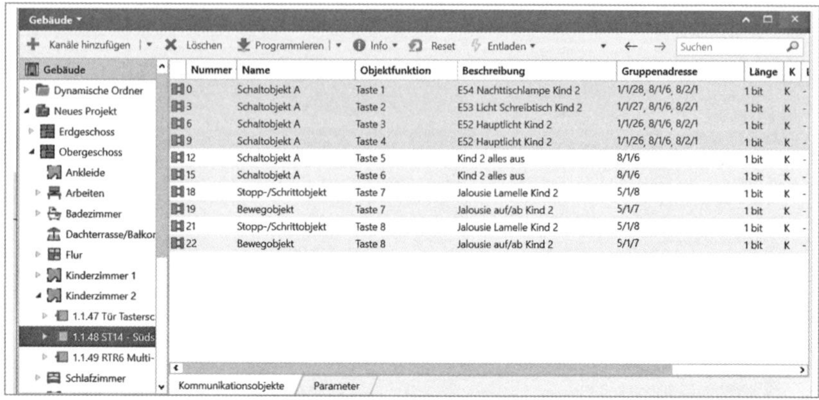

Bild 3.23 Kinderzimmer 2 – Multifunktionstaster

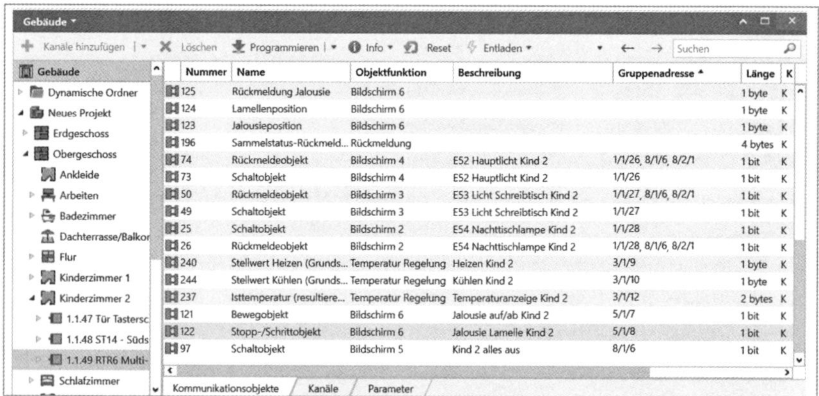

Bild 3.24 Kinderzimmer 2 – Raumtemperaturregler

Die Schaltkanäle sind bereits auf unseren Aktor SA4 verzogen, vgl. **Bild 3.25**.

Die Jalousiekanäle auf dem SA5 sind auf **Bild 3.26** zu sehen.

Zuletzt werden noch die Heiz- und Kühlfunktionen der Räume auf die jeweiligen Elektronischen Aktoren gelegt. Hierfür werden zwei Stück benötigt, siehe **Bild 3.27**.

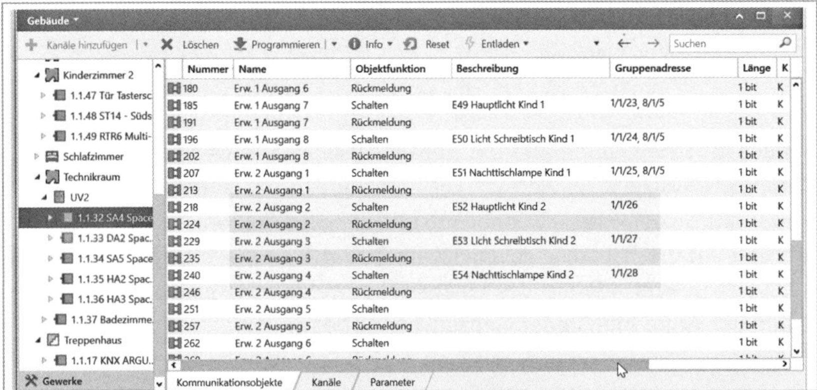

Gebäude
Kanäle hinzufügen
Löschen
Programmieren
Info
Reset
Entladen
Suchen
Kinderzimmer 2
1.1.47 Tür Tastersc
1.1.48 ST14 - Süds
1.1.49 RTR6 Multi-
Schlafzimmer
Technikraum
UV2
1.1.32 SA4 Space
1.1.33 DA2 Spac
1.1.34 SA5 Space
1.1.35 HA2 Spac
1.1.36 HA3 Spac
1.1.37 Badezimme
Treppenhaus
1.1.17 KNX ARGU
Gewerke
Nummer Name Objektfunktion Beschreibung Gruppenadresse Länge K
180 Erw. 1 Ausgang 6 Rückmeldung 1 bit K
185 Erw. 1 Ausgang 7 Schalten E49 Hauptlicht Kind 1 1/1/23, 8/1/5 1 bit K
191 Erw. 1 Ausgang 7 Rückmeldung 1 bit K
196 Erw. 1 Ausgang 8 Schalten E50 Licht Schreibtisch Kind 1 1/1/24, 8/1/5 1 bit K
202 Erw. 1 Ausgang 8 Rückmeldung 1 bit K
207 Erw. 2 Ausgang 1 Schalten E51 Nachttischlampe Kind 1 1/1/25, 8/1/5 1 bit K
213 Erw. 2 Ausgang 1 Rückmeldung 1 bit K
218 Erw. 2 Ausgang 2 Schalten E52 Hauptlicht Kind 2 1/1/26 1 bit K
224 Erw. 2 Ausgang 2 Rückmeldung 1 bit K
229 Erw. 2 Ausgang 3 Schalten E53 Licht Schreibtisch Kind 2 1/1/27 1 bit K
235 Erw. 2 Ausgang 3 Rückmeldung 1 bit K
240 Erw. 2 Ausgang 4 Schalten E54 Nachttischlampe Kind 2 1/1/28 1 bit K
246 Erw. 2 Ausgang 4 Rückmeldung 1 bit K
251 Erw. 2 Ausgang 5 Schalten 1 bit K
257 Erw. 2 Ausgang 5 Rückmeldung 1 bit K
262 Erw. 2 Ausgang 6 Schalten 1 bit K
Kommunikationsobjekte
Kanäle
Parameter

Bild 3.25 Aktor SA4

Gebäude
Kanäle hinzufügen
Löschen
Programmieren
Info
Reset
Entladen
Suchen
Kinderzimmer 2
1.1.47 Tür Tastersc
1.1.48 ST14 - Süds
1.1.49 RTR6 Multi-
Schlafzimmer
Technikraum
UV2
1.1.32 SA4 Space
1.1.33 DA2 Spac
1.1.34 SA5 Space
1.1.35 HA2 Spac
1.1.36 HA3 Spac
1.1.37 Badezimme
Treppenhaus
1.1.17 KNX ARGU
Gewerke
Nummer Name Objektfunktion Beschreibung Gruppenadresse Länge K
69 Master Ausgänge 3+4 Rückmeldung für La... 1 byte K
73 Master Ausgänge 3+4 Rückmeldung für Fahrt 1 bit K
74 Master Ausgänge 3+4 Rückmeldung der let... 1 bit K
75 Master Ausgänge 5+6 Bewegung Manuell Jalousie auf/ab Kind 1 5/1/5, 8/2/2 1 bit K
76 Master Ausgänge 5+6 Stopp-/Schritt Manuell Jalousie Lamelle Kind 1 5/1/6 1 bit K
77 Master Ausgänge 5+6 Position Höhe Manuell 1 byte K
78 Master Ausgänge 5+6 Position Lamelle Man... 1 byte K
90 Master Ausgänge 5+6 Rückmeldung Höhe 1 byte K
91 Master Ausgänge 5+6 Rückmeldung für La... 1 byte K
95 Master Ausgänge 5+6 Rückmeldung für Fahrt 1 bit K
96 Master Ausgänge 5+6 Rückmeldung der let... 1 bit K
97 Master Ausgänge 7+8 Bewegung Manuell Jalousie auf/ab Kind 2 5/1/7, 8/2/2 1 bit K
98 Master Ausgänge 7+8 Stopp-/Schritt Manuell Jalousie Lamelle Kind 2 5/1/8 1 bit K
99 Master Ausgänge 7+8 Position Höhe Manuell 1 byte K
100 Master Ausgänge 7+8 Position Lamelle Man... 1 byte K
112 Master Ausgänge 7+8 Rückmeldung Höhe 1 byte K
Kommunikationsobjekte
Kanäle
Parameter

Bild 3.26 Jalousiekanäle

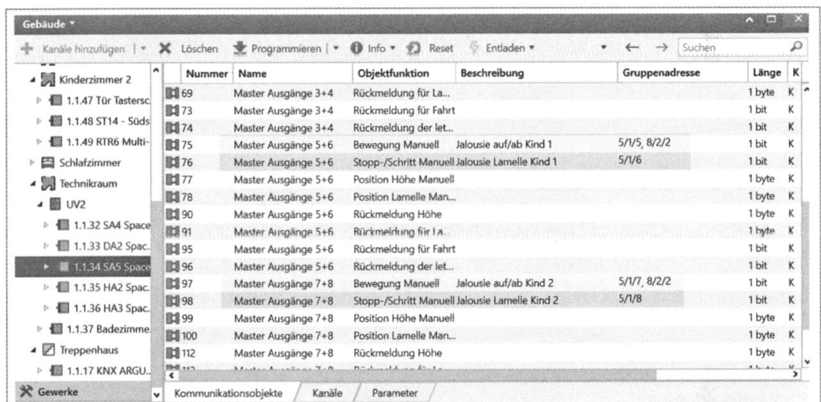

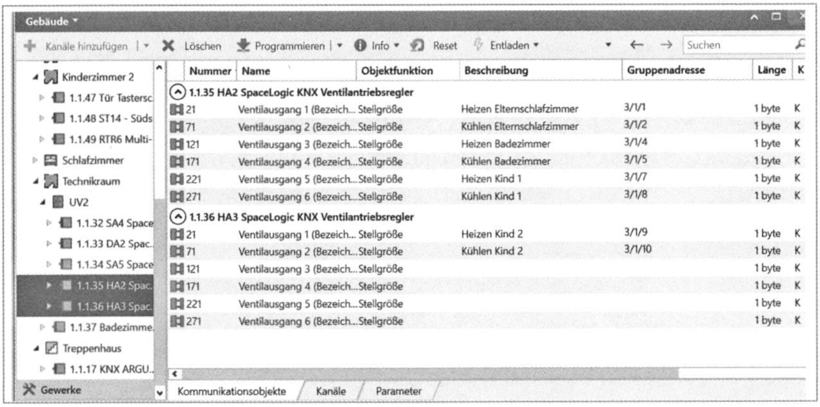

Gebäude
Kanäle hinzufügen
Löschen
Programmieren
Info
Reset
Entladen
Suchen
Kinderzimmer 2
1.1.47 Tür Tastersc
1.1.48 ST14 - Süds
1.1.49 RTR6 Multi-
Schlafzimmer
Technikraum
UV2
1.1.32 SA4 Space
1.1.33 DA2 Spac
1.1.34 SA5 Space
1.1.35 HA2 Spac
1.1.36 HA3 Spac
1.1.37 Badezimme
Treppenhaus
1.1.17 KNX ARGU
Gewerke
Nummer Name Objektfunktion Beschreibung Gruppenadresse Länge K
1.1.35 HA2 SpaceLogic KNX Ventilantriebsregler
21 Ventilausgang 1 (Bezeich... Stellgröße Heizen Elternschlafzimmer 3/1/1 1 byte K
71 Ventilausgang 2 (Bezeich... Stellgröße Kühlen Elternschlafzimmer 3/1/2 1 byte K
121 Ventilausgang 3 (Bezeich... Stellgröße Heizen Badezimmer 3/1/4 1 byte K
171 Ventilausgang 4 (Bezeich... Stellgröße Kühlen Badezimmer 3/1/5 1 byte K
221 Ventilausgang 5 (Bezeich... Stellgröße Heizen Kind 1 3/1/7 1 byte K
271 Ventilausgang 6 (Bezeich... Stellgröße Kühlen Kind 1 3/1/8 1 byte K
1.1.36 HA3 SpaceLogic KNX Ventilantriebsregler
21 Ventilausgang 1 (Bezeich... Stellgröße Heizen Kind 2 3/1/9 1 byte K
71 Ventilausgang 2 (Bezeich... Stellgröße Kühlen Kind 2 3/1/10 1 byte K
121 Ventilausgang 3 (Bezeich... Stellgröße 1 byte K
171 Ventilausgang 4 (Bezeich... Stellgröße 1 byte K
221 Ventilausgang 5 (Bezeich... Stellgröße 1 byte K
271 Ventilausgang 6 (Bezeich... Stellgröße 1 byte K
Kommunikationsobjekte
Kanäle
Parameter

Bild 3.27 Aktoren für Heiz- und Kühlfunktionen

4 Inbetriebnahme und Tests

Bei der Inbetriebnahme hilft die Gebäudeansicht. Die Geräte sollten mindestens die Physikalische Adresse vor dem Einbau bekommen haben. Besser ist es natürlich, wenn sie komplett mit der Applikation versehen und beschriftet auf die Baustelle gelangen. Im **Bild 4.1** sind alle Geräte des Erdgeschosses, in **Bild 4.2** die des Obergeschosses der Beispielaufgabe entsprechend der Aufteilung in der Gebäudeansicht dargestellt.

Für die Inbetriebnahme wird eine USB-Schnittstelle verwendet. Unter „Bus" wurde eine IP-Schnittstelle ausgewählt und getestet (**Bild 4.3**).

Stellvertretend für alle Geräte wird die Tasterschnittstelle 1.1.41 in Betrieb genommen; die einzelnen Schritte werden in **Bild 4.4** gezeigt.

Im nächsten Schritt wird der Download von der Vergabe der Physikalischen Adresse bis zum Ende des Applikations-Downloads durchgeführt. Hierbei ist der Ablauf immer gleich: Zuerst wird die Physikalische Adresse programmiert (hier muss der Programmierknopf am Busankoppler – egal ob Sensor oder Aktor – betätigt werden), danach erfolgt der Download der Applikation.

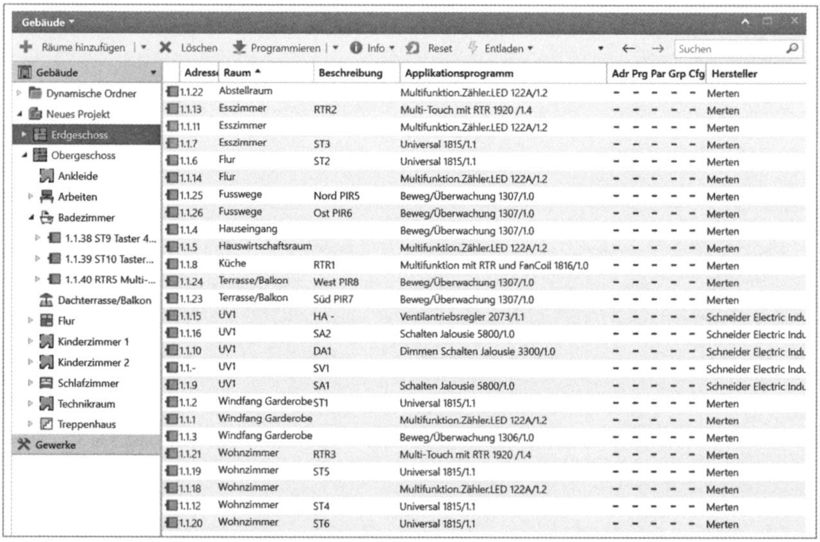
Gebäude
Räume hinzufügen
Löschen
Programmieren
Info
Reset
Entladen
Suchen
Gebäude
Dynamische Ordner
Neues Projekt
Erdgeschoss
Obergeschoss
Ankleide
Arbeiten
Badezimmer
1.1.38 ST9 Taster 4...
1.1.39 ST10 Taster...
1.1.40 RTR5 Multi-...
Dachterrasse/Balkon
Flur
Kinderzimmer 1
Kinderzimmer 2
Schlafzimmer
Technikraum
Treppenhaus
Gewerke
Adress Raum Beschreibung Applikationsprogramm Adr Prg Par Grp Cfg Hersteller
1.1.22 Abstellraum Multifunktion.Zähler.LED 122A/1.2 - - - - - Merten
1.1.13 Esszimmer RTR2 Multi-Touch mit RTR 1920 /1.4 - - - - - Merten
1.1.11 Esszimmer Multifunktion.Zähler.LED 122A/1.2 - - - - - Merten
1.1.7 Esszimmer ST3 Universal 1815/1.1 - - - - - Merten
1.1.6 Flur ST2 Universal 1815/1.1 - - - - - Merten
1.1.14 Flur Multifunktion.Zähler.LED 122A/1.2 - - - - - Merten
1.1.25 Fusswege Nord PIR5 Beweg/Überwachung 1307/1.0 - - - - - Merten
1.1.26 Fusswege Ost PIR6 Beweg/Überwachung 1307/1.0 - - - - - Merten
1.1.4 Hauseingang Beweg/Überwachung 1307/1.0 - - - - - Merten
1.1.5 Hauswirtschaftsraum Multifunktion.Zähler.LED 122A/1.2 - - - - - Merten
1.1.8 Küche RTR1 Multifunktion mit RTR und FanCoil 1816/1.0 - - - - - Merten
1.1.24 Terrasse/Balkon West PIR8 Beweg/Überwachung 1307/1.0 - - - - - Merten
1.1.23 Terrasse/Balkon Süd PIR7 Beweg/Überwachung 1307/1.0 - - - - - Merten
1.1.15 UV1 HA - Ventilantriebsregler 2073/1.1 - - - - - Schneider Electric Indu
1.1.16 UV1 SA2 Schalten Jalousie 5800/1.0 - - - - - Schneider Electric Indu
1.1.10 UV1 DA1 Dimmen Schalten Jalousie 3300/1.0 - - - - - Schneider Electric Indu
1.1.- UV1 SV1 - - - - - Schneider Electric Indu
1.1.9 UV1 SA1 Schalten Jalousie 5800/1.0 - - - - - Schneider Electric Indu
1.1.2 Windfang Garderobe ST1 Universal 1815/1.1 - - - - - Merten
1.1.1 Windfang Garderobe Multifunktion.Zähler.LED 122A/1.2 - - - - - Merten
1.1.3 Windfang Garderobe Beweg/Überwachung 1306/1.0 - - - - - Merten
1.1.21 Wohnzimmer RTR3 Multi-Touch mit RTR 1920 /1.4 - - - - - Merten
1.1.19 Wohnzimmer ST5 Universal 1815/1.1 - - - - - Merten
1.1.18 Wohnzimmer Multifunktion.Zähler.LED 122A/1.2 - - - - - Merten
1.1.12 Wohnzimmer ST4 Universal 1815/1.1 - - - - - Merten
1.1.20 Wohnzimmer ST6 Universal 1815/1.1 - - - - - Merten

Bild 4.1 Erdgeschoss – Geräteübersicht

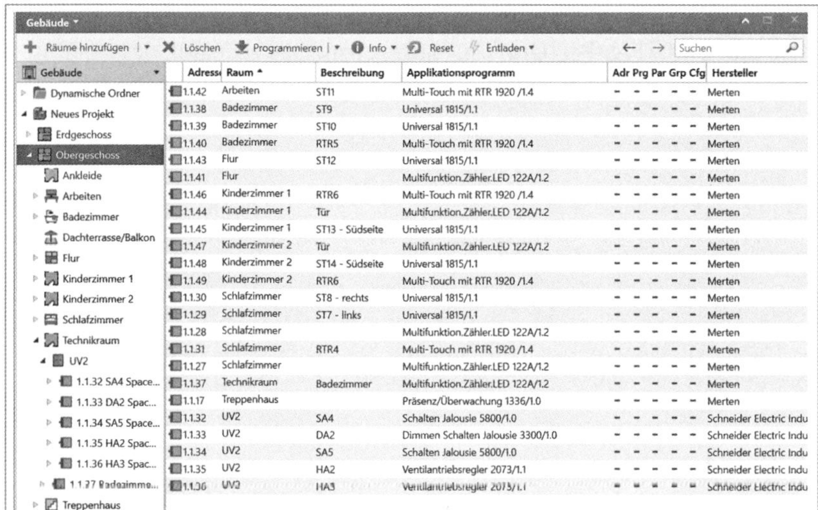

Bild 4.2 Obergeschoss – Geräteübersicht

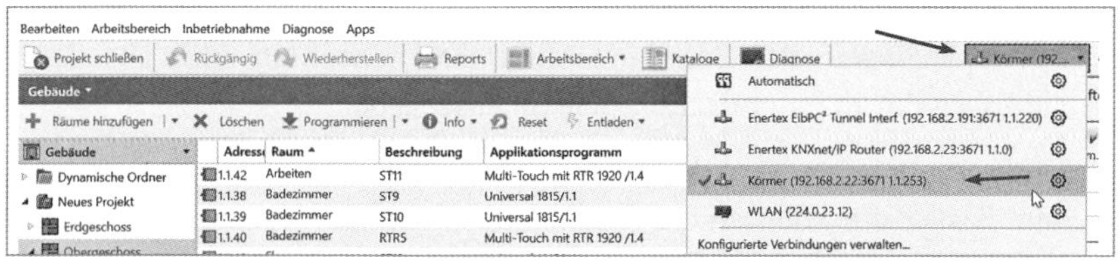

Bild 4.3 Schrittweise Inbetriebnahme der Geräte

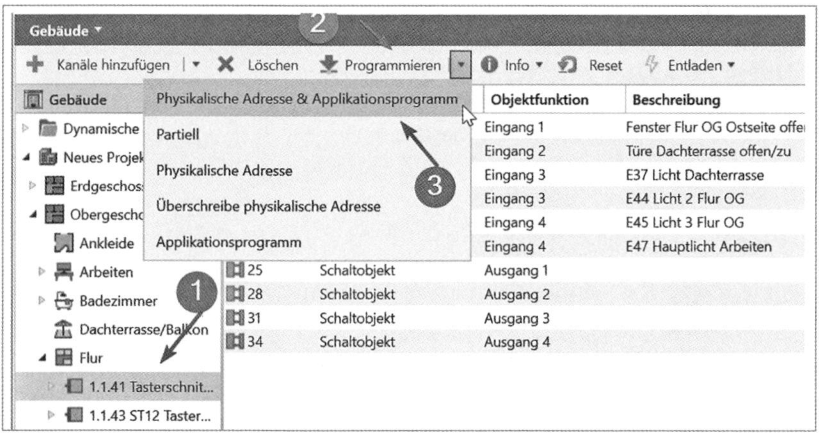

Bild 4.4 Schrittweise Inbetriebnahme der Geräte (Beispiel)

Auf der rechten Seite der Gebäudeansicht wird jetzt der Programmierzustand mit „Adr/Prg/Par/Grp/Cfg“ angegeben. Das bedeutet, das Gerät ist

- adressiert,
- programmiert,
- parametriert,
- mit Gruppenadressen versehen und
- konfiguriert.

Es herrscht zwischen Datenbank und realem Gerät Datengleichheit.

Jede Veränderung in der ETS6 wird durch Entfallen des entsprechenden Attributes angezeigt. Nach der Aufforderung wird die Programmiertaste der Tasterschnittstelle gedrückt, die LED leuchtet rot, das Gerät wird adressiert und konfiguriert. Wenn die LED nicht mehr leuchtet, ist die Adressierung beendet.

Den Zustand des programmierten Gerätes kann man online über „Geräteinfo“ einsehen. Mit der rechten Maustaste wird über dem Gerät das Kontextmenü geöffnet und „Geräteinfo“ angeklickt oder über „Diagnose im Button-Bereich“ (**Bild 4.5**) aufgerufen.

Durch Anklicken der Gruppenkommunikation werden auch alle Gruppenadressen der Kommunikationsobjekte ausgegeben.

> **Hinweis:** Bei den Funktionstests sollte systematisch vorgegangen werden. Basis dafür könnten die Tabellen der Funktionsbeschreibung (**Tabelle 4.1**) oder die Gruppenadresstabelle sein.

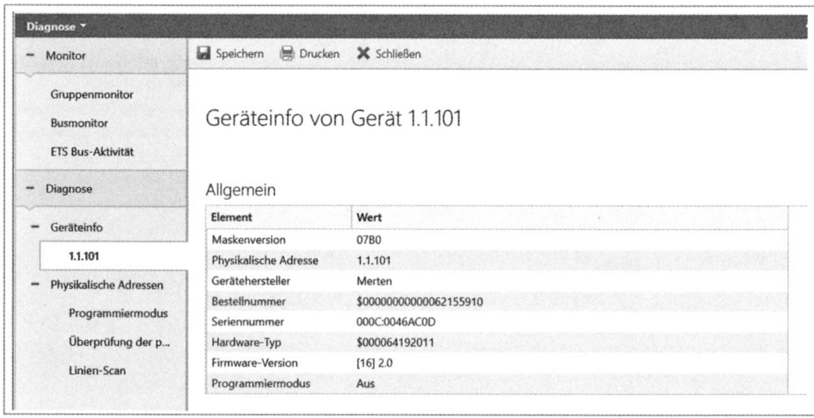

Bild 4.5 Zustandsprüfung mittels „Geräteinfo“

Location	Funktion	Gerät	Kanal
Abstellraum	E25 Abstellraum Hauptlicht	Tasterschnittstelle vierfach	A
	E26 Abstellraum Arbeitslicht		B
	Fenster Abstellraum offen/zu		C
	E27 Steckdose Terrasse		D

Tabelle 4.1 Abstellraum, Terrasse, Außenbereich

Im Beispiel in **Bild 4.6** wird die Tasterschnittstelle im Abstellraum gezeigt.

Bevor man nach der Programmierung die einzelnen Funktionen im ganzen Haus testet, wird der Gruppenmonitor gestartet. Damit „sieht“ man die entsprechenden Gruppenadressen. Mit dem Gruppenmonitor (**Bild 4.7**) können auch Telegramme vom PC ausgesendet werden, um die Reaktion zu testen, z. B. bei „Mithören“-Funktionen.

Nachdem alle Funktionen anhand der Funktionsliste überprüft wurden, kann man die Telegramme im Gruppenmonitor sichten. Im Busmonitor werden aufgezeichnete Telegramme mit Unregelmäßigkeiten farbig hinterlegt. Telegramme, die nicht quittiert wurden, werden z. B. grün dargestellt, Wiederholungen gelb. Dies kann man sich unter „Optionen/Einfärbungen“ im Diagnose-Fenster anzeigen lassen.

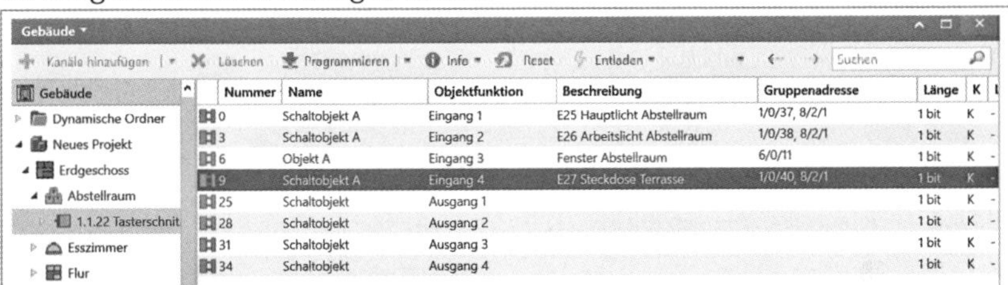

Bild 4.6 Abstellraum – Tasterschnittstelle

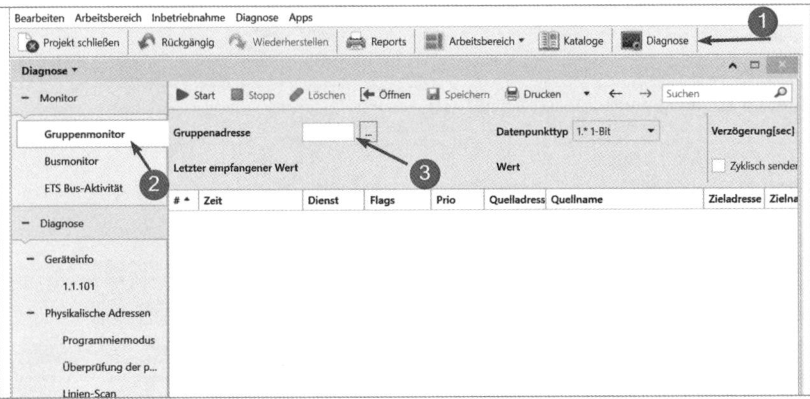

Bild 4.7 Gruppenmonitor

Sind alle Telegrammabläufe korrekt vonstattengegangen, kann man die Aufzeichnung abspeichern und zu den Unterlagen nehmen. Der Sinn liegt darin, einen Nachweis für den einwandfreien Telegrammverkehr zu haben. Telegramme von physikalischen Sensoren, die aus physikalischen Bild-Gründen zur Zeit der Überprüfung nicht senden (Temperatur, Helligkeit usw.) kann man auch vom PC aus auslösen. Im Beispiel (**Bilder 4.8** und **4.9**) wird das „Heizen Küche"-Telegramm ausgelöst.

Bild 4.10 schließlich zeigt das Beispiel eines bestehenden Projektes mit den Telegrammen im Gruppenmonitor. So ist es möglich, auch erste Tests an einer bestehenden KNX-Anlage laufen zu lassen, wenn das Projekt nicht vorhanden ist.

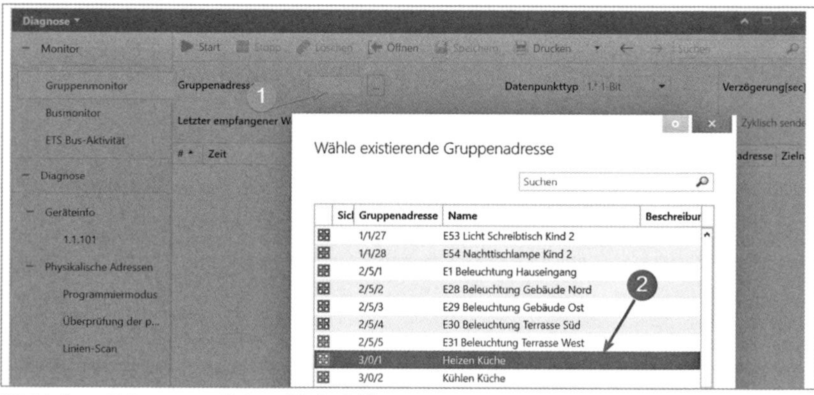

Bild 4.8 Telegramm „Heizen Küche" (I)

Bild 4.9 Telegramm „Heizen Küche" (II)

Bild 4.10 Gruppenmonitor-Infos

5 Dokumentation

Die Dokumentation ist Bestandteil der Anlage und muss bei der Übergabe vollständig vorhanden sein. Bei einer Ausstattung mit KNX ist das allerdings eine Kleinigkeit. Die komplette Dokumentation (Reports) befinden sich unter „Arbeitsbereich" (**Bild 5.1**).

Die Reports untergliedern sich in die Rubriken:

- Einzelnes Gerät
- Gebäude
- Gruppenadressen
- Topologie
- Gewerke
- Allgemein
- Projekthistorie
- Projektstatus
- Stückliste

Alle Übersichten beinhalten je nach Vorwahl „Objekte", „Parameter" oder beides (**Bild 5.2**).

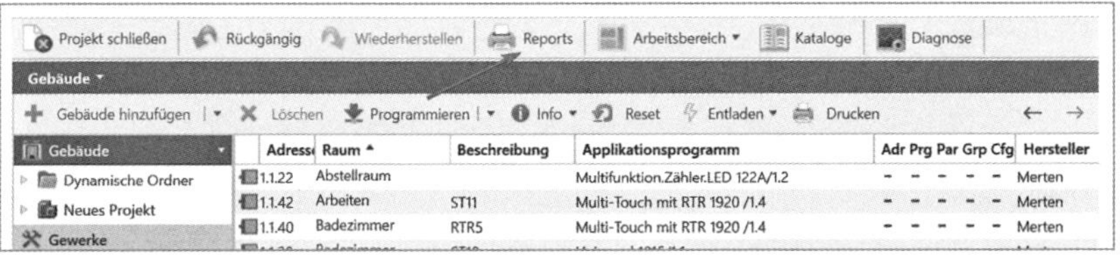

Bild 5.1 Dokumentation

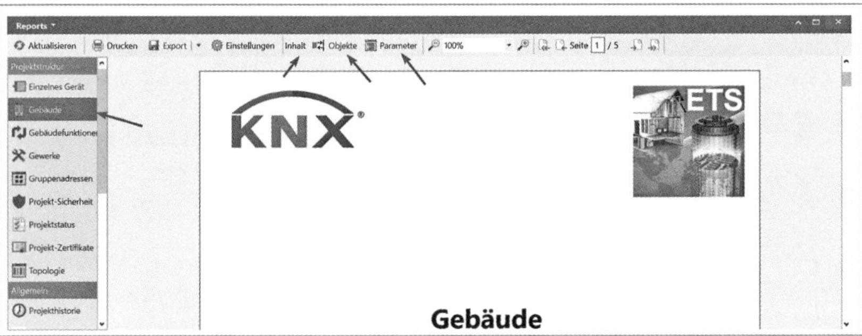

Bild 5.2 Auswahl Ansichtselemente

In der Topologie-Ansicht werden je nach Vorgabe Objekte und/oder Parameter integriert (**Bild 5.3**).

Zur Dokumentation, die beim Kunden verbleibt, gehören:

- Als Hardcopy:
  - Schaltpläne der Hardware,
  - Stückliste aller Komponenten
  - Gruppenadress-Detailansicht
- In Datenform (CD, DVD, SD-Karte, USB-Stick):
  - das exportierte Projekt
  - alle Reports als PDF-Dateien

Zum Exportieren des Projektes wird unter „Projekt" einfach der Button „Export" gedrückt (**Bild 5.4**).

Die Exportfunktion wird in der ETS erst sichtbar, wenn der Mauszeiger auf der Kachel des jeweiligen Projektes liegt. Dies ist am Ende der Parametrierung/Programmierung wichtig, da diese Export-Datei dem Kunden ausgehändigt wird.

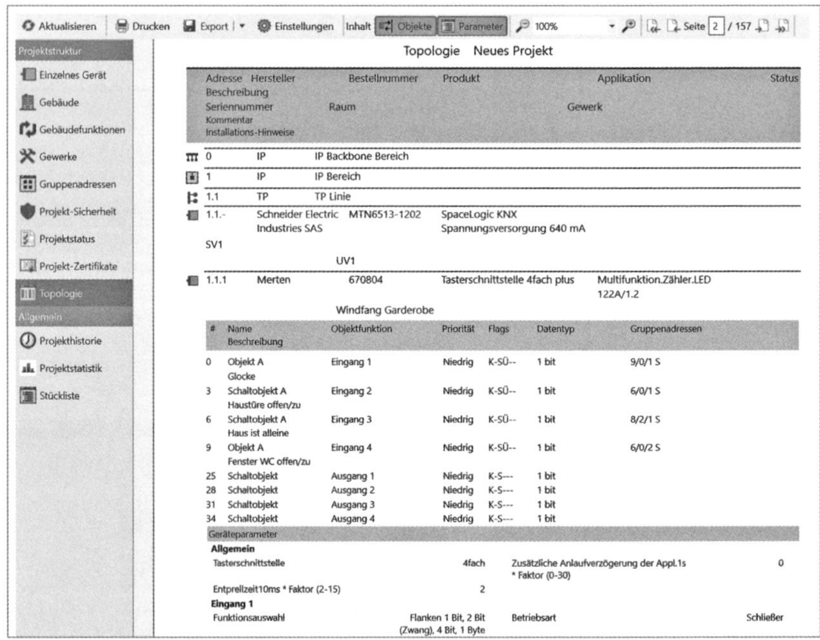

Bild 5.3 Topologie-Ansicht

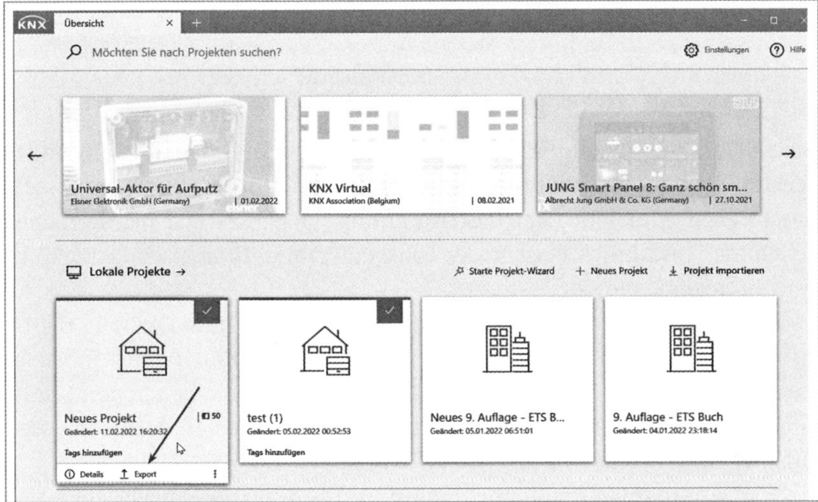

Bild 5.4 Export-Button

6 „Blitzstart"

Eine Bemerkung vorab: Der Sinn dieses Kapitels ist keineswegs, wichtige Schritte für ein gut strukturiertes Programm unnötig erscheinen zu lassen. Beschrieben wird hier nur eine „Notlösung", wenn es mal richtig schnell gehen muss. Natürlich muss in der Folge eine ordentliche Nachdokumentierung nachgeholt werden.

Wenn es aber wirklich einmal ganz schnell gehen muss, werden die organisatorischen Schritte vorerst übersprungen. Das Öffnen eines Projektes beginnt den Ablauf. Danach werden in der Topologie die benötigten Geräte eingefügt. Gebäudeansicht und Gruppenadressen werden nicht angelegt. Die Parameter werden in der Topologie nach Bedarf eingestellt.

Nun wird mithilfe des Kontextmenüs (rechte Maustaste) über dem jeweiligen Kommunikationsobjekt der Menüpunkt „Verbinden mit ..." gewählt (**Bild 6.1**).

Darauf öffnet sich das Fenster „Kommunikationsobjekt(e) verbinden", in dem eine neue Gruppenadresse erzeugt werden kann, die dann sofort in das selektierte Kommunikationsobjekt geht (**Bild 6.2**).

Diese „just-in-time" angelegte Gruppenadresse kann dann als vorhandene GA direkt in das Empfänger-Kommunikationsobjekt eingefügt werden (**Bild 6.3**). Nach diesem Schema werden danach alle Gruppenadressen vergeben.

Die Geräte und die Kommunikationsobjekte bleiben vorerst noch unberücksichtigt. Die Inbetriebnahme erfolgt dann ebenfalls aus der Topologie-Ansicht (**Bild 6.4**). Sinnvollerweise sollten dann alle Geräte der Topologie selektiert werden, sodass auch dadurch keine Zeit verloren geht.

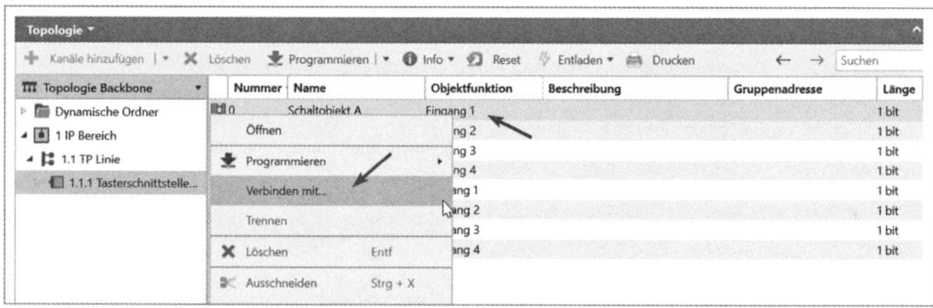

Bild 6.1 Auswahl „Kommunikationsobjekte verbinden mit"

Bild 6.2 Erzeugung neuer Gruppenadressen

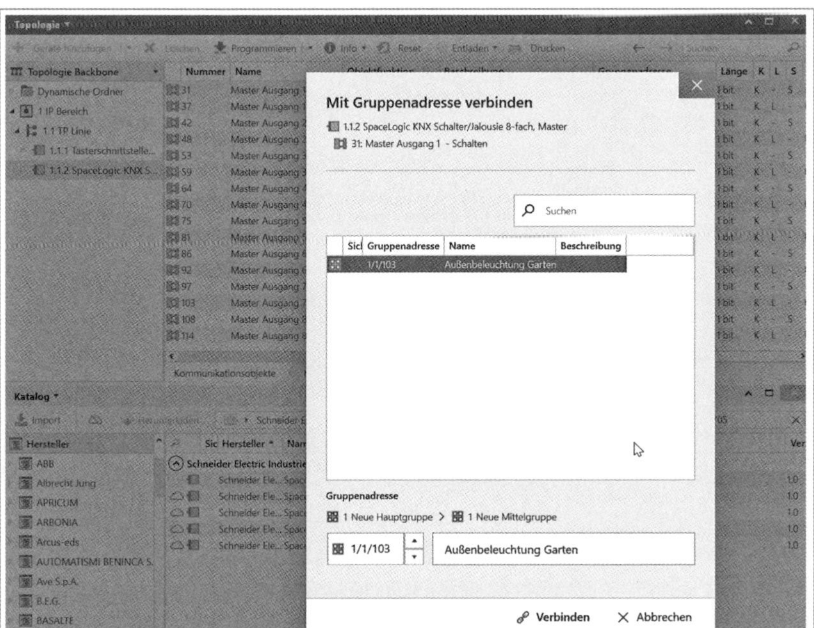

Bild 6.3 Erzeugung neuer Gruppenadressen

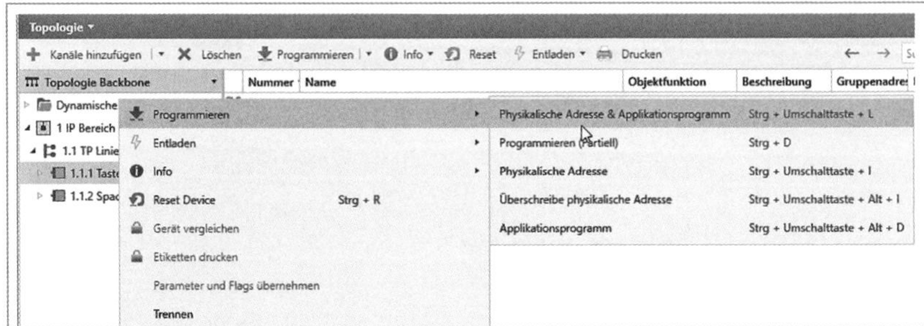

Bild 6.4 Inbetriebnahme

> **Tipp:** Die Geräte sollten auf jeden Fall vor dem Einbau programmiert werden. Dazu benötigt man ein Netzteil und eine Schnittstelle sowie Busklemmen und Busleitung.

Während der Download läuft, kann man die Zeit nutzen und bereits mit der Nachdokumentierung beginnen.

F Anhang

1 Glossar

ACK
Acknowledgement – positive Telegrammquittierung (siehe auch ASCII)

Adresse
Nach einem vorbestimmten Bitformat erzeugte Zeichenfolge zur Kennzeichnung jedes einzelnen Busteilnehmers oder zur Kennzeichnung von Busteilnehmern, die jeweils eine Kommunikationsgruppe bilden. Beim KNX gibt es Quelladressen, in Form der Physikalischen Adressen, und Zieladressen, das sind die Gruppenadressen.

Aktoren
Bezeichnung für Teilnehmer des Installationsbussystems KNX, die Informationen empfangen, nach parametrierbaren Attributen verarbeiten und als Ausgabegeräte die Informationen in Aktionen umsetzen. Es gibt Schalt-, Binär-, Analog-, Dimm-, Ventil- und Jalousieaktoren sowie Displays und Anzeigeeinheiten als Aktoren. Auch Kombinationen mit Sensoren zu Funktionseinheiten, z. B. Jalousieaktoren mit Binäreingängen, sind verfügbar.

ANSI
American National Standards Institute, amerikanische Normenvereinigung.
Vergleichbar mit dem Deutschen Institut für Normung (DIN). Das ANSI vertritt die USA in den internationalen Gremien ITU (International Telecommunication Union) und ISO (siehe weiter hinten).

AP
Aufputzgeräte

API
Application Programming Interface (Applikationsschnittstelle von Softwaremodulen)

App
Apps gibt es fürs iPhone, für Smartphones, Tabletcomputer – und seit neuestem auch für die KNX Engineering Tool Software ETS6.
Allgemein reicht die ETS Professional zur Bearbeitung von KNX-Anlagen aus. Aber wie beim Mobiltelefon wachsen auch in der KNX-Anwendung Wünsche für ganz unterschiedliche Zusatzfunktionen.
Da diese nicht alle in die ETS6-Grundfunktionalität integriert sein können, gibt es künftige ETS-Apps aus dem KNX-Onlineshop (www.knx.org).

APPN
Advanced Peer-to-Peer Networking. SNA(System Network Architecture)-Protokoll (OSI-Schichten 3 bis 4) für die transportorientierte LAN-Kommunikation zwischen PCs ohne Beteiligung eines Host.

ASCII

Amerikanischer Standard-Code für Informationsaustausch (**A**merican **S**tandard **C**ode for **I**nformation **I**nterchange). 7-Bit-Code zur Darstellung von Ziffern, Buchstaben und Sonderzeichen. Das im Byteformat freie achte Bit dient stets als Paritätsbit.

Die entsprechende deutsche Norm (DIN 66003) ersetzt bestimmte ASCII-Zeichen durch nationale Sonderzeichen.

Das Auslesen der Steuerzeichen des ASCII-Codes bei Telegrammübertragungen

	Byte							
Bit-Wert	7	6	5	4	3	2	1	0
entspricht	2^7	2^6	2^5	2^4	2^3	2^2	2^1	2^0
Dezimalwert	128	64	32	16	8	4	2	1
Prüfbit								

Beispiele:

	6	5	4	3	2	1	0	
ASCII NAK	0	0	1	0	1	0	1	=
ASCII	0	0	0	0	1	1	0	= ACK

AWS

Anwender-Software: Hersteller-Applikationen zum Editieren durch den Projektanten

ASHRAE

Amerikanische Gesellschaft der Ingenieure für Heizungs-, Lüftungs- und Klimatechnik, Entwicklungsgremium des Datenübertragungsprotokolls BACnet (siehe auch BACnet)

AST

Anwendungs**s**chnitt**st**elle: mechanische, elektrische und gegebenenfalls datentechnische Schnittstelle zwischen dem Busankoppler und dem Anwendungsmodul

BA

Busankoppler

Backbone

Hauptbereichslinie des KNX mit der Adresse 0.0

BACnet

Building **A**utomation and **C**ontrol **Net**works: ein Datenübertragungsprotokoll für die Gebäudeautomation sowie für die Steuer- und Regelungstechnik. Von ASHRAE (s. oben) in fast zehnjähriger Arbeit entwickelt.

BACnet wurde unabhängig von einer Übermittlungshardware spezifiziert. Damit ist BACnet vollständig unabhängig von einer Zielhardware und ist von den unterschiedlichsten Herstellern anwendbar. Zugleich lässt es sich auch über verschiedene Bussysteme transportieren.
BACnet hat zum Ziel, Komponenten verschiedener Hersteller soweit kompatibel zu gestalten, dass sie sich in einem übergeordneten System – auf gleicher Ebene – zusammenschalten lassen. Eine spezielle Arbeitsgruppe der ASHRAE (SPC 135P Standing Standard Project Committee) überwacht die Einhaltung der Spezifikationen und pflegt aktiv die Weiterentwicklung der Systeme.

BACnet-Objekte	
Binary Intput	Digitaler Eingang
Dinary Output	Digitaler Ausgang
Analog Input	Analoger Eingang
Analog Output	Analoger Ausgang
Binary Value	Berechneter binärer Wert
Analog Value	Berechneter analoger Wert
Calendar	Liste von Daten, z. B. Arbeitstage
Command	Vordefinierte Aktivitäten
Device	Informationssatz über komplette Geräte
Recipient Table	Liste von Empfängern
Event Enrollment	Reaktionen auf spezielle Ereignisse (z. B., wie soll nach Änderung einer Physikalischen Adresse verfahren werden ?)
File	Zugriffsmöglichkeiten auf Datensätze
Group	Gruppendefinition, um ganze Datensätze zu übermitteln
Loop	Reglerobjekte P, PI, PID, PD
Multistate Input	Eingang mit mehreren diskreten Zuständen
Multistate Output	Ausgang mit mehreren diskreten Zuständen
Program	Externer Zugriff auf Anwendungsprogramme
Schedule	Das Objekt ermöglicht das Schreiben eines bestimmten Wertes zu einem bestimmten Zeitpunkt und bei definierten Bedingungen.

Der Basisgedanke von BACnet besteht darin, für alle denkbaren Gerätefunktionen eine universelle Beschreibung zu formulieren. Diese umfasst sowohl die Funktion als auch die Schnittstellen sowie die Art und Weise des Zugriffs. Man spricht von sog. BACnet-Objekten.

Ein BACnet-Objekt wird über einen 48-Bit-Code angesprochen.
BACnet-Objekte stellen den vom Netzwerk aus „sichtbaren" Teil eines Gerätes dar.

Hersteller	Objekt-Code	Version	Instanzierung
12 bit	12 bit	4 bit	20 bit

Auf der Netzwerkschicht weist BACnet eine echte Segmentierung auf, selbst wenn diese im untergeordneten Bussystem nicht realisiert wurde. Dazu sieht BACnet die folgenden Einheiten und Strukturen vor:
Physikalisches Segment:
Ein aneinanderhängendes, physikalisches Teilstück mit BACnet-Knoten
Segment:
Mit Hilfe von Repeatern lassen sich mehrere physikalische Segmente zu einem gesamten logischen Segment zusammenfassen.
Bridge:
Darunter versteht man ein Gerät, das in der Lage ist, mehrere Segmente zusammenzuschalten. Dabei übernimmt die Bridge auch Datenfilterfunktionen zur Reduktion des Datenverkehrs.
Network:
Ein Netzwerk ist eine gewisse Anzahl von Segmenten, die untereinander über Bridges zusammengeschaltet sind. BACnet stellt zur Kennzeichnung des Netzwerks zwei Byte zur Verfügung. Damit sind insgesamt 65 534 Netzwerke adressierbar.
Router:
Ein Router ist ein Gerät, das zwei oder mehr Netzwerke miteinander verbindet.
Internetwork:
Darunter werden mehrere durch Router gekoppelte Netzwerke verstanden.

Um diese Strukturen unabhängig vom Bussystem zu realisieren und doch mit verschiedenen Bussen arbeiten zu können, besteht die BACnet-Adresse eines Gerätes aus zwei Teilen. Der erste Teil ist die zwei Byte lange Netzwerkadresse. Diese ist BACnet-spezifisch für den Networker Layer (OSI-Schicht 3 – s. auch OSI). Der zweite Teil hängt vom Bus ab und entspricht der Geräteadresse, wie sie vom untergeordneten Bussystem vergeben wird. Zur Zeit kann BACnet über Ethernet, Arcnet, LonTalk und PTP betrieben werden.
EIB kann über die CEN Fieldnet Objects angebunden werden.
Folgende LAN-Technologien werden von BACnet unterstützt:
- Ethernet (ISO 8802-3) (s. auch Ethernet)
- Arcnet (ANSI/ATA 878.1) (s. auch Arcnet)
- Master-Slave-/Token-Passing-Netzwerk (MS/TP)
- LONTalk

Baud

ist die Einheit für die Schrittgeschwindigkeit bei der Übermittlung von Daten in Schritt pro Sekunde. Kurzform: Bd. Die Einheit ist nach dem französischen Techniker *E. Baudot* (1845 – 1903) bezeichnet.
1 Bd = 1 Zeichen/s = 1 bit/s

BCU

Bus Coupling Unit: Busankoppler

Bereich

Mehrere Buslinien (max. 15) können mit je einem Linienkoppler über eine Hauptlinie zu einem Bereich zusammengefasst werden.

Bereichskoppler (BK)

Komponente im KNX-System zum Verbinden der jeweiligen Hauptlinie mit der Bereichslinie (Backbone)

Koppler bilden eine galvanische Trennung zwischen den Bereichen und Linien. Bereichs- und Linienkoppler sind identische Geräte. Sie unterscheiden sich nur in den Physikalischen Adressen.

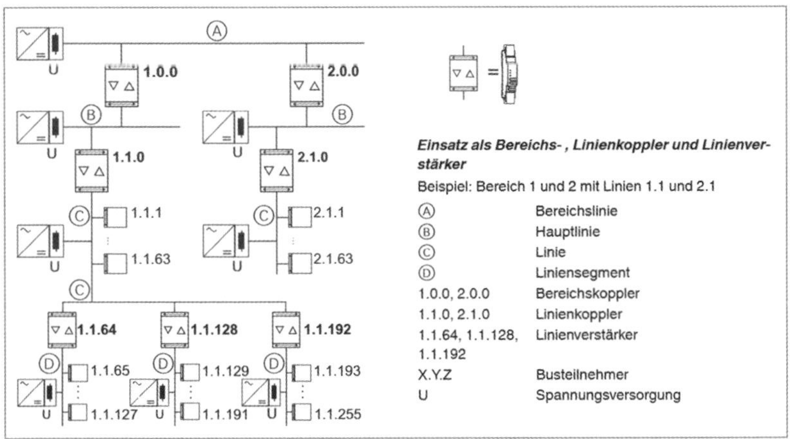

Best case

Situation, in der erwartungsmäßig die günstigsten Ergebnisse auftreten. Gegenteil: Worst case.

BIG

BACnet Interest Group. Mind. 80 europäische Mitglieder im Jahr 2009 (MSR-Hersteller) (s. auch BACNet)

BIM

Bus Interface Module: dieselbe Funktionalität wie Busankoppler, jedoch ohne Gehäuse und Schirm zur Integration in spezielle Lösungen

Broadcast

Übertragungsprozess, bei dem eine Nachricht ohne spezifizierte Adresse an alle aktiven Stationen gesendet wird

Bus

Grundlegende Topologie eines Netzes, bei dem alle Stationen parallel am gemeinsamen Übertragungsmedium (Busleiter) angeschlossen sind. Physikalisch betrachtet, breiten sich die Nachrichtensignale beidseitig längs des Busleiters aus und werden an den Busenden reflexionsfrei absorbiert. Zur Regelung des Buszuganges kommen meist dezentrale Zugriffsstrategien zur Anwendung (z. B. CSMA/CD oder CSMA/CA).

Busankoppler

Der Busankoppler bildet die mechanische, elektrische und datentechnische Kopplung zwischen der Busleitung und dem Anwendungsmodul (Teilnehmer, Endgerät). Spezielle Busankoppler, wie die des KNX enthalten auch Anwendungssoftware.

Allgemeiner Aufbau eines Busankopplers

BUS
Teilnehmer
mechanische Ankopplung
Stecker
elektrische Ankopplung
Hardware
Leitungs-steuerung
Software
Verbindungs-, Netzwerk-, Anwender-protokoll
BUS

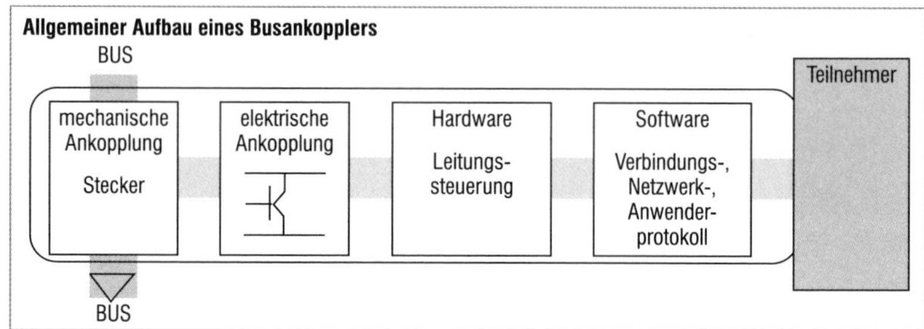

Blockschaltbild EIB-Busankoppler

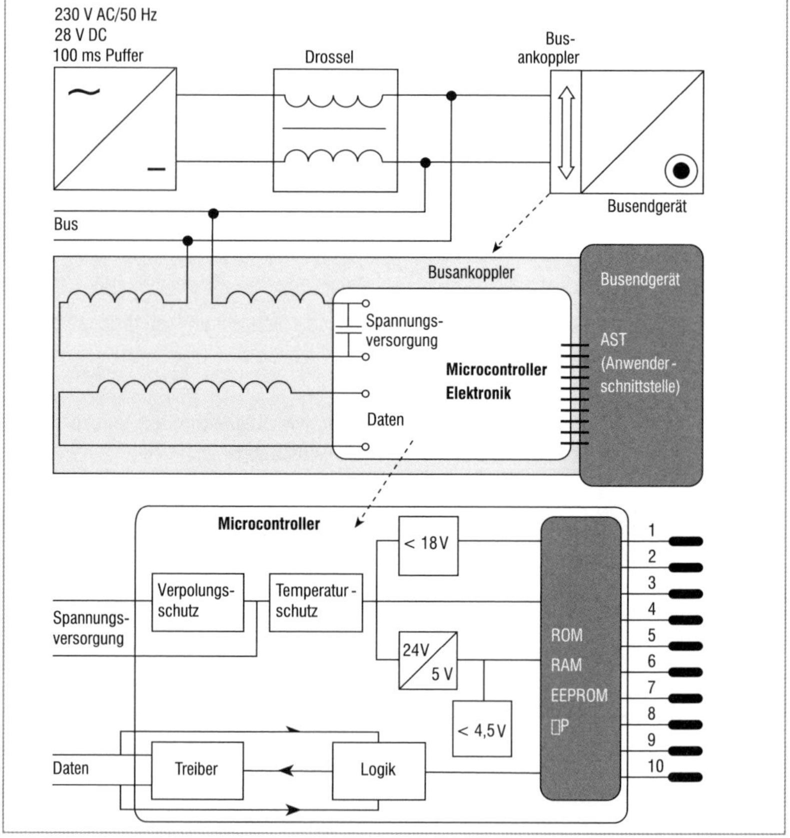

230 V AC/50 Hz
28 V DC
100 ms Puffer
Drossel
Bus-ankoppler
Busendgerät
Bus
Busankoppler
Busendgerät
Spannungs-versorgung
Microcontroller
Elektronik
AST
(Anwender-schnittstelle)
Daten
Microcontroller
< 18V
Verpolungs-schutz
Temperatur-schutz
Spannungs-versorgung
24V
5 V
< 4,5V
ROM
RAM
EEPROM
□P
Daten
Treiber
Logik
1
2
3
4
5
6
7
8
9
10

Busleitungen (Material)

Gemäß DIN VDE 0829 ist der Wert der Prüfspannung zwischen Adern und äußerer Manteloberfläche nach DIN VDE 0472-508 4kV.

Typ	Aufbau	Verlegung
YCYM 2x2x0,8	DIN VDE 0207 / 0815 Adern rot (+) schwarz (–) gelb und weiß frei	feste Verlegung in trockenen, feuchten und nassen Räumen, Aufputz, Unterputz, im Rohr
J-Y(St)Y 2x2x0.8	DIN VDE 0815 Adern rot (+) schwarz (-) gelb und weiß frei	feste Verlegung in trockenen und feuchten Räumen, Aufputz, Unterputz, im Rohr

Busmonitor

Werkzeug in der ETS, das den Telegrammverkehr am Bus aufzeichnen und analysieren kann.

Unterbegriffe:

Online-Busmonitor: Zeichnet alle Telegramme auf

Projekt-Busmonitor: Zeichnet alle Telegramme auf und weist sie den Beschreibungen aus einem ausgewählten Projekt zu.

Busschiene

Hutprofil-Schiene nach DIN EN 50022 35 x 7,5 mm mit eingelegter 4-bahniger Datenschiene (veraltet).

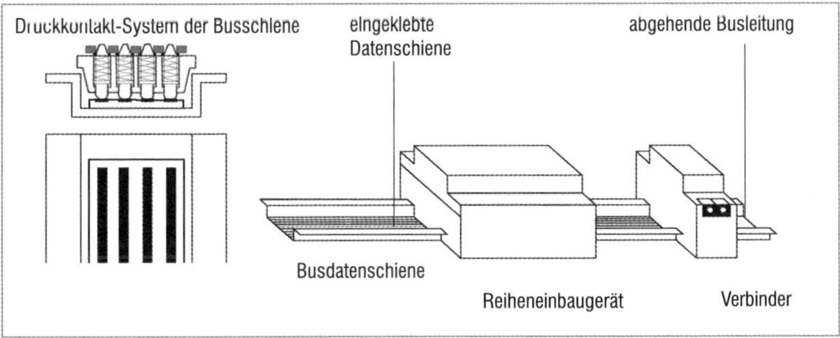

Busy

engl.: belegt, beschäftigt, besetzt

Buszugriffsverfahren

Verfahren, nach dem jeder einzelne Teilnehmer für den Informationsaustausch auf den Bus zugreift (nicht physikalisch, nur organisatorisch).

Die wichtigsten Zugriffsverfahren:

CSMA

Carrier **S**ense **M**ultiple **A**ccess ist ein Vielfach-Zugriffsverfahren (Protokoll) in lokalen Netzen (LAN)

CSMA/CA

Carrier **S**ense **M**ultiple **A**ccess with **C**ollision **A**voidance ist ein gleichberechtigter Zugriff aller an den Bus angeschlossenen Teilnehmer mit Kollisionsvermeidung. Dieses Zugriffsverfahren wird beim EIB verwendet.

Beim Senden hört der sendende Busteilnehmer mit. Sendet er eine 1 und hört eine 0, zieht er sich zurück, hört den Bus weiter ab und wiederholt das Telegramm, sowie der Bus frei wird.

CSMA/CD

Carrier **S**ense **M**ultiple **A**ccess with **C**ollision **D**etection ist die Bezeichnung eines nach ISO 8802-3 genormten Buszugriffsverfahrens. Jeder Bus-Teilnehmer hört den Bus ab und greift erst dann auf den Bus zu, wenn er erkannt hat, dass kein Datenverkehr auf dem Bus abläuft. Beim Senden einer Nachricht wird gleichzeitig mitgehört, um festzustellen, ob nicht ein weiterer Busteilnehmer zum gleichen Zeitpunkt zu senden versucht.

Wird eine Kollision bemerkt, ziehen sich beide Teilnehmer zurück. Die Zeit bis zum nächsten Buszugriff wird durch Zufallsgeneratoren in den Busteilnehmern bestimmt, so dass die Wahrscheinlichkeit, dass beide wieder zum gleichen Zeitpunkt zu senden beginnen, äußerst gering ist. Bei hoher Auslastung des Busses wird der Nettodatendurchsatz durch die mit den Kollisionen verbundene Zeitverzögerungen sehr stark reduziert.

Button

Betätigungsknopf bzw.Taste

CEN TC247

Technisches Komitee im CEN (**C**omité **E**uropéen de **N**ormalisation). CEN/TC247: „Controls for Mechanical Building Services" mit vier Arbeitsgruppen. WG 4: „System-Neutral Data Transmission for HVACApplications". Ziel der Arbeit: Standardisierung einer systemneutralen Datentransfer-Methode zwischen Produkten und Systemen für Heizung, Klima, Lüftung.

CENELEC

Comité **E**uropéen de **N**ormalisation **Elec**trotechnique – Europäisches Komitee für elektrotechnische Normung

COM

Component **O**bject **M**odel: windowsbasierende Technologie, die Standardschnittstellen bereitstellt

COM-Port

Schnittstelle, die vom BIOS (Basic Input Output System) eines Computers durchnummeriert, als COM 1, 2, 3, 4 die serielle Datenkommunikation unterstützt.

CSMA/CA

siehe Buszugriffsverfahren

DALI

Digital **A**ddressable **L**ighting **I**nterface: standardisiertes, digitales Schnittstellenprotokoll für dynamische Lichtlösungen

DDC

Direct Digital Control: Bezeichnung für Steuerungen, die als Insellösung und ohne fremde Technik auf direktem Wege ihre Aufgabe erfüllen.

Download

Datentransfer bei Online-Verbindungen. Dabei werden Dateien von einem Computer oder einem Server auf einen anderen PC oder Mikroprozessor übertragen.

Drag & Drop

Verfahren zum Verziehen von Objekten: Gewünschtes Element mit linker Maustaste anklicken – gedrückt halten – bis zur gewünschten Position ziehen – linke Maustaste loslassen.

EB

Einbaugerät

EIB

Europäischer Installationsbus (veraltet; jetzt KNX)

EHS

European Home System

EIS

EIB Interworking Standard

EMV

Elektromagnetische Verträglichkeit: Fähigkeit eines Systems, unter bestimmten Umgebungsbedingungen zu funktionieren und andere Systeme nicht zu beeinflussen. Störbeeinflussung und Störabstrahlung sind innerhalb festgelegter Grenzen zu halten.

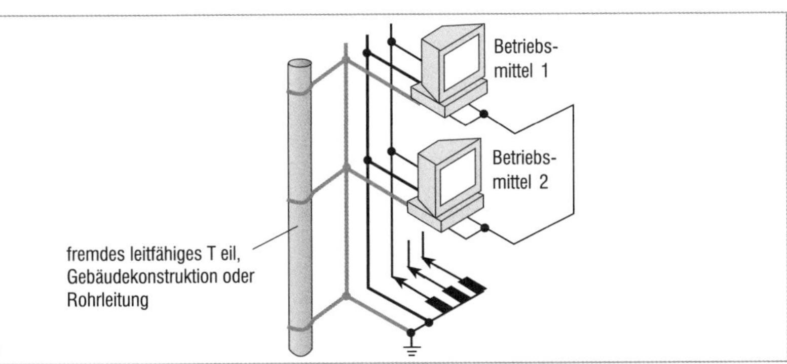

Ethernet

ein LAN, das eine Busstruktur hat und auf das mit CSMA/CD (IEEE 802.3) zugegriffen wird. Die maximale Länge je Segment beträgt 100 m bei Twisted Pair und 400 m bei Glasfaser. Es sind max. 1024 Teilnehmer möglich. Normen: 10BaseT, 100BaseT, Twisted Pair CAT5, Steckverbindung RJ45.

ETS

EIB Tool Software oder auch Engineering Tool Software

Filter Group Addresses
gefilterte Gruppenadressen

Gamma wave
EIB/KNX Funksystem von Siemens, bidirektional mit 868 MHz

Gateway
verbindet Bussysteme unterschiedlicher Strukturen. Setzt dabei unterschiedliche Telegrammstrukturen und unterschiedliche Geschwindigkeiten um.

GNI
Gebäude Netzwerk Institut Zürich
GNI wird von folgenden Verbänden unterstützt: BFE – Bundesverband der Hersteller- und Errichterfirmen, VDE, VDI, VSEI – Verband Schweizerischer Elektro-Installationsfirmen, SEV – Schweizerischer Elektrotechnischer Verein, MeGA – Mehrwert durch Gebäudeautomation
Das nachfolgende Bild zeigt die Ermittlung des Raumprofil-Komplexitätsgrades nach GNI. Angegeben sind die gemeinsamen Führungsgrößen eines Raumes. Sinnvolle Kopplungsmöglichkeiten untereinander (Informationsaustausch) werden in sog. Datenpunkten sichtbar.

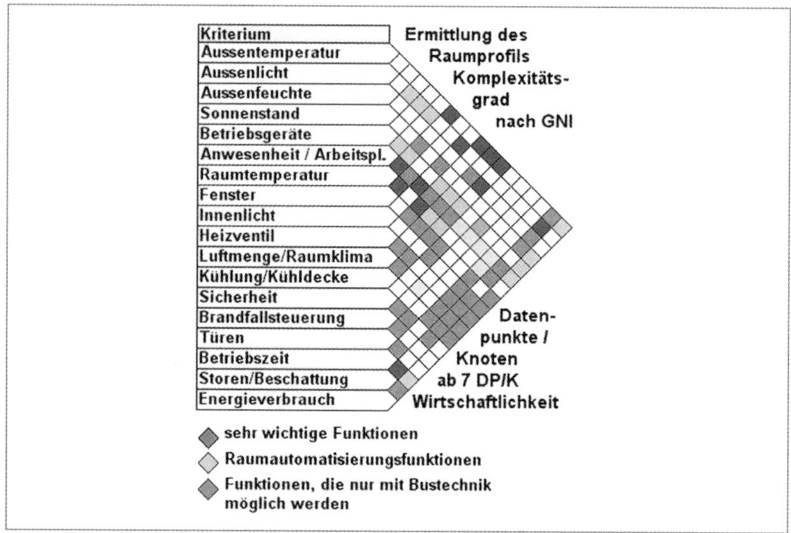

GST
Gebäude-Systemtechnik, vernetzte Systemkomponenten über Bussysteme.

HTTP (Hypertext Transfer Protocol)
Das Protokoll „http" wird hauptsächlich eingesetzt, um Webseiten (Text, Bilder und sonstige Multimediadaten) aus dem World Wide Web (WWW) in einen Webbrowser zu laden.

ICMP (Internet Control Message Protocol)
ICMP dient zum Austausch von Informations- und Fehlermeldungen über das Internet-Protokoll (IP). ICMP setzt auf dem IP-Protokoll auf, d. h. ein ICMP-Paket wird im Datenteil des IP-Protokolls abgelegt.

IGMP (Internet Group Management Protocol)
Das IGMP basiert auf IP und ermöglicht Gruppenkommunikation über IPv4-Multicasting, d. h. die gleichzeitige Verteilung von IP-Paketen unter einer IP-Adresse. Dabei können Gruppen dynamisch verwaltet werden. Die Verwaltung findet in den Routern und/oder Switchen statt, an denen Empfänger einer Multicast-Gruppe angeschlossen sind. IGMP wird vor allen in größeren Netzwerken benötigt. Es wird dadurch vermieden, dass die Versendung von Multicast-Adressen zu einer Überlastung eines Netzwerkes führen kann.

IEEE
Institute of Electrical and Electronic Engineers. Amerikanischer Fachverband, der sich hauptsächlich mit Normungsaufgaben befasst.

IP (Internet Protokoll)
IP ist in der Netzwerkschicht angesiedelt und bildet somit die erste vom Übertragungsmedium unabhängige Schicht. Innerhalb eines Netzwerkes können diverse Geräte über ihre IP-Adressen und Subnetzmasken in logische Einheiten (Subnetze) eingeteilt werden. Über diese Einteilung ist es möglich, Geräte in größeren Netzwerken zu adressieren und Verbindungen zu ihnen aufzubauen, da logische Adressierung die Grundlage für Routing ist.

ISO
International Organization for Standardization: Internationaler Zusammenschluss der Normenausschüsse von mehr als 50 Ländern.

Kommunikations-Flags
enthält die Funktionalität, wie beim Telegrammempfang verfahren werden soll (siehe Abschnitt A 2.4, Tabelle 2.5)

Kommunikationsobjekte
Das sind einzelne Bauteile von EIB-Geräten, die Telegramme senden und empfangen. Allen Kommunikationsobjekten, die miteinander kommunizieren sollen, werden beim Programmieren gleiche Gruppenadressen zugeteilt.

Kommunikationsports
Schnittstellen eines Gerätes für Telegramme

Konnex (KNX)
Zusammenführung der drei unten abgebildeten Systeme zur Schaffung einer einheitlichen Systemplattform. Nähere Infos: www.knx.org

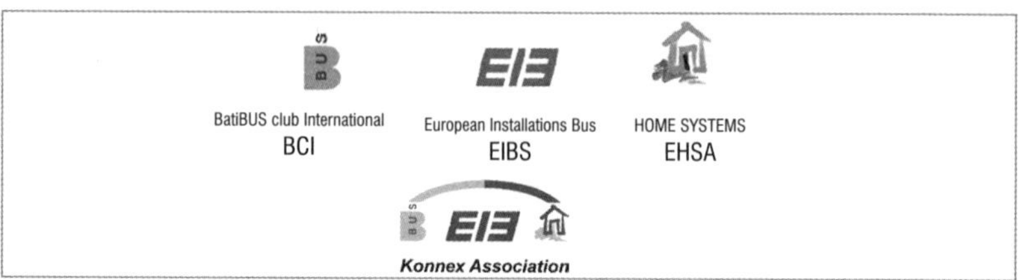

KNX-RF

Das KNX-RF-System (engl. Radio Frequency → Funkfrequenz) ist ein herstellerunabhängiger KNX-Funkstandard, der im 868-MHz-Frequenzbereich arbeitet. Die übertragbare Datenrate liegt bei 16 KBit/s.

Kontextmenü

Pull-down-Menü, das mit rechter Maustaste auf selektiertes Objekt geöffnet wird

Linienkoppler (LK)

Sie dienen der Verbindung von Linie und Hauptlinie.

LAN

Local Area Network: lokales Netzwerk

NACK

Abkürzung für Negative Acknowledge (negatives Quittungssignal)

OSGi

Open Services Gateway Initiative

OSI-Schichtenmodell

Open Systems Interconnection: Standards für die Kommunikation offener Systeme Die internationale Organisation für Normung (ISO) hat ein Modell für das Zusammenarbeiten zweier Kommunikationspartner entwickelt. Die Vereinbarung bzw. die Normung des Nachrichtenaustausches bezeichnet man „Protokoll". Das OSI-Schichtenmodell ist ein Gedankenmodell, das die Kommunikation in „aufgabenbezogene" Schichten unterteilt:

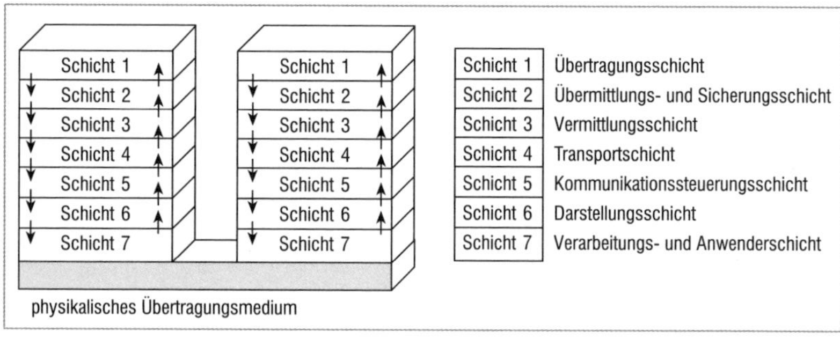

PA

Physikalische Adresse

PL-110
Powerline Kommunikationsmedium mit 1200 bit/s über Stromnetz mit 110 kHz.

Polling Group Addresses
Abgefragte Gruppenadresssen

Powernet-EIB
Produktbezeichnung aller über das 230-V-Netz kommunizierender EIB-Geräte. Entwickelt von Busch-Jaeger (veraltet und nicht mehr verfügbar).

Projekt-Busmonitor
zeichnet alte Telegramme auf und weist sie den Beschreibungen aus einem ausgewählten Projekt zu.

PRx-Datei
Datei, die entsteht, wenn ein Projekt mit der Endung *.prj exportiert wird.

REG
Reiheneinbaugerät

RF
Funk-Kommunikationsmedium mit einer Bitrate von 38,4 kbit/s

RS 232-C
Bezeichnung einer genormten, seriellen Schnittstelle

SA
Schaltaktor

STP
Shielded Twisted Pair: geschirmte, paarweise verdrillte Leitung

Sub D 9
Steckverbindung für serielle Schnittstelle, 9- oder 25-polig

TCP (Transmission Control Protocol)
TCP ist in der Transportschicht angesiedelt und dient dazu, Daten im Internet verbindungsorientiert zu transferieren.

TLN
Teilnehmer (Gerät) am Bus

TP
Twisted Pair: paarweise verdrillte Leitung

TP-1
Kommunikationsmedium Twisted Pair mit Übertragungsrate von 9600 bit/s

Tunnelling
Tunnelling wird benötigt, wenn mit der ETS KNX-Telegramme in einem IP-Rahmen verbindungsorientiert versendet werden sollen. Das ist prinzipiell immer dann der Fall, wenn eine Physikalische Adresse als Zieladresse angesprochen werden soll, also beim Programmieren der Physikalischen Adresse bzw. beim Herunterladen des Applikationsprogramms von KNX-Geräten. Die Kommunikation er-

folgt beim Tunnelling immer über die IP-Adresse des zu „tunnelnden" KNXnet/IP-Gerätes.

Type Read
Objektwert, kann über den Bus gelesen werden, Leseanforderung

Type Response
Antworttelegramm

UART
Universal Asynchronous Receiver Transmitter, ein Schaltkreis, der parallele Daten, die übertragen werden sollen, in serielle Daten umsetzt und umgekehrt.

UDP (User Datagram Protocol)
UDP ist wie TCP in der Transportschicht angesiedelt. Es ist ein minimales, verbindungsloses Netzprotokoll mit der Aufgabe, Daten der richtigen Anwendung zukommen zu lassen.

Undo
ungeschehen machen (computerenglisch)

UP
Unterputz-Gerät

Update
Neue Version eines bereits existierenden Programms

UPnP
Universal Plug and Play

USB
Universal Serial Bus

UTP
Unshielded Twisted Pair: ungeschirmte paarweise gedrillte Leitung

Vd1
Produktdaten ETS1

Vd2
Produktdaten ETS2

Vd3
Produktdaten ETS3

Vd4
Produkdaten ETS4

Vd5
Produkdaten ETS5

Worst Case
Situation, die zu den schlechtesten Ergebnissen führt.

2 KNX/EIB-Symbole

Systemgeräte	
Produktname	**Symbol**
Busankoppler BA	
Spannungs-versorgung SV	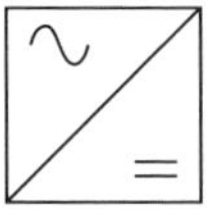 ~ =
Drossel DR	
Spannungs-versorgung mit Drossel SVD (Netzgerät NG)	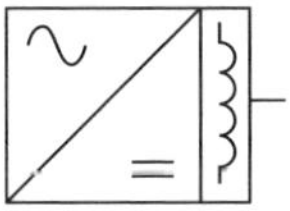 ~ =
Koppler (Bereichskoppler BK, Linienkoppler LK, Linienver-stärker LV)	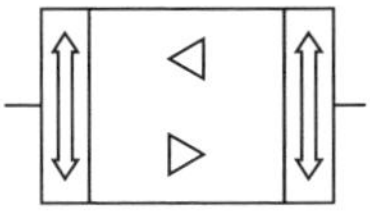 ◁ ▷
Kontroller	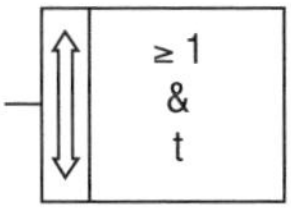 ≥ 1 & t
Verbinder	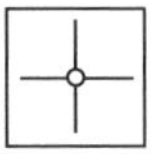

Schnittstellen	
Produktname	**Symbol**
RS-232-Datenschnittstelle	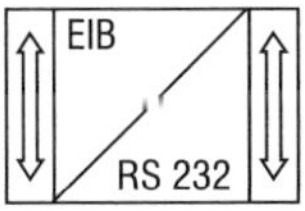 EIB RS 232
Gateway, allgemein	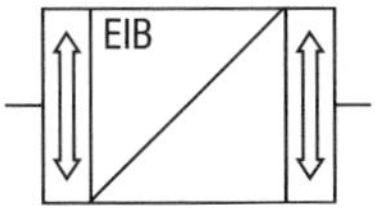 EIB
DCF-7-Schnittstelle	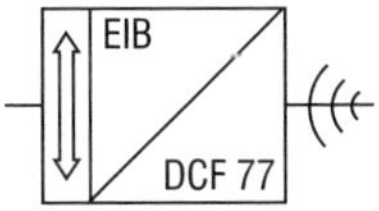 EIB DCF 77
SPS-Schnittstelle	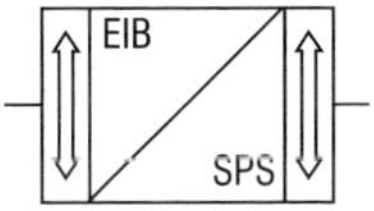 EIB SPS

Sensoren
n = Anzahl der Eingänge

Produktname	Symbol
Sensor, allgemein a) Feld zur Kennzeichnung der Anwendungssoftware b) Feld zur Kennzeichnung der physikal. Eingangsgrößen der Eingangskanäle	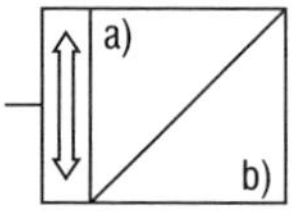
Tastsensor, allgemein n = Anzahl der Tastsensoren z. B.: n = 1 —> Tastsensor 1fach n = 4 —> Tastsensor 4fach	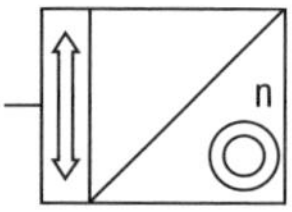
Temperatursensor	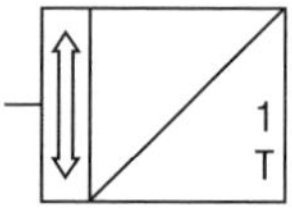
Windgeschwindigkeitssensor	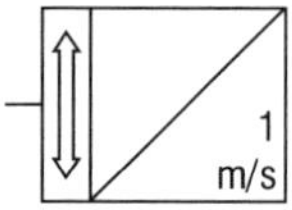
Helligkeitssensor	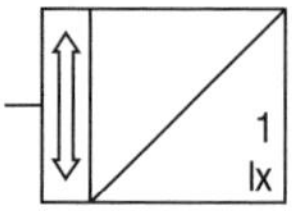
Bewegungsmelder	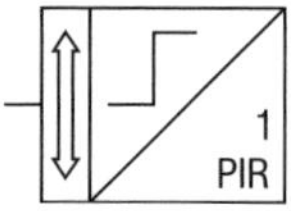
Jalousietastsensor, allgemein	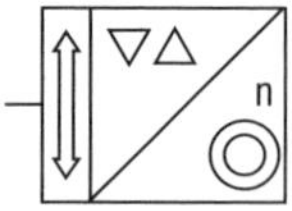

Sensoren
n = Anzahl der Eingänge

Produktname	Symbol
Zeitsensor Zeitgeber	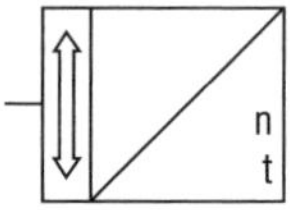
Zeitschaltuhr, allgemein n = Anzahl der Zeitschaltkanäle	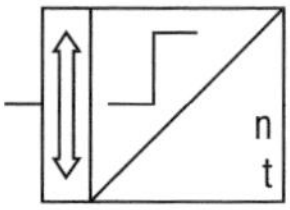
Thermostat	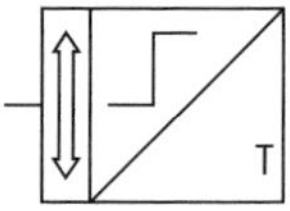
Binäreingang, allgemein n = Anzahl der Binäreingänge b) = Feld zur Kennzeichnung der physikal. Eingangsgrößen (hier Gleich- oder Wechselspannung	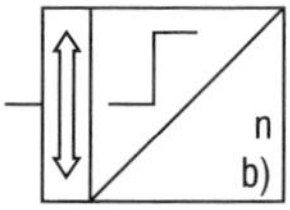 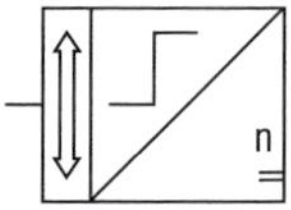 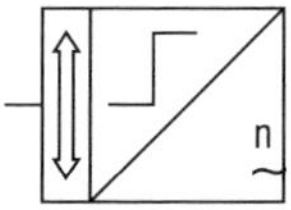
Analogeingang, allgemein n = Anzahl der Analogeingänge	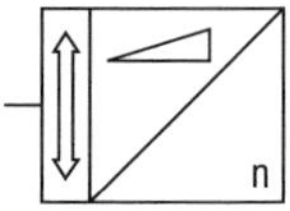
Sensor (Helligkeit, PIR) PIR = Passiv Infrarot	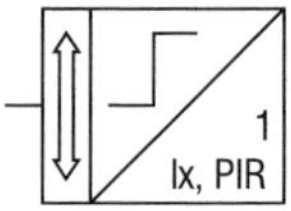
Schaltschloss	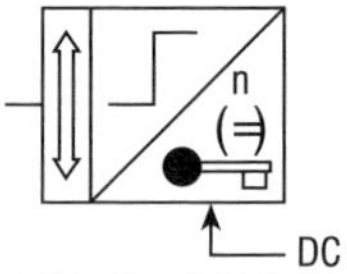

Aktoren

n = Anzahl der Ausgänge

Produktname	Symbol
Aktor, allgemein	
Aktor mit Hilfsspannung	AC oder DC
Analogausgang, allgemein Analogaktor	n
Binärausgang, allgemein Schaltaktor, allgemein	n

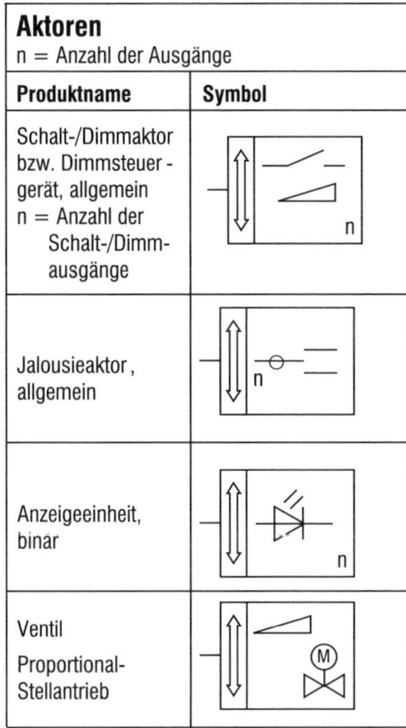

Aktoren

n = Anzahl der Ausgänge

Produktname	Symbol
Schalt-/Dimmaktor bzw. Dimmsteuer-gerät, allgemein n = Anzahl der Schalt-/Dimm-ausgänge	n
Jalousieaktor, allgemein	n
Anzeigeeinheit, binär	n
Ventil Proportional-Stellantrieb	M

3 Zwei Linien mit nur einer Spannungsversorgung

Bild A 3.1 zeigt die Verdrahtung der „Sparversion" zweier Linien. Der DC-Ausgang des Netzteils wird dabei zur zweiten Linie geführt. Über eine zusätzliche Drossel wird er dann zur Busspannungsversorgung für Linie 2.

Beide Linien arbeiten in der dargestellten Weise ohne Verbindung.

Sollte eine Verbindung durch einen Koppler hergestellt werden, müsste dieser auf die Schiene der Drossel gesetzt werden und über die Busklemme auf die Hauptlinie geklemmt werden.

Bild A 3.2 zeigt zwei Linien mit nur einer Spannungsversorgung.

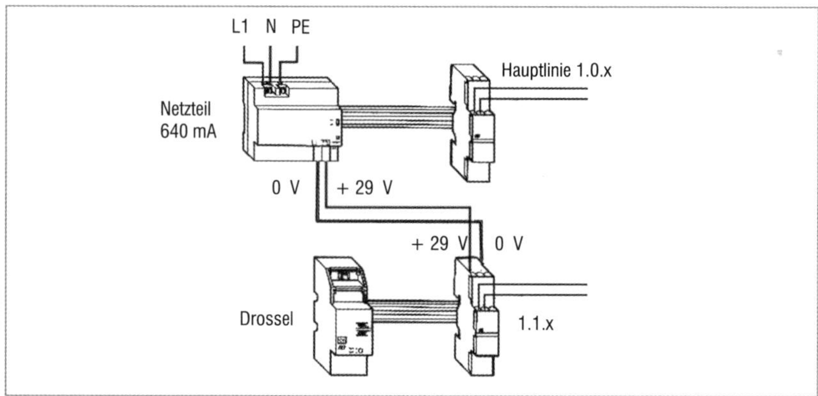

Bild A 3.1 Version mit Datenschiene (alt)

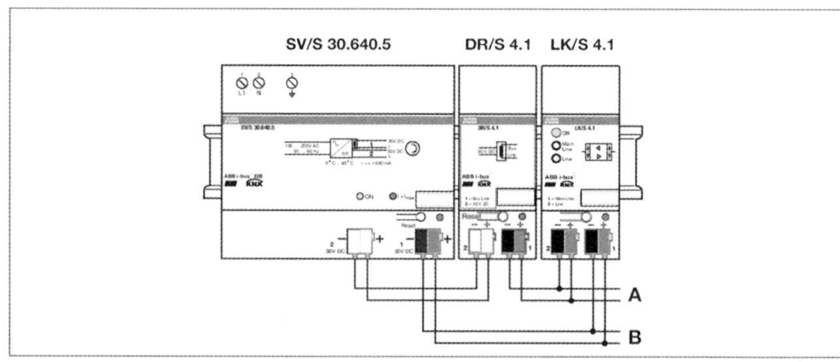

Bild A 3.2 Zwei Linien mit nur einer Spannungsversorgung (aktuell)

4 Verdrahtungsplan Bereichs- und Linienkoppler

Bild A 4.1 zeigt ein Beispiel einer Topologie bestehend aus zwei Bereichen mit jeweils 15 Linien. Für den Backbone ist eine eigene Spannungsversorgung notwendig.

Wird ein LAN als „Verbindung" von Bereichen und/oder Linien genutzt, entsteht eine sternförmige Struktur der IP-Router oder IP-Gateways zum Hub oder Switch des Netzwerkes wie im **Bild A 4.2** gezeigt.

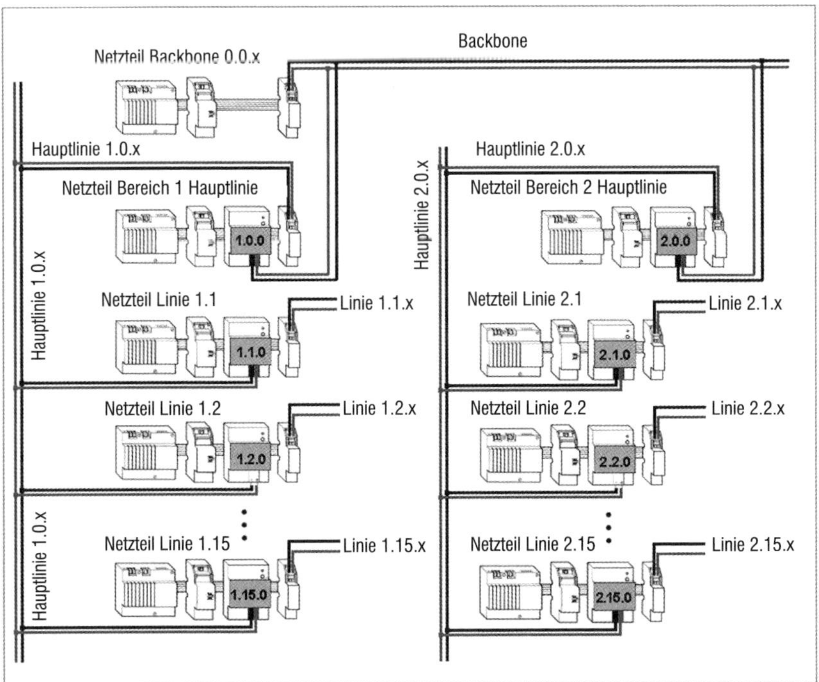

Bild A 4.1 Topologie mit Bereichs- und Linienkoppler auf Datenschienen (veraltet)

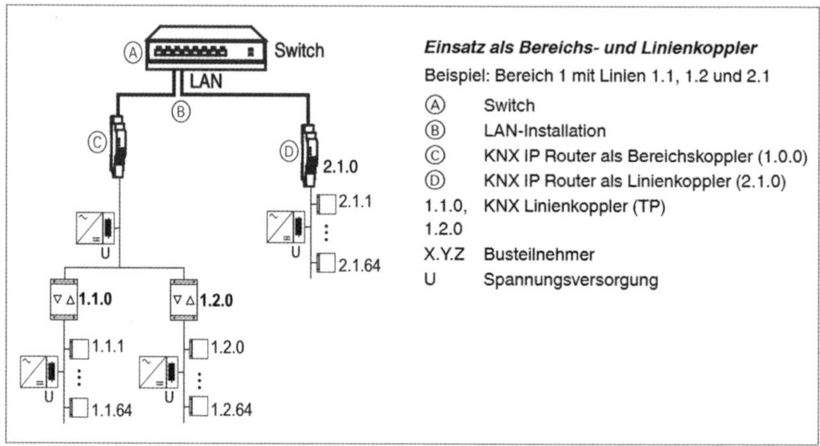

Bild A 4.2 Topologie mit IP-Gateways als Bereichs- und/oder Linienkoppler

5 Wichtige KNX-Links

Ohne Zweifel wird heute der größte Teil aller Informationen zur KNX-Technologie, deren Produkte, Lösungen und Neuerungen, über das Internet verbreitet. Somit ist es notwendig, wichtige Links bereits gefiltert zur Verfügung zu haben, um nicht in der Flut „ergoogelter" Links zu ersticken.

Der wohl wichtigste Link zur ETS Professional ist sicherlich: **www.knx.org.**

Wer auf der Suche nach Herstellern ist, kann unter www.knx.org/knx-de/fuer-hersteller/mitglieder/ die offizielle Liste der Konnex-Mitglieder abrufen. Ungünstig dabei: Die Links verzweigen oft nur auf die Hauptseiten der Hersteller und eine umständliche „Klickerei" entsteht, bis man endlich das Gewünschte auf dem Bildschirm hat.

Die Autoren arbeiten für ihre Recherchen am liebsten mit www.eib-home.de. Gleichgültig, was Sie suchen, auf dieser Seite werden Sie fündig. Hervorhebenswert: Die angebotenen Links gehen direkt in das Gesuchte und sind immer aktuell. Die Webseite www.ets6.org war ebenfalls für so manche Angabe sehr hilfreich.

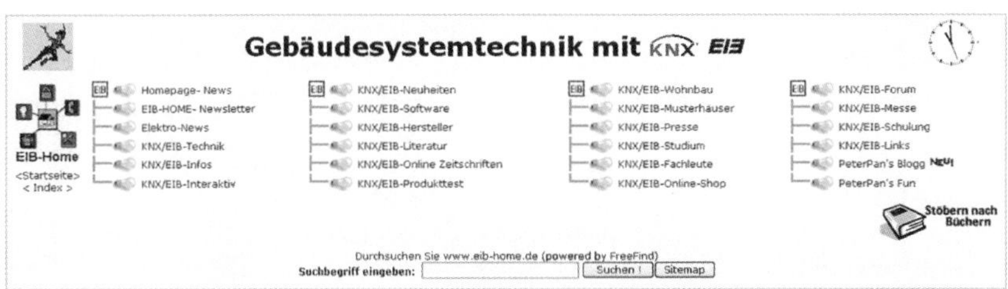

Company	Country	Website
AABB Sace S.p.A.	Italy	www.abb.com/it
ABB Schweiz Normelec (Levy Fils AG)	Switzerland	www.levyfils.ch
ABB Stotz-Kontakt GmbH	Germany	www.abb.de/stotzkontakt www.abb.de/eib www.abb.de/product/ge/9AAC111724.aspx www.knx-gebaeudesysteme.de/sto_g/Deutsch/Deutschland/ABB_ibus_KNX/_HTML/start.htm
AGFEO GmbH & Co. KG	Germany	www.agfeo.de
Albrecht Jung GmbH & Co. KG	Germany	www.jung.de
Altenburger Electronic GmbH	Germany	www.altenburger.de
APT GmbH	Germany	www.apt.de
arcus-eds GmbH	Germany	www.arcus-eds.de
Ardan Control-Tech Ltd	Israel	www.niskoardan.com
b+b Automations- und Steuerungstechnik GmbH	Germany	www.bb-steuerungstechnik.de
BBT Thermotechnik GmbH	Germany	www.bosch.com
Becker-Antriebe GmbH	Germany	www.becker-antriebe.com
Berker GmbH & Co. KG	Germany	www.berker.com
Bischoff Elektronik GmbH	Germany	www.bischoff-elektronik.de
Bosch & Siemens Hausgeräte GmbH	Germany	www.siemens-home.de
Brück Electronic GmbH (B.E.G.)	Germany	www.beg.de
Bticino s.p.a.	Italy	www.bticino.it
Busch-Jaeger Elektro GmbH	Germany	www.busch-jaeger.com
CIAT	France	www.ciat.fr
Danfoss A/S	Denmark	www.danfoss.com
Dehn + Söhne GmbH & Co. KG	Germany	www.dehn.de
Delta Dore S.A.	France	www.deltadore.com
Eberle Controls GmbH	Germany	www.invensys.com
Eelectron srl	Italy	www.eelectron.com
EIBMARKT GmbH	Germany	www.eibmarkt.de
Electrak International Ltd.	United Kingdom	www.electrak.co.uk
Electrium Sales Limited	United Kingdom	www.electrium.co.uk
Elero GmbH	Germany	www.elero.com
Elka-Elektronik GmbH	Germany	www.elka.de
Elsner Elektronik GmbH	Germany	www.elsner-elektronik.de
F.W. Oventrop KG	Germany	www.oventrop.com
Feller AG	Switzerland	www.feller.ch
Foresis SA	Spain	www.foresis.es
GE Grässlin GmbH & Co. KG	Germany	www.graesslin.de
Gewiss S.p.A.	Italy	www.gewiss.com
Gira Giersiepen GmbH & Co. KG	Germany	www.gira.de
Griesser Electronic AG	Switzerland	www.griesser.ch
Guangzhou Hedong Electronics Co. Ltd. (HDL)	China	www.hdlchina.com.cn
Gustav Hensel GmbH & Co. KG	Germany	www.hensel-electric.de

Company	Country	Website
Hager Holding GmbH	France	www.hager.com
Herbert Waldmann GmbH & Co. KG	Germany	www.waldmann.com
Herholdt Controls srl	Italy	www.hhcontrols.com
HTS High Technology Systems AG	Switzerland	www.hts.ch
InnoTeam bv	The Netherlands	www.innoteam.nl
Insta Elektro GmbH	Germany	www.insta.de
Integra Intelligent Systems s.l.	Spain	www.integrasys.com
Intesis Software s.l.	Spain	www.intesis.com
IPAS GmbH	Germany	www.ipas-products.com
JEPAZ Elektronika spol, s.r.o.	Czech Republic	www.jepaz.cz
Legrand S.A.	France	www.legrandelectric.com
Licht Vision GmbH	Germany	www.lichtvision.de
Lingg & Janke OHG	Germany	www.lingg-janke.de
Merten GmbH & Co. KG	Germany	www.merten.de
Micro Innovation AG	Switzerland	
Miele & Cie KG	Germany	www.miele.de
Moeller Gebäudeautomation GmbH	Austria	www.moeller.net
Möhlenhoff Wärmetechnik GmbH	Germany	www.moehlenhoff.de
Next System Technology	United States of America	www.nstus.com
OAO „Research & Production Association SEM"	Russia	www.selectm.msk.ru
Opternus Components GmbH	Germany	www.opternus.com
Oras Ltd	Finland	www.oras.com
PKC Group Oy	Finland	www.pkcgroup.com
Ritto GmbH & Co. KG	Germany	www.ritto.de
RTS Automation GmbH	Germany	www.rts-automation-limited.de
S. Siedle & Söhne, Telefon- und Telegraphenwerke OHG	Germany	www.siedle.de
Schaeper Automation GmbH	Germany	
Schneider Electric (Lexel AS)	Germany	www.se.com/de
SCHNEIDER Electric Industries S.A.	France	www.schneider-electric.com
Schüco International KG	Germany	www.schueco.com
se Lightmanagement AG	Switzerland	www.se-ag.ch
Siemens AG	Germany	www.ad.siemens.com
Siemens Schweiz AG	Switzerland	www.sbt.siemens.com
Simon S.A.	Spain	www.simon-sa.es
Somfy Feinmechanik und Elektrotechnik GmbH	Germany	www.somfy.com
Tapko Technologies GmbH	Germany	www.tapko.de
Techem Energy Services GmbH	Germany	www.techem.de
Tehalit GmbH	Germany	www.tehalit.de
Teldat Security	Spain	www.teldatsecurity.com
Theben AG	Germany	www.theben.de
Theodor Heimeier Metallwerk KG	Germany	www.heimeier.com
Trialog	France	www.trialog.com
TridonicAtco GmbH & Co. KG	Austria	www.tridonicatco.com

Company	Country	Website
Viessmann- Werke GmbH & Co. WERK II	Germany	www.viessmann.com
Vimar SpA.	Italy	www.vimar.it
Wago Kontakttechnik GmbH	Germany	www.wago.com
Walther Werke	Germany	www.walter-werke.de
WAREMA electronic GmbH	Germany	www.warema.de
Weinzierl Engineering GmbH	Germany	www.weinzierl.de
Wieland Electric GmbH	Germany	www.wieland-electric.com
Wilhelm Huber + Söhne GmbH & Co. KG	Germany	www.whd.de
Wilhelm Rutenbeck GmbH & Co.	Germany	www.rutenbeck.com
WindowMaster A/S	Denmark	www.windowmaster.com
Winkhaus Türtechnik GmbH & Co. KG	Germany	www.winkhaus.com
Woertz AG	Germany	www.woertz.ch
Zennio Avance y Tecnología s.l.	Spain	www.zennio.com
Zumtobel AG	Austria	www.zumtobel.com

Stichwortverzeichnis

Notizen

Notizen

Notizen